“十三五”国家重点图书出版规划项目
材料科学研究与工程技术系列图书

固体物理学（第3版）

Physics of the Solid State

房晓勇　郭得峰　刘竞业　主编

哈爾濱工業大學出版社

内 容 简 介

本书主要阐述了固态物质的微观结构，组成固体的粒子之间的相互作用与运动规律，以及固体宏观物理特性与其粒子结构和运动之间的关系。全书共分 7 章，内容包括：晶体的结构，晶体的结合和弹性，晶格振动和晶体的热学性质，晶体结构中的缺陷，金属电子论基础，能带理论基础和能带结构分析等。

本书是高等学校材料科学与工程、应用物理、微电子、光电子等相关专业本科生教材，也可供相关专业科技人员参考。

图书在版编目(CIP)数据

固体物理学/房晓勇，郭得峰，刘竞业主编. —3 版. —哈尔滨：哈尔滨工业大学出版社，2018.3(2023.7 重印)

ISBN 978-7-5603-7247-1

Ⅰ.①固… Ⅱ.①房…②郭…③刘… Ⅲ.①固体物理学 Ⅳ.①048

中国版本图书馆 CIP 数据核字(2018)第 020832 号

材料科学与工程 图书工作室

策划编辑 张秀华 杨 桦 许雅莹

责任编辑 张秀华

封面设计 卞秉利

出版发行 哈尔滨工业大学出版社

社　　址 哈尔滨市南岗区复华四道街 10 号 邮编 150006

传　　真 0451-86414749

网　　址 http://hitpress.hit.edu.cn

印　　刷 哈尔滨市工大节能印刷厂

开　　本 787mm×1092mm 1/16 印张 15.25 字数 361 千字

版　　次 2010 年 3 月第 2 版 2018 年 3 月第 3 版

2023 年 7 月第 4 次印刷

书　　号 ISBN 978-7-5603-7247-1

定　　价 36.00 元

第3版前言

固体物理学是研究固态物质的微观结构，研究组成固体的粒子——原子、离子和电子等之间相互作用与运动的规律，以及研究固体宏观物理特性与其粒子结构和运动之间关系的一门学科，是物理学的一个重要分支。

长期以来，固体物理学研究的主要对象是晶态固体，涉及的内容包括：晶体的结构及其缺陷对物理性能的影响；金属、电介质和半导体的电学、热学、光学等物理特性与内在微观粒子状态之间的联系；极低温度下固体的超导电态和其他极端条件，如超高压、强辐射、强电场、强磁场等条件下的固体特性；结构相变和力学性能；固体的各类磁性及其根源；固体的光学特性等。近年来，固体物理学随着量子理论的创立和发展而迅速发展，已经成为许多现代科学与高新技术的基础。

本书是由哈尔滨工业大学出版社组织编写的《材料科学研究与工程技术系列》之一，考虑到有关现代固体物理学前沿和应用的一些专题已经在系列教材中得以体现，所以本书在内容选材上着重于固体物理学的基础，力求以较为简明的方式介绍固体物理学的基础理论及其应用。本书既可以作为材料物理等材料科学与工程类专业的本科生教材，也可以作为应用物理、微电子、光电子等非材料类各专业本科生的教材或参考书。

本书由7章组成，其中第1、2、3章由北京化工大学刘竞业编写，第4章由唐山师范学院杨会静编写，第5、6、7章由燕山大学房晓勇编写。全书由房晓勇、郭得峰统稿定稿。在本书的编写和出版过程中得到北京化工大学物理学与电子科学系、燕山大学应用物理系的大力支持和帮助，在此表示深深的谢意。

由于编者水平有限，书中难免存在不足，恳请读者批评指正。

编　者

2017年12月

目　　录

第1章 晶体的结构

固体物质分为晶体和非晶体。晶体的结构和特性决定了它在现代科学技术上有着极其广泛的应用,因此固体物理学以晶体作为主要的研究对象。

本章首先说明晶体的共性,并在此基础上对晶体的性质进行介绍;然后从晶格的周期性出发,阐述晶格结构中一些基本的几何性质;最后对 X 射线衍射揭示晶体结构的基本理论和方法作必要的介绍。

1.1 晶体的特征

不同原子构成的晶体具有不同的性质,即使同种原子构成的晶体,由于结构不同,其性质也会有很大的差别。这说明,各种不同的晶体具有各自不同的特性。尽管如此,在不同的晶体之间仍存在着某些共同的特征,主要表现在以下几个方面。

1.1.1 长程有序

具有一定熔点的固体称为晶体,常见的金属、岩盐等均为晶体。用金相显微镜可以观察到组成金属的许多小晶粒。而用 X 射线衍射方法对构成金属的小晶粒进行研究表明,在这些尺寸为微米量级的小晶粒内部,原子的排列是有序的。在晶体内部呈现的这种原子的有序排列,称为长程有序。长程有序是晶体材料具有的共同特征。在熔化过程中,晶体长程有序解体时对应着一定的熔点。

晶体分为单晶体和多晶体。单晶体是个凸多面体,围成这个凸多面体的面是光滑的,称为晶面。在单晶体内部,原子都是规则地排列的;而由于多晶体是由许多小单晶(晶粒)构成的,所以仅在各晶粒内原子有序排列,不同晶粒内的原子排列是不同的。

1.1.2 解理性

发育良好的单晶体,外形上最显著的特征是晶面有规则地配置。一个理想完整的晶体,相应的晶面具有相同的面积。晶体外形上的这种规则性是晶体内部分子(原子)之间有序排列的反映。

晶体具有沿某些确定方位的晶面劈裂的性质,这种性质称为晶体的解理性,相应的晶面称为解理面。

1.1.3 晶面角守恒

由于生长条件的不同,同一种晶体外形会有一定的差异。例如,岩盐(氯化钠)晶体的外形可以是立方体或八面体,也可以是立方和八面混合体,如图 1.1 所示。这说明,晶面的大小和形状受晶体生长条件的影响,它们不是晶体品种的特征因素。

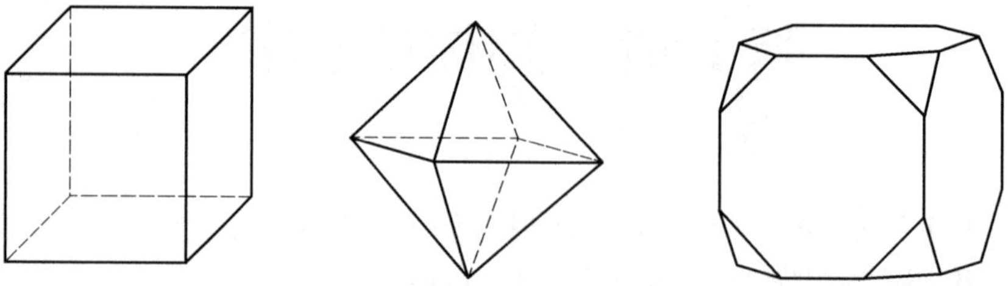

(a) 立方体　(b) 八面体　(c) 立方和八面混合体

图 1.1　氯化钠晶体的若干外形

虽然同一种晶体由于生长条件不同而使其外型可能不同,但相应的两晶面之间的夹角却总是恒定的。即每一种晶体不论其外形如何,总具有一套特征性的夹角。例如,图1.2所示的石英晶体的 mm 两面间的夹角总是 60°0′,mR 两面间的夹角总是 38°13′,mr 两面间的夹角总是 38°13′。这说明,属于同一品种的晶体,两个对应晶面之间的夹角恒定不变,这一规律称为晶面角守恒定律。显然,同一品种晶体的晶面间夹角的恒定不变,是由其内部结构相同所决定的。

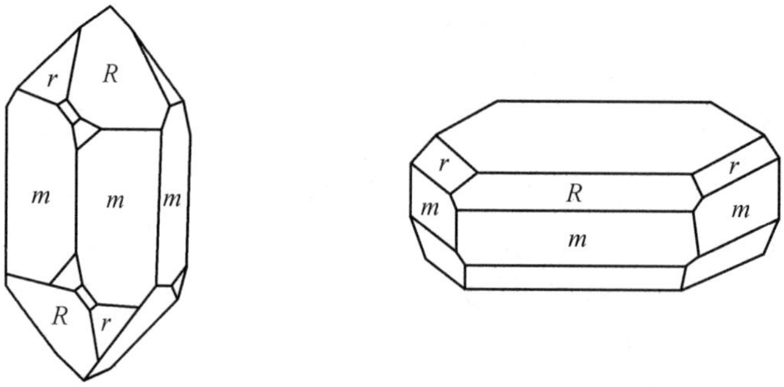

(a) 理想石英晶体　(b) 一种人造石英晶体

图 1.2　石英晶体的不同外形

因为晶面之间的相对方位是晶体的特征因素,所以,通常用晶面法线的取向来表征晶面的方位,而以法线间夹角来表征晶面间的夹角(两个晶面法线间的夹角是这两个晶面夹角的补角)。

1.1.4　各向异性

晶体的物理性质在不同方向上存在着差异,这种现象称为晶体的各向异性。晶体的晶面往往排列成带状,晶面间的交线(称为晶棱)互相平行,这些晶面的组合称为晶带,晶棱的共同方向称为该晶带的带轴。例如,图 1.2 中石英的 m 面构成一个晶带,晶带的带轴是石英的一个晶轴,即 c 轴。由于各向异性,在不同带轴方向上,晶体的物理性质是不同的。

晶体的各向异性是晶体区别于非晶体的重要特性,因此对于一个给定的晶体,其弹性常数、压电常数、介电常数、电阻率等一般不再是一个确定的常数，通常要用张量来表述。

1.2　晶体的空间点阵

晶体是由一种或多种原子构成的，原子的种类越多，其结构就越复杂。但是，晶体结构的复杂性并不影响其长程有序的共性存在，19 世纪布喇菲提出的空间点阵学说就是对长程有序的有效描述。按照空间点阵学说，晶体内部结构是由一些相同的点子在空间规则地作周期性无限分布所构成的系统，这些点子的总体称为点阵。

布喇菲空间点阵学说准确地反映了晶体结构的周期性，它可以概括为以下四个要点。

(1)空间点阵的点子代表了结构中相同的位置，称为结点。如果晶体是由完全相同的一种原子所组成的，则结点一般代表原子周围相应点的位置，也可以是原子本身的位置。若晶体由多种原子组成，通常把由这几种原子构成晶体的基本结构单元称为基元。一般地，结点既可以代表基元中任意的点子，也可以代表基元的重心。这是因为，每个基元中相应点子所代表的位置是相同的，而所有基元的重心(图 1.3)在结构中的位置也是相同的。

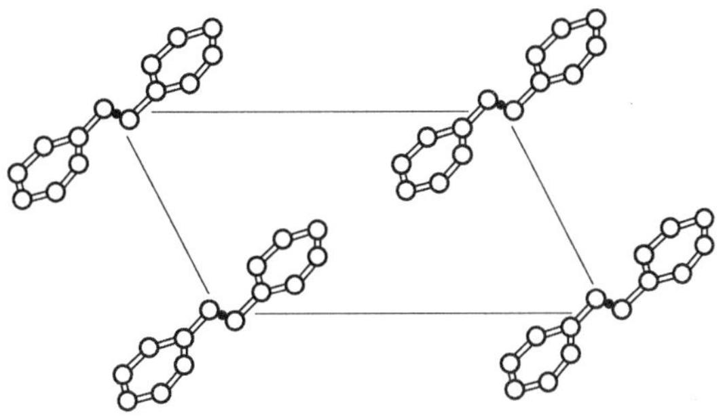

图 1.3　结点示意图

(2)空间点阵学说准确地描述了晶体结构的周期性。由于晶体中所有的基元完全等同，所以整个晶体的结构可以看作是由基元沿空间三个不同方向，各按一定周期平移而构成的。一般地，晶体在同一方向具有相同的周期，在不同方向上具有不同的周期。另外，由于结点代表了结构中情况相同的位置，因此，任意两个基元中相应原子周围的情况是相同的，而每个基元中各原子周围的情况则是不相同的。

(3)沿三个不同方向，通过点阵中的结点可以作许多平行的直线族和平行的晶面族，使点阵形成三维网格。这些将结点全部包括在其中的网格称为晶格，如图 1.4 所示。由晶格可知，某一方向上相邻两结点之间的距离即是该方向上的周期。可取一个以结点为顶点、三个不同方向上的周期为边长的平行六面体作为重复单元来反映晶格的周期性。这个体积最小的重复单元称为固体物理学原胞，简称为原胞。在同一晶格中原胞的选取不是唯一的，但它们的体积都相等。

结晶学要求在反映周期性的同时，还要表述每种晶体特殊的对称性，因而所选取的重

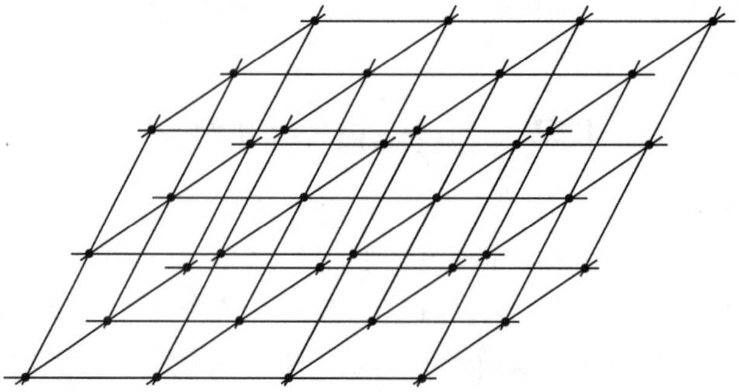

图 1.4　晶体的网格

复单元的体积不一定最小,结点不仅可以在顶角上,通常还可以在体心或面心上。这种重复单元称为布喇菲原胞或结晶学原胞,简称为晶胞。晶胞的选取必须保证其边长为一个周期,并各沿三个晶轴的方向。

(4)结点的总体称为布喇菲点阵,或布喇菲格子。布喇菲格子中,每点周围的情况都一样。如果晶体由完全相同的一种原子组成,且基元中仅包含一个原子,则相应的网格就是布喇菲格子,与结点的组成相同。

1.3　晶格的周期性　基矢的概念

本节讨论晶格周期性的表述方式,同时介绍固体物理学和结晶学选取原胞的方法。为方便起见,首先对一维情况进行分析。

1.3.1　一维布喇菲格子

一维布喇菲格子是由一种原子组成的无限周期性点列。所有相邻原子间的距离均为 a。为了能更好地反映周期性,重复单元取为一个原子加上原子周围长度为 a 的区域,这就是原胞。在一维情况下,重复单元的长度矢量称为基矢,通常用以某原子为起点,相邻原子为终点的有向线段 $\boldsymbol{a}$ 表示,如图 1.5(b)所示。由于基矢两端各有一个同相邻原胞所共有的原子,因此每个原胞只有一个原子,并且每个原子的周围情况都一样。若用 $\Gamma(x)$ 代表晶格内任一点 x 处的一种物理性质,则一维布喇菲格子的周期性可用数学式表述为

$$\Gamma(x + na) = \Gamma(x) \tag{1.1}$$

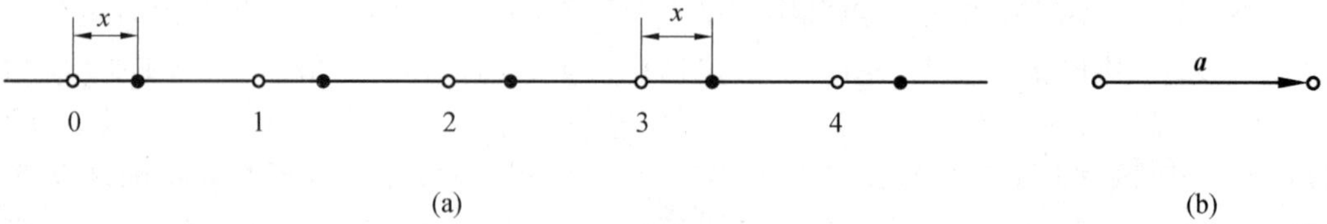

图 1.5　一维布喇菲格子

式中,a 是周期,n 是整数。式(1.1)说明,原胞中任一处 x 的物理性质,同另一原胞相应处的物理性质相同。例如,在图1.5(a)中,距0点 x 处的情况同距3点 x 处的情况完全相同。

1.3.2 一维复式格子

如果晶体基元中包含两种或两种以上的原子,则每个基元中,相应的同种原子各自构成与结点相同的网格,这些网格之间有相对的位移,从而形成了所谓的复式格子。显然,复式格子是由若干个相同的布喇菲格子相互位移套构而成的。下面以由两种原子构成的晶体为例,说明一维复式格子的情况。

设A、B两种原子组成一维无限周期性点列,原子A形成一个布喇菲格子,原子B也形成一个布喇菲格子。按照晶格周期性的要求,这两个布喇菲格子具有相同的周期 a,且两个布喇菲格子互相之间错开一个距离 b,如图1.6(a)所示。这个复式格子的原胞,既可以如图1.6(b)所示,在原胞的两端各有一个原子A,也可以如图1.6(c)所示,在原胞的两端各有一个原子B。这两种表示的基矢均为 $\boldsymbol{a}$,原胞中各含一个原子A和一个原子B;此外,对A、B周围情况的表达也是一致的,只要按周期性规律重复下去,所得出关于A或B的情况都是一样的。对于由 n 种原子所构成的一维晶格,每个原胞包含 n 个原子。

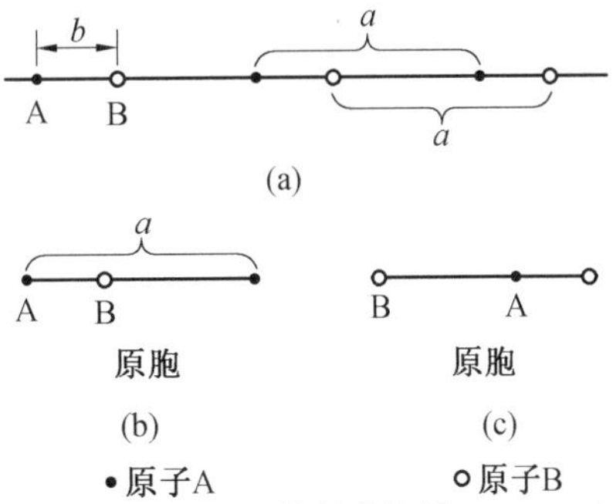

图1.6 一维复式格子

需要注意的是,在由同一种原子构成的晶体中,原子周围的情况并不一定完全相同,这样的晶格,并不是布喇菲格子,而是复式格子。如果原子周围的情况可分为两类,则这种复式格子的原胞中就包含两个原子,只有这样,才能反映原子周围两类不同的情况,更好地表述晶格周期性的特征。例如在图1.7(a)中,由A原子所组成的一维晶格,左右两边的间距不等,即 A_1 周围情况和 A_2 周围情况不同。这种晶格的原胞如图1.7的(b)或(c)所示,每个原胞中包含两个原子,A_1 和 A_2 组成一个基元。

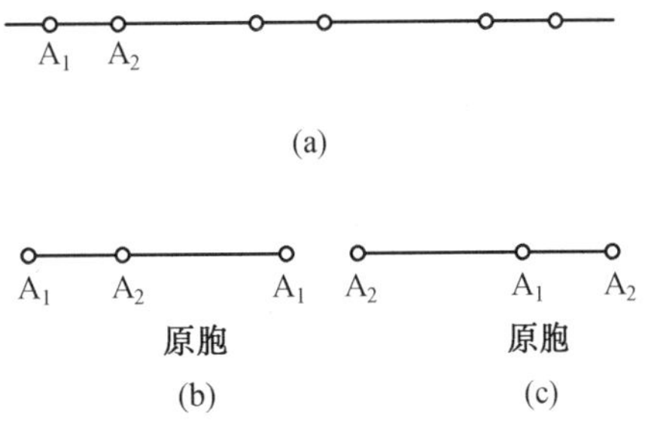

图1.7 两种原子组成的复式格子

对于一维复式格子,任意两个原胞内部的情况均相同,周围的情况也相同,式(1.1)仍能概括这种晶格周期性的特征。

1.3.3 三维情况

从上面的讨论可以看出:对于布喇菲格子,每个最小的重复单元包含一个原子;对于复式格子,每个最小的重复单元包含两个或多个原子。这种最小的重复单元就是原胞。自然,也可以选取最小重复单元的几倍作为原胞。需要注意,布喇菲格子的基本特征是所有原子周围的情况均相同,至于原胞中包含几个原子,则取决于选取原胞的要求。对于一维情况，因不涉及对称性问题，取最小重复单元的几倍作为原胞，并没有实际意义。但是，对于三维情况，为了同时反映对称性，结晶学中常取最小重复单元的几倍作为原胞，因此，结点就不仅可以在原胞的顶角上，也可以在体心或面心上。结晶学中，原胞的边在晶轴方向，边长等于该方向上的一个周期，代表原胞三个边的矢量称为结晶学原胞的基矢，简称晶胞的基矢。

在固体物理学中通常只选取反映晶格周期性的原胞，原胞是最小的重复单元。因此，对于布喇菲格子，固体物理学中的原胞只包含一个原子；对于复式格子，原胞中所包含的原子数目正是每个基元中原子的数目。

三维格子的重复单元是平行六面体，最小重复单元的结点只在顶角上。如果没有其他的规定，最小重复单元的三边的取向和长度可以是多种多样的。即使在这种情况下，晶格的周期性还是能够用式(1.1)的形式来表述。设 $\boldsymbol{r}$ 为重复单元中任一处的位矢，Γ 代表晶格中任一物理量，则

$$\Gamma(\boldsymbol{r}) = \Gamma(\boldsymbol{r} + l_1\boldsymbol{a}_1 + l_2\boldsymbol{a}_2 + l_3\boldsymbol{a}_3) \tag{1.2}$$

式中，l_1、l_2 和 l_3 是整数，$\boldsymbol{a}_1$、$\boldsymbol{a}_2$ 和 $\boldsymbol{a}_3$ 是重复单元的边长矢量，即相关方向上的周期矢量。式(1.2)表明，一个重复单元中任一处 $\boldsymbol{r}$ 的物理性质，同另一个重复单元相应处的物理性质相同。

注意，在式(1.2)中，不要把 $\boldsymbol{a}_1$、$\boldsymbol{a}_2$、$\boldsymbol{a}_3$ 理解为基矢，因为这里说的任意重复单元并不一定是所要求的原胞。结晶学中，原胞是按对称性的特点来选取的，基矢在晶轴方向。固体物理学中选取的原胞也不是任意的重复单元，基矢的方向和晶轴的方向有一定的相对取向。只有重复单元是原胞时，式(1.2)中的 $\boldsymbol{a}_1$、$\boldsymbol{a}_2$、$\boldsymbol{a}_3$ 才是基矢。在本书中，一般用 $\boldsymbol{a}_1$、$\boldsymbol{a}_2$、$\boldsymbol{a}_3$ 表示原胞的基矢，而用 $\boldsymbol{a}$、$\boldsymbol{b}$、$\boldsymbol{c}$ 表示晶胞的基矢。

1.3.4 立方晶系原胞的选取

结晶学中，属于立方晶系的布喇菲原胞有简立方、体心立方和面心立方三种，如图1.8所示。立方晶系的三个基矢长度相等，且互相垂直，即 $a=b=c$，$\boldsymbol{a}\perp\boldsymbol{b}$、$\boldsymbol{b}\perp\boldsymbol{c}$、$\boldsymbol{c}\perp\boldsymbol{a}$。这些布喇菲原胞的基矢沿晶轴方向，取晶轴作为坐标轴，用 $\boldsymbol{i}$、$\boldsymbol{j}$、$\boldsymbol{k}$ 表示坐标系的单位矢量。下面对这三种原胞按固体物理学取原胞的方法分别讨论。

1. 简立方

原子在边长为 a 的立方体原胞的 8 个顶角上，其他部分没有原子，显然原胞是最小的重复单元。因为每个原子为 8 个原胞所共有，对一个原胞的贡献只有 1/8；原胞 8 个顶点上的原子对一个原胞的贡献恰好是一个原子，这种布喇菲原胞只包含一个原子，即一个简立方原胞对应点阵中的一个结点。因此，原胞的基矢为

$$\boldsymbol{a}_1 = a\boldsymbol{i}, \quad \boldsymbol{a}_2 = a\boldsymbol{j}, \quad \boldsymbol{a}_3 = a\boldsymbol{k} \tag{1.3}$$

由图1.8(a)可知，对于简立方，原胞和晶胞是一致的，即 $\boldsymbol{a}_1=\boldsymbol{a}$，$\boldsymbol{a}_2=\boldsymbol{b}$，$\boldsymbol{a}_3=\boldsymbol{c}$。

2. 体心立方

除晶胞的立方体顶角上有原子外，还有一个原子在晶胞立方体的中心，故称为体心立方。通过体心立方结构沿对角线的平移，可知顶角和体心上原子周围的情况相同。图1.9为固体物理学中原胞选取示例图。由于晶胞中包含两个原子，而固体物理要求布喇菲格子原

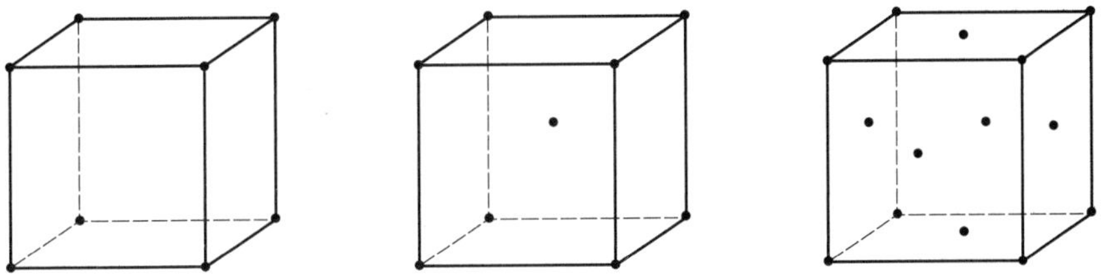

(a) 简立方　　(b) 体心立方　　(c) 面心立方

图 1.8　立方晶系布喇菲原胞

胞中只包含一个原子，因此原胞采用如图 1.9(a)的方法选取。按此取法，基矢 $\boldsymbol{a}_1$、$\boldsymbol{a}_2$、$\boldsymbol{a}_3$ 为

$$\begin{cases} \boldsymbol{a}_1 = \dfrac{1}{2}(-\boldsymbol{a}+\boldsymbol{b}+\boldsymbol{c}) = \dfrac{a}{2}(-\boldsymbol{i}+\boldsymbol{j}+\boldsymbol{k}) \\ \boldsymbol{a}_2 = \dfrac{1}{2}(\boldsymbol{a}-\boldsymbol{b}+\boldsymbol{c}) = \dfrac{a}{2}(\boldsymbol{i}-\boldsymbol{j}+\boldsymbol{k}) \\ \boldsymbol{a}_3 = \dfrac{1}{2}(\boldsymbol{a}+\boldsymbol{b}-\boldsymbol{c}) = \dfrac{a}{2}(\boldsymbol{i}+\boldsymbol{j}-\boldsymbol{k}) \end{cases} \tag{1.4}$$

原胞的体积为

$$\Omega = \boldsymbol{a}_1 \cdot (\boldsymbol{a}_2 \times \boldsymbol{a}_3) = \frac{1}{2}a^3$$

这里，a 是晶胞的边长，又称晶格常数。因为晶胞包含两个原子或对应两个格点，原胞包含一个原子或对应一个格点，因而原胞体积为晶胞体积的一半是很容易理解的。

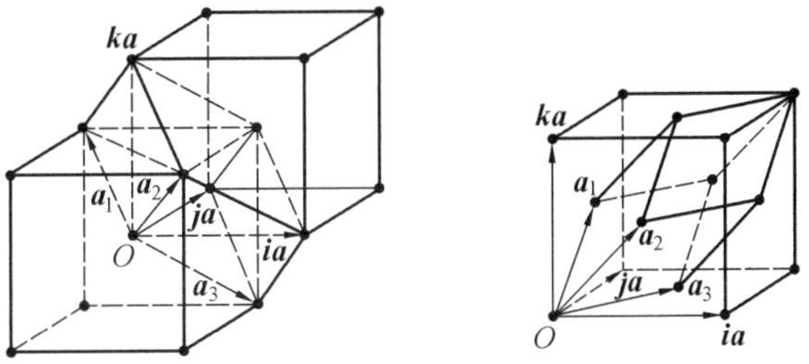

(a) 体心立方　　(b) 面心立方

图 1.9　固体物理学中原胞选取示例图

3. 面心立方

这种结构除顶角上有原子外，在晶胞立方体六个面的中心处还有 6 个原子，故称为面心立方。沿面的对角线平移面心立方结构，可以证明面心处原子与顶角处原子周围的情况相同。每个面为两个相邻的晶胞所共有，因此面心立方的晶胞具有 4 个原子。面心立方结构的固体物理学原胞取法如图 1.9(b)所示，原来面心立方的 6 个面心原子和 2 个顶角原子构成了所取原胞的 8 个顶角原子，其基矢为

$$\begin{cases} \boldsymbol{a}_1 = \frac{1}{2}(\boldsymbol{b}+\boldsymbol{c}) = \frac{a}{2}(\boldsymbol{j}+\boldsymbol{k}) \\ \boldsymbol{a}_2 = \frac{1}{2}(\boldsymbol{c}+\boldsymbol{a}) = \frac{a}{2}(\boldsymbol{k}+\boldsymbol{i}) \\ \boldsymbol{a}_3 = \frac{1}{2}(\boldsymbol{a}+\boldsymbol{b}) = \frac{a}{2}(\boldsymbol{i}+\boldsymbol{j}) \end{cases} \tag{1.5}$$

所取原胞的体积$\Omega=\ \boldsymbol{a}_1\cdot(\boldsymbol{a}_2\times\boldsymbol{a}_3)=\frac{1}{4}a^3$,原胞中只包含一个原子。

1.3.5 立方晶系中的复式格子

为了熟悉上述晶体结构的描述方法,再列举立方晶系中几种非常重要的复式格子的实际晶体结构。

1. 氯化钠结构

氯化钠(NaCl)是一种典型的离子晶体,由钠离子(Na^+)和氯离子(Cl^-)结合而成,它的晶胞如图1.10所示。从图中可以看出,如果只看Na^+,它构成面心立方格子;同样,Cl^-也构成面心立方格子。这两个面心立方点阵交错排列而构成氯化钠结构。

氯化钠结构的原胞取法,可以按Na^+的面心立方格子选基矢,原胞的顶角上为Na^+,而内部包含一个Cl^-,如取钠离子的位置为原点,则氯离子的位置在原胞中心$\frac{a}{2}(\boldsymbol{i}+\boldsymbol{j}+\boldsymbol{k})$处。所以这个原胞中包含一个$Na^+$和一个$Cl^-$。如果按$Cl^-$的面心立方格子选基矢,会得到同样的结果。由于钠离子周围情况都相同,而氯离子周围情况也都相同,因此可以将格点取在任一种离子上,而任一种离子构成的格子都是面心立方,所以称氯化钠结构为面心立方晶体结构。

2. 氯化铯结构

另一种典型的离子晶体是氯化铯(CsCl),由图1.11可以看出,氯化铯型结构是复式格子,它由两个简立方布喇菲格子沿立方体空间对角线位移1/2长度套构而成。在晶胞立方体的顶角上为Cl^-,而在体心上为Cs^+。如取氯离子的位置为原点,则铯离子在立方中心$\frac{a}{2}(\boldsymbol{i}+\boldsymbol{j}+\boldsymbol{k})$处。如立方体顶角上为$Cs^+$,体心上为$Cl^-$,也是一样的。因为氯离子周围情况都相同,可以把格点取在氯离子上,对铯离子亦然。由格点构成的最小重复单元为简立方,因此称氯化铯结构为简立方晶体结构。

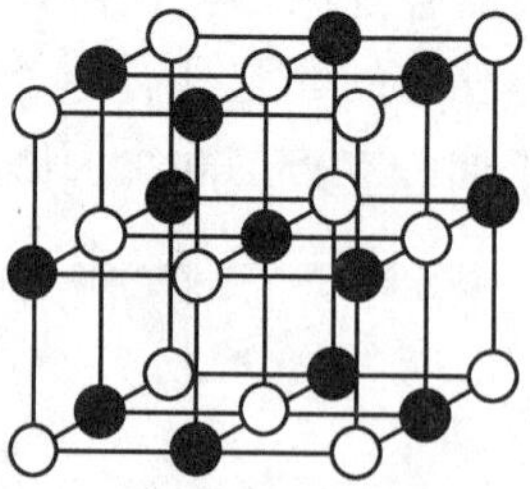

图1.10 氯化钠结构

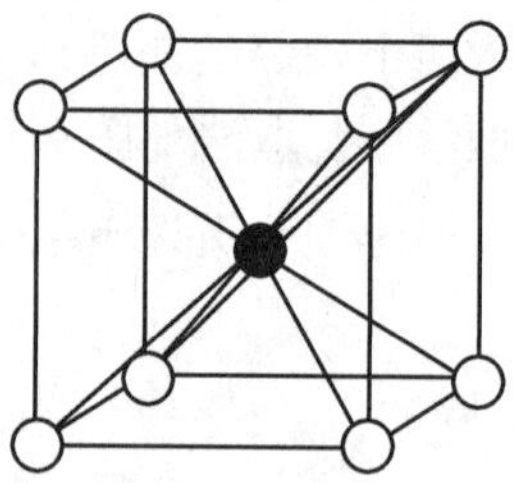

图1.11 氯化铯结构

3. 金刚石结构

金刚石晶体是由碳原子构成的两个面心立方点阵沿晶胞立方结构的对角线移动 1/4 对角线长度而构成的。由此看来，金刚石虽由一种原子构成，但由于相邻两原子周围的情况不同，所以金刚石结构不是布喇菲格子。金刚石结构的晶胞如图 1.12 所示，在一个面心立方原胞内还有四个原子，分别位于四个空间对角线的 1/4 处，即每个原子有四个最邻近的原子，这四个最邻近原子处在正四面体的顶角上。立方体的顶角及面心上的碳原子周围情况和对角线上四个碳原子的不同，因此，金刚石结构是个复式格子，它由两个面心立方的晶胞沿其空间对角线位移 1/4 长度套构而成。这里，固体物理学原胞的取法同面心立方布喇菲原胞的取法相同，原胞中包含两个不等同的碳原子。重要的半导体材料，如单晶锗、单晶硅等的结构和金刚石的结构相同。

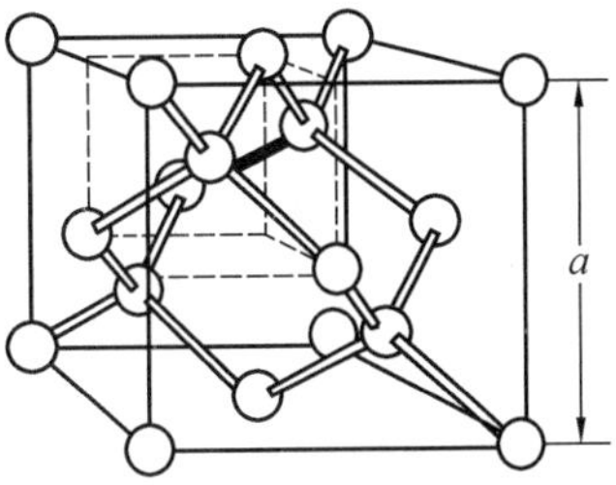

图 1.12　金刚石结构

立方系的硫化锌也具有与金刚石类似的结构，其中硫和锌分别组成面心立方的布喇菲格子而沿空间对角线位移 1/4 长度套构而成。另外，许多重要的化合物半导体，如锑化铟、砷化镓、磷化铟等与硫化锌结构相同，这样的结构统称闪锌矿结构。

1.4　密堆积　配位数

1.4.1　密堆积

阿羽依最初研究晶体结构时，提出了晶体是由一些相同的“实心基石”有规则地堆积而成的模型。这种观点虽然与物质结构的微粒性相矛盾，但由于它形象地描述了晶体内部的规则性特点，因此，目前人们仍采用这种堆积模型来描述简单的晶格结构。

粒子在晶体中的平衡位置处结合能最低，因此粒子在晶体中的排列应该采取尽可能的紧密方式。晶体中粒子排列的紧密程度，可以用粒子周围最近邻的粒子数来表述，这个数称为配位数。显然，粒子排列的愈紧密，配位数应该愈大。

下面讨论晶体中最大的配位数和可能的配位数的数目。如果晶体是由同种原子组成，且原子被视为刚性小球，则这些全同小球最紧密的堆积称为密堆积。密堆积所对应的配位数，就是晶体结构中最大的配位数。

1.4.2　密堆积结构

全同小球要构成密堆积方式，可以这样考虑：先把一些全同小球平铺在平面上，使这些球相切。其中，任一个球都和 6 个球相切，每三个相切的球的中心构成一等边三角形，且每个球的周围有 6 个空隙，这样由小球构成的一层平面，称为密排面。第二层也是同样的密排面，但要注意的是由于在每个球周围同一平面上只有相间的 3 个空隙的中心，第二层的小球要放在第一层相间的 3 个空隙里，这会构成又一个等边三角形。第二层的每个球和第一层相应位置的三个球相切。第三层也为密排面，但第三层的堆法有两种，从而决定了密堆积结构有图 1.13 所示的两种密堆积。

1. 六角密积

由上面的讨论可知,要形成密堆积,各原子层均应为密排面,且原子球心必须与相邻原子层的空隙相重合。如果把第三层的球放在第二层的 3 个相间的空隙内,并且沿竖直方向观察使第三层球与第一层球平行吻合,如图 1.13(a)所示。第四层与第二层也满足平行吻合。这样每两层为一组,规则地堆积下去,形成了垂直方向是个 6 度旋转反演轴的晶体结构,参见图 1.23(c),这种结构称为六角密积。

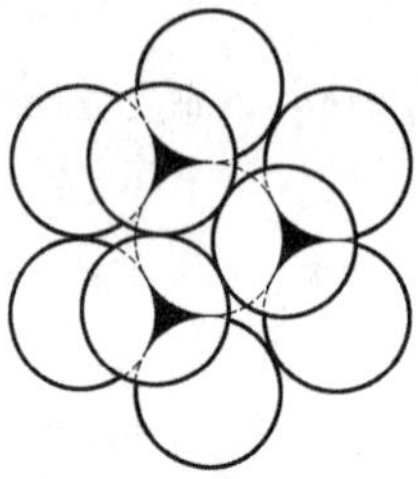

(a) 六角密积

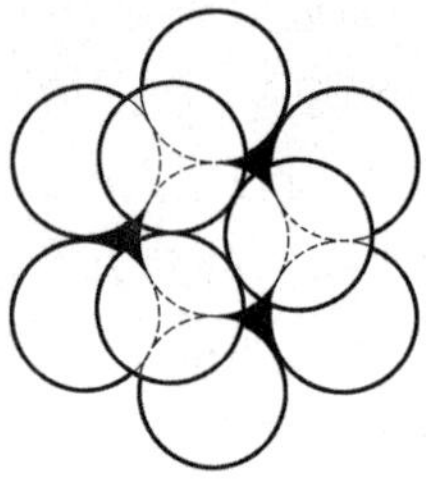

(b) 立方密积

图 1.13　密堆积

2. 立方密积

如果把第三层放在第二层 3 个相间的空隙内,但第三层的球是放在第二层的其他 3 个没有被第一层占据的空隙上面,那么第三层的球不在第一层球的顶上,如图 1.13(b)所示,而第四层的球则完全按第一层排列,即与第一层平行吻合。这样每三层为一组规则地堆积下去,形成面心立方结构,这种结构称为立方密积。层面的垂直方向是个 3 度旋转反演轴,参见图 1.23(a),该轴恰是立方体的空间对角线。

1.4.3　最大配位数

无论六角密积还是立方密积,每个球在同一层内与 6 个球相切,又与上下层的 3 个球相切,所以每个球最近邻的球数是 12,即晶体结构中最大的配位数为 12。

如果晶体不是由同一种原子构成,那么相应小球的体积不等,从而不可能形成密积结构,因此配位数一定小于 12。考虑到周期性和对称性的特点,晶体的配位数不可能是 11、10 和 9,所以次一个配位数应该是 8。晶体的配位数也不可能是 7,因此再次一个配位数应该是 6。同理,晶体的配位数也不可能是 5,则下一个配位数是 4,为四面体。配位数是 3 的为层状结构,而配位数是 2 的则为链状结构。

以上的考虑是基于粒子间相互作用为球对称的假设。如果相互作用不是球对称,则粒子根本不能被看作小球,但关于配位数的概念仍然适用,且晶体中最高的配位数仍是 12,以下的配位数依次是 8、6、4、3、2。

1.5 晶列　密勒指数

1.5.1 晶列　晶列指数

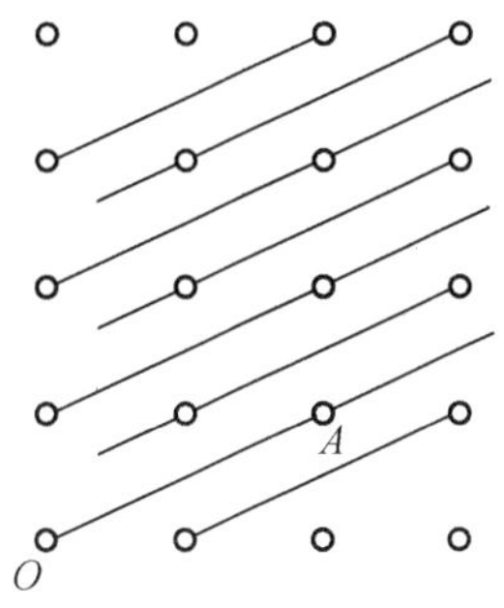

图 1.14　晶　列

由于布喇菲格子的所有格点周围情况均相同,因而可以通过任何两个格点连一直线,这样的直线称为晶列,如图1.14所示。显然,任一晶列包含无限个相同的格点,且格点的分布具有周期性。通过任何其他格点都有一晶列与所述晶列平行,且它们具有相同的周期。根据晶列的特点,在一个平面内,相邻晶列之间的距离一定相等。另外,通过一个格点可以得到无限多个晶列,其中每一晶列都有一族平行的晶列与之对应,所以平行晶列有无限多族。

每一族中的晶列均互相平行,并且完全等同。一族晶列有两个特征:一是晶列的取向,称为晶向;二是晶列上格点的周期。为明确起见,下面通过布喇菲格子介绍标示晶列的方法。

原胞是最小重复单元,格点只存在原胞的顶角上。取某一格点 O 为原点,以 $\boldsymbol{a}_1$、$\boldsymbol{a}_2$、$\boldsymbol{a}_3$ 为原胞的三个基矢,则晶格中其他任一格点 A 的位矢可以写成

$$\boldsymbol{R}_l = l'_1\boldsymbol{a}_1 + l'_2\boldsymbol{a}_2 + l'_3\boldsymbol{a}_3 \tag{1.6}$$

式中,l'_1、l'_2、l'_3 是整数。

若 l_1、l_2、l_3 是互质整数,且有 $l'_1 : l'_2 : l'_3 = l_1 : l_2 : l_3$,就可用 l_1、l_2、l_3 来表征晶列 OA 的方向。这样的三个互质整数称为晶列指数,记为$[l_1\ l_2\ l_3]$。$[l_1\ l_2\ l_3]$晶列上格点的周期记为

$$|\boldsymbol{R}_l| = |l_1\boldsymbol{a}_1 + l_2\boldsymbol{a}_2 + l_3\boldsymbol{a}_3|$$

在结晶学上,晶胞的体积是最小重复单元的简单整数倍。实际上,除顶角外,格点只存在晶胞体心或面心上,所以当取任一格点 O 为原点,并以 $\boldsymbol{a}$、$\boldsymbol{b}$、$\boldsymbol{c}$ 为基矢时,任何其他格点 A 的位矢为

$$\boldsymbol{R} = m'\boldsymbol{a} + n'\boldsymbol{b} + p'\boldsymbol{c} \tag{1.7}$$

式中,m'、n'、p'是有理数。

可以取三个互质整数 m、n、p,使 $m : n : p = m' : n' : p'$,并用 m、n、p 来标示晶列 OA 的方向,记为$[m\ n\ p]$,这样,晶列的指数总是互质的整数。显然,带轴的指数也就是$[l_1\ l_2\ l_3]$或$[m\ n\ p]$,因为带轴只不过是一些特殊的晶列。

1.5.2 晶面　晶面指数

实际上,通过任一格点不但可以作无限多个晶列,也可以作一些全同的晶面,从而构成一族平行晶面,并使所有的格点都在该族平行晶面上。这样一族晶面平行、等距,且各晶面上格点分布情况相同。晶格中有无限多族的平行晶面,沿不同的方向可以得到面间

距不同的晶面族,如图 1.15 所示。下面介绍标示晶面方位的方法。

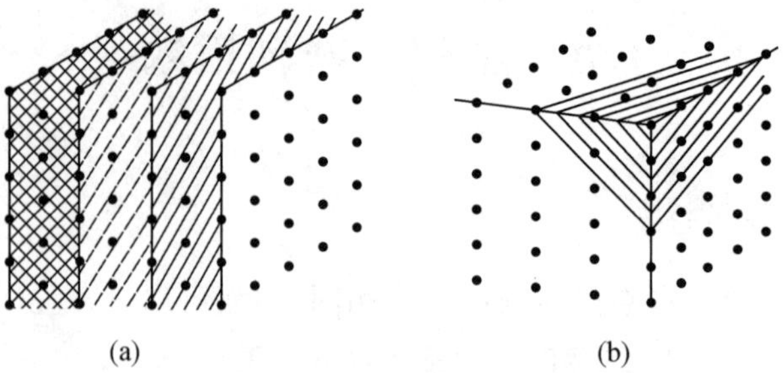

图 1.15　晶面族

要描述一个平面的方位,一般是在一个坐标系中给出该平面法线的方向余弦,或者表示出该平面在三个坐标轴上的截距。描写晶面的方位采用同样的方法,选取某一格点为原点,并以原胞的三个基矢 $\boldsymbol{a}_1$、$\boldsymbol{a}_2$、$\boldsymbol{a}_3$ 为坐标轴,这里三个轴不一定相互正交。设某一族晶面的面间距为 d,其法线方向的单位矢量为 $\boldsymbol{n}$,则在这族晶面中,距原点为 μd 的晶面方程式为

$$\boldsymbol{x} \cdot \boldsymbol{n} = \mu d \tag{1.8}$$

式中,μ 为整数;$\boldsymbol{x}$ 是晶面上任意点的位矢。

设此晶面与三个坐标轴的交点的位矢分别为 $r\boldsymbol{a}_1$、$s\boldsymbol{a}_2$、$t\boldsymbol{a}_3$,依次代入式(1.8)可得

$$\begin{cases} ra_1\cos(\boldsymbol{a}_1,\boldsymbol{n}) = \mu d \\ sa_2\cos(\boldsymbol{a}_2,\boldsymbol{n}) = \mu d \\ ta_3\cos(\boldsymbol{a}_3,\boldsymbol{n}) = \mu d \end{cases} \tag{1.9a}$$

即

$$\cos(\boldsymbol{a}_1,\boldsymbol{n}) : \cos(\boldsymbol{a}_2,\boldsymbol{n}) : \cos(\boldsymbol{a}_3,\boldsymbol{n}) = \frac{1}{ra_1} : \frac{1}{sa_2} : \frac{1}{ta_3} \tag{1.9b}$$

由于一族晶面包含了所有格点,因此,在三个基矢末端的格点必然分别落在该族不同晶面上。设 $\boldsymbol{a}_1$、$\boldsymbol{a}_2$、$\boldsymbol{a}_3$ 末端上的格点分别在距原点为 h_1d、h_2d、h_3d 的晶面上,这里 h_1、h_2、h_3 都是整数。按照式(1.8),对这三个晶面分别有

$$\boldsymbol{a}_1 \cdot \boldsymbol{n} = h_1 d$$
$$\boldsymbol{a}_2 \cdot \boldsymbol{n} = h_2 d$$
$$\boldsymbol{a}_3 \cdot \boldsymbol{n} = h_3 d$$

式中,$\boldsymbol{n}$ 是这族晶面公共法线的单位矢量。于是有

$$\begin{cases} a_1\cos(\boldsymbol{a}_1,\boldsymbol{n}) = h_1 d \\ a_2\cos(\boldsymbol{a}_2,\boldsymbol{n}) = h_2 d \\ a_3\cos(\boldsymbol{a}_3,\boldsymbol{n}) = h_3 d \end{cases} \tag{1.10a}$$

即

$$\cos(\boldsymbol{a}_1,\boldsymbol{n}) : \cos(\boldsymbol{a}_2,\boldsymbol{n}) : \cos(\boldsymbol{a}_3,\boldsymbol{n}) = \frac{h_1}{a_1} : \frac{h_2}{a_2} : \frac{h_3}{a_3} \tag{1.10b}$$

式(1.10b)表明,若 h_1、h_2、h_3 已知,则晶面族法线的方向余弦即可确定。因此,可用

h_1、h_2、h_3 来表征晶面方位，称 h_1、h_2、h_3 为晶面指数，记为($h_1\ h_2\ h_3$)。可以证明三个整数 h_1、h_2、h_3 是互质的。比较式(1.10b)和式(1.9b)，可得

$$h_1 : h_2 : h_3 = \frac{1}{r} : \frac{1}{s} : \frac{1}{t} \tag{1.11}$$

这说明，任一晶面族的晶面指数，可以由晶面族中任一晶面在基矢坐标轴上截距系数的倒数求出。晶面指数可正可负，当晶面在正区域与基矢坐标轴相截时，截距系数为正，在负区域相截时，截距系数为负。事实上，由于晶面族是一组平行而等距的晶面，其中各有一个晶面通过基矢的两端，从而这族晶面把基矢分别截成 h_1、h_2、h_3 个等份。

1.5.3 密勒指数

在结晶学中，常以晶胞的基矢 $\boldsymbol{a}$、$\boldsymbol{b}$、$\boldsymbol{c}$ 为坐标轴来表示晶面指数。在这样的坐标系中，表征晶面取向的互质整数称为晶面族的密勒指数，通常用($h\ k\ l$)表示。例如，在图1.16中的 ABC 面，截距为 $4a$、b、c，截距系数的倒数为1/4、1、1，其密勒指数为(1 4 4)。又如 $A'B'C'D'$ 面，截距为 $2a$、$4b$、∞c，截距系数的倒数为1/2、1/4、0，其密勒指数为(2 1 0)。而 EFG 面截距为 $-3a$、$-b$、$2c$，截距系数的倒数为 $-1/3$、-1、1/2，密勒指数为($\bar{2}\ \bar{6}\ 3$)。

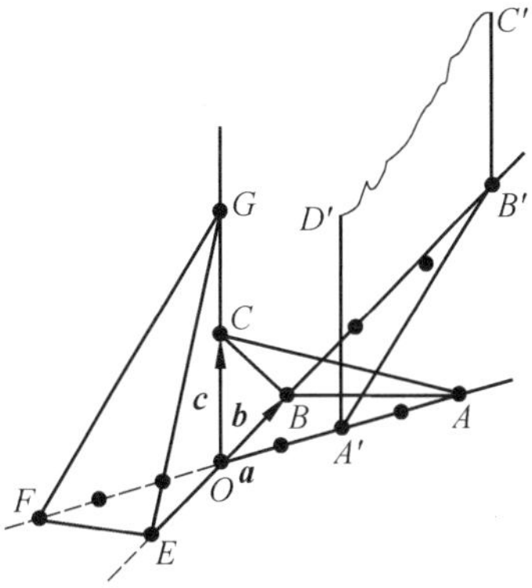

图1.16　密勒指数

在密勒指数简单的晶面族中，面间距 d 较大。对于一定的晶格，单位体积内格点数一定，因此晶面间距大的晶面上，格点(即原子)的面密度必然大。显然，面间距大的晶面，由于单位表面能量小，容易在晶体生长过程中显露在外表，故这种晶面容易解理。同时，由于面上原子密度大，对X射线的散射强，因而密勒指数简单的晶面族，在X射线衍射中，常被选做衍射面。

1.6 倒格子空间

1.6.1 倒格矢

在处理固体问题时，倒格子是一个重要的概念。为了便于理解，首先作形象化说明。

在已知晶格基矢和法线取向的前提下，可得出晶面的密勒指数，因而晶面族中最靠近原点的晶面截距和面间距均可得出，即晶面族可以完全确定。设想有这样的情况：晶格的基矢是未知的，现在只有一些周期性分布的点子，同所讨论的晶格中每族晶面有一一对应的关系，那么通过对应关系所联系的规律，原则上可以把晶格的基矢确定出来。这种设想的现实意义是与X射线衍射现象联系在一起的。我们知道，晶格的周期性决定了它可以作为X射线衍射的三维光栅。为简便计，以二维的简单晶格为例，利用晶体的X射线衍射

来引出倒格子空间的概念。

1. 正格矢　倒格矢

在图 1.17 所示的 X 射线衍射中，$\boldsymbol{S}_0$ 和 $\boldsymbol{S}$ 是入射线和衍射线的单位矢量，任一格点 P 的位矢为 $\boldsymbol{R}_l = l_1\boldsymbol{a}_1 + l_2\boldsymbol{a}_2 + l_3\boldsymbol{a}_3$，经过 O 点和 P 点的 X 射线，衍射前后的光程差为

$$\overline{AO} + \overline{OB} = -\boldsymbol{R}_l \cdot \boldsymbol{S}_0 + \boldsymbol{R}_l \cdot \boldsymbol{S} = \boldsymbol{R}_l \cdot (\boldsymbol{S} - \boldsymbol{S}_0)$$

由衍射理论可知，衍射极大的条件为

$$\boldsymbol{R}_l \cdot (\boldsymbol{S} - \boldsymbol{S}_0) = \mu\lambda$$

其中，λ 为波长，μ 为整数。令

$$\boldsymbol{k} - \boldsymbol{k}_0 = \frac{2\pi}{\lambda}(\boldsymbol{S} - \boldsymbol{S}_0)$$

则衍射极大的条件又可以写成

$$\boldsymbol{R}_l \cdot (\boldsymbol{k} - \boldsymbol{k}_0) = 2\pi\mu \qquad (1.12)$$

其中，$\boldsymbol{k}$ 和 $\boldsymbol{k}_0$ 分别为 X 射线的衍射波矢和入射波矢。如令

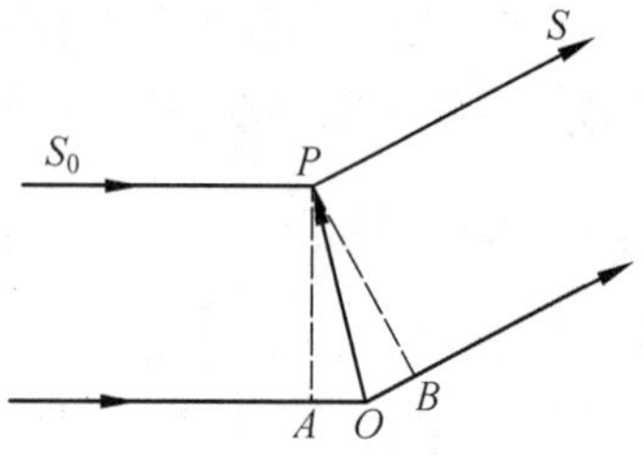

图 1.17　X 射线衍射

$$\boldsymbol{k} - \boldsymbol{k}_0 = \boldsymbol{K}_{h'}$$

则式(1.12)可以改写为

$$\boldsymbol{R}_l \cdot \boldsymbol{K}_{h'} = 2\pi\mu \qquad (1.13)$$

式(1.13)表明，$\boldsymbol{R}_l$ 与 $\boldsymbol{K}_{h'}$ 的量纲互为倒逆。其中，$\boldsymbol{R}_l$ 是格点的位矢，称为正格矢，而 $\boldsymbol{K}_{h'}$ 为正格矢的倒矢量，称为倒格矢。

正格矢是正格子基矢 $\boldsymbol{a}_1$、$\boldsymbol{a}_2$、$\boldsymbol{a}_3$ 的线性组合，根据式(1.13)，可设倒格矢亦为线性组合，并写成

$$\boldsymbol{K}_{h'} = h'_1\boldsymbol{b}_1 + h'_2\boldsymbol{b}_2 + h'_3\boldsymbol{b}_3 \qquad (1.14)$$

这里，h'_1、h'_2、h'_3 是整数，且 $\boldsymbol{b}_j(j=1,2,3)$ 与正格子基矢 $\boldsymbol{a}_i(i=1,2,3)$ 之间符合以下关系

$$\boldsymbol{a}_i \cdot \boldsymbol{b}_j = 2\pi\delta_{ij} = \begin{cases} 2\pi & (i=j) \\ 0 & (i \neq j) \end{cases} \qquad (1.15)$$

式(1.15)表明，$\boldsymbol{b}_j(j=1,2,3)$ 与正格子基矢 $\boldsymbol{a}_i(i=1,2,3)$ 的量纲互为倒逆，所以，$\boldsymbol{b}_j(j=1,2,3)$ 应为倒格子基矢。显然，以 $\boldsymbol{a}_i$ 为基矢的格子和以 $\boldsymbol{b}_j$ 为基矢的格子，互为正、倒格子。

2. 倒格矢与正格矢的关系

参见图 1.18，令正格子的基矢为 $\boldsymbol{a}_1$、$\boldsymbol{a}_2$、$\boldsymbol{a}_3$，设 a_1a_2、a_2a_3、a_3a_1 面族的面间距分别为 d_3、d_1、d_2。作 $O'P' \perp a_1a_2$ 面，在 $O'P'$ 上截取一段 $O'P = b_3$，使 $b_3 = 2\pi/d_3$。同样，对于 a_2a_3 面得出 $b_1 = 2\pi/d_1$；对于 a_3a_1 面得出 $b_2 = 2\pi/d_2$。由此得出的三个矢量 $\boldsymbol{b}_1$、$\boldsymbol{b}_2$、$\boldsymbol{b}_3$ 就取为倒格子的基矢。原胞是由基矢 $\boldsymbol{a}_1$、$\boldsymbol{a}_2$、$\boldsymbol{a}_3$ 所组成的平行六面体，其底为 a_1a_2 面，高为 a_1a_2 面族的面间距 d_3。正格子原胞的体积为

$$\Omega = d_3 \cdot (a_1a_2\sin\theta) = d_3\,|\boldsymbol{a}_1 \times \boldsymbol{a}_2|$$

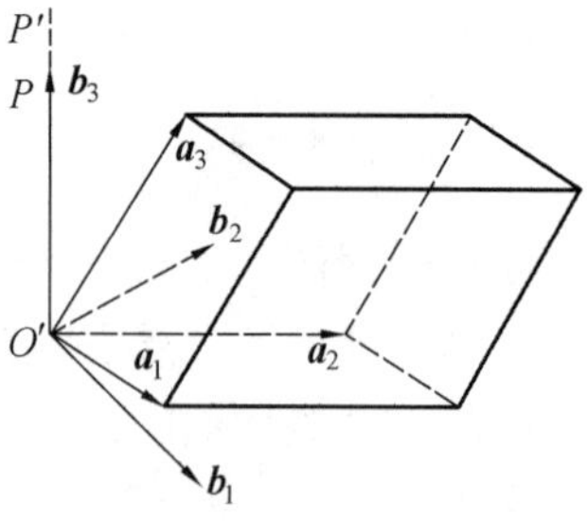

图 1.18　倒格子基矢

即

$$b_3 = \frac{2\pi}{d_3} = \frac{2\pi\,|\boldsymbol{a}_1 \times \boldsymbol{a}_2|}{\Omega}$$

又因矢量 $\boldsymbol{b}_3$ 和矢量 $\boldsymbol{a}_1 \times \boldsymbol{a}_2$ 的方向一致，于是倒格子基矢 $\boldsymbol{b}_3$ 可以写成

$$\boldsymbol{b}_3 = \frac{2\pi(\boldsymbol{a}_1 \times \boldsymbol{a}_2)}{\Omega} \tag{1.16a}$$

同理，倒格子基矢 $\boldsymbol{b}_1$ 和 $\boldsymbol{b}_2$ 也可以分别写成

$$\boldsymbol{b}_2 = \frac{2\pi(\boldsymbol{a}_3 \times \boldsymbol{a}_1)}{\Omega} \tag{1.16b}$$

$$\boldsymbol{b}_1 = \frac{2\pi(\boldsymbol{a}_2 \times \boldsymbol{a}_3)}{\Omega} \tag{1.16c}$$

式(1.16)为正格子和倒格子基矢之间的关系式。显然，根据正格子可以得出倒格子，反之亦然。

1.6.2 倒格子空间

正格子基矢在空间平移可构成正格子，倒格子基矢在空间平移可构成倒格子。由正格子所组成的空间是位置空间或称为坐标空间，而由倒格子所组成的空间则可理解为状态空间，称为倒格子空间，或 $\boldsymbol{K}$ 空间。由基矢 $\boldsymbol{a}_1$、$\boldsymbol{a}_2$、$\boldsymbol{a}_3$ 所组成的平行六面体是原胞，则由 $\boldsymbol{b}_1$、$\boldsymbol{b}_2$、$\boldsymbol{b}_3$ 组成的平行六面体应为倒格子原胞。

另外，晶列和晶面在倒格子空间有同正格子空间相对应的定义。下面介绍倒格子和正格子的一些重要关系，以加深对倒格子的认识。

1. 除 $(2\pi)^3$ 因子外，正格子原胞的体积 Ω 和倒格子原胞体积 Ω^* 互为倒数

因为

$$\Omega^* = \boldsymbol{b}_1 \cdot [\boldsymbol{b}_2 \times \boldsymbol{b}_3] = \frac{(2\pi)^3}{\Omega^3}[\boldsymbol{a}_2 \times \boldsymbol{a}_3] \cdot [\boldsymbol{a}_3 \times \boldsymbol{a}_1] \times [\boldsymbol{a}_1 \times \boldsymbol{a}_2]$$

根据矢量运算公式

$$\boldsymbol{A} \times (\boldsymbol{B} \times \boldsymbol{C}) = (\boldsymbol{A} \cdot \boldsymbol{C})\boldsymbol{B} - (\boldsymbol{A} \cdot \boldsymbol{B})\boldsymbol{C}$$

则有

$$[\boldsymbol{a}_3 \times \boldsymbol{a}_1] \times [\boldsymbol{a}_1 \times \boldsymbol{a}_2] = \{[\boldsymbol{a}_3 \times \boldsymbol{a}_1] \cdot \boldsymbol{a}_2\}\boldsymbol{a}_1 - \{[\boldsymbol{a}_3 \times \boldsymbol{a}_1] \cdot \boldsymbol{a}_1\}\boldsymbol{a}_2 = \Omega \boldsymbol{a}_1$$

于是可得倒格子原胞体积为

$$\Omega^* = \frac{(2\pi)^3}{\Omega^3}[\boldsymbol{a}_2 \times \boldsymbol{a}_3] \cdot \Omega \boldsymbol{a}_1 = \frac{(2\pi)^3}{\Omega^2}[\boldsymbol{a}_2 \times \boldsymbol{a}_3] \cdot \boldsymbol{a}_1 = \frac{(2\pi)^3}{\Omega} \tag{1.17}$$

2. 正格子晶面族 $(h_1\ h_2\ h_3)$ 和倒格矢 $\boldsymbol{K}_h = h_1\boldsymbol{b}_1 + h_2\boldsymbol{b}_2 + h_3\boldsymbol{b}_3$ 正交

晶面族 $(h_1\ h_2\ h_3)$ 中，最靠近原点的晶面 ABC 在基矢 $\boldsymbol{a}_1$、$\boldsymbol{a}_2$、$\boldsymbol{a}_3$ 上的截距分别为 $\boldsymbol{a}_1/h_1$、$\boldsymbol{a}_2/h_2$ 和 $\boldsymbol{a}_3/h_3$，如图1.19所示。由图可知，矢量 $\overrightarrow{CA} = \overrightarrow{OA} - \overrightarrow{OC} = (\boldsymbol{a}_1/h_1) - (\boldsymbol{a}_3/h_3)$ 和矢量 $\overrightarrow{CB} = \overrightarrow{OB} - \overrightarrow{OC} = (\boldsymbol{a}_2/h_2) - (\boldsymbol{a}_3/h_3)$ 都在 ABC 面上。

利用式(1.14)和式(1.15)可以证明，$\boldsymbol{K}_h \cdot \overrightarrow{CA} = 0$ 和 $\boldsymbol{K}_h \cdot \overrightarrow{CB} = 0$，因此，倒格矢 $\boldsymbol{K}_h$ 必与晶面族 $(h_1\ h_2\ h_3)$ 正交。

3. 倒格矢 K_h 长度正比于晶面族$(h_1\ h_2\ h_3)$面间距的倒数

图1.19中的 ABC 面是晶面族$(h_1\ h_2\ h_3)$中最靠近原点的晶面，该族晶面的面间距 $d_{h_1h_2h_3}$ 就等于原点到 ABC 面的距离。由于该族晶面的法线方向可用 $\boldsymbol{K}_h$ 表示，所以有

$$d_{h_1h_2h_3}=\frac{\boldsymbol{a}_1}{h_1}\cdot\frac{\boldsymbol{K}_h}{|\boldsymbol{K}_h|}=\frac{\boldsymbol{a}_1\cdot(h_1\boldsymbol{b}_1+h_2\boldsymbol{b}_2+h_3\boldsymbol{b}_3)}{h_1|h_1\boldsymbol{b}_1+h_2\boldsymbol{b}_2+h_3\boldsymbol{b}_3|}=\frac{2\pi}{|\boldsymbol{K}_h|}\tag{1.18}$$

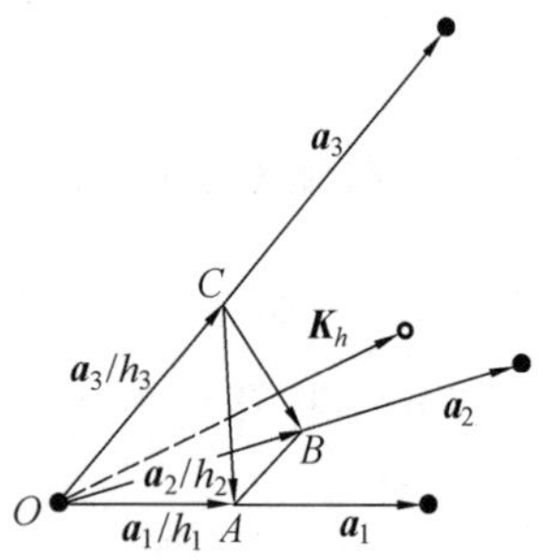

图1.19　晶面 ABC 图

因此，晶面族$(h_1h_2h_3)$中距原点为 $\mu d_{h_1h_2h_3}$ 的晶面方程式可以写成

$$\boldsymbol{X}\cdot\frac{\boldsymbol{K}_h}{|\boldsymbol{K}_h|}=\mu d_{h_1h_2h_3}\qquad(\mu=0,\ \pm1,\ \pm2,\ \pm3,\cdots)\tag{1.19}$$

式中，$\boldsymbol{X}$ 为该晶面上任意点的位矢。

对于该面上的格点，其位矢为 $\boldsymbol{R}_l=l_1\boldsymbol{a}_1+l_2\boldsymbol{a}_2+l_3\boldsymbol{a}_3$。同时利用式(1.18)，可以得到

$$\boldsymbol{R}_l\cdot\boldsymbol{K}_h=2\pi\mu\qquad(\mu=0,\ \pm1,\ \pm2,\ \pm3,\cdots)\tag{1.20}$$

虽然式(1.20)形式上和式(1.13)一样，但这里赋予了它新的意义。正格矢和倒格矢恒满足式(1.20)，反之，如果两矢量满足式(1.20)，而其中一个是正格矢，则另一个必为倒格矢。这个结论在下面讨论X射线衍射时非常重要。

前面引进倒格子这一概念时，已指出倒格点 P 和一族晶面相对应；通过平移 P，可得出整个倒格子空间。现在又知道与晶面族$(h_1\ h_2\ h_3)$相对应的倒格矢为

$$\boldsymbol{K}_h=h_1\boldsymbol{b}_1+h_2\boldsymbol{b}_2+h_3\boldsymbol{b}_3$$

这里，h_1、h_2、h_3 是互质的整数。为了清楚地描写倒格子的周期性，我们把倒格矢的表述加以推广，写成如下形式

$$\boldsymbol{K}_{h'}=n\boldsymbol{K}_h=n(h_1\boldsymbol{b}_1+h_2\boldsymbol{b}_2+h_3\boldsymbol{b}_3)\tag{1.21}$$

式中，n 为整数，它的意义将在讨论晶体对X射线的衍射时予以说明。

1.7　晶体的对称性　对称操作

1.7.1　晶体的对称性　对称操作

由于晶面作有规则的配置，因此晶体在外型上具有一定的对称性质。这种宏观上的对称性，是晶体内在结构规律性的体现，它意味着晶体可以进行对称操作，并且具有同该对称操作相联系的对称元素。例如，立方体岩盐晶体绕其中心轴每转90°，晶体自身重合。六面柱形石英晶体，绕其柱轴每转120°，晶体亦自身重合(参看图1.22)。对于外表具有较多个晶面的单晶体，往往不能直接判别它的对称特征，必须经过测角和投影以后，才能对它的对称规律进行分析研究。

与一般的几何图形不同，由于晶格周期性的限制，晶体仅具有为数不多的对称类型。在分析晶体的宏观对称性时，必须掌握下列几种类型的对称元素和对称操作。这些对称

元素分别为对称面(或镜面)、对称中心(或反演中心)、旋转轴和旋转反演轴。相应的对称操作分别是:(1)对对称面的反映。(2)晶体各点通过中心的反演。(3)绕轴的一次或多次旋转。(4)一次或多次旋转之后再经过中心的反演。

1.7.2 对称操作的变换关系

为对晶体结构的对称性建立基本的了解,下面对上述基本的对称操作进行简单的讨论。

1. 转动

同刚体一样,晶格中任何两点间的距离,在操作前后应保持不变。如用数学表示,这些操作就是熟知的线性变换。

若晶体与直角坐标系绕 x_1 轴转过 θ 角,则晶体中任一点(x_1,x_2,x_3)变为另一点(x'_1,x'_2,x'_3),如图1.20所示。其变换关系为

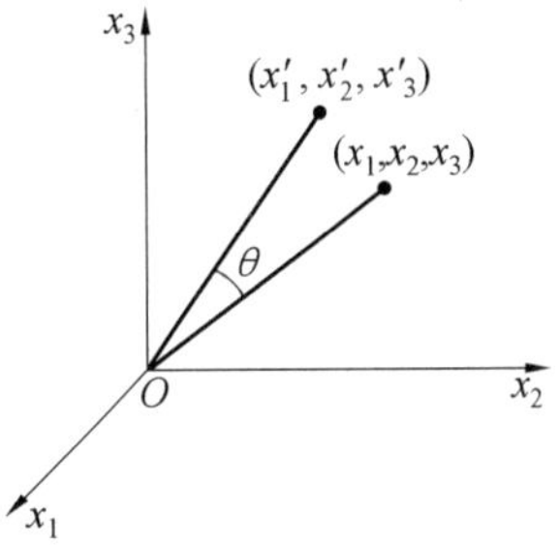

图 1.20 刚性图形的转动

$$x'_1 = x_1$$
$$x'_2 = x_2\cos\theta - x_3\sin\theta$$
$$x'_3 = x_2\sin\theta + x_3\cos\theta$$

或用矩阵表示为

$$\begin{pmatrix} x'_1 \\ x'_2 \\ x'_3 \end{pmatrix} = \begin{pmatrix} 1 & 0 & 0 \\ 0 & \cos\theta & -\sin\theta \\ 0 & \sin\theta & \cos\theta \end{pmatrix} \begin{pmatrix} x_1 \\ x_2 \\ x_3 \end{pmatrix}$$

转动操作由下面变换矩阵 $\boldsymbol{A}$ 表示,即

$$\boldsymbol{A} = \begin{pmatrix} 1 & 0 & 0 \\ 0 & \cos\theta & -\sin\theta \\ 0 & \sin\theta & \cos\theta \end{pmatrix} \tag{1.22}$$

2. 对称中心和反演

取中心为原点,将晶体中任一点(x_1,x_2,x_3)变成($-x_1,-x_2,-x_3$),即

$$x'_1 = -x_1 \qquad x'_2 = -x_2 \qquad x'_3 = -x_3$$

其矩阵表示形式为

$$\begin{pmatrix} x'_1 \\ x'_2 \\ x'_3 \end{pmatrix} = \begin{pmatrix} -1 & 0 & 0 \\ 0 & -1 & 0 \\ 0 & 0 & -1 \end{pmatrix} \begin{pmatrix} x_1 \\ x_2 \\ x_3 \end{pmatrix}$$

通常用下面变换矩阵 $\boldsymbol{A}$ 来代表中心反演操作,即

$$\boldsymbol{A} = \begin{pmatrix} -1 & 0 & 0 \\ 0 & -1 & 0 \\ 0 & 0 & -1 \end{pmatrix} \tag{1.23}$$

一般地,表示对称元素和对称操作的符号有两种,一种叫熊夫利符号,另一种叫国际符号。对称中心和反演操作无论熊夫利符号,还是国际符号均用 i 表示。

3. 对称面和反映

以 $x_3=0$ 面作为镜面,将晶体中的任何一点(x_1,x_2,x_3)变成另一点$(x_1,x_2,-x_3)$,这一变换称为镜像变换,其变换矩阵为

$$\boldsymbol{A}=\begin{pmatrix}1 & 0 & 0\\ 0 & 1 & 0\\ 0 & 0 & -1\end{pmatrix} \tag{1.24}$$

标志对称面,熊夫利符号用 C_s,国际符号用 m,平面反映操作也用同样的符号表示。

在上述三种变换中,由于变换矩阵 $\boldsymbol{A}$ 的转置矩阵 $\boldsymbol{A}'$是 $\boldsymbol{A}$ 的逆矩阵 $\boldsymbol{A}^{-1}$,所以三种变换都是正交变换。

1.7.3 晶格转轴的度数

设在图 1.21 中,B_1、A、B、A_1 是晶体中某一晶面(纸面)上的一个晶列,AB 是这晶列上相邻两个格点的距离。如果晶格绕通过格点 A 并垂直于纸面的 u 轴转 θ 角后,能自身重合,则由于晶格的周期性,通过格点 B 也有一个旋转轴 u。下面分两种情况讨论。

1. 旋转角 $0\leqslant\theta\leqslant\frac{\pi}{2}$

通过 A 处的 u 轴顺时针方向转过 θ 后,使 B_1 点转到 B'。若通过 B 处的 u 轴逆时针方向转过 θ 角后,A_1 点转到 A'。经过转动后,要使晶格能自身重合,则 A'、B' 点必须是格点。由于 $A'B'$和 AB 平行,$A'B'$ 必须等于 AB 的正整数倍,而 $A'B'=AB(1+2\cos\theta)$,因此,$\cos\theta=0,1/2,1$。即

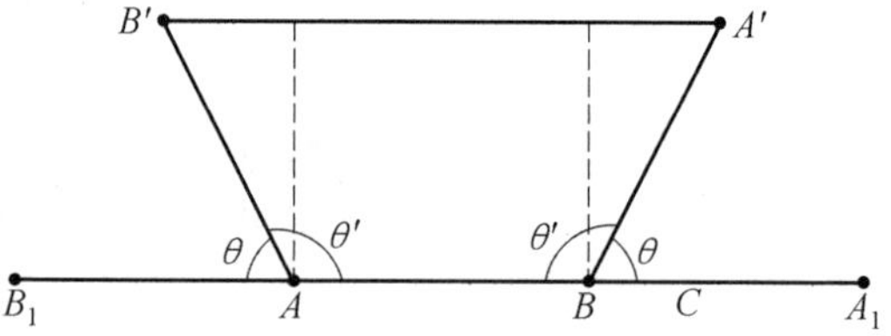

图 1.21 晶体中某一晶面的晶列

$$\theta=\pi/2,\quad \pi/3,\quad 0 \tag{1.25}$$

2. 旋转角 $\theta\geqslant\frac{\pi}{2}$

此时,通过 A'处的 u 轴逆时针转过 θ'角后,B 转到 B',如绕通过 B 处的 u 轴顺时针方向转过 θ'角后,A 点转到 A'。因为 $A'B'$平行于 AB,得

$$A'B'=AB[1+2\cos(\pi-\theta')]=AB(1-2\cos\theta')$$

经过转动后,要使晶格能自身重合,则 A'、B'必须是格点,并且 $A'B'$必是 AB 的正整数倍。所以有

$$\theta'=\pi/2,\quad 2\pi/3,\quad \pi \tag{1.26}$$

综上所述,旋转角 θ 可写成 $2\pi/n$,n 称为转轴的次数或度数,只可取 1、2、3、4、6,即晶体中只可存在 1、2、3、4、6 度转轴,而不可能有 5 度旋转对称轴和大于 6 度的旋转对称轴。这是因为晶体有限的旋转对称要受到内部结构中点阵无限周期分布的限制,有限外形的旋转不能破坏点阵无限的周期排列。显然,只有点阵的任一原胞作同样旋转操作后,仍能填满整个空间,使其既没有自身的重叠,也不留下任何空隙,才能保证这一点。

1.7.4 晶体的基本对称操作

下面介绍晶体的几种基本对称操作。

1. n 度旋转对称轴

若晶体绕某一固定轴旋转角度 $\theta=2\pi/n$ 以后能自身重合，则称该轴为 n 度（或 n 次）旋转对称轴。n 只能取 1、2、3、4、6；晶体不能有 5 度或 6 度以上的转轴。对应 n 的上述取值，相应的熊夫利符号分别是 C_1、C_2、C_3、C_4、C_6，同样的符号代表对应的旋转操作。而国际符号则直接应用 1、2、3、4、6 表示相应的旋转轴和旋转操作。表 1.1 列出了文献资料中常用的对称轴度数与对应的几何符号，一般地，几何符号标记在对称轴两端。

表 1.1　对称轴度数的符号表

对称轴的度数 n	2	3	4	6
符号	⬬	▼	■	⬢

图 1.22 给出了晶体的转动对称性，其中（a）表示方解石菱面体的 3 度转轴，（b）表示岩盐立方体的 4 度、3 度及 2 度转轴，而（c）表示硅钼酸钾晶体的 6 度及 2 度转轴。

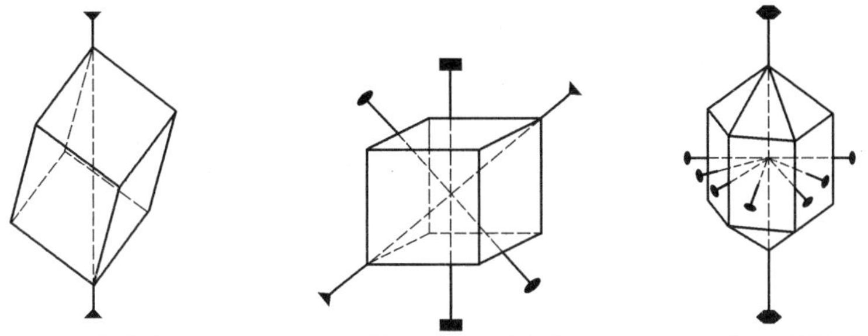

(a) 3度转轴　(b) 4度、3度和2度转轴　(c) 6度和2度转轴

图 1.22　晶体的转动对称

2. n 度旋转反演轴

若绕某一对称轴旋转 $2\pi/n$ 角度以后，再经过中心反演（即 $x\to-x, y\to-y, z\to-z$），晶体能自身重合，则称该轴为 n 度旋转反演轴，又称 n 度像转轴，这是一种复合对称操作。显然，晶体的旋转反演轴也只有 1、2、3、4、6 度，而不可能有 5 度或 6 度以上的旋转反演轴，国际符号用 $\bar{1}$、$\bar{2}$、$\bar{3}$、$\bar{4}$、$\bar{6}$ 表示。

$\bar{1}$ 表示中心反演，称为对称心，即 $\bar{1}=i$。

2 度旋转反演轴表示为 $\bar{2}$，是垂直于该轴的对称面（镜像），即 $\bar{2}=m$。

$\bar{3}$ 的效果和 3 度转轴加上对称心 i 的总效果一样，如图 1.23（a）所示。经转动 120° 后，格点 1 到达 1′，再经中心反演到达格点 2，再转 120°后，2→2′，中心反演后到达格点 3，依此类推。显然，由 1 出发，可得出 2、6、4 和 5、3、1 诸点。由图可以看出，这些点的分布具有3 度转轴加对称心 i 的对称性。

6 度像转轴的效果同 3 度轴加上垂直于该轴的对称面的总效果一样，如图 1.23（c）所示。

4 度旋转反演轴的情况与上述有所不同。一般来说，4 度旋转反演轴的效果并不等于

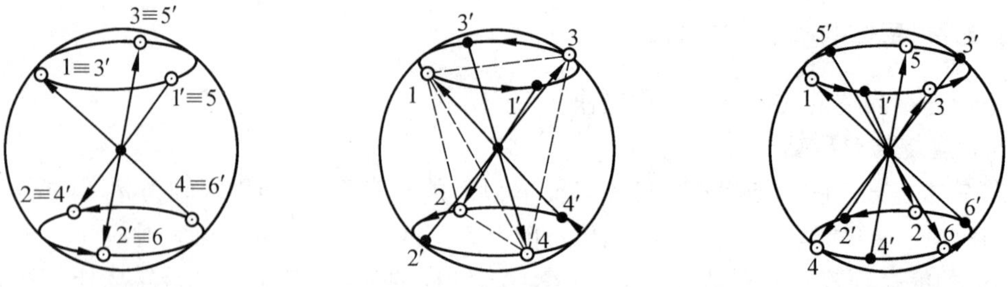

(a) 3度旋转反演轴　(b) 4度旋转反演轴　(c) 6度旋转反演轴

图 1.23　旋转反演轴示意图

4度转轴加对称中心。$\bar{4}$ 与 $\bar{1}$、$\bar{2}$、$\bar{3}$、$\bar{6}$ 不同，因为 $\bar{1}=i$，$\bar{2}=m$，$\bar{3}=3+i$，$\bar{6}=3+m$，在有1、2、3、4、6、i 和 m 的情况下，它们都不是独立的，惟有 $\bar{4}$ 是一个独立的对称元素和对称操作，这可利用图1.23(b)进行说明。图形转90°后，1→1′，经中心反映1′→2，再转90°，2→2′，经中心反映后2′→3，依此类推。这样就得出如图所示的两个相同四面体1243和1′3′2′4′。这两个四面体具有4度旋转反演轴的对称性。譬如，将四面体1243转90°后，并不同自身重合，而是同四面体1′2′4′3′重合，但将四面体1′2′4′3′再上下倒翻一下，就和四面体1243重合起来。为清楚起见，可参看图1.24。将1.24(a)图内的四面体 $ABDE$ 转90°后，成为1.24(b)图内的 $A'B'D'E'$；再经中心反映后，$A'B'$ 翻到下面，$E'D'$ 翻到上面，就和原来的 $ABDE$ 重合。

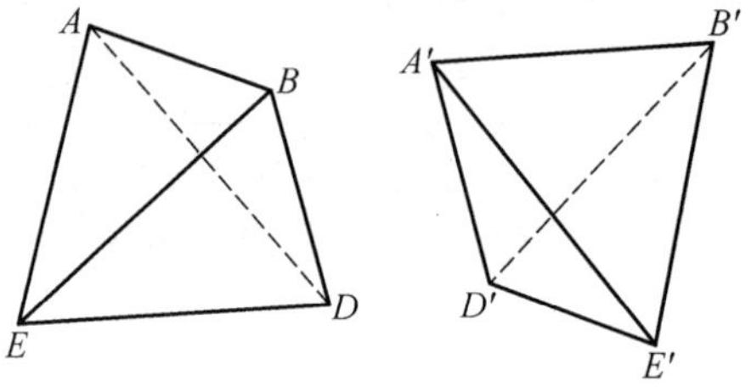

(a)　(b)

图 1.24　4度旋转反演示意图

综上所述，在晶体的宏观对称性中，有以下八种基本对称操作元素，或称为素对称操作，即

$$1,2,3,4,6,i,m,\text{和}\ \bar{4}$$

把这些素对称操作组合起来，就得到32种不包括平移的宏观对称类型，在数学上称为32个点群。表1.2列出了晶体的32种宏观对称类型。

表 1.2　熊夫利符号表示的晶体的32种宏观对称类型

符号	符 号 的 意 义	对 称 类 型	数目
C_n	具有 n 度旋转对称轴	C_1,C_2,C_3,C_4,C_6	5
C_i	对称心(i)	$C_i(=S_2)$	1
C_s	对称面(m)	C_s	1
C_{nh}	h 代表除 n 度轴外还有与轴垂直的水平对称面	$C_{2h},C_{3h},C_{4h},C_{6h}$	4
C_{nv}	v 代表除 n 度轴外还有通过该轴的铅垂对称面	$C_{2v},C_{3v},C_{4v},C_{6v}$	4
D_n	具有 n 度旋转轴及 n 个与之垂直的2度旋转轴	D_2,D_3,D_4,D_6	4
D_{nh}	h 的意义与前相同	$D_{2h},D_{3h},D_{4h},D_{6h}$	4

续表 1.2

符号	符 号 的 意 义	对 称 类 型	数目
D_{nd}	d 表示还有一个平分两个 2 度旋转轴间夹角的对称面	D_{2d}, D_{3d}	2
S_n	经 n 度旋转后，再经垂直该轴的平面的镜像	$C_{4i}(=S_4)$, $C_{3h}(=S_3)$	2
T	代表四个 3 度旋转轴和三个 2 度旋转轴（四面体的对称性）	T	1
T_h	h 的意义与前相同	T_h	1
T_d	d 的意义与前相同	T_d	1
O	代表三个互相垂直的 4 度旋转轴及六个 2 度、四个 3 度的旋转轴	O, O_h	2
	总 共		32

以立方晶系中 O_h 的对称性作为一个例子，它有三个互相垂直的 4 度轴，这三个 4 度轴分别平行于晶轴，且通过立方体的中心，四个平行于空间对角线的 3 度轴，六个 2 度轴，如图 1.22(b)所示。相应的它还有 4 度旋转反演轴，3 度旋转反演轴，三个和 4 度轴垂直的对称面，六个和 2 度轴垂直的对称面，如图 1.25 所示。再加上 1 度轴和一个对称心，一共有 48 个对称操作。

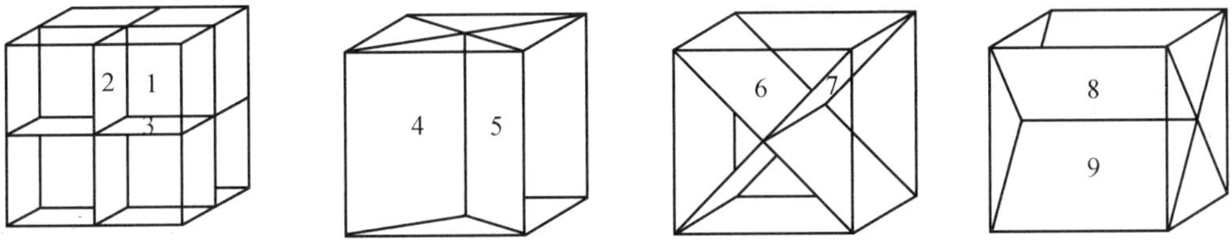

图 1.25　立方系中 O_h 的对称性

1.8　晶格结构的基本类型

结晶学中所选取的布喇菲原胞，亦即晶胞，不仅要反映晶格的周期性，而且还要反映晶体的对称性。晶胞的基矢沿对称轴或沿对称面的法线方向，构成了晶体的坐标系。基矢的指向为坐标轴方向，坐标轴即是晶轴。晶轴上的周期为基矢的模，称为晶格常数。按坐标的性质，晶体可划分为七大晶系。根据晶胞上格点的分布特点，晶体结构又分成 14 种布喇菲格子。本节介绍七大晶系中晶轴的选取，并列出各晶系的布喇菲原胞。

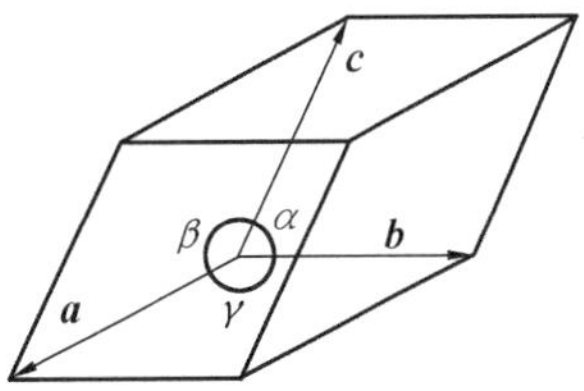

图 1.26　晶胞

因为结晶学中的三个基矢 $\boldsymbol{a}$、$\boldsymbol{b}$、$\boldsymbol{c}$ 沿晶体的对称轴或对称面的法向，在一般情况下，它们构成斜坐标系。$\boldsymbol{a}$、$\boldsymbol{b}$ 间的夹角为 γ，$\boldsymbol{b}$、$\boldsymbol{c}$ 间的夹角为 α，$\boldsymbol{c}$、$\boldsymbol{a}$ 间的夹角为 β，如图 1.26 所示。现列出按坐标系性质划分的七大晶系。

1. 三斜晶系

三斜晶系有两种对称类型，其国际符号表述为 1 和 $\bar{1}$。这两种对称类型既无对称轴又无对称面，即

$$\alpha \neq \beta \neq \gamma \neq 90°;\text{且 } a \neq b \neq c \tag{1.27}$$

2. 单斜晶系

这个晶系的三种类型分别为 2、m 和 $2/m$，它们或有一个 2 度转轴，或有一个对称面。取 $\boldsymbol{b}$ 沿 2 度转轴或沿对称面法线方向，且 $\boldsymbol{a} \perp \boldsymbol{b}$，$\boldsymbol{c} \perp \boldsymbol{b}$，其坐标系的特点是

$$\alpha = \gamma = 90°, \beta > 90°;\text{且 } a \neq b \neq c \tag{1.28}$$

因为只有 $\boldsymbol{a}$ 和 $\boldsymbol{c}$ 是互相倾斜的，所以称为单斜系。

3. 正交晶系

这种晶系所属的三种类型分别为 222、$mm2$ 和 mmm。这三种类型都具有互相垂直的对称方向，所以有

$$\alpha = \beta = \gamma = 90°;\text{且 } a \neq b \neq c \tag{1.29}$$

正交晶系又称斜方晶系，其对称特点是具有三个互相垂直的 2 度轴或二个正交的对称面。

4. 正方晶系

正方晶系亦称四方晶系，该晶系七种类型的国际符号分别为 4、$\bar{4}$、$4/m$、4 2 2、4 m m、$\bar{4}$ m 2、$4/m$ m m。它们都有一个 4 度转轴（$4/m$ m m 有 4 度旋转反演轴），取为 $\boldsymbol{c}$ 轴。$\boldsymbol{a}$、$\boldsymbol{b}$ 均垂直于 $\boldsymbol{c}$ 轴，这样，$a=b$，所以有

$$\alpha = \beta = \gamma = 90°;\text{且 } a = b \neq c \tag{1.30}$$

5. 六角晶系

6、$\bar{6}$、$6/m$、6 2 2、6 m m、$\bar{6}$ m 2、$6/m$ m m 等类型属六角晶系。它们都有 6 度转轴（$\bar{6}$ m 2 和 $6/m$ m m 有 6 度旋转反演轴），取为 $\boldsymbol{c}$ 轴。垂直于 $\boldsymbol{c}$ 轴取两相交 120°的水平轴，作为 $\boldsymbol{a}$、$\boldsymbol{b}$ 轴。对于有 2 度转轴的情形，$\boldsymbol{a}$、$\boldsymbol{b}$ 分别垂直于 2 度转轴。而对于有铅垂对称面的情形，$\boldsymbol{a}$、$\boldsymbol{b}$ 垂直于铅垂对称面，所以有

$$\alpha = \beta = 90°, \gamma = 120°;\text{且 } a = b \neq c \tag{1.31}$$

6. 三角晶系

三角晶系的类型是 3、$\bar{3}$、3 2、3 m、$\bar{3}$ $2/m$，它们均有一个 3 度轴，其晶胞特征为

$$\alpha = \beta = \gamma \neq 90°;\text{且 } a = b = c \tag{1.32}$$

7. 立方晶系

2 3、m 3、4 3 2、$\bar{4}$ 3 m、m 3 m 这五种类型属立方晶系，这里晶轴或沿 4 度转轴，或沿 2 度转轴，因此有

$$\alpha = \beta = \gamma = 90°;\text{且 } a = b = c \tag{1.33}$$

现将 14 种布喇菲原胞列于图 1.27 中。

各晶系的对称类型及对称操作见表 1.3。

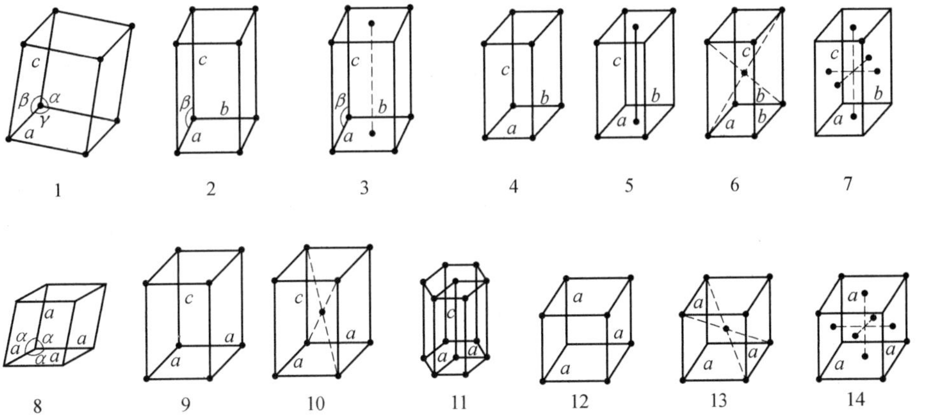

1—简单三斜；2—简单单斜；3—底心单斜；4—简单正交；5—底心正交；6—体心正交；7—面心正交；
8—三角；9—简单四角；10—体心四角；11—六角；12—简立方；13—体心立方；14—面心立方

图 1.27　14 种布喇菲原胞

表 1.3　七大晶系的基本特点及对称操作数

级别	晶体	对称类型 国际符号	对称类型 熊夫利符号	对称操作数	晶胞特征	特有的对称性	布喇菲格子
低级	三斜	1 $\bar{1}$	C_1 $C_i(S_2)$	1 2	$a\neq b\neq c$ $\alpha\neq\beta\neq\gamma$	既无对称轴又无对称面	简单三斜
低级	单斜	2 m $2/m$	C_2 $C_s(C_{1h})$ C_{2h}	2 2 4	$a\neq b\neq c$ $\alpha=\gamma=90°$ $\beta>90°$	一个 2 度轴或 1 个对称面	简单单斜 底心单斜
低级	正交（斜方）	2 2 2 $m\ m\ 2$ $m\ m\ m$	$D_2(V)$ C_{2v} $D_{2h}(V_h)$	4 4 8	$a\neq b\neq c$ $\alpha=\beta=\gamma=90°$	三个互相垂直的 2 度轴或二个正交的对称面	简单正交， 底心正交， 体心正交， 面心正交
中级	三角	3 $\bar{3}$ 3 2 $3\ m$ $\bar{3}\ 2/m$	C_3 $C_{3i}(S_6)$ D_3 C_{3v} D_{3d}	3 6 6 6 12	$a=b=c$ $\alpha=\beta=\gamma\neq90°$	一个 3 度轴	三角
中级	正方（四角）	4 $\bar{4}$ $4/m$ 4 2 2 $4\ m\ m$ $\bar{4}\ 2\ m$ $4/m\ m\ m$	C_4 S_4 C_{4h} D_4 C_{4v} $D_{2d}(V_d)$ D_{4h}	4 4 8 8 8 8 16	$a=b\neq c$ $\alpha=\beta=\gamma=90°$	一个 4 度轴	简单四方 体心四方
中级	六角	6 $\bar{6}$ $6/m$ 6 2 2 $6\ m\ m$ $\bar{6}\ m\ 2$ $6/m\ m\ m$	C_6 C_{3h} C_{6h} D_6 C_{6v} D_{3h} D_{6h}	6 6 12 12 12 12 24	$a=b\neq c$ $\alpha=\beta=90°$ $\gamma=120°$	一个 6 度轴	六角
高级	立方	2 3 $m\ 3$ 4 3 2 $\bar{4}\ 3\ 2$ $m\ 3\ m$	T T_h O T_d O_h	12 24 24 24 48	$a=b=c$ $\alpha=\beta=\gamma=90°$	四个 3 度轴	简立方 体心立方 面心立方

1.9 晶体的 X 射线衍射

晶体 X 射线衍射是精确测定晶体结构的重要方法。1910 年前后,劳厄在慕尼黑大学任教期间指出,由于晶体内原子排列的对称性和周期性,可以将晶体作为 X 射线衍射的三维光栅。1912 年,W·弗里德里奇和伦琴的博士研究生 P·克尼平用实验证实了这一想法后,布拉格父子等人在实验和理论方面又做了许多重要的改进和修正工作,从而使得 X 射线衍射在晶体研究中占有相当重要的地位,成为揭示粒子在晶格上排列情况的常用方法。X 射线衍射是基于原子中电子的散射,当晶体中含有轻重相差较大的两种原子时,用 X 射线衍射来测定晶体结构将很困难。而中子衍射主要受原子核的散射,因而用中子衍射可以解决这一问题。另外,电子衍射既受原子中电子的散射,又受到原子核的散射,散射很大,透射很弱,适用于研究薄膜和表面结构。所以,电子衍射和中子衍射对于 X 射线衍射方法起着有力的补充作用。

本节主要介绍利用 X 射线衍射测定晶体周期结构的原理和方法。

1.9.1 X 射线衍射的基本原理

X 射线和晶体的相互作用,是基于 X 射线对晶体原子中电子的散射,如果 X 射线经过一个电子散射后,当散射线的波长和入射线的波长相同时,这些散射线相互干涉而加强。一个原子中所有电子的散射,又可以归结为这个原子的一个散射中心的散射。对于一定的波长,散射的强度决定于原子中电子的数目和电子的分布,不同的原子具有不同的散射能力。晶体是由大量原子组成的,各原子的散射会相互干涉,结果会在一定方向构成衍射极大,并在照相底片上显示出衍射图形,因此对于晶体结构分析,X 射线衍射是常用的基本方法。

设 X 射线源与晶体、观测点与晶体的距离均远大于晶体的线度,则入射线和衍射线都可以看成是平行光线。若不考虑康普顿效应,则散射前后的波长保持不变。这里只讨论布喇菲格子,并设 $\boldsymbol{S}_0$、$\boldsymbol{S}$ 为入射线和衍射线的单位矢量。如果晶格中所有原子均相同,则对一定的入射线,衍射极大条件只决定于原子在晶格上的排列;如果只考虑周期性,则对于布喇菲格子的衍射条件就可以由基矢和波矢来确定,因此这是个纯粹的几何问题。取格点 O 为原点,晶格中任一格点 A 的位矢为

$$\boldsymbol{R}_l = l_1\boldsymbol{a}_1 + l_2\boldsymbol{a}_2 + l_3\boldsymbol{a}_3$$

此为正格矢。

1. 劳厄方程

自 A 作 $\overline{AC} \perp \boldsymbol{S}_0$ 及 $\overline{AD} \perp \boldsymbol{S}$,则从图 1.28 看出,光程差为 $\overline{CO} + \overline{OD}$,其中 $\overline{CO} = -\boldsymbol{R}_l \cdot \boldsymbol{S}_0$,$\overline{OD} = \boldsymbol{R}_l \cdot \boldsymbol{S}$。

满足衍射加强的条件为

$$\boldsymbol{R}_l \cdot (\boldsymbol{S} - \boldsymbol{S}_0) = \mu\lambda \tag{1.34}$$

式中，μ 是整数。该式称为劳厄衍射方程。

劳厄方程也可以用 X 射线的波矢表示。因为波矢 $\boldsymbol{k}_0=\frac{2\pi}{\lambda}\boldsymbol{S}_0$ 和 $\boldsymbol{k}=\frac{2\pi}{\lambda}\boldsymbol{S}$，所以式(1.34)又可以写成

$$\boldsymbol{R}_l\cdot(\boldsymbol{k}-\boldsymbol{k}_0)=2\pi\mu \tag{1.35}$$

比较式(1.35)和式(1.20)可知，矢量$(\boldsymbol{k}-\boldsymbol{k}_0)$相当于倒格矢，即波矢$(\boldsymbol{k}-\boldsymbol{k}_0)$同倒格矢 $\boldsymbol{K}_h$ 等价。因此可令

$$(\boldsymbol{k}-\boldsymbol{k}_0)=n\boldsymbol{K}_h \tag{1.36}$$

其中，n 是整数。式(1.36)为倒格子空间的衍射方程，它所代表的意义是：当衍射波矢和入射波矢相差一个或几个倒格矢时，满足衍射加强条件。这里，n 称为衍射级数，$(h_1\ h_2\ h_3)$是面指数，而$(nh_1\ nh_2\ nh_3)$称为衍射面指数。

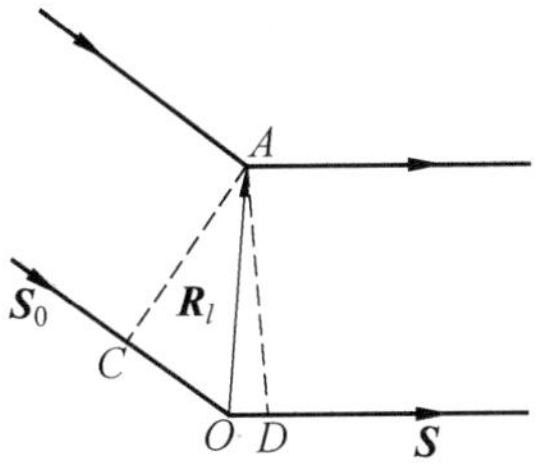

图 1.28　X 射线衍射光程差示意图

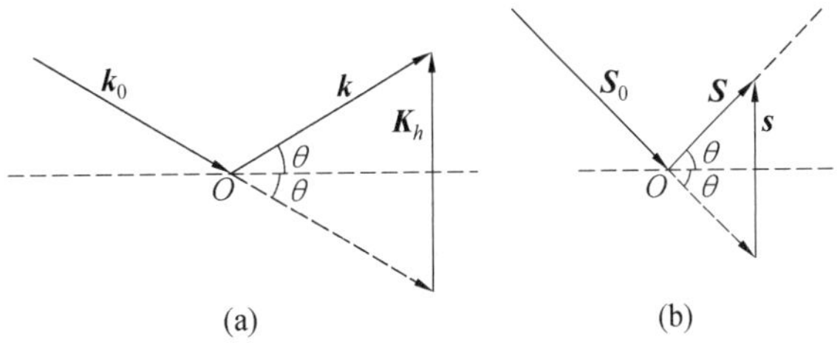

图 1.29　布拉格反射

2. 布拉格公式

考虑 $n=1$ 的情形。式(1.36)表示 $\boldsymbol{k}_0$、$\boldsymbol{k}$ 和 $\boldsymbol{K}_h$ 围成一个三角形，如图 1.29(a)所示。由于忽略康普顿效应，所以$|\boldsymbol{k}|=|\boldsymbol{k}_0|=2\pi/\lambda$，因此 $\boldsymbol{K}_h$ 的垂直平分线必平分 $\boldsymbol{k}_0$ 与 $\boldsymbol{k}$ 之间的夹角，如图 1.29(a)的虚线所示。我们知道，晶面$(h_1\ h_2\ h_3)$与倒格矢 $\boldsymbol{K}_h$ 垂直，所以该垂直平分线一定在晶面$(h_1\ h_2\ h_3)$内。

衍射极大的方向恰是晶面族$(h_1\ h_2\ h_3)$的反射方向，这样，衍射加强条件就转化为晶面的反射条件。由此可以得出结论：当衍射线对某一晶面族来说恰为光的反射方向时，此衍射方向就是衍射加强的方向。

由图 1.29(a)可得

$$|\boldsymbol{k}-\boldsymbol{k}_0|=|n\boldsymbol{K}_h|=2|\boldsymbol{k}|\sin\theta=\frac{4\pi\sin\theta}{\lambda} \tag{1.37}$$

据式(1.18)，有

$$|\boldsymbol{k}-\boldsymbol{k}_0|=|n\boldsymbol{K}_h|=\frac{2\pi n}{d_{h_1h_2h_3}} \tag{1.38}$$

把式(1.37)和式(1.38)合并，于是得出布拉格公式

$$2d_{h_1h_2h_3}\sin\theta=n\lambda \tag{1.39}$$

式中，$d_{h_1h_2h_3}$是晶面族$(h_1h_2h_3)$的面间距；n 是衍射级数。显然，式(1.36)正是倒格子空间布拉格反射公式的表述。

把图 1.29(a)转化为正格子，得出图 1.29(b)，这里 $\boldsymbol{S}_0$ 和 $\boldsymbol{S}$ 代表入射线和衍射线的单位矢量，$\boldsymbol{s}$ 为两个单位矢量之差，由此也可导出式(1.39)。

由(1.39)式可以看出：

（1）当入射线波长一定时，入射角只有符合 $\sin\theta = n\lambda/2d_{h_1h_2h_3}$ 时才能发生衍射。由于 $|\sin\theta|\leqslant 1$，则当 $n=1$ 时，必有 $\lambda\leqslant 2d_{h_1h_2h_3}$。由此可见，实现晶体衍射不能用可见光而需要用 X 射线。

（2）我们知道，同一晶格点阵，可取不同面指数$(h_1\ h_2\ h_3)$的晶面族，例如(1 0 0)、(1 1 0)、(2 1 0)等，而得到不同的面间距。当 X 射线入射方向一定，且波长 λ 一定时，对应不同的晶面族，满足衍射极大的 θ 角将会不同。

（3）对于给定的晶面族，其面间距 $d_{h_1h_2h_3}$ 一定。当入射的 X 射线也确定时，则不同的衍射级次 n，对应不同的衍射角。

1.9.2 反射球

前面我们曾讲过，晶体可以作为 X 射线衍射的三维光栅，衍射照片上的斑点与晶面族有一一对应关系，这将会给晶体的研究带来极大的便利。下面先介绍反射球概念，它将帮助我们建立这种对应关系。然后以反射球作为分析工具，进一步来讨论晶体衍射的实验方法。

考虑在一级反射情况下，$n=1$。此时式(1.36)可以写成 $\boldsymbol{k}-\boldsymbol{k}_0=\boldsymbol{K}_h$，而 $\boldsymbol{K}_h$ 的两端均为倒格点。$\boldsymbol{k}$ 和 $\boldsymbol{k}_0$ 的端点落在 $\boldsymbol{K}_h$ 的两端点上，即它们也是倒格点。设 C 为 $\boldsymbol{k}$ 和 $\boldsymbol{k}_0$ 的交点，以 C 点为中心，$2\pi/\lambda$ 为半径作一球面，如图 1.30(a)所示，则 $\boldsymbol{K}_h$ 的两端点一定落在这个球面上，而落在球面上的倒格点一定满足式(1.36)。这些倒格点所对应的晶面族将产生反射，这样的球称为反射球。

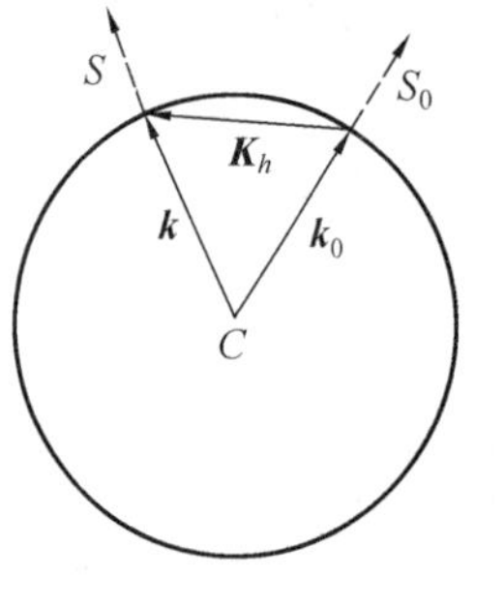

(a)反射球

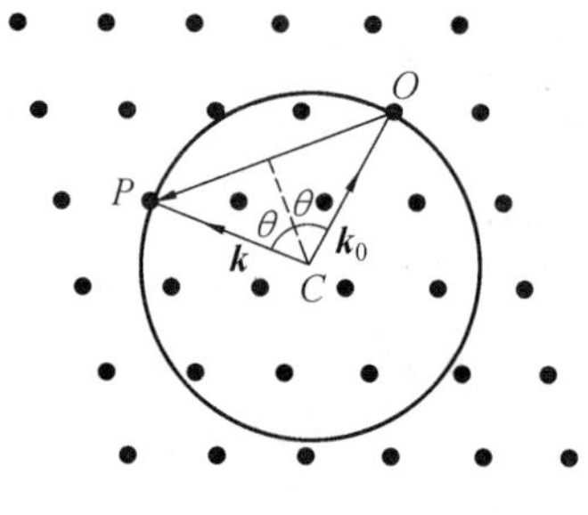

(b)反射球作图法

图 1.30　反射球示意图

反射球的作图步骤如下：

（1）设入射的 X 射线波矢为 $\boldsymbol{k}_0$，方向沿$\overrightarrow{CO}$，$|\overrightarrow{CO}|=2\pi/\lambda$，取 O 为晶格点阵的原点，如图 1.30(b)所示。

（2）若晶格点阵基矢 $\boldsymbol{a}_1$、$\boldsymbol{a}_2$、$\boldsymbol{a}_3$ 已知，由式(1.16)即可得出倒格子基矢 $\boldsymbol{b}_1$、$\boldsymbol{b}_2$、$\boldsymbol{b}_3$，并画出倒格子点阵。

（3）以 C 点为球心，$|\overrightarrow{CO}|$为半径作一球面，原点 O 一定落在球面上。若另有一倒格点 P 在球面上，则$\overrightarrow{CP}$就是以$\overrightarrow{OP}$为倒格矢的一族晶面$(h_1h_2h_3)$的反射波矢 $\boldsymbol{k}$。图 1.30(b)中的

虚线就代表了这一晶面族。

根据反射球作图法，可得如下结论：

（1）由于原点 O 总是在反射球面上，因此这一条初始的射线恒是存在，它相当于倒格矢 $\boldsymbol{K}_h=0$ 的情况，即入射方向 $\boldsymbol{k}_0$ 和反射方向 $\boldsymbol{k}$ 重合。

（2）当给定的 X 射线入射到单晶体上时，若产生衍射，必须满足劳厄方程和布拉格公式，即晶体的倒格子点阵中必须有倒格点落在反射球面上。而在一般情况下，由于上述条件不一定能够得到满足，在球面上没有倒格点，因而也就没有衍射发生。

（3）如果入射波矢 $\boldsymbol{k}_0$ 的方向与所提供的晶轴方向一致，则衍射图样将显示出散射晶体所具有的对称性质。在结构分析中，常常用这个结果来判定晶体的取向。

1.9.3　晶体衍射实验的基本方法

下面以反射球作为分析工具，来讨论晶体衍射的三种基本方法。

1. 劳厄法

劳厄法是用波长可连续变化的 X 射线，射入固定的单晶体而产生衍射的一种方法。由于 X 光管中加速电压的限制，所用的 X 射线有一最小波长限 $\lambda_{\min}$；同样，由于 X 光管窗玻璃的吸收作用，X 光波长也有一最大长波限 $\lambda_{\max}$。有效的连续 X 射线谱在 $\lambda_{\min}$与 $\lambda_{\max}$之间变化，对应于 $\lambda_{\min}$的反射球半径最大，而对应于 $\lambda_{\max}$的反射球半径最小。于是，对应于 $\lambda_{\min}$和 $\lambda_{\max}$之间任一波长的反射球半径介于这两个反射球半径之间，所有反射球的球心都在入射线方向上，如图 1.31 所示。

由上面讨论可知，X 射线的入射波矢 $\boldsymbol{k}_0$ 与反射波矢 $\boldsymbol{k}$ 的矢量关系为 $\boldsymbol{k}=\boldsymbol{k}_0+n\boldsymbol{K}_h$。由于 $|\boldsymbol{k}_0|=|\boldsymbol{k}|$，则反射波矢 $\boldsymbol{k}$ 的末端落在了以 $|\boldsymbol{k}_0|$ 为半径的反射球上，若 $\boldsymbol{k}_0$ 的末端取为倒格点，如图 1.31 所示，则波矢 $\boldsymbol{k}$ 的末端也必定是倒格点。这说明，当 X 光波长和入射方向一定时，由球心到球面上的倒格点的连线方向，都是 X 光衍射极大的方向，或简称 X 光的反射方向。对应于半径为 $2\pi/\lambda_{\min}$和 $2\pi/\lambda_{\max}$的两个球之间任一倒格点与 $\boldsymbol{k}_0$ 末端连线的中垂面在入射方向上的直径上的交点，与该倒格点的连线，即是衍射极大方向。由晶体出射的衍射线束在底片上形成的一系列斑点，称为劳厄斑点。所有的劳厄斑点，构成了晶体 X 射线衍射图样。可见劳厄斑点与倒格点一一对应，劳厄斑点的分布即反映出倒格点的分布。倒格矢是晶体相应晶面的法线方向，晶格的对称性与倒格子的对称性相对应。当 X 光入射方向与晶体的某对称轴平行时，劳厄斑点的对称性即反映出晶格的对称性。

劳厄法特别适用于确定晶体的方位，缺点是不便于确定晶格常数。

2. 转动单晶法

转动单晶法的特点是 X 射线波长不变，使晶体转动，从而倒格子也转动。由于 λ 不变，所以只有一个反射球，且固定不动。但是，由于晶体转动，倒格子空间相对反射球转动，如图 1.32 所示。

当倒格点落在球面上时，将产生某一可能的反射。为确定起见，通常把倒格子看作不动，而把反射球看作是绕通过 O 点的某一轴转动。反射球绕转轴转动一周，所包含的空间中的倒格点都可能产生反射。由于倒格子的周期性，所有这些倒格点可以被认为都在一系列垂直于转轴的平面上，每当这些平面上的倒格点（例如 P 点）落在球面上时，便可确定反射线的方

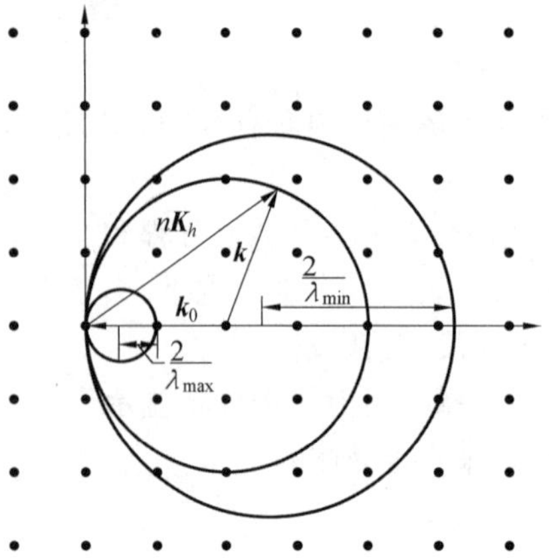

图 1.31　劳厄法的反射球

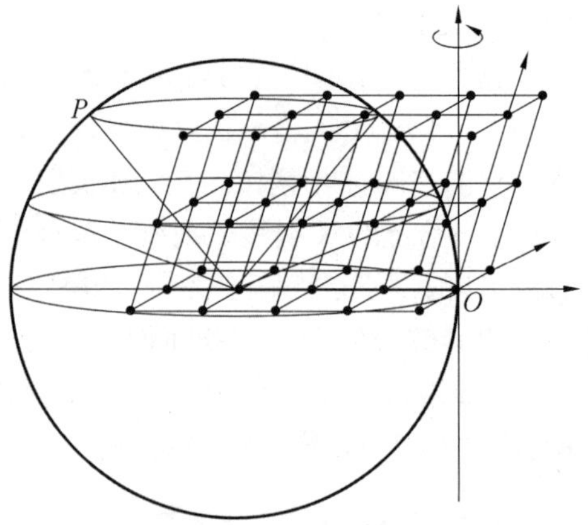

图 1.32　转动单晶法的反射球

向$\overrightarrow{CP}$。需要注意的是，$\overrightarrow{CP}$只是确定反射线的方向。实际的反射线通过晶体 O 点，因而对应于 P 点的反射线是从 O 点引出且平行于$\overrightarrow{CP}$的直线，从而构成以转轴为轴的一系列圆锥面。衍射极大的方向，即在一个个圆锥面的母线上，如图 1.33 所示。若将胶片卷成以转轴为轴的圆筒，感光处理后将胶片展开，胶片上将有一些衍射斑点形成的水平线。

如果转轴取为晶轴，例如对于正交系的晶体，以 a 轴为转轴，则同 a 轴相应的倒格子基矢 a^* 的方向亦与转轴重合，所以对应于晶面族$(0kl)$，$(1kl)$，$(2kl)\cdots(hkl)$的倒格点就分别在垂直于转轴的平面上，这样照片上平行线的间距就与晶体基矢（即晶格常数）有着简单的比例关系。显然，用转动单晶法很容易决定基矢和原胞。

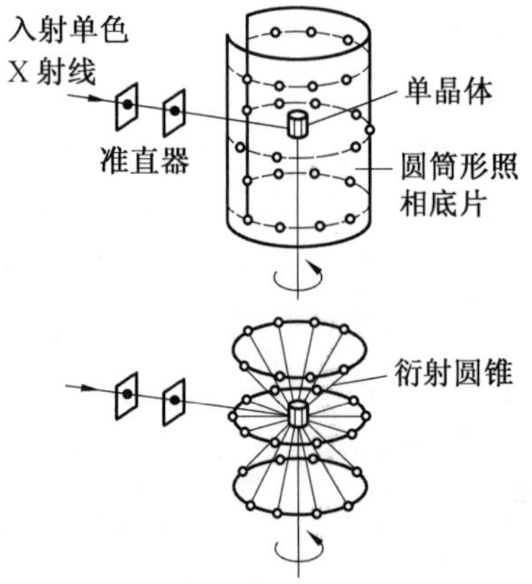

图 1.33　转动单晶法示意图

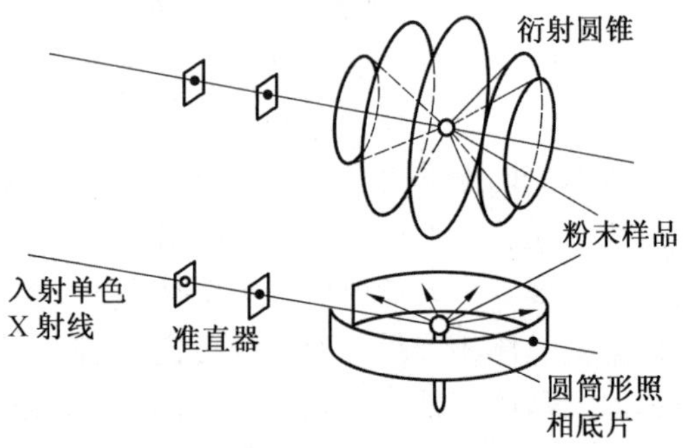

图 1.34　粉末法示意图

3. 粉末法

粉末法也称德拜法，它不仅能测定单晶体，而且也能有效地测定多晶体，其实验原理如图 1.34 所示。由于样品通常采用多晶体块或单晶粉末，所以样品中包含着数目极多的细小单晶，晶粒存在各种可能的取向。当入射的 X 射线与样品相遇时，对于每一组晶面族，总有许多小单晶处在适合反射条件的位置上，从而衍射线形成一系列以入射方向为轴的圆锥面。这些圆锥面和圆筒状底片相交,形成一系列的弧线段。

由于粉末法采用的样品是由无数细小晶粒作无规则排列而成的,相当于一个单晶体在原点保持不动的情况下绕各种可能的方向转动,从而形成无数个倒格子点阵。这无数个倒格子点阵和一个与单色的入射 X 射线对应的反射球组合,可以看作一个固定的倒格子点阵,但反射球以 O 点为中心绕各种可能的方向旋转,形成一个大的极限球。极限球以 O 点为球心,以两倍反射球半径为半径。凡在极限球内的倒格点都可以发生衍射,如图1.35所示。

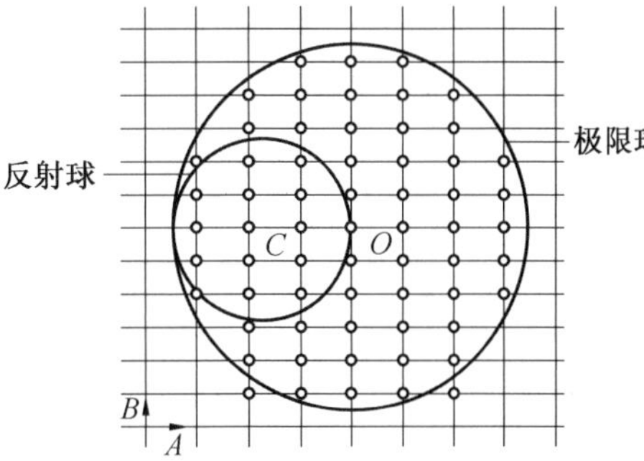

图 1.35　粉末法中可能发生的衍射

由于粉末法采用便于得到的多晶样品,而其衍射图样又能提供很多资料,因而成为最常用的一种衍射方法。

1.10　布里渊区

1.10.1　布里渊区

上节给出了晶体衍射的劳厄方程,由劳厄方程及正格矢与倒格矢的关系,知道$\boldsymbol{k}-\boldsymbol{k}_0$与$\boldsymbol{K}_h$是等价的,即 $\boldsymbol{k}-\boldsymbol{k}_0=\boldsymbol{K}_h$。由于在弹性散射中光子能量守恒,因而散射光束的频率 $\omega=ck$ 与入射光束的频率 $\omega_0=ck_0$ 相等,即 $k^2=k_0^2$,衍射条件改写为

$$(\boldsymbol{k}_0+\boldsymbol{K}_h)^2=k_0^2 \text{ 或 } 2\boldsymbol{k}_0\cdot\boldsymbol{K}_h+K_h^2=0$$

因为 $\boldsymbol{K}_h$ 是倒格子点阵矢量,$-\boldsymbol{K}_h$ 也必然是倒格子点阵矢量,于是上式可以改写为 $2\boldsymbol{k}_0\cdot\boldsymbol{K}_h=K_h^2$,即

$$\boldsymbol{k}_0\cdot\left(\frac{1}{2}\boldsymbol{K}_h\right)=\left(\frac{1}{2}K_h\right)^2 \tag{1.40}$$

上式说明,如果在矢量 $\boldsymbol{K}_h$ 的中点作一垂直平分面,则从原点到该平面的任意矢量 $\boldsymbol{k}_0$,就必须满足衍射条件,如图 1.36 所示。这样做出的平面构成了一个区域的边界,当一束 X 射线入射到晶体上时,如果它的波矢 $\boldsymbol{k}_0$ 满足上述条件,将产生反射。

从倒格子点阵的原点出发,作出它最近邻点的倒格子点阵矢量,并作出每个矢量的垂直平分面,所围成的具有最小体积的区域,称为第一布里渊区,如图 1.37 所示。按照上述方法,同样可以作出第二、第三、……布里渊区。

根据上述分析,对布里渊区的每个界面,当入射波矢(以原点为起点)的端点落在这些面上时,也必然产生反射。布里渊区在研究晶体内电子的运动时特别重要,因为当晶体中的电子表现出波动性时,它们也会在这些界面上发生反射。

下面举例说明一维、二维和三维晶格点阵的布里渊区。

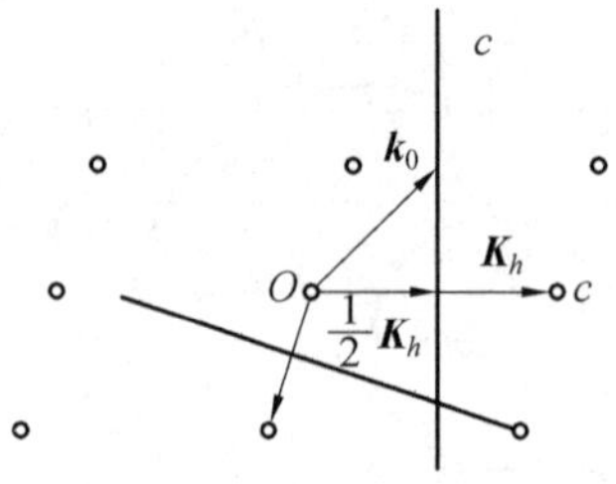

c 为过 $\boldsymbol{K}_h$ 的中点所作的垂直平面

图 1.36　$\boldsymbol{k}_0\cdot\left(\frac{1}{2}\boldsymbol{K}_h\right)=\left(\frac{1}{2}\boldsymbol{K}_h\right)^2$ 的示意图

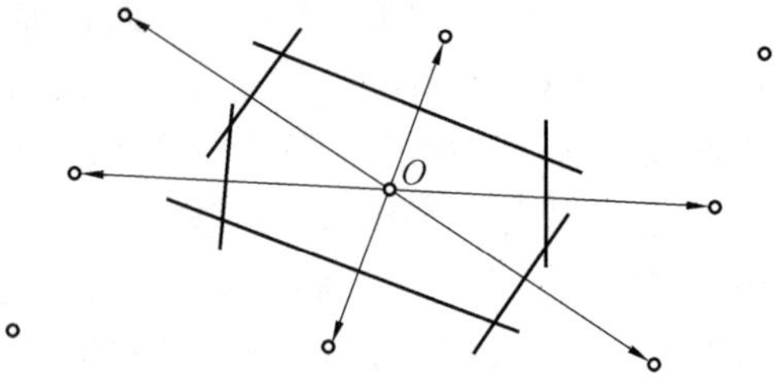

图 1.37　二维倒格子点阵中的第一布里渊区

1.10.2　晶格点阵的布里渊区

1. 一维晶格点阵的布里渊区

一维晶格点阵的基矢为 $\boldsymbol{a}=a\boldsymbol{i}$，对应的倒格子基矢 $\boldsymbol{b}=\frac{2\pi}{a}\boldsymbol{i}$，离原点最近的倒格矢为 $\boldsymbol{b}$ 和 $-\boldsymbol{b}$。这些矢量的垂直平分面构成第一布里渊区，其边界为 $\pm\pi/a$，如图 1.38 所示。

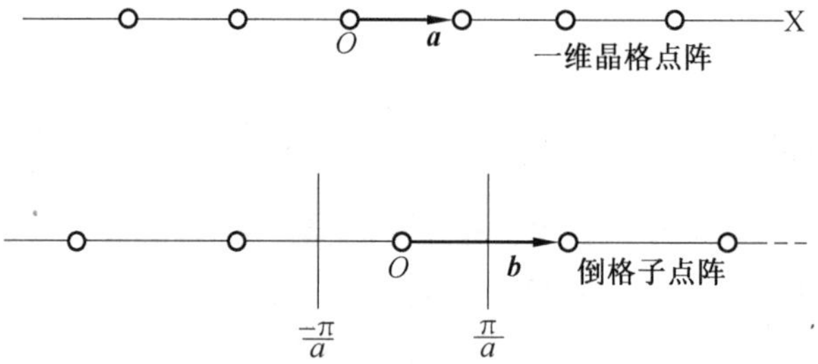

图 1.38　一维晶格点阵、倒格子点阵的第一布里渊区

2. 二维正方结构晶格点阵的布里渊区

二维正方结构晶格点阵的基矢为 $\boldsymbol{a}_1=a\boldsymbol{i}$、$\boldsymbol{a}_2=a\boldsymbol{j}$。相应的倒格子基矢为 $\boldsymbol{b}_1=\frac{2\pi}{a}\boldsymbol{i}$、$\boldsymbol{b}_2=\frac{2\pi}{a}\boldsymbol{j}$。即倒格子点阵也是正方点阵，点阵常数为$\frac{2\pi}{a}$。倒格矢表示为

$$\boldsymbol{K}_h=h_1\boldsymbol{b}_1+h_2\boldsymbol{b}_2=\frac{2\pi}{a}(h_1\boldsymbol{i}+h_2\boldsymbol{j})$$

式中，h_1、h_2 为整数。

离原点最近的四个倒格点的倒格矢分别为$\pm\boldsymbol{b}_1(h_1=\pm1,h_2=0)$，$\pm\boldsymbol{b}_2(h_1=\pm1,h_2=\pm1)$。通过这四个矢量的中点$\pm\frac{1}{2}\boldsymbol{b}_1=\pm\frac{\pi}{a}\boldsymbol{i}$，$\pm\frac{1}{2}\boldsymbol{b}_2=\pm\frac{\pi}{a}\boldsymbol{j}$分别作四个垂直平面，即构成了第一布里渊区的边界。

离原点次近的四个倒格点的倒格矢分别为$\pm\boldsymbol{b}_1$，$\pm\boldsymbol{b}_2(h_1=\pm1,h_2=\pm1)$，通过这四个倒格矢的中点，即

$$\pm\frac{1}{2}\boldsymbol{b}_1\pm\frac{1}{2}\boldsymbol{b}_2=\pm\frac{\pi}{a}\boldsymbol{i}\pm\frac{\pi}{a}\boldsymbol{j}$$

过点分别作出的四个垂直平面，和前面的四个面，构成了第二布里渊区的边界。

再向外的四个倒格点，其倒格矢为$\pm2\boldsymbol{b}_1(h_1=\pm2,h_2=0)$，$\pm2\boldsymbol{b}_2(h_1=0,h_2=\pm2)$。通过它们的中点$\pm\boldsymbol{b}_1=\pm\frac{2\pi}{a}\boldsymbol{i}$，$\pm\boldsymbol{b}_2=\pm\frac{2\pi}{a}\boldsymbol{j}$分别做出的四个垂直平面，同第一、第二布里渊区的界面，围成了第三布里渊区。

同样，利用这种方法可以作出更高次的布里渊区。图1.39绘出了二维正方结构的倒格子点阵及第一、第二、第三布里渊区。

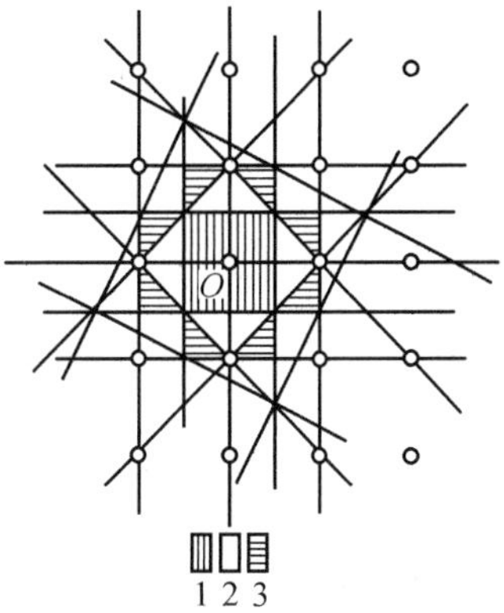

图1.39　二维正方结构的倒格子点阵及第一、第二、第三布里渊区

3. 三维简立方结构晶格点阵的布里渊区

三维正方结构晶格点阵的基矢为$\boldsymbol{a}_1=a\boldsymbol{i}$、$\boldsymbol{a}_2=a\boldsymbol{j}$、$\boldsymbol{a}_3=a\boldsymbol{k}$，原胞体积为$a^3$，对应的倒格子基矢为

$$\boldsymbol{b}_1=\frac{2\pi[\boldsymbol{a}_2\times\boldsymbol{a}_3]}{\Omega}=\frac{2\pi}{a}\boldsymbol{i},\quad \boldsymbol{b}_2=\frac{2\pi}{a}\boldsymbol{j},\quad \boldsymbol{b}_3=\frac{2\pi}{a}\boldsymbol{k}$$

因此，它的倒格子点阵也是简立方结构，结构常数为$2\pi/a$。离原点最近的六个倒格点的倒格矢为$\pm\boldsymbol{b}_1$，$\pm\boldsymbol{b}_2$，$\pm\boldsymbol{b}_3$，它们的中点为

$$\pm\frac{1}{2}\boldsymbol{b}_1=\pm\frac{\pi}{a}\boldsymbol{i};\quad \pm\frac{1}{2}\boldsymbol{b}_2=\pm\frac{\pi}{a}\boldsymbol{j};\quad \pm\frac{1}{2}\boldsymbol{b}_3=\pm\frac{\pi}{a}\boldsymbol{k}$$

过中点作垂直平分面构成第一布里渊区，这六个面围成了边长为$2\pi/a$，体积为$(2\pi/a)^3$的立方体。因此，简立方点阵的第一布里渊区仍是一个简立方。

4. 体心立方结构晶格点阵的布里渊区

体心立方结构的三个基矢为

$$\boldsymbol{a}_1=\frac{a}{2}(-\boldsymbol{i}+\boldsymbol{j}+\boldsymbol{k})\text{、}\quad \boldsymbol{a}_2=\frac{a}{2}(\boldsymbol{i}-\boldsymbol{j}+\boldsymbol{k})\text{、}\quad \boldsymbol{a}_3=\frac{a}{2}(\boldsymbol{i}+\boldsymbol{j}-\boldsymbol{k})$$

所取原胞的体积为$\Omega=\boldsymbol{a}_1\cdot(\boldsymbol{a}_2\times\boldsymbol{a}_3)=\frac{1}{2}a^3$。三个倒格子基矢为

$$\boldsymbol{b}_1=\frac{2\pi[\boldsymbol{a}_2\times\boldsymbol{a}_3]}{\Omega}=\frac{2\pi}{a}(\boldsymbol{j}+\boldsymbol{k})$$

$$\boldsymbol{b}_2=\frac{2\pi[\boldsymbol{a}_3\times\boldsymbol{a}_1]}{\Omega}=\frac{2\pi}{a}(\boldsymbol{i}+\boldsymbol{k})$$

$$\boldsymbol{b}_3=\frac{2\pi[\boldsymbol{a}_1\times\boldsymbol{a}_2]}{\Omega}=\frac{2\pi}{a}(\boldsymbol{i}+\boldsymbol{j})$$

倒格子点阵原胞的体积为

$$\Omega^*=\boldsymbol{b}_1\cdot(\boldsymbol{b}_2\times\boldsymbol{b}_3)=2(2\pi/a)^3$$

其倒格矢为

$$\boldsymbol{K}_h=h_1\boldsymbol{b}_1+h_2\boldsymbol{b}_2+h_3\boldsymbol{b}_3=\frac{2\pi}{a}[(h_2+h_3)\boldsymbol{i}+(h_1+h_3)\boldsymbol{j}+(h_1+h_2)\boldsymbol{k}]$$

其中，h_1、h_2、h_3 为整数。体心立方的倒格子是面心立方，离原点最近的 12 个倒格点的倒格矢分别为

$$\frac{2\pi}{a}(\pm \boldsymbol{i} \pm \boldsymbol{j})\ (h_1=\pm1, h_2=\pm1, h_3=0)$$

$$\frac{2\pi}{a}(\pm \boldsymbol{j} \pm \boldsymbol{k})\ (h_1=0, h_2=\pm1, h_3=\pm1)$$

$$\frac{2\pi}{a}(\pm \boldsymbol{i} \pm \boldsymbol{k})\ (h_1=\pm1, h_2=0, h_3=\pm1)$$

这 12 个倒格矢的中垂面围成菱形十二面体，其体积正好是倒格子原胞的大小。图 1.40 绘出了体心立方结构的倒格子点阵和它的第一布里渊区。

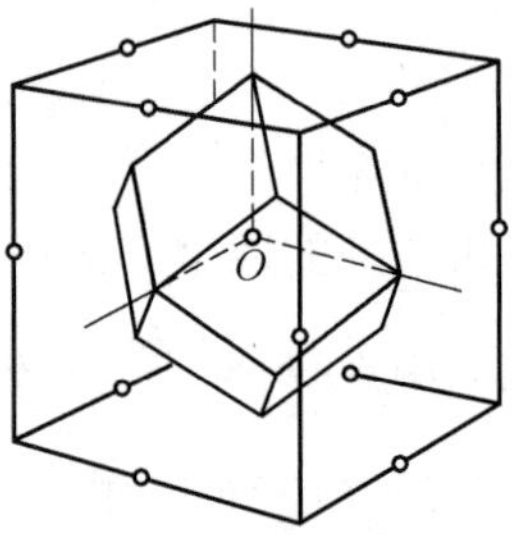

图 1.40　体心立方结构的倒格子点阵和第一布里渊区

5. 面心立方结构晶格点阵的布里渊区

面心立方结构的三个基矢为

$$\boldsymbol{a}_1=\frac{a}{2}(\boldsymbol{j}+\boldsymbol{k}),\quad \boldsymbol{a}_2=\frac{a}{2}(\boldsymbol{i}+\boldsymbol{k}),\quad \boldsymbol{a}_3=\frac{a}{2}(\boldsymbol{i}+\boldsymbol{j})$$

所取原胞的体积为

$$\Omega=\boldsymbol{a}_1\cdot(\boldsymbol{a}_2\times\boldsymbol{a}_3)=\frac{1}{4}a^3$$

三个倒格子基矢分别为

$$\boldsymbol{b}_1=\frac{2\pi[\boldsymbol{a}_2\times\boldsymbol{a}_3]}{\Omega}=\frac{2\pi}{a}(-\boldsymbol{i}+\boldsymbol{j}+\boldsymbol{k})$$

$$\boldsymbol{b}_2=\frac{2\pi[\boldsymbol{a}_3\times\boldsymbol{a}_1]}{\Omega}=\frac{2\pi}{a}(\boldsymbol{i}-\boldsymbol{j}+\boldsymbol{k})$$

$$\boldsymbol{b}_3=\frac{2\pi[\boldsymbol{a}_1\times\boldsymbol{a}_2]}{\Omega}=\frac{2\pi}{a}(\boldsymbol{i}+\boldsymbol{j}-\boldsymbol{k})$$

倒格子点阵原胞的体积为

$$\Omega^*=\boldsymbol{b}_1\cdot(\boldsymbol{b}_2\times\boldsymbol{b}_3)=4(2\pi/a)^3$$

其倒格矢为

$$\boldsymbol{K}_h=h_1\boldsymbol{b}_1+h_2\boldsymbol{b}_2+h_3\boldsymbol{b}_3=\frac{2\pi}{a}[(-h_1+h_2+h_3)\boldsymbol{i}+(h_1-h_2+h_3)\boldsymbol{j}+(h_1+h_2-h_3)\boldsymbol{k}]$$

其中，h_1、h_2、h_3 为整数。面心立方的倒格子是体心立方，因而离原点最近的倒格点有 8 个，其倒格矢为$\frac{2\pi}{a}(\pm\boldsymbol{i}\pm\boldsymbol{j}\pm\boldsymbol{k})$，它们的中垂面围成一个正八面体，每一个面离原点的距离是 $\sqrt{3}\pi/a$，这个正八面体的体积是$\frac{9}{2}\frac{(2\pi)^2}{a^3}$，比倒格子原胞体积$\frac{(2\pi)^3}{\Omega^3}=4\frac{(2\pi)^3}{a^3}$大。如果再考虑次近的 6 个倒格点，其对应的倒格矢分别为$\frac{2\pi}{a}(\pm2\boldsymbol{i})$、$\frac{2\pi}{a}(\pm2\boldsymbol{j})$和$\frac{2\pi}{a}(\pm2\boldsymbol{k})$。倒格矢的 6 个垂直平分面截去正八面体的六个顶锥，形成一个截角八面体，即十四面体。

面心立方结构中，离原点最近的 8 个倒格点和次近的 6 个倒格点所对应的 14 个倒格

矢的垂直平分面，构成第一布里渊区，图 1.41 绘出了它的倒格子点阵和第一布里渊区。

从上述列举的例子可以看出：

(1) 布里渊区的形状与晶体结构有关；

(2) 布里渊区的边界由倒格矢的垂直平分面构成。

第一布里渊区就是倒格子原胞，其体积是一个倒格点所占的体积，与倒格子原胞的体积相等，即

$$\text{第一布里渊区体积} = \boldsymbol{b}_1 \cdot (\boldsymbol{b}_2 \times \boldsymbol{b}_3) = \frac{(2\pi)^3}{\boldsymbol{a}_1 \cdot (\boldsymbol{a}_2 \times \boldsymbol{a}_3)} \tag{1.41}$$

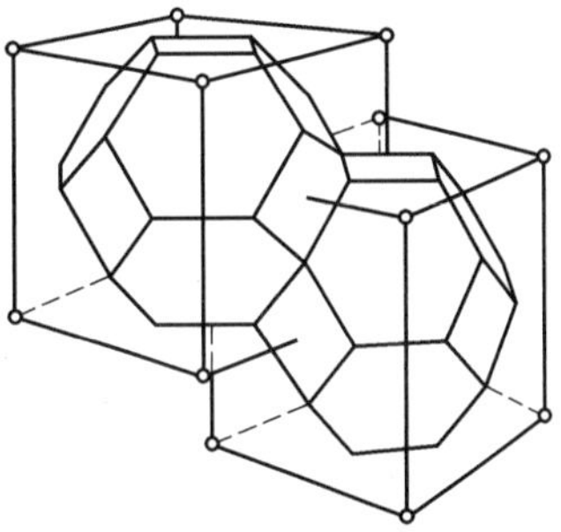

图 1.41　面心立方结构的倒格子点阵和第一布里渊区

1.11　原子散射因子　几何结构因子

1.11.1　原子散射因子

X 光在晶体中的衍射，由于 X 射线波长与原子线度的数量级相同，使原子内不同位置的电子云所产生的散射波存在着位相差，而原子的散射波强度与各散射波间一定的位相差所引起的相互干涉有关。不同的原子具有不同的电子云分布，因此也具有不同的散射特性。对这种散射特性，我们可以引进散射因子进行描述。

1. 原子散射因子

原子内所有电子沿某一方向产生的散射波的振幅的几何和，同某一电子在该方向上产生的散射波的振幅之比，称为该原子的散射因子。

如图 1.42 所示，$\boldsymbol{r}$ 是原子中 P 点的位矢，则 P 点散射波与原子中心散射波的位相差是

$$\varphi = \frac{2\pi}{\lambda}(\boldsymbol{S}-\boldsymbol{S}_0)\cdot\boldsymbol{r} = \frac{2\pi}{\lambda}\boldsymbol{s}\cdot\boldsymbol{r} = (\boldsymbol{k}-\boldsymbol{k}_0)\cdot\boldsymbol{r}$$

式中，$\boldsymbol{S}_0$ 和 $\boldsymbol{S}$ 分别是 X 射线在入射方向和散射方向的单位矢量，$\boldsymbol{s}$ 是两个单位矢量之差。

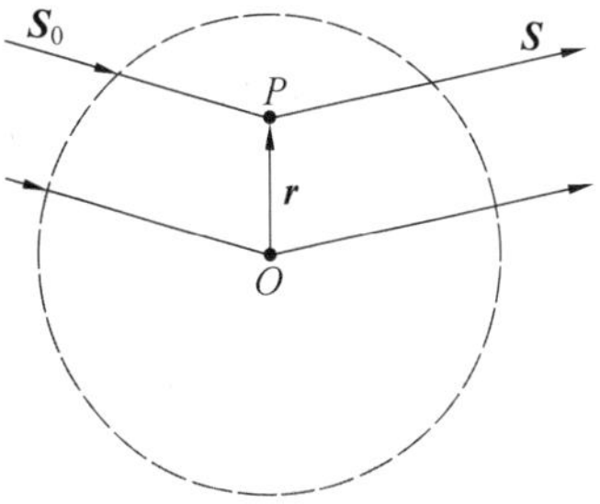

图 1.42　X 射线在原子中的散射

假如原子中心处的一个电子沿 $\boldsymbol{S}$ 方向产生的散射波在观察点的振幅为 A，则 P 点的一个电子在该方向上产生的散射波在观察点的振幅为 $A\mathrm{e}^{\mathrm{i}\frac{2\pi}{\lambda}\boldsymbol{s}\cdot\boldsymbol{r}}$。设 $\rho(\boldsymbol{r})$ 是电子在 P 点的几率密度，则 P 点附近 $\mathrm{d}\tau$ 体积元内电子产生的散射波在观察点的振幅为 $A\rho(\boldsymbol{r})\mathrm{e}^{\mathrm{i}\frac{2\pi}{\lambda}\boldsymbol{s}\cdot\boldsymbol{r}}\mathrm{d}\tau$。原子中所有电子产生的散射波在观察点的合振幅为

$$\widetilde{A} = A\iiint \mathrm{e}^{\mathrm{i}\frac{2\pi}{\lambda}\boldsymbol{s}\cdot\boldsymbol{r}}\rho(\boldsymbol{r})\,\mathrm{d}\tau$$

根据定义，该原子的散射因子可以写成

$$f(\boldsymbol{s})=\frac{\widetilde{A}}{A}=\iiint \mathrm{e}^{\mathrm{i}\frac{2\pi}{\lambda}\boldsymbol{s}\cdot\boldsymbol{r}}\rho(\boldsymbol{r})\,\mathrm{d}\tau \tag{1.42}$$

式(1.42)表明,(1)$\boldsymbol{s}=\boldsymbol{S}-\boldsymbol{S}_0$,由于$\boldsymbol{S}_0$一定,说明$\boldsymbol{s}$只依赖于散射方向$\boldsymbol{S}$,即散射因子是散射方向的函数。(2)对于不同的原子,$\rho(\boldsymbol{r})$不同,因此不同原子具有不同的散射因子。(3)因为$\widetilde{A}=Af(\boldsymbol{s})$,所以原子产生的散射波的合振幅也是散射方向的函数,因原子而异。

2. 径向分布函数

如果电子的分布呈球对称,则可以引入径向分布函数对式(1.42)进行简化。分布函数定义为

$$U(r)=4\pi r^2\rho(r) \tag{1.43}$$

电子在半径为r至$r+\mathrm{d}r$的球壳内的几率为$U(r)\,\mathrm{d}r$,如取以$\boldsymbol{s}$为极轴的极坐标,如图1.43所示,则

$$\boldsymbol{s}\cdot\boldsymbol{r}=sr\cos\theta \qquad \mathrm{d}\tau=2\pi r^2\sin\theta\,\mathrm{d}\theta\,\mathrm{d}r$$

$$f(s)=\frac{1}{4\pi}\int_0^{\infty}\int_0^{\pi}U(r)\,\mathrm{e}^{\mathrm{i}\frac{2\pi sr\cos\theta}{\lambda}}2\pi\sin\theta\,\mathrm{d}\theta\,\mathrm{d}r$$

于是可得

$$f(s)=\int_0^{\infty}U(r)\,\frac{\sin\beta r}{\beta r}\,\mathrm{d}r \tag{1.44}$$

式中$\beta=2\pi\dfrac{s}{\lambda}$。

散射因子与散射方向有关,是$\boldsymbol{s}$的函数。当$\boldsymbol{k}\to\boldsymbol{k}_0$时,$\boldsymbol{s}\to 0$,$\dfrac{\sin\beta r}{\beta r\to 1}$,所以

$$f(0)=\int_0^{\infty}U(r)\,\mathrm{d}r=Z=\text{原子序数} \tag{1.45}$$

即沿入射方向,原子散射波振幅等于各个电子散射波的代数和。一般情况下,为计算原子散射因子的值,还须知道电子的几率分布函数$\rho(\boldsymbol{r})$。将$\rho(\boldsymbol{r})$代入式(1.42),即可得到$f(\boldsymbol{s})$。

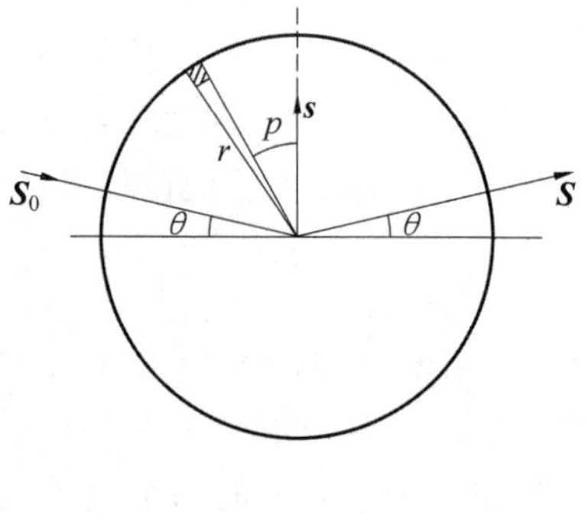

图1.43 X射线在原子中的散射

许多原子的电子几率分布函数,在量子力学中已经利用哈特里自洽场方法计算出来了。因此,根据量子力学计算,可以预知f。同时,由实验所测定的f也可以用来检验理论的正确性。

另外,利用傅里叶逆变换,可以由式(1.44)解出$U(r)$,即

$$U(r)=\frac{2r}{\pi}\int_0^{\infty}\beta f(\beta)\sin\beta r\,\mathrm{d}\beta \tag{1.46}$$

显然,如果从实验知道了衍射因子,就可以反过来求出电子在原子内的分布。

1.11.2 几何结构因子

若所取原胞中只包含一个原子,则只要确定了基矢,也就确定了原胞的几何结构。但

是，如果所选取的原胞包含两个以上的原子，则要确定原胞的几何结构，就必须在确定基矢的同时，还需要确定原胞中原子的相对位置。在X射线衍射研究中需要注意两个方面：一是胶片上衍射条纹的位置，即各衍射条纹的位相差；二是衍射条纹的相对强度。

复式格子由两个以上布喇菲格子套构而成，这些布喇菲格子具有相同的周期性，因而它们的衍射加强取决于相同的布拉格条件。若其中一个布喇菲格子在某一方向得出衍射极大，则其他的布喇菲格子也在同一方向得出衍射极大，如图1.44所示。因此，总的衍射强度取决于原胞中原子的相对位置和原子的散射因子。为了概括这两个因素对总衍射强度的影响，引出了几何结构因子这一概念。

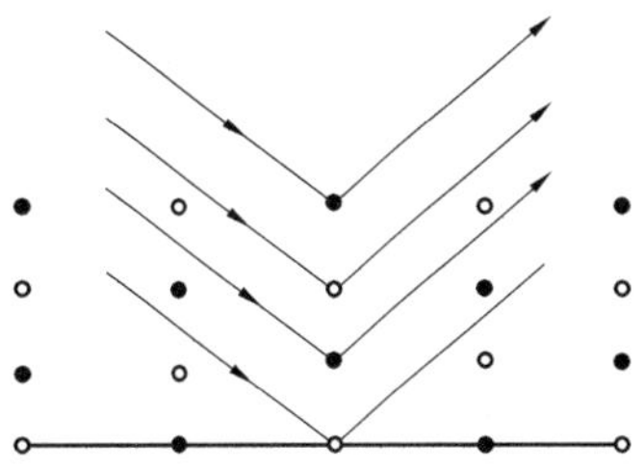

图1.44　复式格子的布拉格反射

原胞内所有原子的散射波，在所考虑方向上的振幅与一个电子的散射波振幅之比，称为几何结构因子。显然，几何结构因子不仅同原胞内原子的散射因子有关，而且依赖于原胞内原子的排列；同时，其数值也与所考虑的方向有关。

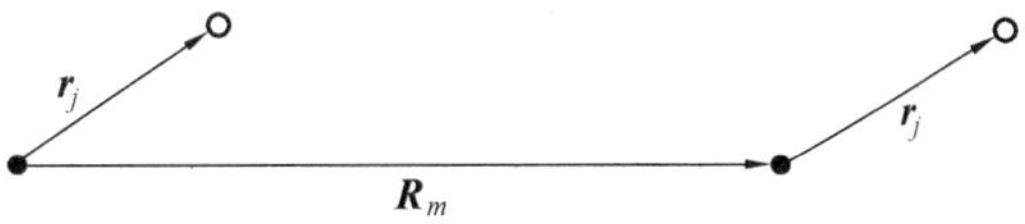

图1.45　各原胞中对应原子的位矢

设 $\boldsymbol{r}_1,\boldsymbol{r}_2,\cdots\boldsymbol{r}_j,\cdots\boldsymbol{r}_t$ 为原胞内 t 个不同原子的相对位矢，如图1.45所示。在坐标原点的原胞中，各原子的散射振幅分别为

$$\begin{cases}\widetilde{A}_{0,1}=f_1(\boldsymbol{s})A\mathrm{e}^{\mathrm{i}\theta_1}=f_1(\boldsymbol{s})A\mathrm{e}^{\mathrm{i}\frac{2\pi}{\lambda}\boldsymbol{s}\cdot\boldsymbol{r}_1}\\ \widetilde{A}_{0,2}=f_2(\boldsymbol{s})A\mathrm{e}^{\mathrm{i}\theta_2}=f_2(\boldsymbol{s})A\mathrm{e}^{\mathrm{i}\frac{2\pi}{\lambda}\boldsymbol{s}\cdot\boldsymbol{r}_2}\\ \qquad\vdots\\ \widetilde{A}_{0,t}=f_t(\boldsymbol{s})A\mathrm{e}^{\mathrm{i}\theta_t}=f_t(\boldsymbol{s})A\mathrm{e}^{\mathrm{i}\frac{2\pi}{\lambda}\boldsymbol{s}\cdot\boldsymbol{r}_t}\end{cases}\tag{1.47}$$

在上述各式中，A 是坐标原点的原子中心处一个电子在考虑方向上和观察点所产生的散射波的振幅。

位矢为 $\boldsymbol{R}_m=m_1\boldsymbol{a}_1+m_2\boldsymbol{a}_2+m_3\boldsymbol{a}_3$ 的原胞中，各原子的散射振幅分别为

$$\begin{cases}\widetilde{A}_{m,1}=f_1(\boldsymbol{s})A\mathrm{e}^{\mathrm{i}\frac{2\pi}{\lambda}\boldsymbol{s}\cdot(\boldsymbol{r}_1+\boldsymbol{R}_m)}=\widetilde{A}_{0,1}\\ \widetilde{A}_{m,2}=f_2(\boldsymbol{s})A\mathrm{e}^{\mathrm{i}\frac{2\pi}{\lambda}\boldsymbol{s}\cdot(\boldsymbol{r}_2+\boldsymbol{R}_m)}=\widetilde{A}_{0,2}\\ \qquad\vdots\\ \widetilde{A}_{m,t}=f_t(\boldsymbol{s})A\mathrm{e}^{\mathrm{i}\frac{2\pi}{\lambda}\boldsymbol{s}\cdot(\boldsymbol{r}_t+\boldsymbol{R}_m)}=\widetilde{A}_{0,t}\end{cases}\tag{1.48}$$

在上述各式中，利用了条件

$$\frac{2\pi}{\lambda}\boldsymbol{s}\cdot\boldsymbol{R}_m=(\boldsymbol{k}-\boldsymbol{k}_0)\cdot\boldsymbol{R}_m=n\boldsymbol{K}_h\cdot\boldsymbol{R}_m=2\pi\mu$$

从式(1.47)和式(1.48)可以看出，在衍射极大方向上，各原胞中对应原子的散射波振

幅均相同。一个原胞内不同原子的散射波振幅的几何和为$\sum_{j=1}^{t} f_j A e^{i\frac{2\pi}{\lambda}\boldsymbol{s}\cdot \boldsymbol{r}_j}$,则散射波的总振幅可以写成

$$\widetilde{A} = MA\sum_{j=1}^{t} f_j e^{i\frac{2\pi}{\lambda}\boldsymbol{s}\cdot\boldsymbol{r}_j} \tag{1.49}$$

式中,M 为参与散射的原胞数目,其中因子

$$F(\boldsymbol{s}) = \sum_{j=1}^{t} f_j e^{i\frac{2\pi}{\lambda}\boldsymbol{s}\cdot\boldsymbol{r}_j} \tag{1.50}$$

称为几何结构因子。将上式代入式(1.49),可得 $\widetilde{A} = MAF(\boldsymbol{s})$。因散射波总强度 I 正比于散射波总振幅的平方,即

$$I \propto |F(\boldsymbol{s})|^2 \tag{1.51}$$

则晶体 X 射线衍射强度与几何结构因子模的平方成正比。

结晶学中选取晶胞为重复单元,以上结论仍都适用,只是晶胞内的 t 个原子中可能有相同的原子,甚至全部都为同种原子。此时

$$\frac{2\pi}{\lambda}\boldsymbol{s} = \boldsymbol{k} - \boldsymbol{k}_0 = n\boldsymbol{K}_{hkl} = n(h\boldsymbol{a}^* + k\boldsymbol{b}^* + l\boldsymbol{c}^*)$$

$$\boldsymbol{r}_j = u_j\boldsymbol{a} + v_j\boldsymbol{b} + w_j\boldsymbol{c}$$

其中 u_j、v_j、w_j 是有理数,将以上两式代入式(1.50),得到

$$F_{hkl} = \sum_{j=1}^{t} f_j e^{i2n\pi(hu_j+kv_j+lw_j)} \tag{1.52}$$

则(hkl)晶面族引起的衍射光的总强度为

$$I_{hkl} \propto F_{hkl}\cdot F_{hkl}^* = \left[\sum_{j=1}^{t} f_j \cos 2n\pi(hu_j + kv_j + lw_j)\right]^2 + \left[\sum_{j=1}^{t} f_j \sin 2n\pi(hu_j + kv_j + lw_j)\right]^2 \tag{1.53}$$

在上式中已将原子散射因子 f_j 视为实数,可以证明,只有当电子的几率分布函数 $\rho(\boldsymbol{r})$ 为球对称时,f_j 才是严格意义上的实数。

由上面的讨论可知,如果已知原子散射因子 f_j,就可由衍射强度 I_{hkl} 推出原胞中原子的排列。反之,如果已知原胞中原子的排列,也可确定衍射线加强和消失的规律。

1.11.3 三种常见晶体结构的衍射消失条件

下面根据式(1.53)计算三种常见的晶体结构的衍射消失条件。

1. 体心立方结构

体心立方结构的晶胞中含有两个原子,其坐标可选为(0 0 0)和($\frac{1}{2}$ $\frac{1}{2}$ $\frac{1}{2}$)。

由于同种原子具有相同的散射因子,所以对元素体心晶体,由式(1.52),晶面族(h k l)的衍射强度为

$$I_{hkl} \propto F_{hkl}\cdot F_{hkl}^* = f^2[1 + \cos \pi n(h + k + l)]^2 + f^2\sin^2 \pi n(h + k + l)$$

因此,对于元素体心晶体,衍射面指数之和 $n(h+k+l)$ 为奇数时反射消失。

2. 面心立方结构

面心立方结构的晶胞中含有四个原子，其坐标可选为(0 0 0)，($\frac{1}{2}$ $\frac{1}{2}$ 0)，($\frac{1}{2}$ 0 $\frac{1}{2}$)和(0 $\frac{1}{2}$ $\frac{1}{2}$)。对于元素面心晶体，由式(1.49)可知，晶面族($h\ k\ l$)的衍射强度为

$$I_{hkl} \propto F_{hkl} \cdot F_{hkl}^{*} = f^{2}[1 + \cos \pi n(h + k) + \cos \pi n(h + l) + \cos \pi n(k + l)]^{2} + f^{2}[\sin \pi n(h + k) + \sin \pi n(h + l) + \sin \pi n(k + l)]^{2}$$

因此，对于衍射面指数中，部分为偶数(包括零)，部分为奇数的反射消失。

3. 金刚石结构

金刚石结构的晶胞含有八个原子，它们的坐标为(0 0 0)、($\frac{1}{4}$ $\frac{1}{4}$ $\frac{1}{4}$)、($\frac{1}{2}$ $\frac{1}{2}$ 0)、($\frac{1}{2}$ 0 $\frac{1}{2}$)、(0 $\frac{1}{2}$ $\frac{1}{2}$)，($\frac{1}{4}$ $\frac{3}{4}$ $\frac{3}{4}$)，($\frac{3}{4}$ $\frac{3}{4}$ $\frac{1}{4}$)和($\frac{3}{4}$ $\frac{1}{4}$ $\frac{3}{4}$)。这八个原子具有相同的散射因子，将上述坐标值代入式(1.53)可求出散射强度不为零的条件：

(1)衍射面指数 $n\ h$、$n\ k$、$n\ l$ 都是奇数；

(2)衍射面指数 nh、nk、nl 都是偶数(包括零)，且$\frac{1}{2}n(h+k+l)$也是偶数。

如果晶面的衍射面指数不满足以上两个条件，则这些面的衍射消失。对金刚石结构的晶体，在劳厄衍射照片上不可能找到像(3 2 1)，(2 2 1)等面的一级衍射斑点，也不可能找到像(4 4 2)的衍射斑点。

思 考 题

1.1　为什么自然界中大多数固体都以晶态形式存在？为什么面指数简单的晶面往往暴露在外表上？

1.2　任何晶面族中最靠近原点的那个晶面必定通过一个或多个基矢的末端吗？

1.3　解理面是面指数低的晶面还是面指数高的晶面？为什么？

1.4　在 14 种布喇菲格子中，为什么没有底心四方、面心四方和底心立方？

1.5　有许多金属既可形成体心立方结构，也可形成面心立方结构。从一种结构转变为另一种结构时体积的变化很小。设体积的变化可以忽略，并以 R_f 和 R_b 代表面心立方和体心立方结构中最近邻原子间的距离，试问 R_f/R_b 等于多少？

1.6　将等体积的硬球在平面上密积排列时，空间利用率等于多少？

1.7　在立方晶系中，晶列 $h\ k\ l$ 垂直于同指数的晶面($h\ k\ l$)。这个结论对别的晶系，例如四方晶系($\alpha=\beta=\gamma=90°$，$a=b\neq c$)，是否成立？

1.8　验证晶面($\bar{2}$ 1 0)、($\bar{1}$ 1 1)和(0 1 2)是否属于同一晶带？若是同一晶带，其带轴方向的晶列指数是什么？

1.9　晶面指数为(1 2 3)的晶面 ABC 是离原点 O 最近的晶面，OA、OB 和 OC 分别与基矢 $\boldsymbol{a}_1$、$\boldsymbol{a}_2$ 和 $\boldsymbol{a}_3$ 重合，除 O 点外，OA、OB 和 OC 上是否有格点？若 ABC 面的指数为(2 3 4)，

情况又如何?

1.10　与晶列$[l_1\ l_2\ l_3]$垂直的倒格面的面指数是什么?

1.11　面心立方和体心立方晶格中原子线密度最大的是哪个方向?

1.12　二维布喇菲点阵只有五种,试列举并画图表示之。

1.13　具有4度象转轴而没有4度旋转对称轴的晶体,有没有对称中心?举例说明。

1.14　如晶体中存在两个相互交角为$\pi/4$的对称面,试问这两个对称面的交线是几度旋转对称轴?

1.15　面心立方元素晶体中最小的晶列周期为多大?该晶列在哪些晶面内?

1.16　对晶体做结构分析时,为什么不使用可见光?

1.17　在晶体的X射线衍射中,为了实现来自相继晶面的辐射发生相长干涉,对于高指数的晶面,应采用长的还是短的波长?

1.18　高指数的晶面族与低指数的晶面族相比,对于同级衍射,哪一晶面族衍射光弱?为什么?

1.19　温度升高时,衍射角如何变化?X光波长变化时,衍射角如何变化?

1.20　体心立方元素晶体,密勒指数(1 0 0)和(1 1 0)面,原胞坐标系中的一级衍射,分别对应晶胞坐标系中的几级衍射?

1.21　如果间距为d的两个相邻原子面上X射线反射彼此加强,间距为$2d$,$3d$,$4d$,…的两个原子面上的反射是否也彼此加强?反之,如果间距为$2d$的两个面上的反射满足布喇格公式,间距为d的面上的反射是否加强?

1.22　金刚石和硅、锗的几何结构因子有何异同?

1.23　旋转单晶法中,将胶片卷成以转轴为轴的圆筒,胶片上的感光线是否等间距?

习　　题

1.1　试证体心立方格子和面心立方格子互为正、倒格子。

1.2　在六角晶系中,晶面常用四个指数$(h\ k\ i\ l)$来表示,如图所示,前三个指数表示晶面族中最靠近原点的晶面在互成120°的共平面轴$\boldsymbol{a}_1$、$\boldsymbol{a}_2$、$\boldsymbol{a}_3$上的截距为a_1/h、a_2/k、a_3/i,第四个指数表示该晶面在六重轴c上的截距为c/l。证明:

$$i=-(h+k)$$

并将下列用$(h\ k\ l)$表示的晶面改用$(h\ k\ i\ l)$表示,即$(0\ 0\ 1)$,$(\bar{1}\ 3\ 3)$,$(1\ \bar{1}\ 0)$,$(3\ \bar{2}\ 3)$,$(1\ 0\ 0)$,$(0\ 1\ 0)$,$(\bar{2}\ \bar{1}\ 3)$。

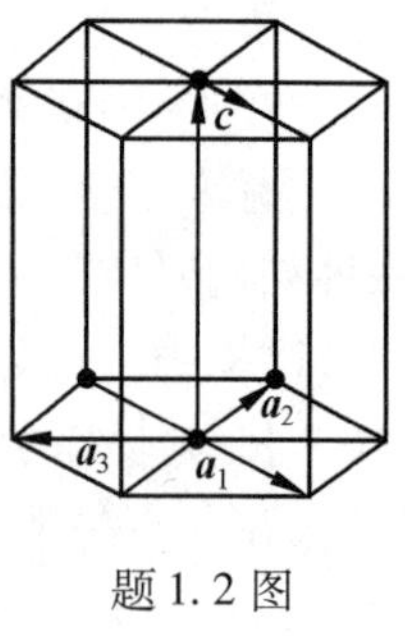

题1.2图

1.3　如将等体积的硬球堆成下列结构,求证球可能占据的最大体积与总体积之比为:(1)简立方:$\pi/6$。(2)体心立方:$\sqrt{3}\pi/8$。(3)面心立方:$\sqrt{2}\pi/6$。(4)六角密积:$\sqrt{2}\pi/6$。(5)金刚石:$\sqrt{3}\pi/16$。

1.4　设某一晶面族的面间距为d,三个基矢$\boldsymbol{a}_1$、$\boldsymbol{a}_2$、$\boldsymbol{a}_3$的末端分别落在离原点的距离为h_1d、h_2d、h_3d的晶面上,试用反证法证明:h_1、h_2、h_3是互质的。

1.5　证明在立方晶系中，面指数为$(h_1\ k_1\ l_1)$和$(h_2\ k_2\ l_2)$的两个晶面之间的夹角θ满足

$$\cos\theta=\frac{h_1h_2+k_1k_2+l_1l_2}{(h_1^2+k_1^2+l_1^2)^{1/2}(h_2^2+k_2^2+l_2^2)^{1/2}}$$

1.6　有一晶格，每一格点上有一个原子，基矢（以10 nm为单位）为$\boldsymbol{a}=3\boldsymbol{i}$，$\boldsymbol{b}=3\boldsymbol{j}$，$\boldsymbol{c}=1.5(\boldsymbol{i}+\boldsymbol{j}+\boldsymbol{k})$，此处$\boldsymbol{i}$、$\boldsymbol{j}$、$\boldsymbol{k}$为笛卡儿坐标系中$x$、$y$、$z$方向的单位矢量。问

（1）这种晶格属于哪种布喇菲格子？

（2）原胞的体积和晶胞的体积各等于多少？

1.7　证明用半径不同的两种硬球构成下列稳定结构时，小球半径r和大球半径R之比值分别为

（1）体心立方（配位数为8）：$1>r/R\geqslant 0.73$

（2）简单立方（配位数为6）：$0.73>r/R\geqslant 0.41$

（3）正四面体结构（配位数为4）：$0.41>r/R\geqslant 0.23$

（4）层状结构（配位数为3）：$0.23>r/R\geqslant 0.16$

1.8　六角晶胞的基矢为

$$\boldsymbol{a}=\frac{\sqrt{3}}{2}a\boldsymbol{i}+\frac{a}{2}\boldsymbol{j};\quad \boldsymbol{b}=-\frac{\sqrt{3}}{2}a\boldsymbol{i}+\frac{a}{2}\boldsymbol{j};\quad \boldsymbol{c}=c\boldsymbol{k}$$

求其倒格基矢。

1.9　若基矢$\boldsymbol{a}$、$\boldsymbol{b}$、$\boldsymbol{c}$构成正交系，试证晶面族$(h\ k\ l)$的面间距为

$$d_{hkl}=\frac{1}{\sqrt{\left(\frac{h}{a}\right)^2+\left(\frac{k}{b}\right)^2+\left(\frac{l}{c}\right)^2}}$$

并说明面指数简单的晶面，其面密度比较大，容易解理。

1.10　证明晶面$(h_1h_2h_3)$、$(h'_1h'_2h'_3)$和$(h''_1h''_2h''_3)$属于同一晶带的条件是

$$\begin{vmatrix} h_1 & h_2 & h_3 \\ h'_1 & h'_2 & h'_3 \\ h''_1 & h''_2 & h''_3 \end{vmatrix}=0$$

1.11　证明一个晶体不可能有5重旋转对称轴。

1.12　试求面心立方和体心立方晶格中粒子密度最大的晶面。

1.13　电位移矢量$\boldsymbol{D}$与外电场$\boldsymbol{E}$的关系为

$$\boldsymbol{D}=\varepsilon\boldsymbol{E}$$

式中，$\boldsymbol{\varepsilon}$为介电常数张量。试根据晶体的对称性证明，对于简单六角晶体，有

$$\boldsymbol{\varepsilon}=\begin{pmatrix} \varepsilon_{11} & 0 & 0 \\ 0 & \varepsilon_{\perp} & 0 \\ 0 & 0 & \varepsilon_{\perp} \end{pmatrix}$$

1.14　证明三角布喇菲格子的倒格子仍为三角布喇菲格子，并且倒格子基矢间的夹角θ^*和基矢长度b分别满足

$$\cos\theta^*=-\frac{\cos\theta}{1+\cos\theta}$$

$$b=\frac{1}{a(1+2\cos\theta\cos\theta^*)^{1/2}}$$

式中，a 和 θ 分别为正格子基矢的长度和基矢间的夹角。

1.15　用波长为0.154 05 nm的X射线投射到钽的粉末上，得到几条衍射谱线的布喇格角 θ 如表所示。

序　号	1	2	3	4	5
θ(°)	19.611	28.136	35.156	41.156	47.769

已知钽为体心立方结构，试求：

(1)各谱线对应的衍射晶面族的面指数。

(2)上述各晶面族的面间距。

(3)利用上两项结果计算晶格常数 a。

1.16　铁在不同的温度下可能是体心立方结构(α-Fe)或面心立方结构(γ-Fe)。用X射线束照射铁晶体，当温度为20 ℃时，得到最初的三个衍射角为8°12′、11°38′、14°18′；当温度为1 000 ℃时，衍射角为7°55′、9°9′、12°59′。试求：

(1)在20 ℃和1 000 ℃时，铁各属什么结构。

(2)若在20 ℃时，铁的密度为7.86 g·cm^{-3}，求其晶格常数和X射线波长。

1.17　证明在晶体的X射线衍射中：

(1)如果X射线的波长改变了 $\Delta\lambda$，反射线束将偏转一个角度

$$\Delta\theta = \frac{\Delta\lambda}{\lambda}\tan\theta$$

式中，θ 为布喇格角。

(2)当晶体发生体膨胀时，反射线束将偏转一个角度

$$\Delta\theta = -\frac{\beta}{3}\tan\theta$$

式中，β 是晶体的体膨胀系数。

1.18　设由原子A和B组成的一维双原子晶体中，原子A、B的散射因子分别为 f_A 和 f_B，A和B之间的距离为 $a/2$，X射线垂直于原子线入射，试证明：

(1)干涉条件是

$$n\lambda = a\cos\theta$$

式中，θ 是衍射光束与原子线间的夹角。

(2)当 n 为奇数时，衍射强度 $I\propto |f_A-f_B|^2$；当 n 为偶数时，衍射强度 $I\propto |f_A+f_B|^2$。

1.19　若波长为 λ 的X射线沿简立方晶胞的 $-z$ 方向入射，求证衍射束落在 y-z 平面上的条件是

$$\frac{\lambda}{a} = \frac{2l}{l^2+k^2}$$

式中，l、k 为整数，a 为晶格常数。并求衍射线束的方向余弦 $\cos\beta$ 和 $\cos\gamma$。

1.20　氢原子的基态波函数为

$$\Psi(r) = (\pi a_0^3)^{-1/2}e^{-r/a_0}$$

式中，$a_0 = \dfrac{\varepsilon_0 h^2}{\pi m e^2} = 0.529\times10^{-10}$ m 为玻尔半径。试求氢原子的散射因子。

第2章　晶体的结合和弹性

第1章讨论了晶格的几何结构，本章将介绍晶体结合的类型和结合时的物理本质，并对晶体的弹性性质和弹性波在晶体中的传播作必要的介绍。

晶体以固体形式存在，且具有不同的周期结构，这是由于组成晶体的大量原子或分子在结合时原子外层电子会重新分布，而外层电子的不同分布产生了不同类型的结合力。不同类型的结合力，导致了晶体结合的不同类型。

从能量的角度来看，一块晶体处于稳定状态时，它的总能量（动能和势能）比组成该晶体的各个原子在独立、自由时的总能量低，两者之差被定义为晶体的结合能，即

$$E_b = E_0 - E_N$$

式中，E_0 为晶体的总能量；E_N 为组成该晶体的 N 个原子在自由时的总能量。

通过对晶体结合能的研究，我们可以计算出晶格常数、体积弹性模量，这些量可以通过实验测定。将理论计算结果同实验测试结果作比较，就可以检验理论的正确性。另一方面，对晶体结合能的研究也有助于了解组成晶体的粒子间相互作用的本质，从而为探索新材料的合成提供理论指导。

2.1　原子的电负性

当原子构成晶体时，外层电子的不同分布产生了晶体结合的不同类型。需要说明的是，构成晶体时，原来电中性的原子能够相互结合，除外界的宏观因素如压强、温度等以外，其内因则是原子最外层电子的作用，所有晶体的结合类型均与原子的电性有关。

2.1.1　原子的电子壳层结构

1916年柯塞耳（Kossel）提出了原子壳层结构模型。在该模型中，主量子数 n 相同的电子组成一个壳层，对应于 $n=1$、2、3、4、5、6、…等状态的壳层分别用大写字母K、L、M、N、O、P、…等表示。副量子数 l 相同的电子组成支壳层或分壳层，对应于 $l=1$、2、3、4、5、6、…等状态的支壳层分别用小写字母s、p、d、f、g、h、…等表示。电子在各壳层上的填充，遵循能量最小原理、泡利不相容原理和洪特规则。填充在各壳层上相应原子基态的电子组态，通常用主、副量子数的字母表示。例如，钾原子的基态电子组态为 $1s^2 2s^2 2p^6 3s^2 3p^6 4s^1$。其中，副量子数字母左边的数字是轨道主量子数，字母右上标表示该轨道的电子数目。

在同一族中，虽然原子的电子层数不同，但却具有相同的价电子构型，因此，它们的性质是相近的。一般地，ⅠA族和ⅡA族原子容易失去最外壳层的电子，而ⅥA族和ⅦA族原子却容易获得电子。可见，原子失掉电子的难易程度是不一样的。

2.1.2 电离能与电子亲和能

原子依靠原子核与电子之间的相互作用能来维系。通常把使原子失去一个电子所需要的能量称为原子的电离能,它是用来量度原子对价电子束缚程度的物理量。从原子中移去第一个电子所需要的能量称为第一电离能,从+1 价离子中移去一个电子所需要的能量为第二电离能。可以证明,第二电离能一定大于第一电离能,表 2.1 给出了部分原子第一电离能的实验值。

表 2.1 电离能与电子亲和能

元素	Na	Mg	Al	Si	P	S	Cl	Ar	K	Ca
电离能/eV	5.138	7.644	5.984	8.149	10.55	10.357	13.01	15.755	4.339	6.111
电子亲和能(理论值)/(kJ·mol^{-1})	52	-230	48	134	75	205	343	-35	45	-156
电子亲和能(实验值)/(kJ·mol^{-1})	52.9	<0	44	120	74	200.4	348.7	<0	48.4	<0

用来描述原子对价电子束缚程度的另一个物理量是电子亲和能,它是指中性原子获得一个电子并成为负离子所释放出的能量。亲和过程不是电离过程的逆过程,因为电离过程的逆过程是指+1 价离子获得一个电子的过程。电子亲和能一般随原子半径的减小而增大。这是因为,当原子半径小时,核电荷对电子的吸引力较强,对应较大的互作用势,所以当原子获得一个电子时,相应释放出较大的能量。表 2.1 列出了部分元素的电子亲和能。

2.1.3 电负性

通过上述讨论,我们知道不同原子得失电子的难易程度不同。为了定量地度量原子吸引电子的能力,人们提出了原子电负性的概念。由于原子吸引电子的能力大小是相对的,所以一般选定某原子的电负性为参考值,而把其他原子的电负性与这个参考值进行比较。

电负性概念最早是在 1932 年由泡林(L·Pauling)提出的,1934 年穆力肯(R·S·Mul-liken)综合考虑了原子的电离能与电子亲和能,给出了目前最简单的原子电负性的定量表述

$$\chi = 0.18(I + E)$$

式中,χ 为原子的电负性;I 为电离能;E 为电子亲和能,所取单位为电子伏特。

泡林认为组成化学键的两原子的电负性差值,同所成键的离解能之间存在一定的关系,进而提出了电负性的计算方法。泡林的这种方法是目前较通用的方法,现以 HCl 为例进行分析。

设χ_{Cl}、χ_H分别为 Cl 和 H 的电负性,D_1(H—H)、D_2(Cl—Cl)、D_3(H—Cl)分别是 H—H、Cl—Cl 和 H—Cl 的键离解能。要求出 Cl 和 H 的电负性之差,泡林采用下式,即

$$\chi_{Cl} - \chi_H = \sqrt{\frac{D_3(\text{H—H}) - 0.5[D_1(\text{H—H}) + D_2(\text{Cl—Cl})]}{96.5}}$$

现规定氟的电负性为4.0,以此值为参照,据上式可求出其他原子的电负性。表2.2列出了部分元素的电负性。

表2.2　元素的电负性

元　素	泡林值	穆力肯值	元　素	泡林值	穆力肯值
H	2.1	—	Na	0.9	0.93
He	—	—	Mg	1.2	1.32
Li	1.0	0.94	Al	1.5	1.81
Be	1.5	1.46	Si	1.8	2.44
B	2.0	2.01	P	2.1	1.81
C	2.5	2.63	S	2.5	2.41
N	3.0	2.33	Cl	3.0	3.00
O	3.5	3.17	Ar	—	—
F	4.0	3.91	K	0.8	0.80
Ne	—	—	Ca	1.0	—

从表中数据可以看出:(1)同一周期内的原子从左至右电负性增大。(2)如果列出所有元素的电负性还可以发现,周期表中同一族元素由上往下,元素的电负性逐渐减小。(3)一个周期内重元素的电负性差别较小。此外,金属元素的电负性一般在2.0以下,非金属元素的电负性一般在2.0以上。

通常把元素易于失去电子的倾向称为元素的金属性,把元素易于获得电子的倾向称为元素的非金属性。一般地,电负性小的是金属性元素,电负性大的是非金属性元素,即电负性可以综合衡量各种元素的金属性和非金属性。

2.2　晶体的结合类型

原子在结合成晶体时,带正电的原子核和带负电的核外电子必然要同周围其他原子中的原子核及电子产生静电库仑力。显然,不同原子对电子的不同俘获能力,将使得原子外层电子重新分布,重新分布中结合力的类型取决于原子的电负性。不同元素原子的外层电子组态具有不同的周期性,属于周期表上同一族的元素具有相似的属性,因此我们可以预期原子结合成晶体时会出现一些比较典型的晶体。根据目前的研究结果,依据结合力的性质和特点,晶体可以分为五种基本的结合类型。

2.2.1　离子晶体

元素周期表中左侧元素电负性小,易失去电子,而右侧元素电负性大,容易得到电子。这两类元素原子结合时,易分别变成正、负离子,从而形成离子晶体。从它们的电子云分布来看,可以近似看作同惰性气体一样,具有球对称分布。第Ⅰ族碱金属元素与第Ⅶ族卤族元素所组成的化合物(如NaCl、CsCl等)是典型的离子晶体,碱金属Na、K、Rb、Cs的最外层电子只有一个,而卤族元素F、Cl、Br、I的最外层电子则有七个。因此从碱金属的原子上转移一个电子到卤族原子上后,就形成了正负两种离子,此时碱金属离子的电子组态就与它在周期表上前一个惰性原子的电子组态完全一样，而卤素离子的电子组态与它在周期表上后一个惰性原子的电子组态完全一样，它们的对应关系为

$$\left.\begin{matrix}Na^+\\F^-\end{matrix}\right.\rightarrow Ne\quad \left.\begin{matrix}K^+\\Cl^-\end{matrix}\right.\rightarrow Ar\quad \left.\begin{matrix}Rb^+\\Br^-\end{matrix}\right.\rightarrow Kr\quad \left.\begin{matrix}Cs^+\\I^-\end{matrix}\right.\rightarrow Xe$$

这种电子壳层结构是稳定的，具有球形对称性，因此可以把正、负离子作为一个点电荷来处理，它们间的结合力主要依靠静电库仑力。从能量角度看，离子晶体要达到稳定结构，原子间的互作用势能必然最小。因此，一种离子相邻的离子必定是异性离子。虽然较远的同性离子间存在排斥作用，但静电作用的总效果是吸引。由于相邻的离子为异性离子，所以离子晶体结构就不能是简单的密堆积，它的配位数最多只能取 8。并且，由于离子晶体中每个离子周围的情况不一样，因此一定是复式格子。

典型的离子晶体结构有两种：一种为氯化钠型；另一种为氯化铯型。氯化钠型是由两种面心立方结构的离子沿晶轴平移 1/2 间距而成（图 1. 10），配位数为 6。氯化铯型是由两种简立方结构的离子沿空间对角线位移 1/2 长度套构而成（图 1. 11），配位数为 8。

离子晶体主要依靠吸引较强的静电库仑力而结合，因此其结构很稳固，结合能的数量级约在 800kJ/mol。所以，它具有导电性能差、熔点高、硬度高和膨胀系数小等特性。

2.2.2 原子晶体

原子晶体结构中相应原子的电负性较大，因而倾向于俘获电子。当这类原子结合成晶体时，最外层电子不脱离原来所属的原子，通常是相邻的两个原子各出一个电子相互共用，从而在最外层形成公用的封闭电子壳层，这样的原子键合，称为共价键。故这类晶体，常被称为共价晶体。组成同一共价键中的电子其自旋方向彼此相反，称为配对电子。第Ⅳ族的元素其最外层有 4 个电子，一个原子与最近邻的四个原子各出一个电子，形成四个共价键，因此每个原子能够与周围其他 4 个原子组成共价键而各自形成封闭壳层的结构，如图 2. 1 所示。

由实验验证，第Ⅳ族元素的结构模型是以某一原子为中心的四面体，该原子四个最邻近的原子处在正四面体的顶角上，如图 2. 2 所示。

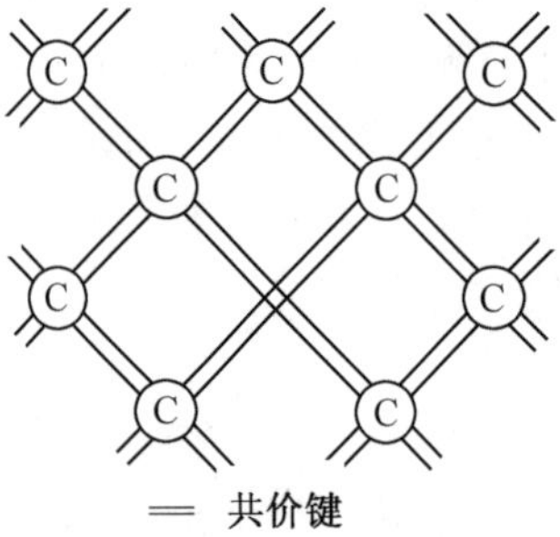

图 2. 1　金刚石结构的平面示意图

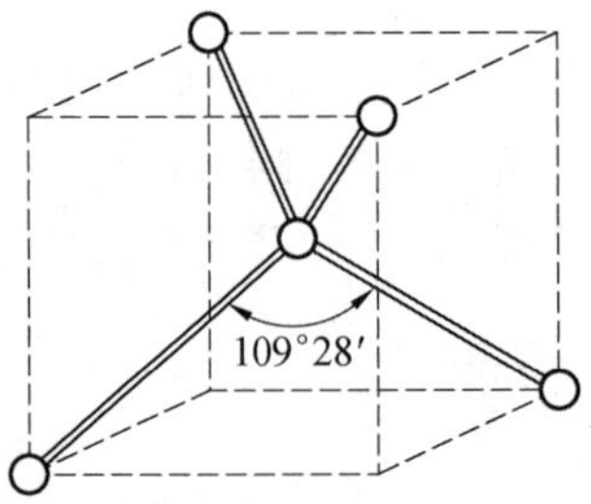

图 2. 2　金刚石结构正四面体

共价键有两个特点：一是饱和性，以共价键形式结合的原子，形成键的数目有一个最大值。设 N 为价电子的数目，对第Ⅳ族元素，价电子壳层有 8 个量子态，最多能接纳 $(8-N)$ 个共价键，$(8-N)$ 便是饱和的价键数。二是方向性，每个共价键之间有确定的相对取向。原子只在特定的方向上形成共价键，该方向是配对电子波函数的对称轴。金刚石

结构中 4 个键的方向沿正四面体的 4 个顶角方向,键间的夹角恒为 109°28′(见图 2.2)。由此可见,金刚石结构虽是原子晶体,但属于复式格子。

共价结合使两个原子核间出现一个电子云密集区,降低了两核间的正电排斥,使体系的势能降低,从而形成稳定的结构。这种类型的原子晶体,具有熔点高、导电性能差、硬度高、热膨胀系数小等特点。

需要说明,有许多晶体的键既是离子性结合又是共价性结合,具有结合的综合性。

2.2.3 金属晶体

第Ⅰ族、第Ⅱ族元素及过渡元素都是典型的金属晶体,这些元素的电负性小,相应原子的最外层电子一般为 1 ~ 2 个。在组成晶体时,价电子不再属于某个原子,而为所有原子共有。可以认为,失去最外层(价)电子的原子实"沉浸"在由价电子组成的"电子云"中,其结合力主要是原子实和共有化电子之间的静电库仑力。在金属晶体的结构上,要求排列最紧密,以使其势能最低,结合最稳定。这样就导致了大多数金属晶体具有面心立方结构,即立方密积和六角密积,配位数均为 12。前者如 Cu、Ag、Au、Al 等,后者如 Be、Mg、Zn、Cd 等。少数金属晶体具有体心立方结构,配位数为 8,如 Li、Na、K、Rb、Cs、Mo、W 等。

由于金属中有大量作共有化运动的电子,所以,金属晶体具有良好的导电性、导热性,且不同金属存在接触电势差等性质。

原子实与电子云之间的作用,不存在明确的方向性,原子实与原子实相对滑动并不破坏密堆积结构,不会使系统内能增加。金属原子容易相对滑动的特点,是金属具有延展性的微观根源。

2.2.4 分子晶体

分子晶体的结合是依靠分子间的相互作用力——范德瓦耳斯力来实现的。分子间的相互作用力一般分为三种类型:

(1)由极性分子中的固有偶极矩产生的力,称为葛生力。

(2)由感应偶极矩产生的力,称为德拜力。

(3)由非极性分子中的瞬时偶极矩产生的力,称为伦敦力。

这三种力统称为范德瓦耳斯力,它的键合没有方向性和饱和性,且相互作用很弱。从典型性来看,构成非极性分子晶体的元素最外层电子为 8 个,具有球对称的稳定封闭结构。但在某一瞬时,由于正、负电中心不重合而使原子呈现出瞬时偶极矩,从而使其他原子产生感应偶极矩。非极性分子晶体就是依靠这瞬时偶极矩的互作用而结合的,这种结合力很微弱。

惰性元素因具有球对称,结合时排列最紧密以使势能最低,这类晶体结构都是面心立方。它们是透明的绝缘体,熔点特低。

2.2.5 氢键晶体

在有些化合物中,氢原子可以同时与两个电负性很大且原子半径也较小的原子(如 O、F、N 等)相结合,这种特殊的结合的晶体称为氢键晶体。

冰(H_2O)中氢键结合的四面体如图 2.3 所示。在冰中氢原子除了以共价键和氧原子结合成 H_2O 分子外,还和邻近分子中的氧原子以氢键连接起来,即O—H…O,形成 H_2O 晶体。O—H 键的键能为464 kJ · mol^{-1},键长为0.096 nm,而氢键的键能,只有18.98 kJ · mol^{-1},键长为0.276 nm。因此氢键的相互作用能量,比共价键要弱得多,与范德瓦耳斯力同数量级,但它具有方向性和饱和性。

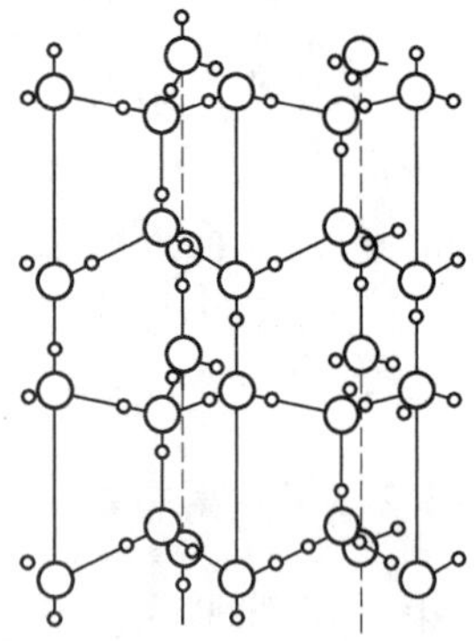

图 2.3　冰中氢键结合的四面体

氢原子具有如下三个特殊的性质:

(1)氢原子的原子实是一无壳层的质子,半径只有 10^{-13} cm,比其他的原子实要小 10^5 的数量级。

(2)氢要形成氦那样最外层有两个电子的稳定壳层结构,只缺一个电子。

(3)氢原子的第一电离能很高,为13.59 eV。相比之下,Li 为5.39 eV;Na 为5.14 eV;K 为4.34 eV;Rb 为4.18 eV;Cs 为3.89 eV,均比氢原子低得多。

正是由于这些性质,使它在晶体结构中,起着其他元素不能替代的作用。由于它的电离能很高,要从氢原子上移掉唯一的电子就非常困难,因此它不可能象碱金属离子那样形成离子晶体。但是它也不像典型共价晶体中的原子那样,为了形成闭壳层结构,可生成几个共价键。它只缺少一个电子,通过共有电子只形成一个共价键。另外,由于质子的体积太小,它实际上可以位于体积较大的负离子表面,形成一种使其他正离子不能再接近的结构形式。

从形成氢键的情况来分析,所涉及的都是一些极性键,例如:O—H、N—H、F—H、S—H。而在所有这些情况中,氢都处于偶极的正端,这说明氢键的能量主要来源于静电相互作用。氢键表现有饱和性,如 O—H,它只能再与一个 O 结合,而不能同时和两个 O 相结合。因为 H 太小,若要和两个 O 结合,它受到偶极 O—H 中负端 O 的排斥作用就会比偶极正端 H 的吸引作用大;氢键还具有方向性,它将第二个氧原子中负电荷分布最多且不与其他原子成键的孤对电子指向氢原子,这就是 H_2O 晶体具有四面体结构的原因。

以上主要根据结合力的性质,把晶体分成 5 个类型。但对大多数晶体来说,结合力的性质是综合性的,除上面所阐述的离子键与共价键的综合性外,还有其他的综合情况。例如石墨晶体,它是金刚石的同素异构体。金刚石是典型的共价键晶体,而石墨的结合力却与金刚石完全不同,它具有特殊的综合结构。在组成石墨的碳原子中,一个碳原子以其最外层三个价电子同最近邻的三个原子组成共价键结合,这三个键几乎在同一平面上,使晶体呈层状。另一个价电子则比较自由地在整个平面层中活动,具有金属键的性质,这是石墨具有较好导电本领的根源。而层与层之间又依靠分子晶体的瞬时偶极矩相互作用而结合,所以石墨质地疏松。这种具有六角结构的石墨,在十万个以上大气压和适当的高温条件下,可以变为立方结构的金刚石,成为人造金刚石。这表明在特殊条件下,有可能改变物质内部电子云的分布,从而改变价键的性质,使物质发生结构相变。

从上面的初步分析可以看出,离子晶体和分子晶体的组成单元具有封闭的电子壳层,而其他晶体的组成单元则不具有封闭的电子壳层。当这些具有封闭电子壳层的单元接近时,外层电子分布受到的干扰较小,不会引起电子分布很大的改变。所以,可以近似地把原子或离子作为组成晶体的基本单元,晶体的相互作用也可以视为原子对之间相互作用势能之和,这样在计算时,便可以进行有效的简化。

2.3 结合力的一般性质

虽然不同晶体的结合力类型和大小不同,但在任何晶体中,两个原子之间的相互作用力或相互作用势能随原子间距的变化趋势却相同。本节从两个原子之间的相互作用出发,给出晶体的内能及结合能的表述。

2.3.1 原子间的相互作用

晶体中粒子的相互作用可分为吸引作用和排斥作用两大类。粒子间距较大时,吸引起主要作用;间距较小时,排斥起主要作用;在某一适当的距离,两种作用相抵消,使晶体结构处于稳定状态。其中,吸引作用来源于异性电荷之间的库仑引力,而排斥作用则来自于两个方面:一方面是同性电荷之间的库仑斥力;另一方面是泡利不相容原理所引起的排斥力。

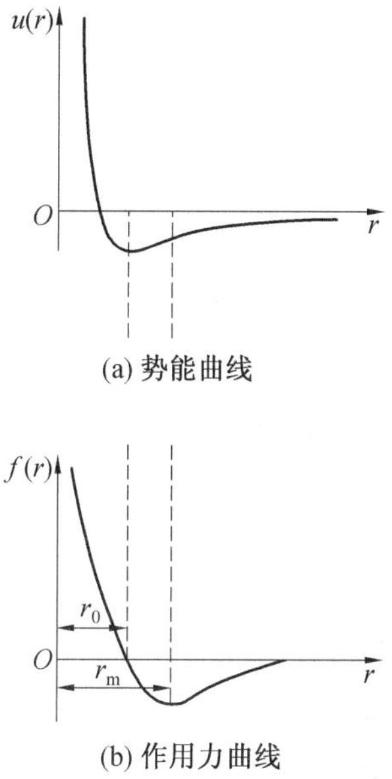

图 2.4　原子间的相互作用

两个原子的相互作用势能曲线如图 2.4(a)所示,根据势能 $u(r)$ 与中心力之间的关系,即

$$f(r)=-\frac{\mathrm{d}u(r)}{\mathrm{d}r} \tag{2.1}$$

可以得到相互作用力关系曲线,如图 2.4(b)所示。显然,当两原子间距较大时,吸引力随间距的减小而迅速增大,排斥力则很小,总的作用力 $f(r)<0$,表现为引力,从而将原子聚集起来;当间距很小时,排斥力就显著的表现出来,并随 r 的减小有比吸引力更快的增大,总的作用力 $f(r)>0$,主要表现为斥力,以阻止原子间的兼并。在某适当距离 $r=r_0$ 时,引力和斥力相抵消,$f(r_0)=0$,即

$$\left.\frac{\mathrm{d}u(r)}{\mathrm{d}r}\right|_{r_0}=0$$

由此式可以确定原子间的平衡距离 r_0。

另一个重要参量是有效引力最大时原子间的距离 r_{m},即

$$\left.\frac{\mathrm{d}f(r)}{\mathrm{d}r}\right|_{r_{\mathrm{m}}}=-\left.\frac{\mathrm{d}^2u(r)}{\mathrm{d}r^2}\right|_{r_{\mathrm{m}}}=0 \tag{2.2}$$

这一距离 r_{m} 处于势能曲线的转折点。

两个原子间的相互作用势能常用幂函数来表达,即

$$u(r)=-\frac{A}{r^m}+\frac{B}{r^n} \tag{2.3}$$

式中，r 为两个原子间的距离，A、B、m、n 皆为大于零的常数。式(2.3)中，第一项表示吸引能，第二项表示排斥能。必须假设在较大的间距上，排斥力比吸引力弱的多，这样才能使原子聚集起来，成为固体；而在很小的间距上，排斥力又必须占优势，否则就不能出现稳定平衡，因此 $n>m$。对于不同的结合类型，引起的吸引和排斥作用不相同，n、m 的数值也不相同。

2.3.2 晶体的内能

用经典方法处理能量问题，则晶体中总的相互作用势能可以视为原(离)子对之间的相互作用势能之和。因此，可以通过计算两个原子之间的相互作用势能，同时考虑晶格结构的因素，从而求得晶体的总势能。

设晶体中 i、j 两原子的间距为 r_{ij}，它们的相互作用势能为 $u(r_{ij})$，则在由 N 个原子组成的晶体中，原子 i 与晶体中所有原子的相互作用势能为

$$u_i = \sum_{j=1}^{N} u(r_{ij}) \qquad (j \neq i) \tag{2.4}$$

所以，由 N 个原子组成的晶体其总的相互作用势能可以写成

$$U = \frac{1}{2}\sum_{i=1}^{N} u_i = \frac{1}{2}\sum_{i}^{N}\sum_{j}^{N} u(r_{ij}) \qquad (i \neq j) \tag{2.5}$$

由于 $u(r_{ij})$ 与 $u(r_{ji})$ 是同一相互作用势能，故以第 i 个原子与以第 j 个原子分别作参考点各自计算相互作用势能时计及了二次，因此式中引入 1/2 因子。

另外，晶体表面层的任一原子与所有原子的总相互作用势能，同晶体内部任一原子与所有原子的总相互作用势能有差别，但是，由于晶体表面层的原子数目比晶体内部的原子数目要少得多，所以，这种差别完全可以忽略，而不会对讨论结果的精度产生影响。取第 1 个原子为参考原子，则式(2.5)可以进行简化，得到由 N 个粒子组成的晶体的总相互作用势能为

$$U = \frac{N}{2}\sum_{j} u(r_{1j}) \qquad (j \neq 1, j = 2、3、\cdots、N) \tag{2.6}$$

上述总相互作用势能，实际就是晶体的内能。

2.3.3 压缩系数　体积弹性模量

由式(2.6)可知，原子相互作用势能的大小取决于原子数目和原子间距，是晶体体积的函数。若已知原子相互作用势能的具体形式，利用势能可以求得与体积相关的常数，下面讨论晶体的压缩系数和体积弹性模量。

从能量角度分析，原子能够结合成为晶体的原因，是它们结合起来以后，使整个系统具有了更低的能量。孤立、自由的粒子(包括原子、分子或离子)结合成为晶体时所释放的能量称为晶体的结合能 U_c，如果晶体系统在稳定状态对应的内能为 U_0，则有 $U_c=-U_0$。

设在体积 V 内有 N 个原胞(或原子)，每个原胞的体积是 $\boldsymbol{v}$。U 代表 N 个原胞总的相互作用能，即内能，而 $u(\boldsymbol{v})$ 代表晶格中每个原胞的平均势能，则有 $U=Nu(\boldsymbol{v})$ 和 $V=N\boldsymbol{v}$。

要改变晶体的体积，需施加外力。设在压强 p 作用下，晶体体积增加为 $-\Delta V$，若不考虑点阵结构中原子的热振动，则在温度 $T=0$ K 的条件下外界做功 $p(-\Delta V)$ 等于内能的增加，

即 $p\Delta V=-\Delta U$,所以有

$$p=-\frac{\partial U}{\partial V}=-\frac{\partial u}{\partial v} \tag{2.7}$$

在自然平衡时,晶体只受到大气压强的作用,它对晶体体积的变化影响非常小,故可近似地认为 $p=0$,所以

$$\frac{\partial U}{\partial V}=0 \qquad 或 \qquad \frac{\partial u}{\partial v}=0 \tag{2.8}$$

显然,已知晶体的内能 U 或晶格的平均势能 $u(v)$,按式(2.8)可以求得平衡时晶体或原胞的体积,以及点阵常数。

在热力学中,固体的压缩系数定义为压强变化引起的体积变化率对体积的平均值,其数学表达式为

$$\kappa=-\frac{1}{V}\left(\frac{\partial V}{\partial p}\right)_T \tag{2.9}$$

而体积弹性模量等于压缩系数的倒数,即

$$K=\frac{1}{\kappa}=-V\left(\frac{\partial p}{\partial V}\right)_T \tag{2.10}$$

将式(2.7)代入式(2.10)得

$$K=\left(\frac{\partial^2 U}{\partial V^2}\right)_{V_0}\cdot V_0 \tag{2.11}$$

上式是平衡状态下晶体的体积弹性模量,其中 V_0 是该状态下晶体的体积。

将式(2.7)在平衡点附近进行级数展开,得

$$p=-\frac{\partial U}{\partial V}=-\left(\frac{\partial U}{\partial V}\right)_{V_0}-\left(\frac{\partial^2 U}{\partial V^2}\right)_{V_0}\delta V+\cdots$$

在平衡点晶体系统的势能最小,即第一项为零。当体积 δV 很小时,略去 δV 的高次项,计算只取到对应 δV 的线性项,则有

$$p=-\left(\frac{\partial^2 U}{\partial V^2}\right)_{V_0}\delta V=-\left(\frac{\partial^2 U}{\partial V^2}\right)_{V_0}\cdot V_0\left(\frac{\delta V}{V_0}\right) \tag{2.12}$$

将式(2.11)代入式(2.12)得

$$p=-K\frac{\delta V}{V_0} \tag{2.13}$$

在真空中与在一个大气压下晶体的体积没有明显的差别。基于这个事实,当晶体周围环境的压强不太大时,压强 p 可视为一个小量来处理,于是,式(2.13)可写为

$$\frac{\partial P}{\partial V}=-\frac{K}{V_0} \tag{2.14}$$

利用上式,可以求得体积弹性模量 K。根据晶格的周期性,如果最邻近两原子之间的距离为 R,则晶体的体积恒可以写成为下述形式

$$V=\lambda R^3 \tag{2.15}$$

式中,λ 是一个与晶体结构有关的常数。

下面以面心立方结构为例来进行体积弹性模量计算的讨论。

面心立方结构中，$R=\frac{\sqrt{2}}{2}a$，$V=\frac{N}{4}a^3=\frac{NR^3}{\sqrt{2}}$，将这个结果与式(2.15)比较可得$\lambda=\frac{\sqrt{2}}{2}N$。于是，就可将势能写成 R 的函数。由于在平衡位置势能有极小值，故有

$$\left(\frac{\mathrm{d}U}{\mathrm{d}R}\right)_{R_0}=0$$

利用上式，得

$$\left(\frac{\partial^2 U}{\partial V^2}\right)_{V_0}=\frac{R_0^2}{9V_0^2}\left(\frac{\partial^2 U}{\partial R^2}\right)_{R_0}$$

由式(2.11)，得到面心立方结构的体积弹性模量为

$$K=\frac{R_0^2}{9V_0}\left(\frac{\partial^2 U}{\partial R^2}\right)_{R_0}=\frac{\sqrt{2}}{9R_0}\left(\frac{\partial^2 U}{\partial R^2}\right)_{R_0} \tag{2.16}$$

2.4 分子晶体的结合能

分子晶体的结合力是范德瓦耳斯力。在晶体结合中范德瓦耳斯力包含三种情况，从而使分子晶体区分为极性分子晶体、极性分子与非极性分子晶体、以及非极性分子晶体。下面分别进行介绍。

2.4.1 极性分子晶体的结合能

极性分子晶体的结合力，是由于极性分子存在永久电偶极矩而产生的，这种力称为范德瓦耳斯-葛生力。相距较远的两个极性分子之间的作用力有确定的方向，并且两极性分子同极相斥，异极相吸，从而使得所有极性分子的电偶极矩沿着一个确定的方向取向，如图2.5所示。

两个相互平行的极性分子，其电偶极子间的库仑势能可由库仑定律求出，即

$$u_{12}=\frac{1}{4\pi\varepsilon_0}\left(\frac{q^2}{r}+\frac{q^2}{r+l_2-l_1}-\frac{q^2}{r-l_1}-\frac{q^2}{r+l_2}\right)=$$

$$\frac{q^2}{4\pi\varepsilon_0 r}\left[1+\frac{1}{1+\frac{l_2-l_1}{r}}-\frac{1}{1+\left(-\frac{l_1}{r}\right)}-\frac{1}{1+\frac{l_2}{r}}\right]$$

如图2.6所示，q 是电偶极子正、负电荷的量值，r 是两个偶极子的距离，l_1、l_2 分别为两个偶极子正、负电荷间的距离。因为 l_1、l_2、l_2-l_1 远远小于 r，所以有

$$u_{12}\approx-\frac{q^2 l_1 l_2}{2\pi\varepsilon_0 r^3}=-\frac{p_1 p_2}{2\pi\varepsilon_0 r^3} \tag{2.17}$$

式中，$p_1=ql_1$，$p_2=ql_2$ 分别为两个极性分子的电偶极矩。

显然，极性分子间的引力势与 r^3 成反比。若晶体由全同的分子构成，则上式可写成

$$u(r)=u_{12}(r)\approx-\frac{q^2 l^2}{2\pi\varepsilon_0 r^3}=-\frac{p^2}{2\pi\varepsilon_0 r^3} \tag{2.18}$$

式中，$p=ql$，$l_1=l_2=l$。

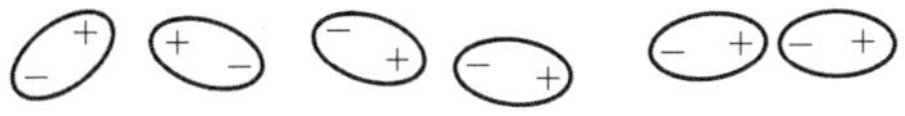

图 2.5　极性分子的相互作用

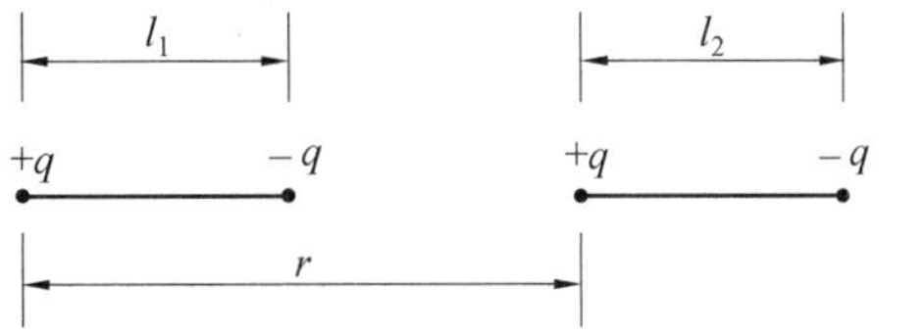

图 2.6　一对平行偶极子对应关系示意图

2.4.2　极性分子与非极性分子晶体的结合能

当极性分子与非极性分子接近时，在极性分子偶极矩电场的作用下，非极性分子的电子云发生畸变，其中心和原子核电荷中心不再重合，导致非极性分子发生极化产生偶极矩，这种偶极矩称为诱导偶极矩。诱导偶极矩与极性分子偶极矩之间的作用力是一种诱导力，称为范德瓦耳斯-德拜力。极性分子与非极性分子之间的相互作用，如图 2.7 所示。

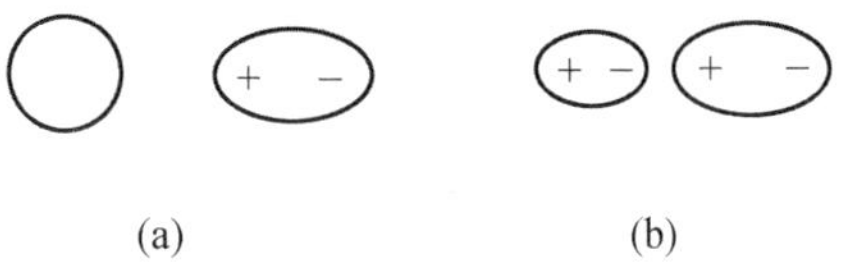

图 2.7　极性分子与非极性分子间的相互作用

由于非极性分子在诱导力作用下变成了极性分子，所以，可直接利用式(2.17)来求极性分子与非极性分子间的吸引势。设 p_1 是极性分子的偶极矩，在偶极子轴线延长线上的电场为

$$E=\frac{2p_1}{4\pi\varepsilon_0 r^3}$$

非极性分子的感生电偶极矩与 E 成正比，即

$$p_2=\alpha E=\frac{2\alpha p_1}{4\pi\varepsilon_0 r^3}$$

将上式代入式(2.17)，可得

$$u_{12}(r)=-\frac{\alpha p_1^2}{4\pi^2\varepsilon_0^2 r^6} \tag{2.19}$$

式中 α 为非极性分子的电子位移极化率。从式(2.19)可知，极性分子与非极性分子间的吸引势与 r^6 成反比。

2.4.3　非极性分子晶体的结合能

非极性分子(惰性元素)的电子云分布呈球对称，其平均偶极矩为零，因而在结合成晶体时，没有上述两种力存在。非极性分子之间存在着瞬间、周期变化的偶极矩，这种瞬时偶极矩间的相互作用，产生了非极性分子晶体的结合力，即范德瓦耳斯-伦敦力。对分子作瞬时观察，将会看到原子核与电子处在各种不同相对位置的图象，呈现出周期变化着的瞬时偶极矩，分子间靠这个偶极矩间的相互作用而结合。设在某一时刻，两个分子具有如图 2.8(a)所示的位置，这个位置使两分子间出现了互相吸引的瞬时偶极矩，此时分子间势能最低；如果相对位置如图 2.8(b)所示，则在两分子间出现了相互排斥的瞬时偶极矩，这时两个分子之间的势能最高。从能量的角度看，由于图 2.8(a)配置的出现会导致系统能量的减少，因而这种配置容易经常出现。按照玻尔兹曼统计分布理论，设单位体积内图

2.8(a)的状态数为 ρ_-，该状态的能量为 $u_-=-u$；单位体积内图 2.8(b)的状态数为 ρ_+，该状态的能量为 $u_+=+u$，$u>0$，则有

$$\frac{\rho_-}{\rho_+}=\frac{e^{-u_-/k_BT}}{e^{-u_+/k_BT}}=e^{2u/k_BT}$$

可以看出在温度很低的情况下，$e^{2u/k_BT}\gg 1$，即 $\rho_-\gg\rho_+$，说明处于相互吸引的几率远远大于处于相互排斥的几率，系统在低温下应选择图 2.8(a)的状态结合，于是分子便结合成为晶体。显然，非极性分子间瞬时偶极矩的吸引作用，是使其结合成晶体的动力。

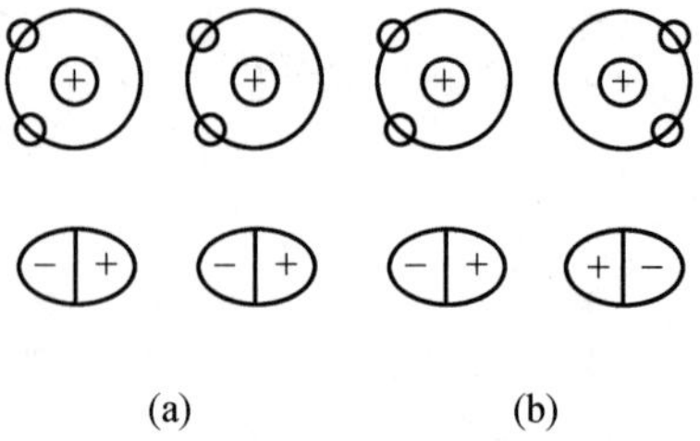

图 2.8　瞬时偶极矩的相互作用

非极性分子之间的相互作用，可以用著名的雷纳德-琼斯势来描述，即

$$u(r)=4\varepsilon\left[\left(\frac{\sigma}{r}\right)^{12}-\left(\frac{\sigma}{r}\right)^{6}\right] \tag{2.20}$$

式中，$\sigma\equiv\left(\frac{B}{A}\right)^{1/6}$，$\varepsilon\equiv\frac{A^2}{4B}$。

A、B 是与晶体结构有关的常数，其势能曲线如图 2.9 所示。

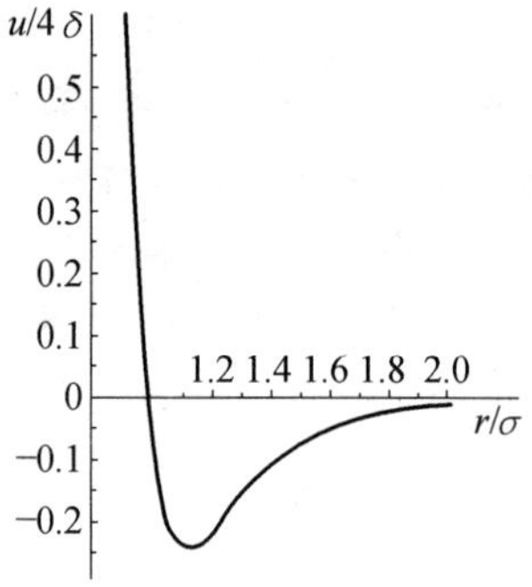

图 2.9　雷纳德-琼斯势

利用式(2.20)，按 2.3 节所述方法可以求出非极性分子的内能和结合能。

设有 N 个原子组成分子晶体，若不考虑原子动能，则系统的内能就是所有两两原子的相互作用势能之和。根据式(2.6)及式(2.20)，它的相互作用势能为

$$U=\frac{1}{2}\sum_{i=1}^{N}\sum_{j=1}^{N}{}'4\varepsilon\left[-\left(\frac{\sigma}{r_{ij}}\right)^{6}+\left(\frac{\sigma}{r_{ij}}\right)^{12}\right]\quad(i\neq j)$$

取第一个原子作参考原子，用 r_{1j} 代表第 1 个原子到第 j 个原子的间距，则上式可以写为

$$U=\frac{N}{2}\sum_{j}{}'\left\{4\varepsilon\left[\left(\frac{\sigma}{r_{1j}}\right)^{12}-\left(\frac{\sigma}{r_{1j}}\right)^{6}\right]\right\}\quad(j\neq 1)$$

用 R 表示两个原子间的最短距离，则有 $r_{1j}=a_jR$，于是得到晶体的内能表达式，即

$$U=2N\varepsilon\left[A_{12}\left(\frac{\sigma}{R}\right)^{12}-A_6\left(\frac{\sigma}{R}\right)^{6}\right] \tag{2.21}$$

式中，$A_{12}\equiv\sum_j\frac{1}{a_j^{12}}$，$A_6\equiv\sum_j\frac{1}{a_j^{6}}$。

A_{12} 和 A_6 均是只与结构有关的常数。表 2.3 给出了立方晶系三个布喇菲原胞的 A_6 和 A_{12} 值。

表 2.3　部分立方晶系结构的 A_6 和 A_{12}

结构 / A_n	简立方	体心立方	面心立方
A_6	8.40	12.25	14.45
A_{12}	6.20	9.11	12.13

根据式(2.1),我们可以求得平衡时的原子间距 R_0 为

$$R_0 = \left(\frac{2A_{12}}{A_6}\right)^{1/6}\sigma \tag{2.22}$$

代入式(2.21)可得到平衡时晶体总的相互作用势能 $U_0 = -\frac{\varepsilon A_6^2}{2A_{12}}N$,于是平衡时晶体的结合能为

$$U_c = -U_0 = \frac{\varepsilon A_6^2}{2A_{12}}N \tag{2.23}$$

平衡时每个原子的能量 u_0 为

$$u_0 = \frac{U_0}{N} = -\frac{\varepsilon A_6^2}{2A_{12}} \tag{2.24}$$

利用式(2.16),可以算出面心立方结构的惰性元素晶体在平衡时 K_0 的表达式,即

$$K_0 = \frac{4\varepsilon}{\sigma^3}A_{12}\left(\frac{A_6}{A_{12}}\right)^{\frac{5}{2}}$$

因此,面心立方结构晶体的 R_0、u_0、K_0 都可用 σ 及 ε 表达,即

$$R_0 = 1.09\sigma$$

$$u_0 = -8.6\varepsilon$$

$$K_0 = \frac{75}{\sigma^3}\varepsilon$$

表2.4列出了固态惰性气体Ne、Ar、Kr、Xe的 R_0、u_0 及 K_0 的理论值与实验值。

表2.4 固态Ne、Ar、Kr、Xe的 R_0、u_0 及 K_0 的值

参数 \ 元素		Ne	Ar	Kr	Xe
R_0/nm	实验值	0.313	0.375	0.399	0.433
R_0/nm	理论值	0.299	0.371	0.398	0.434
u_0/(eV · atom^{-1})	实验值	-0.02	-0.08	-0.11	-0.17
u_0/(eV/atom^{-1})	理论值	-0.027	-0.089	-0.120	-0.172
K_0/(10^9N · m^{-2})	实验值	1.1	2.7	3.5	3.6
K_0/(10^9N · m^{-2})	理论值	1.81	3.18	3.46	3.81

2.5 离子晶体的结合能

离子晶体以离子为结合单元,其结合依靠正、负离子间的静电吸引作用。虽然同性离子间也存在排斥作用,但在典型的离子晶体结构中,每个离子最邻近的一定是异性离子,因此静电作用的总效果是吸引的。

2.5.1 离子晶体的结合能

碱金属和卤族元素组成的晶体是典型的离子晶体,我们以此为例来讨论离子晶体的

结合能。在有 N 个这种正、负离子组成的晶体中，相距为 r_{ij} 的两异性离子的静电势能为

$$u(r_{ij}) = -\frac{1}{4\pi\varepsilon_0}\frac{e^2}{r_{ij}}$$

对于整个离子晶体，总静电势能 U_0 就是所有离子对的静电相互作用势能之和，即

$$U_0 = \frac{1}{2}\sum_{i=1}^{N}\sum_{j=1}^{N}{}'u(r_{ij}) \qquad (i \neq j)$$

根据式(2.6)，取离子 1 为参考离子，则总静电势能为

$$U_0 = -\frac{N}{2}\sum_{j}{}'\left(\pm\frac{e^2}{4\pi\varepsilon_0 r_{1j}}\right) \qquad (j \neq 1)$$

式中，正、负号分别对应于相异离子间和相同离子间的相互作用。

设离子间的最小距离为 R，则 $r_{1j}=a_jR$，于是上式可以写成

$$U_0 = -\frac{N}{2}\left[\frac{e^2}{4\pi\varepsilon_0 R}\sum_{j}{}'\left(\pm\frac{1}{a_j}\right)\right]$$

令

$$\alpha \equiv \sum_{j}{}'\left(\pm\frac{1}{a_j}\right) = R\sum{}'\left(\pm\frac{1}{r_{1j}}\right) \tag{2.25}$$

式中，“+”号对应 r_{1j} 两端为异号电荷，“-”号则对应同号电荷。于是晶体总静电势能可以写成

$$U_0 = -\frac{N}{2}\left[\frac{\alpha e^2}{4\pi\varepsilon_0 R}\right] \tag{2.26}$$

式中，α 称为马德隆常数，它仅与晶体几何结构有关，而与晶体的大小和类型无关。

离子晶体的静电势能 U_0 与 R 成反比，反映了离子间的吸引作用，与式(2.3)中的第一项相对应，相应的吸引指数 $m=1$。事实上，离子晶体的相互作用势能除考虑吸引作用的贡献之外，还应考虑排斥作用的影响，这就是式(2.3)中的第二项，即上述离子晶体的结合能应表示为

$$U_c = -\frac{N}{2}\left[\frac{\alpha e^2}{4\pi\varepsilon_0 R} - \frac{B}{R^n}\right] \tag{2.27}$$

式中，B 和 n 为晶格参量，通常 n 又被称为玻恩指数。

2.5.2 晶格参量和马德隆常数的计算

下面讨论 B、n 和 α 的求解方法。

1. 晶格参量的确定

离子晶体平衡时应有如下方程

$$\left(\frac{\mathrm{d}U_c}{\mathrm{d}R}\right)_{R_0} = -\frac{N}{2}\left(-\frac{\alpha e^2}{4\pi\varepsilon_0 R^2} + \frac{nB}{R^{n+1}}\right)_{R_0} = 0$$

由此方程得出

$$B = \frac{\alpha e^2}{4\pi\varepsilon_0 n}R_0^{n-1} \tag{2.28}$$

利用式(2.16),可以求出氯化钠型晶体玻恩指数 n 的表示式,即

$$n = 1 + \frac{72\pi\varepsilon_0 R_0^4}{\alpha e^2}K \tag{2.29}$$

2. 马德隆常数的计算

关于马德隆常数的计算,由于各种情况的方法基本相同,我们仅通过一维结构这种最简单的情况作示意性介绍。

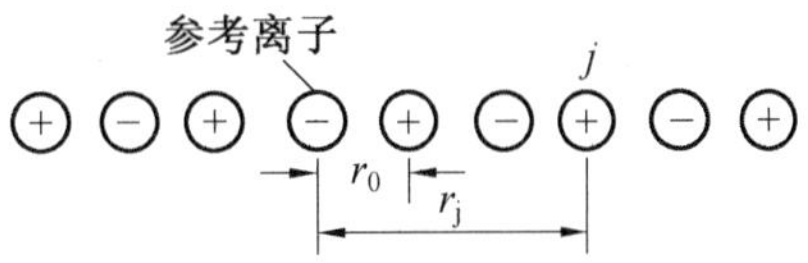

图 2.10　一价正负离子组成的一维点阵

考虑两种一价离子组成的一维点阵,如图2.10所示。取一负离子为参考离子,离子间距为 r_0,则由式(2.25)有

$$\alpha = 2r_0\left(\frac{1}{r_0} - \frac{1}{2r_0} + \frac{1}{3r_0} - \frac{1}{4r_0} + \cdots\right) = 2\left(1 - \frac{1}{2} + \frac{1}{3} - \frac{1}{4} + \cdots\right)$$

因为

$$\ln(1+x) = x - \frac{x^2}{2} + \frac{x^3}{3} - \frac{x^4}{4} + \cdots$$

则 $\ln 2 = 1 - \frac{1}{2} + \frac{1}{3} - \frac{1}{4} + \cdots$。所以,对一维点阵,有

$$\alpha = 2\ln 2 \tag{2.30}$$

对于晶体的三维点阵,α 的基本计算方法与一维情况相同,只是计算上要复杂的多。另外,由于正、负项共存,逐项相加不能得到收敛的结果,因此需要特殊的数学方法来计算。

在上述关于 n 的表达式中,R_0 可由 X 射线实验决定。体积弹性模量 K 亦可由实验测定,如果能确定出马德隆常数,就可求出 n,从而由式(2.28)得到 B,最后得出结合能。表2.5 和表 2.6 分别列出了几种离子晶体的 K、n 值和几种晶体结构的 α 值。

将式(2.28)代入式(2.27),可以求出离子晶体在平衡时的结合能 U_{c0},即

$$U_{c0} = -\frac{N\alpha e^2}{8\pi\varepsilon_0 R_0}\left(1 - \frac{1}{n}\right)$$

根据表 2.5 可知,对于 NaCl,$n \approx 8$,故第二项只占 1/8 左右。因此,离子晶体平衡时的能量主要是库仑能。

表 2.5　几种离子晶体的 K、n 值

K 和 n \ 晶体	NaCl	NaBr	NaI	KCl	ZnS
$K/(10^{10}\,\mathrm{N\cdot m^{-2}})$	2.41	1.96	1.45	1.74	7.76
n	7.90	8.41	8.33	9.62	5.4

进一步的精确计算要用量子力学方法,必须考虑范德瓦耳斯力的作用,即偶极矩、偶四极矩的作用以及晶体的零点振动能量,本书不做介绍。

表 2.6　几种晶体结构的 α 值

晶体结构类型	举　例	α
氯化钠型（NaCl）	AgBr，　EuS	1.747 558
氯化铯型（CsCl）	CsBr，　TlBr	1.762 67
钙钛矿（$CaTiO_3$）	$BaTiO_3$	12.377
闪锌矿(ZnS 立 方 系)	CuCl，　GaAs	1.638 1
纤锌矿(ZnS 六 方 系)	ZnO，　GaN	1.641
氟石矿（CaF_2）	LaH_2，　UO_2	5.039
刚石（Al_2O_3）	V_2O_3，　Cr_2O_2	25.031
金红石(TiO_2)	CrO_2，　MnF_2	4.816

2.6　离子半径

2.6.1　离子半径

人们在处理离子晶体的相互作用势能时，是把离子视为具有固定半径的刚球来实施的。其原因是，通过式(2.3)和式(2.16)联立，经过必要的处理，可得到压缩系数 κ 与排斥系数 n 的近似反比关系。当 n 较大时，$\kappa \to 0$，即离子几乎不可压缩，可近似视为刚性球体。一般地，当原子失去电子而成为正离子后，对外层电子的引力增大，因此正离子半径 R_+ 比较小；反之，对于获得电子而成为负离子的原子，半径 R_- 较大，即 $R_- > R_+$。所以，离子晶体结构可以看成是不等径球的堆积问题。在对离子晶体的研究中发现，氟化钠和氟化钾晶体的离子核间距分别为 0.231 nm 及 0.266 nm，相差为 0.035 nm。而氯化钠及氯化钾相差为 0.033 nm，溴化钠及溴化钾则相差为 0.032 nm。这些差值很接近，可以近似地看作是一个常数，它应该是钠离子和钾离子的半径之差。由此，提出了离子半径的概念。

人们用不同的方法计算了大部分离子的半径，其中常用的半径有泡林半径、察卡里逊半径和高希米特半径。

2.6.2　离子半径的计算

1. 泡林半径

泡林认为，离子半径主要取决于最外层电子的分布，而对于等电子离子来说，离子半径还与作用其上的有效核电荷($Z-S$)成反比，即

$$R_1 = \frac{C_n}{Z - S} \tag{2.31}$$

式中，R_1 为单价离子半径；C_n 为由外层电子主量子数 n 决定的一个常数；Z 为原子序数；S 为屏蔽常数，可由实验求得。

屏蔽常数的引入是基于核外的一个电子除受核电荷的吸引外，还受到核外其他电子的排斥作用，一个电子受到的合力相当于($Z-S$)个核电荷的吸引作用。

对于等电子离子，其屏蔽常数相等。用 X 射线衍射法测出最近两离子的核间距 r_0，利

用下列方程组

$$\begin{cases} R_{1+}=\dfrac{C_n}{Z_+-S} \\ R_{1-}=\dfrac{C_n}{Z_--S} \\ R_++R_-=r_0 \end{cases} \tag{2.32}$$

即可得出等电子离子晶体中正、负离子的半径 R_+和 R_-。

例如,由 X 射线衍射实验测得 NaF 的离子间距为 0.231 nm,而 Na^+和 F^-属于 Ne 的等电离子,这种结构的屏蔽常数 $S=4.52$,于是有

$$\begin{cases} R_{Na^+}=\dfrac{C_n}{11-4.52}=\dfrac{C_n}{6.48} \\ R_{F^-}=\dfrac{C_n}{9-4.52}=\dfrac{C_n}{4.48} \\ R_{Na^+}+R_{F^-}=0.231\ \text{nm} \end{cases}$$

解此方程组得到 $R_{Na^+}=0.095$ nm,$R_{F^-}=13.6$ nm,$C_n=0.62$ nm。

泡林还利用 KCl、RbBr、CsI,按照相同的方法计算得到了一系列离子单价半径 R_1,再由公式换算 η 价离子的晶体半径 R_η,即

$$R_\eta=R_1\cdot\eta^{-2/(n-1)} \tag{2.33}$$

式中,n 为玻恩指数。

表 2.7　部分离子的泡林单价半径、泡林晶体半径与高希米特半径的对照表

离子类型 / 半径/nm		Li^+	Be^{2+}	O^{2-}	F^-	Na^+	Mg^{2+}	Al^{3+}	Si^{4+}	S^{2-}	Cl^-	K^+	Ca^{2+}
泡林半径	单价	0.060	0.044	0.176	0.136	0.095	0.082	0.072	0.065	0.219	0.181	0.133	0.118
	晶体	0.060	0.031	0.140	0.136	0.095	0.065	0.050	0.041	0.184	0.181	0.133	0.099
高希米特半径		0.078	0.034	0.132	0.133	0.098	0.078	0.057	0.039	0.174	0.181	0.133	0.106

2. 察卡里逊半径

察卡里逊给出的离子间距 D_N,正、负离子半径 R_+、R_-的关系是

$$D_N=R_++R_-+\Delta_N \tag{2.34}$$

其中 Δ_N 是配位数为 N 的校正值,参见表 2.8。

表 2.8　室温时的配位数校正值

N	1	2	3	4	6	8	12
Δ_N/nm	−0.0050	−0.0031	−0.0019	−0.0011	0	0.0008	0.0019

例如,对于 NaCl,配位数为 6,$\Delta_N=0$,从 X 射线实验的数据得出 NaCl 的晶格常数 $a=0.563$ nm。根据察卡里逊公式可得

$$D_N=0.098+0.181=0.279\ \text{nm}$$

$$a=2D_N=0.558\ \text{nm}$$

该值与实验大致相符,故可以认为 NaCl 的结合主要是离子键。如果某种晶体的察卡里逊

结论与实验结果偏离较大,则说明这种晶体的结合不是纯离子性的。由察卡里逊的工作,可以定性的估计晶体结合的离子性。

除了离子半径外,我们还需考虑原子半径的定量结果,这是由于在材料制备和改性中,常常掺入替代原子,在这个过程中原子的价数和大小必须要考虑。

原子的大小主要是由核外电子云分布来决定。构成晶体后,原子中的电子云与孤立原子的电子云不同,即同一种原子在不同结构中有不同的电子云分布。所以,无论是原子还是离子,其半径因结构不同而异,人们只能给出定性的结果。

2.7 原子晶体的结合

2.7.1 氢分子的结合

在量子力学中,海特勒-伦敦处理了氢分子的结合问题。一个很重要的结论是只有当电子的自旋相反时,两个氢原子才结合成稳定的分子。由于氢分子是典型的共价键结构的原子晶体,所以下面的讨论从氢分子着手展开。

氢分子能量作为原子核间距的函数关系如图 2.11 所示,其中曲线 I 对应于两个氢原子的 1s 电子自旋方向相同时的能量。可见在任何原子间距时总是排斥的,故两个氢原子不能结合成为分子。曲线 II 对应于两个氢原子 1s 电子自旋方向相反时的能量,这条曲线在 $r_{AB}/a_0=1.518$ 处有一个极小值,由此处对应的能量可算出氢分子的结合能。原来不是满壳层的两个氢原子,彼此占用了对方自旋相反的 1s 电子后,便都具有类氦的稳定封闭壳层而结合成氢分子。这就是氢原子以共价键方式结合成分子的物理本质。

设氢分子中的两个氢核用 a 和 b 表示,两个电子分别用 1、2 表示,如图 2.12 所示。根据量子力学的原理,在核间距较大情况下,分子内氢原子处于基态。作为一个体系,氢分子内电子的归属有两种情况:

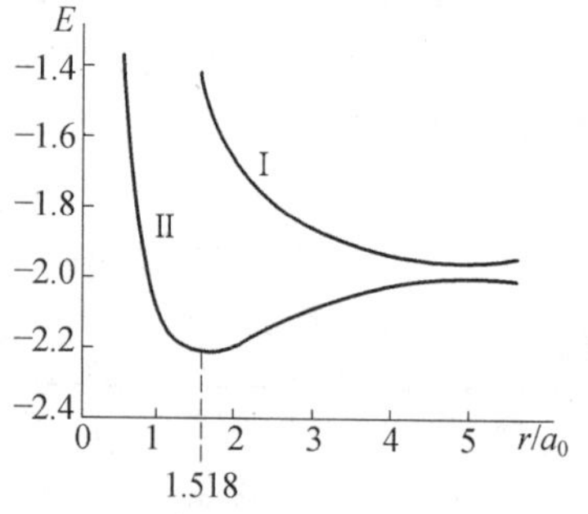

图 2.11 氢分子的能量与 r_{AB} 的函数关系

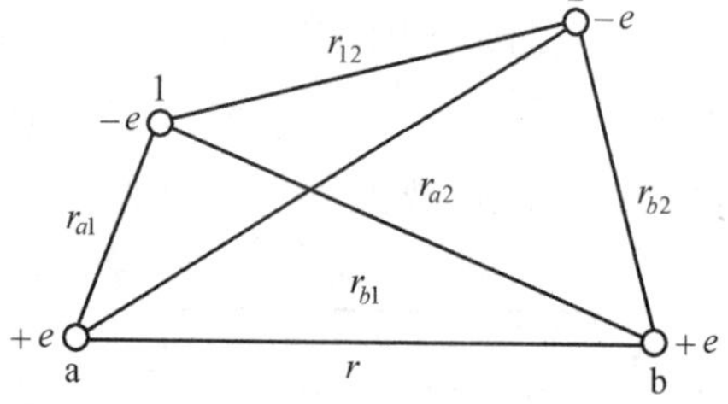

图 2.12 氢分子内的电结构

(1)如电子 1 属氢核 a,电子 2 属氢核 b,则系统的波函数就可以简单的写成两个基态氢原子波函数的乘积,即

$$\varphi_1=\varphi(r_{a1})\varphi(r_{b2}),\quad \varphi(r_{a1})=\frac{1}{\sqrt{\pi a_0^3}}e^{-\frac{r_{a1}}{a_0}},\quad \varphi(r_{b2})=\frac{1}{\sqrt{\pi a_0^3}}e^{-\frac{r_{b2}}{a_0}}$$

第一玻尔半径 a_0 为

$$a_0 = \frac{4\pi\varepsilon_0\hbar^2}{me^2} \tag{2.35}$$

(2)若电子 2 属于核 a,电子 1 属于核 b,系统的波函数应写成

$$\varphi_2 = \varphi(r_{a2})\varphi(r_{b1})$$

其中

$$\varphi(r_{a2}) = \frac{1}{\sqrt{\pi a_0^3}}e^{-\frac{r_{a2}}{a_0}},\varphi(r_{b1}) = \frac{1}{\sqrt{\pi a_0^3}}e^{-\frac{r_{b1}}{a_0}}$$

在核间距较小情况下,氢分子内的电子应为两个原子核所共有,所以系统的状态不能单独用 φ_1 或 φ_2 表述。波函数应同时具有 φ_1 和 φ_2 的特征,因此,应设为 φ_1 与 φ_2 的线性组合。根据泡利不相容原理的要求,这种线性组合有两种情况,即

$$\Psi'_{L1} = \varphi_1 + \varphi_2 \quad \Psi'_{L2} = \varphi_1 - \varphi_2$$

第一种情况是分子轨道上的两个电子自旋方向相反,使两原子结合成键,此时对应氢分子的基态;第二种情况对应同一轨道上自旋方向相同的两个电子,它们相互排斥,促使两原子分离,此时对应氢分子的排斥态。

上述两种线性组合的波函数的合理表述,还需要满足量子力学中波函数的归一化条件和正交条件。这样,对应分子轨道上的两个电子自旋方向相反情况的轨道,称为氢分子的归一化成键轨道,相应的波函数为

$$\Psi_{L1} = \frac{1}{\sqrt{2(1+\Delta)}}(\varphi_1 + \varphi_2)\chi_A$$

对应同一轨道上两个电子自旋方向相同情况的轨道,称为归一化反键轨道,相应的波函数为

$$\Psi_{L2} = \frac{1}{\sqrt{2(1-\Delta)}}(\varphi_1 - \varphi_2)\chi_S$$

其中,χ_A 和 χ_S 分别是体系的反对称和对称自旋波函数。Δ 的表达式为

$$\Delta = \int \varphi_1\varphi_2 d\tau$$

从上面的简单分析可以看出,氢分子是由多电子及原子核构成的相互作用体系,其哈密顿算符应包含如下各项:原子核和电子的动能算符、电子与电子、原子核与原子核、电子与原子核等各种静电相互作用势能之和,即

$$\hat{H} = -\left(\frac{\hbar^2}{2m}\nabla_a^2 + \frac{e^2}{4\pi\varepsilon_0 r_{a1}}\right) - \left(\frac{\hbar^2}{2m}\nabla_b^2 + \frac{e^2}{4\pi\varepsilon_0 r_{b2}}\right) - \frac{e^2}{4\pi\varepsilon_0}\left(\frac{1}{r_{a2}} + \frac{1}{r_{b1}} - \frac{1}{r_{12}} - \frac{1}{r}\right)$$

式中,第一项代表原子 a 的哈密顿算符;r_{a1} 是核 a 和电子 1 的间距;第二项代表原子 b 的哈密顿算符;r_{b2} 是核 b 和电子 2 的间距;第三项代表原子 a、b 间的相互作用项;r_{12} 是两电子的间距;r 是两个核的间距。这里假定原子核 a、b 固定不动。

由量子力学可知,归一化本征函数 Ψ 的能量本征值由下式给出

$$E = \int \Psi^* \hat{H} \Psi d\tau \tag{2.36}$$

将波函数 Ψ_{L1} 和 Ψ_{L2} 分别代入上式,并经过必要的计算处理,得

$$
\begin{cases}
E_{L1} = 2E_0 + \dfrac{e^2}{r} + \dfrac{K + J}{1 + \Delta^2} \\
E_{L2} = 2E_0 + \dfrac{e^2}{r} + \dfrac{K - J}{1 - \Delta^2}
\end{cases}
\tag{2.37}
$$

E_0 为氢原子的基态能量，K 和 J 表示下列积分

$$
K = \frac{1}{4\pi\varepsilon_0}\iint \varphi^2(r_{a1})\varphi^2(r_{b2})\left(\frac{1}{r_{12}} - \frac{1}{r_{a2}} - \frac{1}{r_{b1}}\right) d\tau_1 d\tau_2 \tag{2.38}
$$

$$
J = \frac{1}{4\pi\varepsilon_0}\iint \varphi(r_{a1})\varphi(r_{b2})\varphi(r_{b1})\varphi(r_{a2})\left(\frac{2}{r_{12}} - \frac{1}{r_{a1}} - \frac{1}{r_{a2}} - \frac{1}{r_{b1}} - \frac{1}{r_{b2}}\right) d\tau_1 d\tau_2 \tag{2.39}
$$

把 K 的括号展开后，得到三个积分：第一项表示两电子间的库仑相互作用；第二项是第二个电子在核 a 场中的平均势能；第三项是第一个电子在核 b 场中的平均势能。积分 J 称为电子的交换能，它取决于波函数 $\varphi(r_{a1})$、$\varphi(r_{b1})$、$\varphi(r_{a2})$ 和 $\varphi(r_{b2})$ 的重叠程度。

将式(2.37)的计算结果由图 2.13 进行表述，并且同时在图中绘出实验曲线进行比较，图中能量以 13.6 eV 为单位。需要注意的是，Ψ_{L1} 是独态，Ψ_{L2} 是三重态，从图中看出，在独态中，体系能量 E_{L1} 在 $r = 1.518a_0 = 8.0$ nm 处有一极小值。当 r 大于这个数值时，两原子相互吸引，当 r 小于这个数值时，两原子相互排斥，这表示两原子组成的氢分子是稳定的。而 E_{L2} 随 r 的增加单调减小，说明在三重态中，原子间相互排斥，不能组成稳定的氢分子。由此可见，只有当两电子自旋反平行时，即两电子的自旋相互抵消时才能组成氢分子。

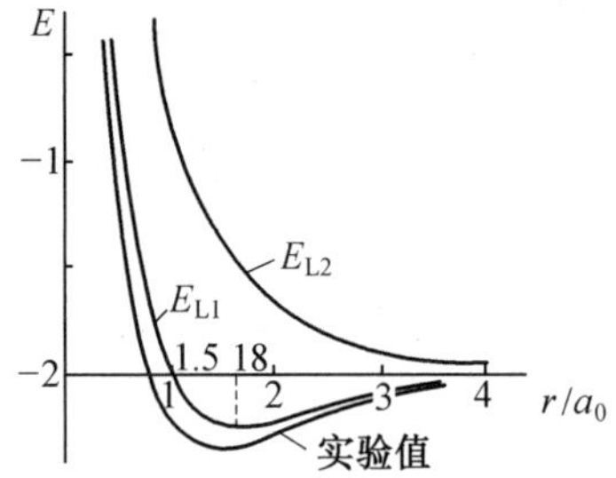

图 2.13　氢分子能量与 r 函数关系的理论值与实验结果的比较

2.7.2　价键理论

1. 共价键的基本特征

从上述分析可以看出，原子晶体共价键的形成有两个基本特征：

饱和性　每个氢原子只有一个价电子，两个氢原子只有在其电子自旋反平行而相互抵消情况下，才能形成氢分子。所以氢分子一经形成，第三个氢原子的电子自旋就不能为氢分子所抵消。按照泡利不相容原理，当原子中的电子一旦配对，便不能再与第三个电子配对。因此，当一个电子与其他原子结合时，能够形成共价键的数目有一个最大值，这个最大值取决于它所含的未配对电子数。

方向性　当两原子中未配对的、自旋相反的电子在结合成共价键后，电子云就会发生交叠。根据海特勒-伦敦方法对氢分子结合的处理可知，共价键结合越稳固，相应电子云交叠程度越高。这说明带有自旋相反电子的两个氢原子，一定在电子云密度最大的方向上形成共价键。

2. 电子配对理论

价键理论认为原子中未成对的电子，可以和另一个原子中一个自旋相反的未成对电子配对，配对的电子即形成一个共价键。因此价键理论也叫做电子配对理论。

氢原子有一个未配对的 1s 电子，在结合成氯化氢时，它们之间形成共价键，这称为共

价单键。而当氮原子与氢原子结合时，由于氮原子含有三个尚未配对的电子，故它可以同时和三个氢原子以共价键方式结合成为 NH_3 分子。氮原子的三个未配对电子(在对应三个负方向的分布是对称的)是 2p 电子，它们分别处于三个相互相垂直的 $2p_x$、$2p_y$、$2p_z$ 轨道上，电子云在这三个方向上的分布是呈哑铃状，如图 2.14 所示。氢原子的 1s 电子云是球对称的，所以当形成 NH_3 时，三个氢原子便分别沿着 x、y、z 三根轴向与氮原子形成三个共价键，这三个共价键的夹角，均为 90°。

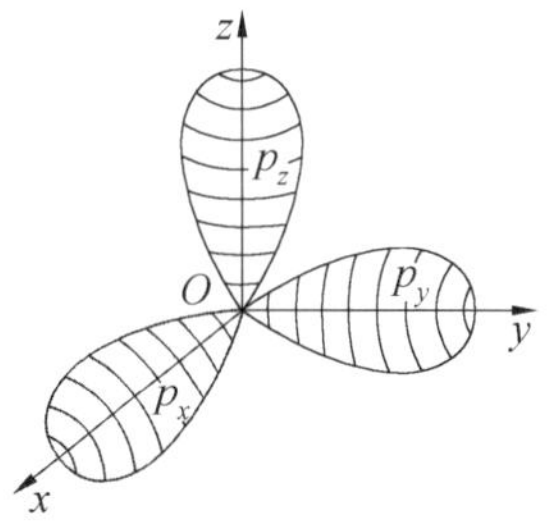

图 2.14 **p** 电子云分布图
(在对应的三个负方向的分布是对称的)

3. sp^3 杂化轨道理论

实验测定金刚石结构的四个价键等同，且键与键的夹角均为 109°28′。但是，按照上述成键原则，由于它只含有两个未配对电子，因此只能形成两个共价键。为什么会出现这样的矛盾？我们知道，碳原子的电子组态是 $1s^2 2s^2 2p^2$，2s 是一个球形对称轨道，2p 可以有三个哑铃形轨道，分别记作 $2p_x$、$2p_y$、$2p_z$，如图 2.15 所示。要使碳为四价，必须认为 2s 电子中有一个进入 2p 轨道，这样不成对的电子成为四个，和碳的原子价一致。可是 s 轨道和 p 轨道的形状完全不同，与金刚石具有四个等价键的事实相矛盾。这说明当碳原子和外界形成四个共价键时，不仅它的电子分布要变化，而且它的四个轨道($2s$、$2p_x$、$2p_y$、$2p_z$)也要作线性组合，形成四个等同的新轨道。参与成键的这种新轨道，由于不是纯粹的 s、p、d 等轨道，而是将它们混合起来组成了新的轨道参与成键，因此这种新轨道就叫做杂化轨道。在这种杂化轨道中，每一个轨道包含有 $\frac{1}{4}$s 和 $\frac{3}{4}$p 的成分，故又称为 sp^3 杂化轨道。杂化轨道的理论是在 1931 年由泡林与斯莱特提出的，利用这个模型不仅成功地解释了碳的共价键结合，并且解释了其他许多原子晶体的结构问题，因而是一个很成功的理论。

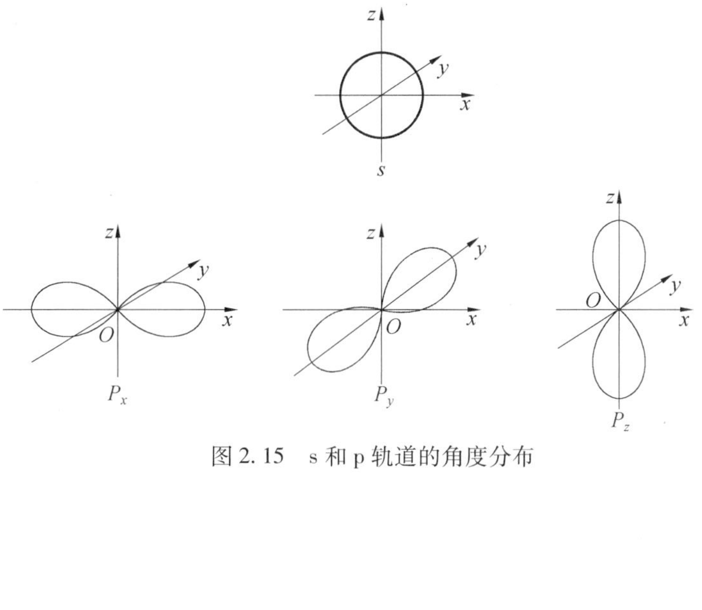

图 2.15 s 和 p 轨道的角度分布

2.8 晶体的弹性　胡克定律

晶体形变是外力作用的结果。在形变中,晶体内质点的位置均会发生改变而偏离平衡位置。与此同时,晶体内部会产生一种弹性恢复力,当外力消除后,所有质点在这种弹性恢复力的作用下均恢复到原平衡位置。晶体的这种性质称为弹性,它是晶体内原子间相互作用的宏观反映。

2.8.1 应　变

在选定坐标系中,形变前晶体内某一点的位置用位置矢径 $\boldsymbol{r}$ 表述,表示为

$$\boldsymbol{r} = x_1\boldsymbol{i} + x_2\boldsymbol{j} + x_3\boldsymbol{k}$$

形变后位置矢径为

$$\boldsymbol{r}' = x_1\boldsymbol{i}' + x_2\boldsymbol{j}' + x_3\boldsymbol{k}'$$

形变所造成的该点位置变化用位移矢量 $\boldsymbol{u}$ 表示,可以写成

$$\boldsymbol{u} = \boldsymbol{r}' - \boldsymbol{r}$$

任意两近邻质点形变前的相对位置为

$$\mathrm{d}\boldsymbol{l} = \mathrm{d}x_1\boldsymbol{i} + \mathrm{d}x_2\boldsymbol{j} + \mathrm{d}x_3\boldsymbol{k}$$

形变后相对位置为

$$\mathrm{d}\boldsymbol{l}' = \mathrm{d}x_1{}'\boldsymbol{i} + \mathrm{d}x_2{}'\boldsymbol{j} + \mathrm{d}x_3{}'\boldsymbol{k}$$

因为 $\mathrm{d}x_i{}' = \mathrm{d}x_i + \mathrm{d}u_i (i=1,2,3)$,且 $\mathrm{d}u_i = \sum_{k=1}^{3}\frac{\partial u_i}{\partial x_k}\mathrm{d}x_k$,于是有

$$(\mathrm{d}l')^2 = \sum_{i=1}^{3}(\mathrm{d}x_i + \mathrm{d}u_i)^2 = (\mathrm{d}l)^2 + 2\sum_{i,k=1}^{3}S_{ik}\mathrm{d}x_i\mathrm{d}x_k$$

式中,S_{ik} 为应变张量元,其表述形式为

$$S_{ik} = \frac{1}{2}\left(\frac{\partial u_i}{\partial x_k} + \frac{\partial u_k}{\partial x_i} + \sum_{j=1}^{3}\frac{\partial u_j}{\partial x_k}\frac{\partial u_j}{\partial x_i}\right) \tag{2.40}$$

式(2.40)给出了物体形变时其长度元的变化。当 $i=k$ 时,$\left(\frac{\partial u_i}{\partial x_k}\right)$ 代表了纵向应变,而当 $i \neq k$ 时,则代表了横向应变。另外,由于 $S_{ik} = S_{ki}$,所以应变张量是对称的。

一般情况下,应变很小,式(2.40)的第三项与前两项相比为高阶无穷小,可以忽略,故应变张量元又可以写成

$$S_{ik} = \frac{1}{2}\left(\frac{\partial u_i}{\partial x_k} + \frac{\partial u_k}{\partial x_i}\right) \qquad (i,k = 1,2,3) \tag{2.41}$$

用矩阵形式表示为

$$\boldsymbol{S} = \begin{pmatrix} S_{11} & S_{12} & S_{13} \\ S_{21} & S_{22} & S_{23} \\ S_{31} & S_{32} & S_{33} \end{pmatrix} \tag{2.42}$$

这个二级张量因其对称性，只有 6 个独立元素。如果用 x、y、z 代表位矢 $\boldsymbol{r}$ 的三个分量，即 $x_1=x$、$x_2=y$、$x_3=z$，则 6 个独立的张量元可写成

$$\begin{cases} S_{11}=\dfrac{\partial u_1}{\partial x_1}=\dfrac{\partial u_x}{\partial x}=S_{xx} \\ S_{22}=\dfrac{\partial u_2}{\partial x_2}=\dfrac{\partial u_y}{\partial y}=S_{yy} \\ S_{33}=\dfrac{\partial u_3}{\partial x_3}=\dfrac{\partial u_z}{\partial z}=S_{zz} \\ S_{23}=\dfrac{1}{2}\left(\dfrac{\partial u_3}{\partial x_2}+\dfrac{\partial u_2}{\partial x_3}\right)=\dfrac{1}{2}\left(\dfrac{\partial u_z}{\partial y}+\dfrac{\partial u_y}{\partial z}\right)=S_{yz} \\ S_{31}=\dfrac{1}{2}\left(\dfrac{\partial u_1}{\partial x_3}+\dfrac{\partial u_3}{\partial x_1}\right)=\dfrac{1}{2}\left(\dfrac{\partial u_x}{\partial z}+\dfrac{\partial u_z}{\partial x}\right)=S_{zx} \\ S_{12}=\dfrac{1}{2}\left(\dfrac{\partial u_2}{\partial x_1}+\dfrac{\partial u_1}{\partial x_2}\right)=\dfrac{1}{2}\left(\dfrac{\partial u_y}{\partial x}+\dfrac{\partial u_x}{\partial y}\right)=S_{yz} \end{cases} \tag{2.43}$$

下面讨论应变张量的几何意义。

1. 纵应变

由图 2.16 可知，描述纵向应变的张量元为

$$\begin{cases} S_{xx}=\dfrac{\Delta x'-\Delta x}{\Delta x} \\ S_{yy}=\dfrac{\Delta y'-\Delta y}{\Delta y} \\ S_{zz}=\dfrac{\Delta z'-\Delta z}{\Delta z} \end{cases}$$

体积元的体积改变量为

$$\Delta V'-\Delta V=(1+S_{xx})(1+S_{yy})(1+S_{zz})\Delta V-\Delta V=(S_{xx}+S_{yy}+S_{zz})\Delta V$$

膨胀的含义为形变引起的体积的相对增量，其大小为

$$\delta=\frac{\Delta V'-\Delta V}{\Delta V}=S_{xx}+S_{yy}+S_{zz} \tag{2.44}$$

2. 切应变

由于切应变，原来的正方形变成了菱形，如图 2.17(a) 所示，它的边长不改变，如 $A'B'=AB$，等等。图 2.17(b) 表示切应变 $S_{xy}=\dfrac{1}{2}\left(\dfrac{\partial u_y}{\partial x}+\dfrac{\partial u_x}{\partial y}\right)$ 的几何意义。

由于切变，$A\to A'$，$B\to B'$，$C\to C'$，$D\to D'$，图 2.17(b) 中 u_x、u_y 代表 A 点位移的分量，令 $AD=A'D'=\Delta x$，$AB=A'B'=\Delta y$，则有

$$\sin\theta_1=\frac{\Delta u_y}{\Delta x}\approx\theta_1,\quad \sin\theta_2=\frac{\Delta u_x}{\Delta y}\approx\theta_2$$

所以，描述切应变的张量元可以写成

$$S_{xy}=\frac{1}{2}\left(\frac{\partial u_y}{\partial x}+\frac{\partial u_x}{\partial y}\right)=\frac{1}{2}(\theta_1+\theta_2) \tag{2.45}$$

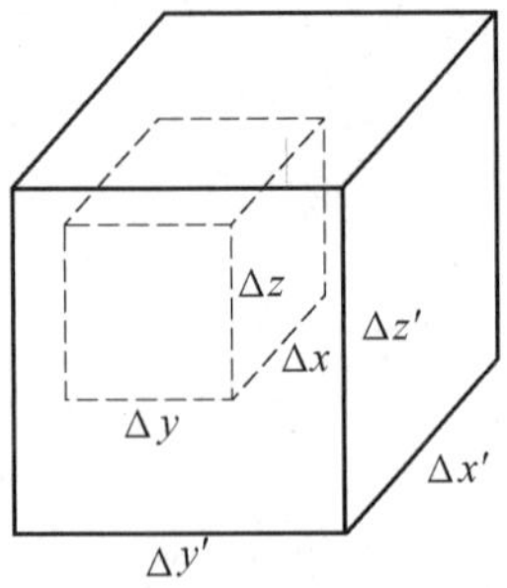

图 2.16　应变张量的几何意义

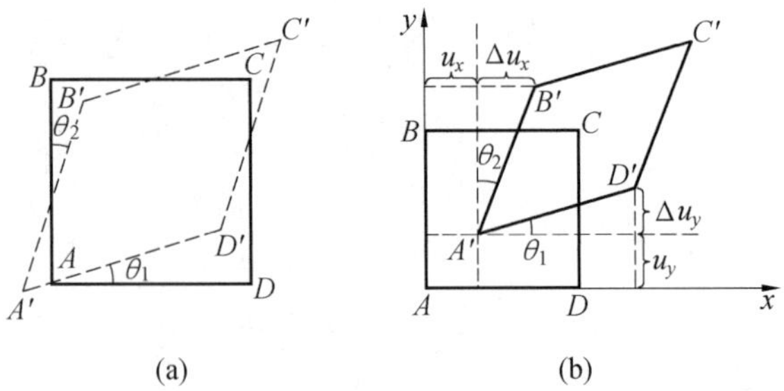

图 2.17　切变张量的几何意义

2.8.2　应　力

晶体在外力作用下发生形变，其内部任一部分所受的合力不为零，这种不为零的力抵抗形变的产生，使晶体趋于回复到平衡状态，我们称其为弹性恢复力。固体中任一曲面单位面积上的弹性恢复力，称为应力。

如在晶体中有一截面 ΔS，其两侧质点的作用力大小相等，方向相反。设 ΔS 某一侧所受作用力为 ΔT_n，按照定义，ΔS 所在位置处、外法线单位矢为 $\boldsymbol{n}$ 的截面上的应力为

$$\lim_{\Delta S\to 0}\frac{\Delta \boldsymbol{T}_n}{\Delta S}=\boldsymbol{T}_n$$

在直角坐标系中，如所讨论点的坐标为(x,y,z)，外法线为 $\boldsymbol{i}$ 的面积元上应力为

$$\boldsymbol{T}_x = T_{xx}\boldsymbol{i} + T_{yx}\boldsymbol{j} + T_{zx}\boldsymbol{k}$$

相应地，外法线为 $\boldsymbol{j}$、$\boldsymbol{k}$ 的面积元上应力分别为

$$\boldsymbol{T}_y = T_{xy}\boldsymbol{i} + T_{yy}\boldsymbol{j} + T_{zy}\boldsymbol{k}$$

$$\boldsymbol{T}_z = T_{xz}\boldsymbol{i} + T_{yz}\boldsymbol{j} + T_{zz}\boldsymbol{k}$$

T_{xx}、T_{yy}、T_{zz}分别垂直于所取截面，称为正应力；其他应力分量均平行于所取截面，称为切应力。由于 $\boldsymbol{T}_x$、$\boldsymbol{T}_y$、$\boldsymbol{T}_z$ 各有三个分量，因此某点的应力对应 9 个分量，即应力是一个二阶张量，其矩阵表示形式为

$$\boldsymbol{T}=\begin{bmatrix} T_{xx} & T_{xy} & T_{xz}\\ T_{yx} & T_{yy} & T_{yz}\\ T_{zx} & T_{zy} & T_{zz}\end{bmatrix} \tag{2.46}$$

在式(2.46)中，应力张量元的第一个脚标代表应力的方向，第二个脚标代表应力作用面的法线方向，参见图 2.18。例如，作用在垂直于 x 轴单位面积上且沿 x 方向的应力是 T_{xx}，它垂直于表面，代表张力或压力；作用在垂直于 x 轴单位面积上且沿 y 方向的应力是 T_{yx}，沿着表面，即平行于表面切向，代表切应力。由于晶体内应力的总力矩等于零，因此有

$$T_{yz} = T_{zy}, \quad T_{zx} = T_{xz}, \quad T_{xy} = T_{yx}$$

即应力张量也是一个只有 6 个独立张量元、对称的二级

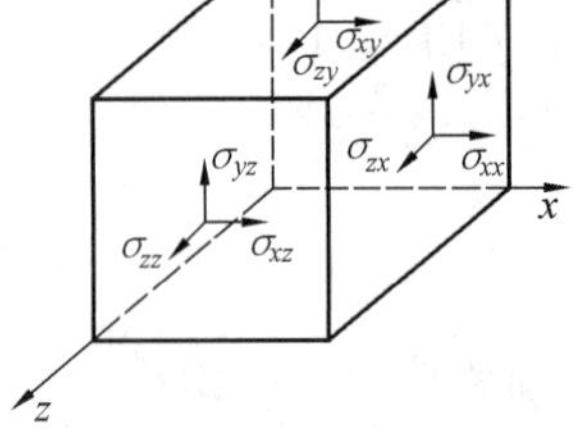

图 2.18　作用在立方体上的应力张量元

张量。

2.8.3 胡克定律

胡克定律指出,形变在弹性恢复限度内,应力与应变之间是线性关系。为了方便地描述这种线性关系,可把应力和应变张量元的双下脚标按下列对应关系换成单下脚标

$$xx \to 1 \quad yy \to 2 \quad zz \to 3$$

$$yz、zy \to 4, \quad zx、xz \to 5, \quad xy、yx \to 6$$

于是有 $S_{xx}=S_1=\dfrac{\partial u_x}{\partial x}$, $S_{yy}=S_2=\dfrac{\partial u_y}{\partial y}$, $S_{zz}=S_3=\dfrac{\partial u_z}{\partial z}$

并规定

$$2S_{yz}=2S_{zy}=S_4=\frac{\partial u_y}{\partial z}+\frac{\partial u_z}{\partial y}$$

$$2S_{zx}=2S_{xz}=S_5=\frac{\partial u_z}{\partial x}+\frac{\partial u_x}{\partial z}$$

$$2S_{xy}=2S_{yx}=S_6=\frac{\partial u_x}{\partial y}+\frac{\partial u_y}{\partial x}$$

因此,胡克定律的矩阵形式可以写成

$$\begin{pmatrix} T_1 \\ T_2 \\ T_3 \\ T_4 \\ T_5 \\ T_6 \end{pmatrix} = \begin{pmatrix} c_{11} & c_{12} & c_{13} & c_{14} & c_{15} & c_{16} \\ c_{21} & c_{22} & c_{23} & c_{24} & c_{25} & c_{26} \\ c_{31} & c_{32} & c_{33} & c_{34} & c_{35} & c_{36} \\ c_{41} & c_{42} & c_{43} & c_{44} & c_{45} & c_{46} \\ c_{51} & c_{52} & c_{53} & c_{54} & c_{55} & c_{56} \\ c_{61} & c_{62} & c_{63} & c_{64} & c_{65} & c_{66} \end{pmatrix} \begin{pmatrix} S_1 \\ S_2 \\ S_3 \\ S_4 \\ S_5 \\ S_6 \end{pmatrix} \tag{2.47}$$

即 $\boldsymbol{T}=\boldsymbol{c}:\boldsymbol{S}$ 或 $\boldsymbol{S}=\boldsymbol{s}:\boldsymbol{T}$。其分量形式为 $T_I=c_{IJ}S_J$,或 $S_I=s_{IJ}T_J$,I、$J=1$、2、…、6。其中$\boldsymbol{c}$、$\boldsymbol{S}$分别为弹性劲度常数张量和顺度常数张量,这两个张量是互逆的,即

$$[\boldsymbol{s}]=[\boldsymbol{c}]^{-1} \tag{2.48}$$

弹性劲度常数矩阵是对称矩阵,因此独立常数的个数最多为 21。对称性越高,晶体的独立常数越少。独立张量元 c_{IJ}的数目主要与晶系有关,而与晶系中具体的对称类型无关。现以立方晶系为例来讨论独立张量元数目的确定。

设选取的坐标轴为立方体的三个四度轴,这三个轴是完全等价的,由方程(2.47)可知 $c_{11}=c_{22}=c_{33}$,$c_{44}=c_{55}=c_{66}$。另外,同四度轴垂直的晶面对称,它使坐标轴反向,而应力必须不变,因而有

$$c_{14}=c_{25}=c_{36}=c_{63}=c_{52}=c_{41}=0$$

$$c_{45}=c_{56}=c_{64}=c_{46}=c_{65}=c_{54}=0$$

$$c_{15}=c_{26}=c_{34}=c_{43}=c_{62}=c_{51}=c_{16}=c_{24}=c_{35}=c_{53}=c_{42}=c_{61}=0$$

所以,在立方晶系中张量元不等于零的只有以下三种

$$c_{11}=c_{22}=c_{33}, \quad c_{12}=c_{23}=c_{31}, \quad c_{44}=c_{55}=c_{66}$$

即立方晶系中只有三个独立的张量元 c_{11}、c_{12}、c_{44}。

立方晶系的弹性劲度常数矩阵为

$$
\boldsymbol{c}=\begin{pmatrix} c_{11} & c_{12} & c_{12} & 0 & 0 & 0 \\ c_{12} & c_{11} & c_{12} & 0 & 0 & 0 \\ c_{12} & c_{12} & c_{11} & 0 & 0 & 0 \\ 0 & 0 & 0 & c_{44} & 0 & 0 \\ 0 & 0 & 0 & 0 & c_{44} & 0 \\ 0 & 0 & 0 & 0 & 0 & c_{44} \end{pmatrix} \tag{2.49}
$$

相应的顺度常数矩阵为

$$
\boldsymbol{s}=\begin{pmatrix} s_{11} & s_{12} & s_{12} & 0 & 0 & 0 \\ s_{12} & s_{11} & s_{12} & 0 & 0 & 0 \\ s_{12} & s_{12} & s_{11} & 0 & 0 & 0 \\ 0 & 0 & 0 & s_{44} & 0 & 0 \\ 0 & 0 & 0 & 0 & s_{44} & 0 \\ 0 & 0 & 0 & 0 & 0 & s_{44} \end{pmatrix} \tag{2.50}
$$

2.9 晶体中的弹性波

当晶体中存在弹性波时,晶体中任一质点均要受到相邻质点的弹性力作用,因此该质点的动力学方程可写成

$$
\begin{cases} \rho \dfrac{\partial^2 u_x}{\partial t^2} = \dfrac{\partial T_1}{\partial x} + \dfrac{\partial T_6}{\partial y} + \dfrac{\partial T_5}{\partial z} \\ \rho \dfrac{\partial^2 u_y}{\partial t^2} = \dfrac{\partial T_6}{\partial x} + \dfrac{\partial T_2}{\partial y} + \dfrac{\partial T_4}{\partial z} \\ \rho \dfrac{\partial^2 u_x}{\partial t^2} = \dfrac{\partial T_5}{\partial x} + \dfrac{\partial T_4}{\partial y} + \dfrac{\partial T_3}{\partial z} \end{cases} \tag{2.51}
$$

用张量算符表示为

$$
\nabla \cdot \boldsymbol{T} = \rho \frac{\partial^2 \boldsymbol{u}}{\partial t^2} \tag{2.52}
$$

其中

$$
\nabla = \begin{pmatrix} \dfrac{\partial}{\partial x} & 0 & 0 & 0 & \dfrac{\partial}{\partial z} & \dfrac{\partial}{\partial y} \\ 0 & \dfrac{\partial}{\partial y} & 0 & \dfrac{\partial}{\partial z} & 0 & \dfrac{\partial}{\partial x} \\ 0 & 0 & \dfrac{\partial}{\partial z} & \dfrac{\partial}{\partial y} & \dfrac{\partial}{\partial x} & 0 \end{pmatrix} \tag{2.53}
$$

将式(2.52)对时间求导,可得

$$
\nabla \cdot \frac{\partial \boldsymbol{T}}{\partial t} = \rho \frac{\partial^2 \boldsymbol{V}}{\partial t^2} \tag{2.54}
$$

其中 $\boldsymbol{V}=\dfrac{\partial \boldsymbol{u}}{\partial t}$为质点的位移速度,由式(2.47)可得

$$\frac{\partial \boldsymbol{T}}{\partial t}=\boldsymbol{c}:\ \nabla_s \boldsymbol{V} \tag{2.55}$$

其中

$$\nabla_s=\begin{pmatrix} \frac{\partial}{\partial x} & 0 & 0 \\ 0 & \frac{\partial}{\partial y} & 0 \\ 0 & 0 & \frac{\partial}{\partial z} \\ 0 & \frac{\partial}{\partial z} & \frac{\partial}{\partial y} \\ \frac{\partial}{\partial z} & 0 & \frac{\partial}{\partial x} \\ \frac{\partial}{\partial y} & \frac{\partial}{\partial x} & 0 \end{pmatrix} \tag{2.56}$$

将式(2.55)代入式(2.54)可以得到

$$\nabla\ \cdot \boldsymbol{c}:\ \nabla_s \boldsymbol{V}=\rho \frac{\partial^2 \boldsymbol{V}}{\partial t^2} \tag{2.57}$$

其分量形式为

$$\nabla_{iK}\quad c_{IJ}\nabla_{SIj}\quad V_j=\rho \frac{\partial^2 V_i}{\partial t^2} \tag{2.58}$$

式中,i、$j=x$、y、z;K、$I=1$、2、…、6。

设弹性波传播方向的单位矢量为

$$\boldsymbol{I}=l_x\,\boldsymbol{i}+l_y\,\boldsymbol{j}+l_z\,\boldsymbol{k}$$

因为波矢为 $\boldsymbol{k}=k\boldsymbol{I}$ 的弹性波波动方程中含有因子 $\mathrm{e}^{\mathrm{i}(\omega t-\boldsymbol{k}\cdot\boldsymbol{r})}$,所以 ∇_{iK} 和 ∇_{SIj} 可用以下两式代替,即

$$[\ \nabla_{iK}\ ]=-ik\begin{pmatrix} l_x & 0 & 0 & 0 & l_z & l_y \\ 0 & l_y & 0 & l_z & 0 & l_x \\ 0 & 0 & l_z & l_y & l_x & 0 \end{pmatrix},\quad [\ \nabla_{SIj}\ ]=-ik\begin{pmatrix} l_x & 0 & 0 \\ 0 & l_y & 0 \\ 0 & 0 & l_z \\ 0 & l_z & l_y \\ l_z & 0 & l_x \\ l_y & l_x & 0 \end{pmatrix}$$

最后得到

$$\Gamma_{ij}V_j=\frac{\rho\omega^2}{k^2}V_i \tag{2.59}$$

将上式整理,并写成矩阵形式,有

$$\begin{pmatrix} \Gamma_{11}-c & \Gamma_{12} & \Gamma_{13} \\ \Gamma_{12} & \Gamma_{22}-c & \Gamma_{23} \\ \Gamma_{13} & \Gamma_{23} & \Gamma_{33}-c \end{pmatrix}\begin{pmatrix} V_x \\ V_y \\ V_z \end{pmatrix}=0 \tag{2.60}$$

式中,$c=\rho(\omega/k)^2$,称为有效弹性常数。

式(2.59)或式(2.60)称为克利斯托夫方程,其中

$$\Gamma_{11}=c_{11}l_x^2+c_{66}l_y^2+c_{55}l_z^2+2c_{56}l_yl_z+2c_{15}l_zl_x+2c_{16}l_xl_y$$

$$\Gamma_{22}=c_{66}l_x^2+c_{22}l_y^2+c_{44}l_z^2+2c_{24}l_yl_z+2c_{46}l_zl_x+2c_{26}l_xl_y$$

$$\Gamma_{33}=c_{55}l_x^2+c_{44}l_y^2+c_{33}l_z^2+2c_{34}l_yl_z+2c_{35}l_zl_x+2c_{45}l_xl_y$$

$$\Gamma_{12}=c_{16}l_x^2+c_{26}l_y^2+c_{45}l_z^2+(c_{46}+c_{25})l_yl_z+(c_{14}+c_{56})l_zl_x+(c_{12}+c_{66})l_xl_y$$

$$\Gamma_{13}=c_{15}l_x^2+c_{46}l_y^2+c_{35}l_z^2+(c_{45}+c_{36})l_yl_z+(c_{13}+c_{55})l_zl_x+(c_{14}+c_{56})l_xl_y$$

$$\Gamma_{23}=c_{56}l_x^2+c_{24}l_y^2+c_{34}l_z^2+(c_{44}+c_{23})l_yl_z+(c_{36}+c_{45})l_zl_x+(c_{25}+c_{46})l_xl_y$$

称为克利斯托夫模量。要使式(2.60)有非零解,质点速度的系数行列式必须为零,即

$$\begin{vmatrix} \Gamma_{11}-c & \Gamma_{12} & \Gamma_{13} \\ \Gamma_{12} & \Gamma_{22}-c & \Gamma_{23} \\ \Gamma_{13} & \Gamma_{23} & \Gamma_{33}-c \end{vmatrix}=0 \tag{2.61}$$

对于立方晶系,上式可以表述为

$$\begin{vmatrix} c_{11}l_x^2+c_{44}(l_y^2+l_x^2)-c & (c_{12}+c_{44})l_xl_y & (c_{12}+c_{44})l_xl_z \\ (c_{12}+c_{44})l_xl_y & c_{11}l_y^2+c_{44}(l_z^2+l_x^2)-c & (c_{12}+c_{44})l_yl_z \\ (c_{12}+c_{44})l_xl_z & (c_{12}+c_{44})l_yl_z & c_{11}l_z^2+c_{44}(l_y^2+l_x^2)-c \end{vmatrix}=0$$

设晶轴取在与[100]方向平行,则当弹性波沿晶轴传播时,上式化成

$$\begin{vmatrix} c_{11}-c & 0 & 0 \\ 0 & c_{44}-c & 0 \\ 0 & 0 & c_{44}-c \end{vmatrix}=0$$

得 c 有三个解,分别为 $c_1=c_{11}$,$c_2=c_3=c_{44}$。

由于三个弹性波的波速与弹性模量和质量密度有 $v=\sqrt{\dfrac{c}{\rho}}$ 的关系,则三个弹性波的波速分别为

$$v_1=\sqrt{\frac{c_{11}}{\rho}},\quad v_2=v_3=\sqrt{\frac{c_{44}}{\rho}}$$

将 c_{11} 代入式(2.60),得 $v_x\neq0$,$v_y=v_z=0$,这是一个纵波,传播方向与质点位移方向一致。将 c_{44} 代入式(2.60),得到三种情况

$$V_x=0,V_y\neq0,V_z=0$$

$$V_x=0,V_y=0,V_z\neq0$$

$$V_x=0,V_y\neq0,V_z\neq0$$

这三种组合都属于质点位移与传播方向垂直的情况,都是切变波(即横波)。对于第三种

情况，由于 y,z 方向的质点位移同时存在，其合位移往往是椭圆偏振的。

对于沿[110]方向传播的弹性波，$l_x=l_y=\sqrt{2}/2, l_z=0$，$c$ 有下述三个解，即

$$c_1=\frac{c_{11}+c_{12}+2c_{44}}{2},\quad c_2=\frac{c_{11}-c_{12}}{2},\quad c_3=c_{44}$$

相应的传播速度为

$$v_1=\sqrt{\frac{c_{11}+c_{12}+2c_{44}}{2\rho}},\quad v_2=\sqrt{\frac{c_{11}-c_{12}}{2\rho}},\quad v_3=\sqrt{\frac{c_{44}}{\rho}}$$

将 c_1 代入式(2.60)可得 $V_x=V_y\neq 0, V_z=0$ 这是个纵波。将 c_2 代入式(2.60)可得 $V_x=-V_y$，$V_z=0$，因质点合位移的方向与[1 1 0]垂直，故这是个横波。将 c_3 代入式(2.60)可得 $V_x=V_y=0, V_z\neq 0$，这也是个横波。

综上所述，任意方向传播的弹性波，一般有三个模式。如[1 1 0]方向，一个纵波，两个横波。但有时两个横波是简并的，如[1 0 0]方向，对应 c_2 和 c_3 的横波即为此种情况。

需要指出的是，在某一方向上虽然存在三种模式的波动，但对于对称性差的晶体，这些弹性波往往不是纯纵波和纯横波，一般是纵波和横波的耦合形式，称为准纵波和准横波。

思　考　题

2.1　是否有与库仑力无关的晶体结合类型？

2.2　如何理解库仑力是原子结合的动力？

2.3　为什么组成晶体的粒子(分子、原子或离子)间的相互作用力除吸引力外还要有排斥力？排斥力的来源是什么？

2.4　晶体的结合能、内能、以及原子间的相互作用势能有何区别？

2.5　试述范德瓦耳斯力的起源和特点。

2.6　对于由正负离子组成的系统，当存在极化时，系统的总能量增大还是减小？

2.7　原子间的排斥作用和吸引作用有何关系？起主导的范围是什么？

2.8　如何理解电负性可用电离能加亲和能来表征？

2.9　试以钠为例讨论金属晶体的结合。可以将它看作是由具有体心立方结构的 Na^+ 浸没在自由电子气中而构成的。显然，Na^+ 间会因静电库仑力而相互排斥。为什么这样一个系统的能量比自由的中性 Na 原子形成的系统的能量更低呢？

2.10　什么是共价键的饱和性和方向性？为什么共价键具有饱和性和方向性，而离子键却没有饱和性和方向性？

2.11　请解释共价结合中两原子电子云交叠产生吸引，而原子靠近时，电子云交叠会产生巨大排斥力的现象。

2.12　为什么金属具有延展性而原子晶体和离子晶体却没有延展性？

2.13　试从结合键的角度说明水在结冰时体积为何会膨胀？

2.14　试解释一个中性原子吸收一个电子一定要释放出能量的现象。

2.15　试从金属键的结合特性说明,为何多数金属形成密积结构?

2.16　何谓杂化轨道? 试解释之。

2.17　你是如何理解弹性的,当施加一定外力,形变大的弹性强,还是形变小的弹性强?

2.18　在讨论分子晶体的范德瓦耳斯力时,其中包括了分子间的瞬时偶极矩的相互作用力。但一般说来,由于分子的瞬时偶极矩是随机排列的,它们的作用既可能是引力,也可能是斥力。试从统计的观点,简单说明引力必然占优势的原因。

2.19　晶体中粒子的键合方式决定晶体的性质。试以金刚石和石墨为例说明,两者同是碳的同素异构体,何以在硬度、导电性能和密度等方面有着显著的差别(金刚石的密度是3.52 g/cm^3,石墨的密度是2.25 g/cm^3)。

2.20　固体中的应力与理想流体中的压强有何关系?

2.21　沿某立方晶体一晶轴取一细长棒作拉伸实验,忽略宽度和厚度的形变,由此实验能否测出弹性劲度常数 c_{11}? 如类比弹簧的形变中弹簧受的力 $F=-kx$,k 与 c_{11} 有何关系?

2.22　试述固体中的弹性波与理想流体中传播的波的差异及其原因。

习　　题

2.1　有一晶体,平衡时体积为 V_0,原子间总的互作用势能为 U_0,如果相距为 r 的两原子互作用势为

$$u(r) = -\frac{A}{r^m} + \frac{B}{r^n}$$

证明(1)体积弹性模量为

$$K = | U_0 | \frac{mn}{9V_0}$$

(2)求出体心立方结构惰性分子晶体的体积弹性模量。

2.2　设两原子间的互作用能可表示为

$$u(r) = -\frac{A}{r^m} + \frac{B}{r^n}$$

式中,第一项为引力能,第二项为排斥能,A、B 均为正常数。证明:要使这两原子系统处于平衡状态,必须 $n>m$。

2.3　试求由两种一价离子所组成的一维晶格的库仑互作用能和马德隆常数。设离子总数为 $2N$,离子间的最短距离为 R。

2.4　由 N 个惰性气体原子构成的分子晶体,其总互作用势能可表示为

$$U(R) = 2N\varepsilon\left[A_{12}\left(\frac{\sigma}{R}\right)^{12} - A_6\left(\frac{\sigma}{R}\right)^{6}\right]$$

式中,$A_{12}=\sum_j{}'(a_{ij})^{-12}$,$A_6=\sum_j{}'(a_{ij})^{-6}$,$\varepsilon$ 和 σ 为勒纳-琼斯参数。a_{ij}是参考原子 i 与其他任一原子 j 的距离 r_{ij}同最近邻距离 R 的比值($a_{ij}=r_{ij}/R$)。试计算简立方和体心立方结构的

A_6 和 A_{12} 值。

2.5 试求由正负一价离子相间构成的二维正方格子的马德隆常数。

2.6 只计及最近邻间的排斥作用时,一离子晶体离子间的互作用势为

$$u(r)=\begin{cases}-\dfrac{e^2}{R}+\dfrac{b}{R^m} & (\text{最近邻})\\ \pm\dfrac{e^2}{r} & (\text{最近邻以外})\end{cases}$$

(1)求晶体平衡时,离子间总的互作用势能 $U(R_0)$。

(2)证明 $|U(R_0)|\propto\left(\dfrac{\alpha^m}{Z}\right)^{\frac{1}{m-1}}$

其中,α 是马德隆常数,Z 是晶体配位数。

2.7 一维离子链,其上等间距载有正负 $2N$ 个离子,设离子间的泡利排斥势只出现在两最近邻离子之间,且为 b/R^n,b、n 是常数,R 是两最近邻离子的间距,并设离子电荷为 q。

(1)试证平衡间距下

$$U(R_0)=-\frac{2Nq^2\ln 2}{R_0}\left(1-\frac{1}{n}\right)$$

(2)令晶体被压缩,使 $R_0\to R_0(1-\delta)$,试证在晶体被压缩单位长度的过程中外力做功的主项为 $c\delta/2$,其中

$$c=\frac{(n-1)q^2\ln 2}{R_0^2}$$

(3)求原子链被压缩了 $2NR_0\delta_e(\delta_e\ll 1)$ 时的外力。

2.8 设泡利排斥项的形式不变,讨论电荷加倍对 NaCl 晶格常数、体积弹性模量以及结合能的影响。

2.9 两原子间的互作用势为

$$u(r)=-\frac{A}{r^2}+\frac{B}{r^8}$$

当两原子构成一稳定分子时,核间距为 0.3 nm,解离能为 4 eV,求 A 和 B。

2.10 KCl 晶体的体积弹性模量为 $1.74\times10^{10}\ \text{N/m}^2$,若要使晶体中相邻离子间距缩小 0.5%,需要施加多大的压力?

2.11 设原子的电离能和电子亲合能分别用 I 和 E 表示,试推出由离子键结合的双原子分子的解离能的一般表示式,并求 NaCl 分子的解离能。已知 $I_{Na}=5.14$ eV,$E_{Cl}=3.62$ eV,NaCl 的键长 $r_0=0.251$ nm。

2.12 雷纳德-琼斯势为

$$u(r)=4\varepsilon\left[\left(\frac{\sigma}{r}\right)^{12}-\left(\frac{\sigma}{r}\right)^{6}\right]$$

证明 $r=1.12\sigma$ 时,势能最小,且 $u(r_0)=-\varepsilon$;当 $r=\sigma$ 时,$u(\sigma)=0$;说明 ε 和 σ 的物理意义。

2.13 如果离子晶体中离子总的相互作用势能为

$$U(r)=-N\left[\frac{\alpha q^2}{4\pi\varepsilon_0 r}-Z\lambda e^{-r/\rho}\right]$$

其中 λ、ρ 为常数；α 为马德隆常数；Z 为配位数。求晶体的压缩系数。

2.14 闪锌矿 ZnS 是离子晶体，实验测得其晶格常数为 0.541 nm，体弹性模量 $K=7.76\times10^{10}$ N/m^2，试求：

(1)锌离子和硫离子互作用能中的玻恩指数 n。

(2)平均每对锌、硫离子的相互作用能。

已知 ZnS 的马德隆常数为 1.638。

2.15 取一 $\Delta x\Delta y\Delta z$ 立方体积元，以相对两面中点连线为转轴，列出转动方程，证明应力矩阵是一个对称矩阵。

第3章　晶格振动和晶体的热学性质

在分析晶体结构和计算晶体结合能时,我们把组成晶体的原子或离子看作是固定不动的。实际上,在一般温度下,晶体内的原子或离子在各自的平衡位置附近作振动。由于原子间存在着相互作用力,因此,各个原子的振动是相互关联的,这些振动状态在晶格中原子间传播,形成了各种模式的波。当振动很微弱时,原子间非谐的相互作用可以忽略,在理论分析时可近似为简谐振动来处理,此时这些振动模式是相互独立的。而晶格的周期性条件,决定了模式所取的能量值是分立的。这些独立的、分立的振动模式,可以用一系列独立的简谐振子——声子来描述。这样,晶格振动的总体就可以看作是声子的系综。

晶格振动和晶体的许多宏观热学性质,如固体的比热、热膨胀、热导等有密切的联系,对晶体的电学、光学性质也有很大的影响。例如,晶格振动对光子、电子、中子等都有散射作用,引入声子概念可以把上述散射当做声子与光子、电子和中子的相互碰撞来处理。这样,在研究与晶格振动有关的各种物理问题时,就变的非常形象直观。

3.1　原子链的振动

晶格振动问题非常复杂。为了抓住问题的主要方面和主要特点,首先考虑一维晶格的振动,然后把一些主要结论和方法推广到三维晶格振动的分析研究中去。

3.1.1　一维布喇菲格子的情形

1. 格波

考虑由一系列质量为 m 的原子构成的一维原子链,如图 3.1 所示。设平衡时原子间距为 a。由于热运动,原子离开各自的平衡位置,此时由于受到原子间相互作用所产生的恢复力,各原子具有返回平衡位置的趋势。用 x_n 表示第 n 个原子离开平衡位置的位移,第 n 个原子和第 $n+1$ 个原子间的相对位移为$\delta=x_{n+1}-x_n$。下面讨论在原子间相互作用下,原子所受恢复力与相对位移的关系。

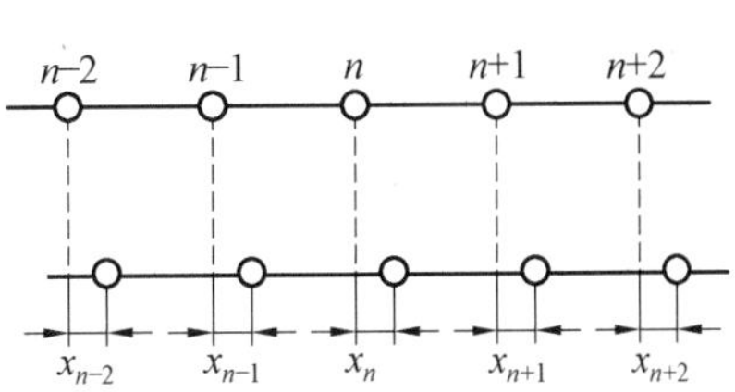

图 3.1　一维原子链的振动

设在平衡位置 $r=na$ 时,两个原子间的相互作用势能为 $U(na)$,产生相对位移后,相互作用势能变成 $U(na+\delta)$。将 $U(na+\delta)$ 在平衡位置附近用泰勒级数展开,可得

$$U(na+\delta)=U(na)+\left(\frac{\mathrm{d}U}{\mathrm{d}r}\right)_{na}\delta+\frac{1}{2}\left(\frac{\mathrm{d}^2U}{\mathrm{d}r^2}\right)_{na}\delta^2+\cdots \tag{3.1}$$

式中，第一项是常数，第二项为零（在平衡时势能取极小值）。当振动很微弱时，δ 很小，势能展式中只保留到 δ^2 项，则第 $n+1$ 个原子对第 n 个原子的恢复力近似为

$$f_{n+1,n}=-\frac{\mathrm{d}U}{\mathrm{d}\delta}=-\left(\frac{\mathrm{d}^2U}{\mathrm{d}r^2}\right)_{na}\delta=-\beta\delta=-\beta(x_{n+1}-x_n) \tag{3.2}$$

式中

$$\beta=\left(\frac{\mathrm{d}^2U}{\mathrm{d}r^2}\right)_{na}$$

β 称为恢复力常数，也叫耦合常数，相当于弹性系数。

除受到第 $n+1$ 个原子的作用力外，原子 n 还受到第 $n-1$ 个原子的作用力，其表达式为

$$f_{n,n-1}=-\beta(x_n-x_{n-1}) \tag{3.3}$$

如果仅考虑相邻原子的相互作用，则第 n 个原子所受到的总作用力为

$$f_n=f_{n+1,n}-f_{n,n-1}=-\beta(x_{n+1}-x_n)+\beta(x_n-x_{n-1})=-\beta(x_{n+1}+x_{n-1}-2x_n)$$

第 n 个原子的运动方程可以写成

$$m\frac{\mathrm{d}^2x_n}{\mathrm{d}t^2}=\beta(2x_n-x_{n+1}-x_{n-1})\qquad(n=1,2,\cdots,N) \tag{3.4}$$

对于每一个原子，都有一个类似式（3.4）的运动方程，方程的数目和原子数相同。

式（3.4）是线性齐次方程，其解是振幅为 A、角频率为 ω 的简谐振动的运动学方程。它可表述为

$$x_n=A\mathrm{e}^{\mathrm{i}(qna-\omega t)} \tag{3.5}$$

式中，qna 表示第 n 个原子振动的位相因子。当第 m 个和第 n 个原子的位相因子之差（$qma-qna$）为 2π 的整数倍，即 $ma-na=2\pi s/q$（s 为整数）时，有

$$x_m=A\mathrm{e}^{\mathrm{i}(qma-\omega t)}=A\mathrm{e}^{\mathrm{i}(qna-\omega t)}=x_n$$

即当第 m 个原子和第 n 个原子的距离（$ma-na$）为 $2\pi/q$ 的整数倍时，原子因振动而产生的位移相等。由此可见，晶格中各个原子间的振动相互间存在着固定的位相关系，即在晶格中存在着角频率为 ω 的平面波，这种波称为格波。因为讨论的是简谐近似，这里的格波显然是平面简谐波，如图 3.2 所示。格波的波长 $\lambda=\dfrac{2\pi}{q}$。若令 $\boldsymbol{n}$ 代表沿格波传播方向的单位矢量，则 $\boldsymbol{q}=\dfrac{2\pi}{\lambda}\boldsymbol{n}$，这恰是格波的波矢。

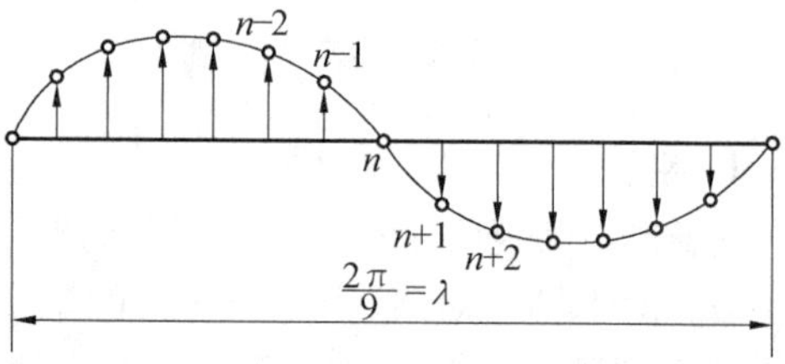

图 3.2　格波

把式（3.5）代入运动方程组式（3.4）中，可得

$$\omega^2=\frac{2\beta}{m}\left|1-\cos(qa)\right|$$

即

$$\omega=2\left(\frac{\beta}{m}\right)^{\frac{1}{2}}\left|\sin\left(\frac{qa}{2}\right)\right| \tag{3.6}$$

上式表述的是 ω 与 q 的关系，称为色散关系。

2. 格波波矢的取值范围

由式(3.6)可知,在晶格点阵中能够传播的波有一最大频率 $\omega_{max}=(4\beta/m)^{1/2}$,与该频率对应的 q 值为 $q_{max}=|\pm\pi/a|$。根据式(3.5)可得相邻两原子的振动位移之比为

$$\frac{x_{n+1}}{x_n}=\frac{Ae^{-i\omega t}e^{iq(n+1)a}}{Ae^{-i\omega t}e^{iqna}}=e^{iqa}$$

如果取 $q=q_{max}$,则 $x_{n+1}/x_n=-1$,相邻两原子运动时位相差为±π,这说明 qa 的值被限制在下列范围之内,即

$$-\pi\leqslant qa\leqslant\pi \quad 或 \quad -\frac{\pi}{a}\leqslant q\leqslant\frac{\pi}{a} \tag{3.7}$$

这就是一维晶格点阵的第一布里渊区。

假如,在该区域之外取一个 q'值,而它与区域之内某一 q 值有关系 $q'-q=n(2\pi/a)$,或 $q'=q+n(2\pi/a)$,(n 是一整数,即 q'和 q 之差为 $2\pi/a$ 的整数倍),则相邻两原子的振动位移之比为 $x_{n+1}/x_n=e^{iq'a}=e^{i(qa+2\pi n)}=e^{iqa}$。显然,区域外的 q'值仍归于区域内对应的 q 值,两者之差正好是倒格子基矢值 $2\pi/a$ 的整数倍。所以对于格波来说,q 的取值被限制在第一布里渊区内。

这里 q 之所以可取正负值,是因为对于一维的情况来说,波可以沿左右两个方向传播的缘故。将 $q=q_{max}=\pm\pi/a$ 代入式(3.5),可得

$$x_n=Ae^{-i\omega t}e^{\pm in\pi}=Ae^{-i\omega t}(-1)^n \tag{3.8}$$

式(3.8)描述的是一驻波。随着 n 奇偶数的变化,相间原子以相反的位相振动,从而使波向左或向右传播。这说明,当 q 的取值趋向于 q_{max},格波就由行波转变为驻波。因此,格波的 q 值不能超出 q_{max}。

3. 格波的传播速度

格波的传播速度是它的相速度,由波速、频率和波矢的关系式 $v_p=\omega/q$,可得格波的传播速度为

$$v_p=\frac{\lambda}{\pi}\left(\frac{\beta}{m}\right)^{1/2}\left|\sin\frac{\pi a}{\lambda}\right| \tag{3.9}$$

由此可见,格波的传播速度是波长 λ 的函数。波长不同的格波在晶体中的传播速度不同,这种情况与可见光通过三棱镜相类似,为此我们将 ω 与 q 的关系称为格波的色散关系。色散关系也称为振动频谱或振动谱,图 3.3 即是式(3.6)所表示的一维布喇菲格子的振动频谱。

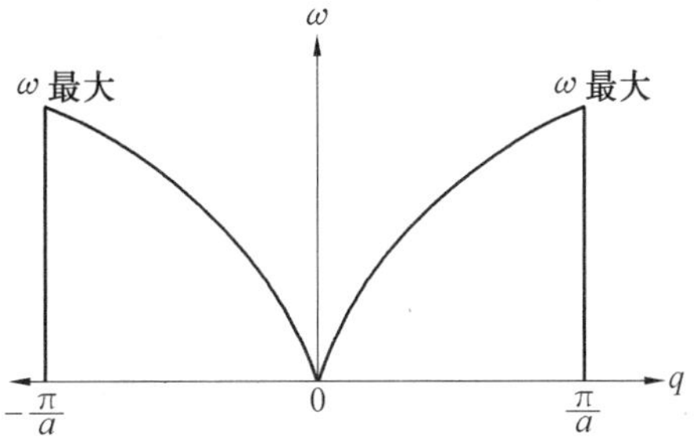

图 3.3　一维布喇菲格子振动的频谱

当 q 甚小($q\to 0$),即波长很长时,$\sin(qa/2)\approx qa/2$,这时波速 $v_p=a(\beta/m)^{1/2}$ 是常数。当 $\sin(qa/2)=\pm 1$ 时,ω 有最大值,其值为 $\omega_{最大}=2(\beta/m)^{1/2}$,如图 3.3 所示。

3.1.2 一维复式格子情形

1. 声学波和光学波

为简单起见,考虑由质量分别为 M 和 m 的两种不同原子所构成的一维复式格子,如图 3.4 所示。相邻两个不同原子构成一个分子,一个分子内两原子平衡位置的距离为 b,恢复力常数为 β_1,两分子间两原子对应的恢复力常数为 β_2。质量为 m 的原子位于…$2n-1$,$2n+1$,$2n+3$…各点;质量为 M 的原子位于…$2n-2$,$2n$,$2n+2$…各点。若只考虑相邻原子的相互作用,则第 $2n+1$ 个原子所受恢复力为

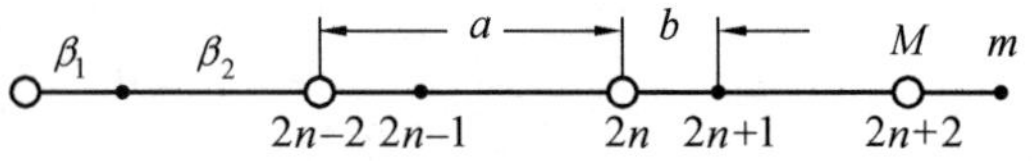

图 3.4 一维复式格子

$$f_{2n+1}^{m}=\beta_2(x_{2n+2}-x_{2n+1})-\beta_1(x_{2n+1}-x_{2n})$$

第 $2n$ 个原子所受恢复力为

$$f_{2n}^{M}=\beta_1(x_{2n+1}-x_{2n})-\beta_2(x_{2n}-x_{2n-1})$$

相应的动力学方程为

$$\begin{cases}m\dfrac{\mathrm{d}^2x_{2n+1}}{\mathrm{d}t^2}=\beta_2(x_{2n+2}-x_{2n+1})-\beta_1(x_{2n+1}-x_{2n})\\[2ex] M\dfrac{\mathrm{d}^2x_{2n}}{\mathrm{d}t^2}=\beta_1(x_{2n+1}-x_{2n})-\beta_2(x_{2n}-x_{2n-1})\end{cases}\tag{3.10}$$

方程组(3.10)的解是角频率为 ω 的简谐振动,即

$$\begin{cases}x_{2n}=A\mathrm{e}^{\mathrm{i}\left[q\left(\frac{2n}{2}\right)a-\omega t\right]}=A\mathrm{e}^{\mathrm{i}(qna-\omega t)}\\ x_{2n+1}=B'\mathrm{e}^{\mathrm{i}\left[q\left(\frac{2n}{2}\right)a+qb-\omega t\right]}=B\mathrm{e}^{\mathrm{i}(qna-\omega t)}\end{cases}\tag{3.11}$$

其他各点的位移按下列原则得出:

(1)同种原子周围情况都相同,其振幅也相同;原子不同,其振幅不同。

(2)相隔一个晶格常数 a 的同种原子,位相差为 qa。

把式(3.11)代入式(3.10),得

$$\begin{cases}-m\omega^2B=\beta_2(A\mathrm{e}^{\mathrm{i}qa}-B)-\beta_1(B-A)\\ -M\omega^2A=\beta_1(B-A)-\beta_2(A-B\mathrm{e}^{-\mathrm{i}qa})\end{cases}$$

适当整理,上式可改写为

$$\begin{cases}(\beta_1+\beta_2-M\omega^2)A-(\beta_1+\beta_2\mathrm{e}^{-\mathrm{i}qa})B=0\\ -(\beta_1+\beta_2\mathrm{e}^{\mathrm{i}qa})A+(\beta_1+\beta_2-m\omega^2)B=0\end{cases}\tag{3.12}$$

若 A、B 有异于零的解,则其系数行列式必须等于零,即

$$\begin{vmatrix}(\beta_1+\beta_2-M\omega^2) & -(\beta_1+\beta_2\mathrm{e}^{-\mathrm{i}qa})\\ -(\beta_1+\beta_2\mathrm{e}^{\mathrm{i}qa}) & (\beta_1+\beta_2-m\omega^2)\end{vmatrix}=0$$

由此可以解得

$$\omega^2=\frac{(\beta_1+\beta_2)}{2mM}\left\{(m+M)\pm\left[(m+M)^2-\frac{16mM\beta_1\beta_2}{(\beta_1+\beta_2)^2}\sin^2\left(\frac{qa}{2}\right)\right]^{\frac{1}{2}}\right\}\tag{3.13}$$

上式表明,ω 与 q 之间存在着两种不同的色散关系,即对一维复式格子,可以存在两种独立的格波,这两种不同的格波各有自己的色散关系,表述为

$$\omega_A^2=\frac{(\beta_1+\beta_2)}{2mM}\left\{(m+M)-\left[(m+M)^2-\frac{16mM\beta_1\beta_2}{(\beta_1+\beta_2)^2}\sin^2\left(\frac{qa}{2}\right)\right]^{\frac{1}{2}}\right\} \tag{3.14}$$

$$\omega_0^2=\frac{(\beta_1+\beta_2)}{2mM}\left\{(m+M)+\left[(m+M)^2-\frac{16mM\beta_1\beta_2}{(\beta_1+\beta_2)^2}\sin^2\left(\frac{qa}{2}\right)\right]^{\frac{1}{2}}\right\} \tag{3.15}$$

可以看出,复式格子的振动频率在波矢空间内具有周期性,即 $\omega(q+2\pi/a)=\omega(q)$;同时具有反演对称性,即 $\omega(q)=\omega(-q)$。实际上,当波矢增加 $2\pi/a$ 的整数倍时,原子的位移和色散关系不变。

对一维布喇菲格子,波矢 q 的取值限制在第一布里渊区内,即$-\pi/a\leqslant q\leqslant\pi/a$。同样,对一维复式格子,如果其晶格常数为 a,则 q 值也限制在$(-\pi/a,\pi/a)$内。

再回过来看式(3.14)和式(3.15),因为 qa 介于$(-\pi,\pi)$,所以 ω_A 的最大值为

$$\omega_{A\max}=\sqrt{\frac{\beta_1+\beta_2}{2mM}\left\{(m+M)-\left[(m+M)^2-\frac{16mM\beta_1\beta_2}{(\beta_1+\beta_2)^2}\right]^{\frac{1}{2}}\right\}^{\frac{1}{2}}}$$

而 ω_0 的最小值为

$$\omega_{0\min}=\sqrt{\frac{\beta_1+\beta_2}{2mM}\left\{(m+M)+\left[(m+M)^2-\frac{16mM\beta_1\beta_2}{(\beta_1+\beta_2)^2}\right]^{\frac{1}{2}}\right\}^{\frac{1}{2}}}$$

由此可见,ω_0 的最小值比 ω_A 的最大值还大,即 ω_A 支的格波频率总比 ω_0 的频率低。实际上,ω_0 支的格波可以用光来激发,所以常称为光频支格波,简称为光学波。而 ω_A 支则称为声频支格波,简称为声学波。现在,由于高频超声波技术的发展,ω_0 支也可以用超声波来激发。

2. 声学波和光学波的色散关系

下面讨论复式格子中两支格波的色散关系。

ω_A 支的色散关系式(3.14)可改写为

$$\omega_A^2=\frac{\beta_1+\beta_2}{2mM}\left\{(m+M)-\left[(m+M)^2-\frac{16mM\beta_1\beta_2}{(\beta_1+\beta_2)^2}\sin^2\left(\frac{qa}{2}\right)\right]^{\frac{1}{2}}\right\}=$$

$$\frac{\beta_1+\beta_2}{2mM}(m+M)\left\{1-\left[1-\frac{16mM\beta_1\beta_2}{(\beta_1+\beta_2)^2(m+M)^2}\sin^2\left(\frac{qa}{2}\right)\right]^{\frac{1}{2}}\right\}$$

实际情况有

$$\frac{16mM\beta_1\beta_2}{(\beta_1+\beta_2)^2(m+M)^2}\sin^2\left(\frac{qa}{2}\right)<1$$

令

$$\frac{16mM\beta_1\beta_2}{(\beta_1+\beta_2)^2(m+M)^2}\sin^2\left(\frac{qa}{2}\right)=y$$

由

$$\sqrt{1-y}=1-\frac{1}{2}y-\frac{1}{8}y^2\cdots\qquad(-1\leqslant y\leqslant 1)$$

考虑精确度,取前两项,则上式可以近似为

$$\omega_A=2\left[\frac{\beta_1\beta_2}{(\beta_1+\beta_2)(m+M)}\right]^{\frac{1}{2}}\left|\sin\left(\frac{qa}{2}\right)\right| \tag{3.16}$$

把式(3.16)与式(3.6)比较,可见 ω_A 支的色散关系与一维布喇菲格子中的色散关系在形式上是相同的,也具有如图3.3所示的特征。这说明,由完全相同原子所组成的布喇菲格子只有声学波。

ω_0 支的色散关系式(3.15)则可改写为

$$\omega_0^2=\frac{\beta_1+\beta_2}{2mM}\left\{(m+M)+\left[(m+M)^2-\frac{16mM\beta_1\beta_2}{(\beta_1+\beta_2)^2}\sin^2\left(\frac{qa}{2}\right)\right]^{\frac{1}{2}}\right\}=$$

$$\frac{\beta_1+\beta_2}{2mM}(m+M)\left\{1+\left[1-\frac{16mM\beta_1\beta_2}{(\beta_1+\beta_2)^2(m+M)^2}\sin^2\left(\frac{qa}{2}\right)\right]^{\frac{1}{2}}\right\} \qquad (3.17)$$

当 $q\to0$(即波长 λ 很大)时,光学波的频率具有最大值,即

$$\omega_{0\max}=\left(\frac{\beta_1+\beta_2}{\mu}\right)^{\frac{1}{2}} \qquad (3.18)$$

其中 $\mu=\frac{mM}{m+M}$ 是两种原子的折合质量。

而当 $q\to0$ 时,由式(3.16)看出,$\omega_A\to0$,这时声学波频率则为最小。

综合上述的讨论结果,归纳如下:

(1)当取 $q=\pm\pi/a$ 时,声学波的频率 ω_A 有最大值,为

$$\omega_{A\max}=\sqrt{\frac{\beta_1+\beta_2}{2mM}\left\{(m+M)-\left[(m+M)^2-\frac{16mM\beta_1\beta_2}{(\beta_1+\beta_2)^2}\right]^{\frac{1}{2}}\right\}^{\frac{1}{2}}}$$

当 $q\to0$ 时,声学波的频率 ω_A 有最小值为0,即 $\omega_{A\min}=0$,这应理解为取值可以无限低。

(2)当 $q\to0$ 时,光学波的频率 ω_0 有最大值,为

$$\omega_{0\max}=\left(\frac{\beta_1+\beta_2}{\mu}\right)^{\frac{1}{2}}$$

当取 $q=\pm\pi/a$ 时,光学波的频率 ω_0 有最小值,为

$$\omega_{0\min}=\sqrt{\frac{\beta_1+\beta_2}{2mM}\left\{(m+M)-\left[(m+M)^2-\frac{16mM\beta_1\beta_2}{(\beta_1+\beta_2)^2}\right]^{\frac{1}{2}}\right\}^{\frac{1}{2}}}$$

一维双原子复式格子中,声学波与光学波的色散曲线如图3.5所示。

3. 声学波和光学波的振幅简述

下面由式(3.12)讨论相邻两种原子的振幅之比。

(1)关于声学波

$$\frac{B}{A}=\frac{\beta_1+\beta_2\mathrm{e}^{\mathrm{i}qa}}{\beta_1+\beta_2-m\omega_A^2}$$

当 $q\to0$ 时,$\lambda\to$很大,$\omega_A\to0$,则$(B/A)\to1$,此时的声学波为长声学波。于是式(3.11)所述原子的位移变成 $x_{2n}=x_{2n+1}$。这说明对于长声学波,相邻原子都是沿着同一方向振动的,相邻原子的位移相同,原胞内的不同原子以相同的振幅和位相作整体运动,其振动概况如图3.6所示。因此,长声学波描述的是原胞的刚性运动,换言之,长声学波代表了原胞质心的振动。

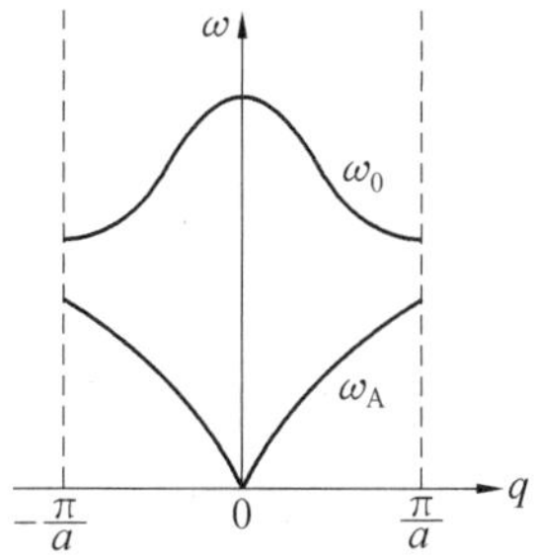

图 3.5　一维双原子复式格子的振动频谱

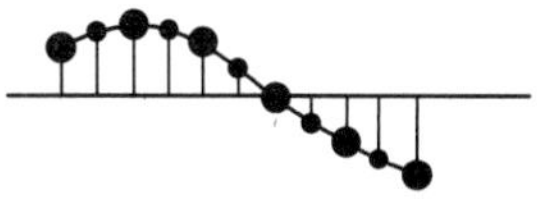

图 3.6　声学波示意图

(2)对于光学波,相邻两种原子振幅之比为

$$\frac{B}{A}=\frac{\beta_1+\beta_2-M\omega_0^2}{\beta_1+\beta_2\mathrm{e}^{\mathrm{i}qa}}$$

对于长光学波($q\to 0$),将式(3.18)代入上式,于是有 $AM+Bm=0$,这说明,对于长光学波,相邻两种不同原子的振动方向是相反的,原胞中不同原子作相对振动,质量大的振幅小,质量小的振幅大,原胞的质心保持不动,也就是说,长光学波是保持原胞质心不动的一种振动模式。由此也可定性地看出,光学波是代表原胞中两个原子的相对振动,光学波的振动概况如图 3.7 所示。

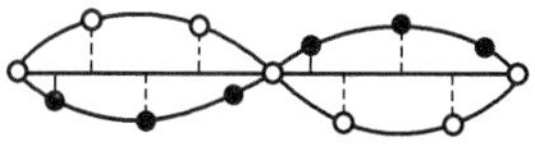

图 3.7　光学波示意图

4.玻恩-卡门边界条件

前面的讨论中,由于振动波函数单值性的要求,考虑了波矢 $\boldsymbol{q}$ 取值的范围。对于一维布喇菲格子或一维双原子的复式格子,如果晶格常数均为 a,则 q 介于$(-\pi/a,\pi/a)$之间。但波矢 q 的值并不连续,它只能在上述范围内取有限数目的分立值,这是由边界条件所决定的。

在对由 N 个原子构成的一维晶体运动方程的讨论中,我们注意到原子链两端的原子与其他原子受力情况不一样,所以,边界处原子的振动状态应该同内部原子有所差别。但在前面的讨论中,我们实际是将一维晶体视为无限的,并没有考虑到边界问题。由于实际晶体总是有限的,因此存在着边界对内部原子振动状态的影响。下面介绍的玻恩-卡门边界条件是固体物理学中关于处理边界问题的一个很重要的条件。

设想在一长为 Na 的有限晶体边界之外,仍然有无穷多个相同的晶体与其连结起来,从而形成无限长的线状晶格,并且各块晶体内相对应原子的运动情况相同,即第 j 个原子和第 $tN+j$ 个原子的运动情况相同,故有 $x_j=x_{tN+j}$,其中 $t=1,2,3\cdots$。在这样设想的无限晶体中的原子,同实际的有限晶体中的原子,所受到的相互作用势能是有差别的。但由于原子间的相互作用是短程的,在有限晶体中只有边界上极少数原子的运动才受到相邻假想晶体的影响,而内部绝大部分原子的运动,实际上不会受到这些假想晶体的影响。

在上述假想的周期性边界条件下,对于一维有限的布喇菲格子,第一个原胞的原子应和第 $N+1$ 个原胞的原子振动情况相同,即 $x_1=x_{N+1}$。

因为 $x_1=A\mathrm{e}^{\mathrm{i}(qa-\omega t)}$,$x_{N+1}=A\mathrm{e}^{\mathrm{i}[q(N+1)a-\omega t]}$,所以有

$$\mathrm{e}^{\mathrm{i}qNa}=1$$

显然,只有 $qNa=2\pi l$(l 为整数)时,上式才成立。

又因为 $-\pi/a<q\leqslant\pi/a$,所以,l 的取值范围为

$$-\frac{N}{2}<l\leqslant\frac{N}{2} \tag{3.19}$$

由此可以确定,l 可能有的取值为 $-(N/2)+1,-(N/2)+2,\cdots,(N/2)$。即 l 只能取 N 个不同的值,进而可知描写晶格振动的波矢 $\boldsymbol{q}$ 只能取一些分立的值。

由于每个 $\boldsymbol{q}$ 对应一个独立的振动模式,因此,一维布喇菲格子的独立振动模式数等于其原胞的数目。在一维布喇菲晶格中,每个原子的自由度数为 1,一共有 N 个原子,总的自由度数为 N。于是我们得出结论,晶格独立振动状态数等于晶格的自由度数。

对于一维双原子复式格子晶体,设有 N 个原胞(每个原胞含两个不同的原子),原胞间距为 a,根据周期性边界条件 $x_{2n+1}=x_{2(n+N)+1}$,可以得到 $e^{iqNa}=1$,即 $qNa=2\pi l$(l 为整数)。显然,关系式(3.19)同样适用,仍有

$$-\frac{\pi}{a}<q\leqslant\frac{\pi}{a} \tag{3.20}$$

所以,一维复式格子的 q 也只能取 N 个不同的值。波矢 $\boldsymbol{q}$ 的数目即为振动状态的数目,等于原胞的数目。在波矢空间,一维双原子复式格子的每一个可能 $\boldsymbol{q}$ 所占据的线度为 $1/Na$。这里,对应于每个 q 值有两个不同的 ω,一个是光学波角频率,另一个是声学波角频率。因此,对于一维双原子的复式格子,角频率数为 $2N$,格波数也为 $2N$。在一维双原子复式格子中,每个原胞有两个原子,晶体的自由度是 $2N$,因此得到这样的结论:

(1)晶格振动波矢的数目=晶体的原胞数。

(2)晶格振动频率(模式)的数目=晶体的自由度数。

3.1.3 三维晶格振动

三维晶格振动的讨论可以类比一维复式格子的情况来分析。

在基矢为 $\boldsymbol{a}_1$、$\boldsymbol{a}_2$、$\boldsymbol{a}_3$ 的晶体中,沿基矢方向各有 N_1、N_2、N_3 个原胞,晶体的原胞总数为 $N_1N_2N_3$。设每个原胞中有 n 种不同的原子,质量分别为 $m_1,m_2,\cdots,m_n$;不同原子平衡位置的相对坐标为 $r_1,r_2,\cdots,r_n$。设顶点位矢为 $\boldsymbol{R}_l=l_1\boldsymbol{a}_1+l_2\boldsymbol{a}_2+l_3\boldsymbol{a}_3$ 的原胞中 n 个原子在 t 时刻偏离平衡位置的位移为

$$\boldsymbol{x}\begin{pmatrix}l\\1\end{pmatrix},\boldsymbol{x}\begin{pmatrix}l\\2\end{pmatrix},\boldsymbol{x}\begin{pmatrix}l\\3\end{pmatrix}\cdots\boldsymbol{x}\begin{pmatrix}1\\n\end{pmatrix}$$

第 j 个原子在 γ 方向的动力学方程为

$$m_j\ddot{x}_\gamma\begin{pmatrix}l\\j\end{pmatrix}=F_{j\gamma} \tag{3.21}$$

在直角坐标系中,γ 分别为 x、y、z。

在简谐近似下,恢复力与位移为线性关系,则上式解的形式为

$$\boldsymbol{x}_\gamma\begin{pmatrix}l\\j\end{pmatrix}=\boldsymbol{A}_j^l e^{i[(\boldsymbol{R}_l+\boldsymbol{r}_j)\cdot\boldsymbol{q}-\omega t]}=\boldsymbol{A}_{j\gamma}e^{i(\boldsymbol{q}\cdot\boldsymbol{R}_l-\omega t)} \tag{3.22}$$

其中 $\boldsymbol{A}_{j\gamma}=\boldsymbol{A}_j^l e^{i\boldsymbol{q}\cdot\boldsymbol{r}_j}$。因为振幅 $A_{j\gamma}$ 一共有 $3n$ 个,所以将式(3.22)代入式(3.21),一共可以得

到 $3n$ 个线性齐次方程

$$-m_j\omega^2 A_{j\gamma}\mathrm{e}^{\mathrm{i}(\boldsymbol{q}\cdot\boldsymbol{R}_l-\omega t)}=F_{j\gamma} \tag{3.23}$$

$\mathrm{e}^{\mathrm{i}(\boldsymbol{q}\cdot\boldsymbol{R}_l-\omega t)}$ 可与 $F_{j\gamma}$ 中的相应因子消去,于是 $A_{j\gamma}$ 要有非零解,其系数行列式必须为零,由此可解出 $3n$ 个 ω 的实根。在这 $3n$ 个实根中,当波矢 $q\to 0$ 时,有三个满足下式

$$\omega_{Ai}=v_{Ai}(\boldsymbol{q})\,q \qquad (i=1,2,3)$$

其中 $v_{Ai}(\boldsymbol{q})$ 是一个常数,是 $\boldsymbol{q}$ 方向传播的弹性波的速度。

这时,有 $A_{1\gamma}=A_{2\gamma}=\cdots=A_{n\gamma}$,即原胞作刚性运动,原胞中原子的相对位置不变。这三支格波称为声学波,其余的 $(3n-3)$ 支格波的频率比声学波的最高频率还高,称为光学波。

根据周期性边界条件的限制

$$\begin{cases}\boldsymbol{x}\begin{pmatrix}l\\p\end{pmatrix}=\boldsymbol{x}\begin{pmatrix}l_1,l_2,l_3\\p\end{pmatrix}=\boldsymbol{x}\begin{pmatrix}l_1+N_1,l_2,l_3\\p\end{pmatrix}\\ \boldsymbol{x}\begin{pmatrix}l\\p\end{pmatrix}=\boldsymbol{x}\begin{pmatrix}l_1,l_2,l_3\\p\end{pmatrix}=\boldsymbol{x}\begin{pmatrix}l_1,l_2+N_2,l_3\\p\end{pmatrix}\\ \boldsymbol{x}\begin{pmatrix}l\\p\end{pmatrix}=\boldsymbol{x}\begin{pmatrix}l_1,l_2,l_3\\p\end{pmatrix}=\boldsymbol{x}\begin{pmatrix}l_1,l_2,l_3+N_3\\p\end{pmatrix}\end{cases} \tag{3.24}$$

可得

$$\begin{cases}\mathrm{e}^{\mathrm{i}(\boldsymbol{q}\cdot\boldsymbol{R}_l-\omega t)}=\mathrm{e}^{\mathrm{i}(\boldsymbol{q}\cdot\boldsymbol{R}_l+\boldsymbol{q}\cdot N_1\boldsymbol{a}_1-\omega t)}\\ \mathrm{e}^{\mathrm{i}(\boldsymbol{q}\cdot\boldsymbol{R}_l-\omega t)}=\mathrm{e}^{\mathrm{i}(\boldsymbol{q}\cdot\boldsymbol{R}_l+\boldsymbol{q}\cdot N_2\boldsymbol{a}_2-\omega t)}\\ \mathrm{e}^{\mathrm{i}(\boldsymbol{q}\cdot\boldsymbol{R}_l-\omega t)}=\mathrm{e}^{\mathrm{i}(\boldsymbol{q}\cdot\boldsymbol{R}_l+\boldsymbol{q}\cdot N_3\boldsymbol{a}_3-\omega t)}\end{cases} \tag{3.25}$$

由上式可知,当

$$\begin{cases}\boldsymbol{q}\cdot N_1\boldsymbol{a}_1=2\pi h_1\\ \boldsymbol{q}\cdot N_2\boldsymbol{a}_2=2\pi h_2\\ \boldsymbol{q}\cdot N_3\boldsymbol{a}_3=2\pi h_3\end{cases} \tag{3.26}$$

且 h_1、h_2、h_3 为整数时,式(3.26)才能成立。

由式(3.26)可知,波矢 $\boldsymbol{q}$ 具有倒格矢的量纲,容易得出

$$\boldsymbol{q}=\frac{h_1}{N_1}\boldsymbol{b}_1+\frac{h_2}{N_2}\boldsymbol{b}_2+\frac{h_3}{N_3}\boldsymbol{b}_3 \tag{3.27}$$

其中 $\boldsymbol{b}_1$、$\boldsymbol{b}_2$、$\boldsymbol{b}_3$ 是倒格子基矢。

由式(3.27)可知,三维情况下格波的波矢也是不连续的,其中 $\boldsymbol{b}_1/N_1$、$\boldsymbol{b}_2/N_2$、$\boldsymbol{b}_3/N_3$ 是波矢的基矢,波矢的点阵具有周期性,其最小重复单元的体积为

$$\frac{\boldsymbol{b}_1}{N_1}\cdot\left(\frac{\boldsymbol{b}_2}{N_2}\times\frac{\boldsymbol{b}_3}{N_3}\right)=\frac{\Omega^*}{N}=\frac{(2\pi)^3}{N\Omega}=\frac{(2\pi)^3}{V_c}$$

其中 Ω^*、Ω 和 V_c 分别为倒格子原胞体积、正格子原胞体积和晶体体积。

一个重复单元对应一个波矢点,单位波矢空间的波矢数目,即波矢密度为

$$\frac{1}{\dfrac{(2\pi)^3}{V_c}}=\frac{V_c}{(2\pi)^3} \tag{3.28}$$

由于当波矢 $\boldsymbol{q}$ 增加一个倒格矢 $\boldsymbol{K}_m = m_1\boldsymbol{b}_1 + m_2\boldsymbol{b}_2 + m_3\boldsymbol{b}_3$（$m_1, m_2, m_3$ 为整数）时，描述原子位移的式(3.22)保持不变。因此，根据前述关于波矢取值范围的讨论，波矢可取的数目为

$$\Omega^* \frac{V_c}{(2\pi)^3} = \frac{\Omega^* N\Omega}{(2\pi)^3} = N$$

每一个波矢 $\boldsymbol{q}$，对应 3 个声学波和 $(3n-3)$ 个光学波，所以晶格振动的模式数目为

$$N \times 3 + N \times (3n - 3) = 3nN$$

nN 是原子总数，$3nN$ 是所有原子的自由度之和。

综合以上讨论结果，得到与一维晶格振动相同的结论：

(1)晶格振动波矢的数目=晶体的原胞数。

(2)晶格振动频率(模式)的数目=晶体中所有原子的自由度数之和。

通过观察实验测得的金刚石振动谱，可将上述讨论更加具体化。金刚石是复式格子，每一个原胞中有两个原子，按照上面的讨论，应存在6 支格波，分别为3 支声学波和3 支光学波。声学波描述不同原胞之间的相对运动，而光学波则描述同一原胞内各原子之间的相对运动。对于某一传播方向，频率 ω 和波矢 $\boldsymbol{q}$ 的关系曲线如图 3.8 所示，图中横线坐标以 $2\pi/a$ 为单位。沿[1 0 0]方向和[1 1 1]方向的频谱中，光学波和声学波的两支横波都是简并的，所以只测出四条频谱曲线。最高的一支是光学纵波，稍低的一支是光学横波，再低的是声学纵波，最低的是声学横波。沿[1 1 0]方向，横波模式没有简并。另外，光学波的频率 ω 随波矢 $\boldsymbol{q}$ 变化很小，在实际计算中，常常将其视为与波矢 $\boldsymbol{q}$ 无关的常数。

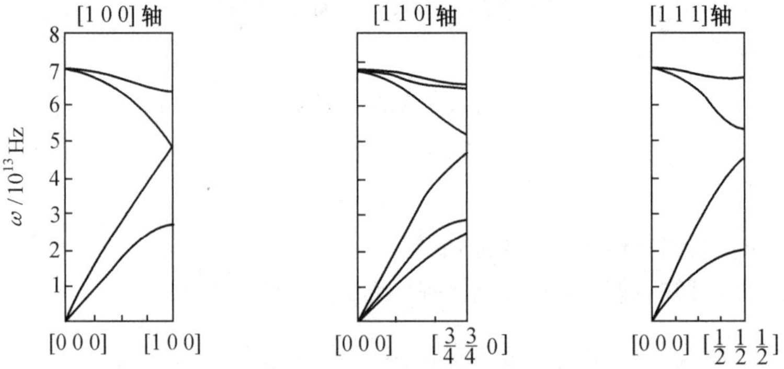

图 3.8　金刚石中格波的频率 ω 和波矢 $\boldsymbol{q}$ 的关系曲线

3.2　简正振动　声子

晶格振动是晶体中所有原子振动的集合，其结果表现为晶格中的格波。一般而言，格波不一定是简谐的，但却可以展成为简谐平面波的线性叠加。当振动微弱时，格波近似为简谐波。这时，格波之间的相互作用可以忽略，可以认为它们相互独立存在，称为独立的模式。每一个独立模式对应一个振动态($\boldsymbol{q}$)。晶格的周期性又给予格波以一定的边界条

件，使得独立的模式是分立的。因此，我们可以用独立简谐振子的振动来表述格波的独立模式，这就是声子概念的由来。

3.2.1 简正振动

1. 简正振动

作为典型的微振动问题，我们采用质点系的微振动方法对晶格振动进行讨论。

在由 N 个原子构成的晶体中，每个原子有三个自由度，所以对于整个晶体系统运动状态须用 $3N$ 个独立坐标 $(x_1, x_2, x_3), \cdots, (x_{3N-2}, x_{3N-1}, x_{3N})$ 进行描述。设第 i 个原子的质量为 m_i，则系统的动能为

$$T = \frac{1}{2}\sum_{i=1}^{3N} m_i \dot{x}_i^2 \tag{3.29}$$

这里 x_1, x_2, x_3 是同一原子的坐标，所以 $m_1 = m_2 = m_3$，其余类推。为简化表述，进行广义坐标变换，即

$$\boldsymbol{\eta}_i = \sqrt{m_i}\, x_i \qquad (i = 1, 2\cdots, 3N) \tag{3.30}$$

则式(3.29)可以改写为

$$T = \frac{1}{2}\sum_{i=1}^{3N} \dot{\boldsymbol{\eta}}_i^2 \tag{3.31}$$

对微振动系统的势能进行广义坐标变换，并在平衡位置附近展开，则有

$$U(\boldsymbol{\eta}_1, \boldsymbol{\eta}_2, \cdots, \boldsymbol{\eta}_{3N}) = U_0 + \sum_{i=1}^{3N}\left(-\frac{\partial U}{\partial \boldsymbol{\eta}_i}\right)_0 \boldsymbol{\eta}_i + \frac{1}{2}\sum_{i=1}^{3N}\sum_{j=1}^{3N}\left(\frac{\partial^2 U}{\partial \boldsymbol{\eta}_i \partial \boldsymbol{\eta}_j}\right)_0 \boldsymbol{\eta}_i \boldsymbol{\eta}_j + \cdots$$

在简谐近似下，略去二次项以后的各项，而在平衡位置处，上式第二项为零。若取平衡位置为势能零点，则上式可简化为

$$U = \frac{1}{2}\sum_i \sum_j D_{ij} \boldsymbol{\eta}_i \boldsymbol{\eta}_j \tag{3.32}$$

式中

$$D_{ij} = \frac{\partial^2 U}{\partial \boldsymbol{\eta}_i \partial \boldsymbol{\eta}_j} \tag{3.33}$$

如用矩阵形式表述式(3.32)，则有

$$\boldsymbol{U} = \frac{1}{2}(\boldsymbol{\eta}_1 \boldsymbol{\eta}_2 \cdots \boldsymbol{\eta}_{3N}) \begin{pmatrix} D_{11} & D_{12} & \cdots & D_{1\,3N} \\ D_{21} & D_{22} & \cdots & D_{2\,3N} \\ \vdots & \vdots & & \vdots \\ D_{3N\,1} & D_{3N\,2} & \cdots & D_{3N\,3N} \end{pmatrix} \begin{pmatrix} \boldsymbol{\eta}_1 \\ \boldsymbol{\eta}_2 \\ \vdots \\ \boldsymbol{\eta}_{3N} \end{pmatrix} = \frac{1}{2}\boldsymbol{\eta}^T \cdot \boldsymbol{D} \cdot \boldsymbol{\eta} \tag{3.34}$$

式中，$\boldsymbol{\eta}^T$ 为 $\boldsymbol{\eta}$ 的转置矩阵；$\boldsymbol{D}$ 为对称矩阵，满足 $D_{ij} = D_{ji}$。

从数学运算的角度看，由于晶格振动是晶体中诸原子的集体运动，系统的总能量(即哈密顿量)必然包含诸原子的速度和坐标，并且可能出现不同原子间状态参量的交叉项。所以，在理论上表述较为困难。但在简谐近似下，引进正则坐标，通过正则变换可把原来的坐标系变换成正则坐标系，从而消去势能中的交叉项，使哈密顿量对角化。这样，就可

把晶格振动的总能量表述为独立简谐振子能量之和。为此,我们首先寻找矩阵 $\boldsymbol{D}$ 的本征值 λ 和本征矢 $\boldsymbol{\alpha}$,以使得

$$\boldsymbol{D}\cdot\boldsymbol{\alpha}=\lambda\boldsymbol{a} \tag{3.35}$$

改写上式,得

$$(\boldsymbol{D}-\boldsymbol{I}\lambda)\cdot\boldsymbol{\alpha}=0 \tag{3.36}$$

式中,$\boldsymbol{I}$ 为单位矩阵。要使式(3.36)有非零解,系数行列式必须为零,即

$$\det(\boldsymbol{D}-\boldsymbol{I}\lambda)=|D_{ij}-\delta_{ij}\lambda|=\begin{vmatrix} D_{11}-\lambda & D_{12} & \cdots & D_{1\,3N} \\ D_{21} & D_{22}-\lambda & \cdots & D_{2\,3N} \\ \vdots & \vdots & & \vdots \\ D_{3N\,1} & D_{3N\,2} & \cdots & D_{3N\,3N}-\lambda \end{vmatrix}=0$$

解此行列式,可得 $3N$ 个 λ 的解。对应于本征值 $\lambda=\lambda_k$ 的本征矢 $\boldsymbol{\alpha}_k$ 可记为

$$\boldsymbol{\alpha}_k=\begin{pmatrix}\alpha_{1k}\\ \alpha_{2k}\\ \vdots\\ \alpha_{3Nk}\end{pmatrix}\qquad(k=1,2,\cdots,3N)$$

代入式(3.35)可得

$$\sum D_{ij}\alpha_{jk}=\lambda_k\alpha_{ik}\qquad(i=1,2,\cdots,3N) \tag{3.37}$$

这是由 $3N$ 个齐次线性方程构成的方程组,只能确定 $\alpha_{jk}(j=1,2,\cdots,3N)$ 的比值,因而在 α_{jk} 中包含一个待定常数。

考虑两个本征矢 $\boldsymbol{\alpha}_i$ 和 $\boldsymbol{\alpha}_k$,由式(3.35)得

$$\boldsymbol{D}\cdot\boldsymbol{\alpha}_i=\lambda_i\boldsymbol{\alpha}_i,\quad \boldsymbol{D}\cdot\boldsymbol{\alpha}_k=\lambda_k\boldsymbol{\alpha}_k$$

第一式乘 $\boldsymbol{\alpha}_k$ 的转置矩阵 $\boldsymbol{\alpha}_k^T$,第二式转置后乘 $\boldsymbol{\alpha}_k$,则得

$$\boldsymbol{\alpha}_k^T\cdot\boldsymbol{D}\cdot\boldsymbol{\alpha}_i=\lambda_i\boldsymbol{\alpha}_k^T\cdot\boldsymbol{\alpha}_i$$

$$\boldsymbol{\alpha}_k^T\cdot\boldsymbol{D}\cdot\boldsymbol{\alpha}_i=\lambda_k\boldsymbol{\alpha}_k^T\cdot\boldsymbol{\alpha}_i$$

根据矩阵 $\boldsymbol{D}$ 的性质,可知 $\boldsymbol{D}$ 也是一个转置矩阵,即 $\boldsymbol{D}=\boldsymbol{D}^T$。因而上述两式相减得到

$$(\lambda_i-\lambda_k)\boldsymbol{\alpha}_k^T\cdot\boldsymbol{\alpha}_i=0$$

一般 $\lambda_i\neq\lambda_k$,显然两个本征矢 $\boldsymbol{\alpha}_i$ 和 $\boldsymbol{\alpha}_k$ 正交。于是,可以选择 α_{jk} 中的待定常数,使之满足正交归一化条件,即

$$\boldsymbol{\alpha}_i\boldsymbol{\alpha}_k^T=\boldsymbol{I}\quad 或\quad \sum_j\alpha_{ji}\alpha_{jk}=\delta_{ik} \tag{3.38}$$

变换坐标,令

$$\eta_i=\sum_{s=1}^{3N}\alpha_{is}Q_S \tag{3.39a}$$

$$\eta_j=\sum_{s=1}^{3N}\alpha_{jk}Q_K \tag{3.39b}$$

代入式(3.32)得

$$U=\frac{1}{2}\sum_i\sum_j D_{ij}\eta_i\eta_j=\frac{1}{2}\sum_i\sum_j\sum_k\sum_s D_{ij}a_{jk}Q_k\alpha_{is}Q_s$$

其中 Q_s 亦为广义坐标,利用式(3.37),上式可以写成

$$U=\frac{1}{2}\sum_{j}\sum_{k}\sum_{s}\lambda_{s}\alpha_{js}\alpha_{jk}Q_{k}Q_{s}$$

再利用式(3.38)将上式进一步改写为

$$U=\frac{1}{2}\sum_{k}\sum_{s}\lambda_{s}\delta_{ks}Q_{k}Q_{s}$$

根据 δ 函数性质，当 $k=s$ 时，$\sum_{s}\delta_{ks}Q_{k}=Q_{s}$，而 $k\neq s$ 时，$\sum_{k}\delta_{ks}Q_{k}=0$。令 $\lambda_{s}=\omega_{s}^{2}$，于是有

$$U=\frac{1}{2}\sum_{s=1}^{3N}\lambda_{s}Q_{s}^{2}=\frac{1}{2}\sum_{s=1}^{3N}\omega_{s}^{2}Q_{s}^{2}\tag{3.40}$$

对动能式(3.31)，利用同样的变换方法，可得

$$T=\frac{1}{2}\sum_{i=1}^{3N}\dot{\eta}_{i}^{2}=\frac{1}{2}\sum_{i}\sum_{k}\sum_{s}\alpha_{is}\alpha_{ik}\dot{Q}_{k}\dot{Q}_{s}=\frac{1}{2}\sum\sum\delta_{ks}\dot{Q}_{k}\dot{Q}_{s}=\frac{1}{2}\sum_{s=1}^{3N}\dot{Q}_{s}^{2}\tag{3.41}$$

引入振动系统的拉格朗日函数

$$L=T-U=\frac{1}{2}\sum_{s=1}^{3N}(P_{s}^{2}-\omega_{s}^{2}Q_{s}^{2})\tag{3.42}$$

其中 $P_{s}=\dot{Q}_{s}$ 为正则动量，其定义为 $P_{s}=\partial L/\partial\dot{Q}_{s}$。于是得系统的哈密顿量为

$$H=T+U=\frac{1}{2}\sum(P_{s}^{2}+\omega_{s}^{2}Q_{s}^{2})\tag{3.43}$$

将上式代入哈密顿正则方程 $\dot{P}_{s}=-\frac{\partial H}{\partial Q_{s}}$，有

$$\ddot{Q}_{s}=-\omega_{s}^{2}Q_{s}\qquad(s=1,2,\cdots,3N)\tag{3.44}$$

上式是标准的简谐振动的动力学方程。这说明，晶体内原子在平衡位置附近的振动可近似看成是 $3N$ 个独立谐振子的振动，而 ω_{s} 恰恰就是晶格的振动频率。式(3.44)的解为

$$Q_{s}=Q_{so}\cos(\omega_{s}t+\varphi_{s})\qquad(s=1,2,\cdots,3N)\tag{3.45}$$

这个结果显然是有关广义坐标 Q_{s} 的简谐振动，因此广义坐标 Q_{s} 通常称为简正坐标，相应的 ω_{s} 称为简正频率。

联立式(3.30)和式(3.39)，有

$$\sqrt{m_{i}}x_{i}=\sum_{s=1}^{3N}\alpha_{is}Q_{s}$$

当频率为 ω_{a} 的模式振动时，式(3.45)变为 $Q_{a}=Q_{ao}\cos(\omega_{a}t+\varphi_{a})$，将其代入上式，得到

$$x_{i}=\frac{\alpha_{ia}}{\sqrt{m_{i}}}Q_{ao}\cos(\omega_{\alpha}t+\varphi_{a})\qquad(i=1,2,\cdots,3N)\tag{3.46}$$

上式表明，每一个原子都以相同的频率作简谐振动。由 N 个原子构成的晶体中，原子的振动一般是 $3N$ 个简正振动模式的线性叠加。即整个晶体的振动，是这 $3N$ 个谐振子的振动叠加。

2. 一维布喇菲格子的晶格振动

下面以一维布喇菲格子为例，说明其晶格振动等价于 N 个谐振子的振动，谐振子的振动频率就是晶格的振动频率。

通过讨论知道，晶格中每一原子的振动都是一些独立振动模式的叠加，不同的振动对应不同的波矢，因而式(3.5)中的振幅应记为 A_{q}，与 q 有关，如把 $e^{-i\omega t}$ 也包括进去，则可写

成 $A_q(t)$。于是,任意格点 n 在 t 时刻的位移应表示为

$$x_n(t) = \sum_q A_q(t)\mathrm{e}^{\mathrm{i}qna} \tag{3.47}$$

其中 $q=2\pi l/Na$,而 l 所取的值按式(3. 19)为 $-(N/2)+1,-(N/2)+2,\cdots,(N/2)$。式(3.47)是周期为 $n=N$ 的函数的傅里叶展式。由于位置变量 n(应该说是 na)局限于 N 个点,展式只包含 N 项,N 为原胞数。

根据量子力学,如果式(3.47)中的 $\mathrm{e}^{\mathrm{i}qna}$ 代表一些独立的模式,它具有正交性,即

$$\sum_q \mathrm{e}^{\mathrm{i}q(n-n')\alpha} = N\delta_{n,n'} \tag{3.48}$$

当 $n=n'$ 时,上式显然成立;而当 $n\neq n'$ 时,令 $n-n'=s$,则上式左方化为

$$\sum_q \mathrm{e}^{\mathrm{i}qsa} = \sum_{1=-N/2+1}^{N/2} \mathrm{e}^{\mathrm{i}(2\pi las/Na)} = \sum_{1=-N/2+1}^{-1} \mathrm{e}^{\mathrm{i}2\pi ls/N} + \sum_{1=0}^{N/2} \mathrm{e}^{\mathrm{i}2\pi ls/N}$$

再把上式第一求和项中的变量改换为 $l'=l+N$,有

$$\sum_{1=-N/2+1}^{-1} \mathrm{e}^{\mathrm{i}2\pi ls/N} = \sum_{l'=N/2+1}^{N-1} \mathrm{e}^{\mathrm{i}2\pi s(l'-N)/N} = \sum_{l'=N/2+1}^{N-1} \mathrm{e}^{\mathrm{i}2\pi sl'/N}$$

把这结果代入到原式,并注意求和变量的整数连续性,统一用 l 表示,则得

$$\sum_q \mathrm{e}^{\mathrm{i}2\pi ls/N} = \sum_{l=0}^{N-1} \mathrm{e}^{\mathrm{i}2\pi ls/N} = \frac{\mathrm{e}^{\mathrm{i}2\pi s}-1}{e^{i2\pi s/N}-1} = 0$$

这样便证明了式(3.48)的关系。

式(3.48)所表示的意义是:按状态 q 求和,只要看一个格点就行了,每个格点的独立状态总数是 N。即独立的状态总数就是原胞总数 N。

同样,可以证明

$$\sum_n \mathrm{e}^{\mathrm{i}(q-q')na} = N\delta_{q,q'} \tag{3.49}$$

式(3.49)表明,按格点求和,只要看一种状态,格点总数(也就是原胞总数)是 N。根据式(3.49)的表示可以看作式(3.48)的补充。把式(3.49)和式(3.48)分别改写为

$$\begin{cases} \sum_n \dfrac{1}{N^{1/2}}\mathrm{e}^{\mathrm{i}qna} \cdot \dfrac{1}{N^{1/2}}\mathrm{e}^{-\mathrm{i}q'na} = \delta_{q,q'} \\ \sum_n \dfrac{1}{N^{1/2}}\mathrm{e}^{\mathrm{i}qna} \cdot \dfrac{1}{N^{1/2}}\mathrm{e}^{-\mathrm{i}qn'a} = \delta_{n,n'} \end{cases} \tag{3.50}$$

可以看出,$N^{-1/2}\mathrm{e}^{\mathrm{i}qna}$ 等可取为新坐标系的本征矢。式(3.50)就是它们的正交归一化条件。

在新坐标系中,把 $x_n(t)$ 作为新坐标系中的一个矢量,则有

$$x_n(t) = \frac{1}{\sqrt{Nm}}\sum_q Q_q(t)\mathrm{e}^{\mathrm{i}qna} \tag{3.51}$$

其中 $Q_q(t)$ 代表在新坐标系中 $x_n(t)$ 沿本征矢的分量。实际上,式(3.51)是代表 $x_n(t)$ 在状态空间(**q** 空间)的傅里叶展式。同样

$$x_n^*(t) = \frac{1}{\sqrt{Nm^*}}\sum_q Q_q^*(t)\mathrm{e}^{-\mathrm{i}qna}$$

由于这里 $x_n(t)$ 是实值(取用实部),所以 $Q_q^*(t)=Q_q(t)$。应用正交归一化条件式(3.50),可以证明下式

$$\sum_n x_n^2(t) = \sum_q Q_q^2(t) \tag{3.52}$$

式(3. 52)表明,把坐标系从位置空间按傅里叶展式(3. 51)变换到状态空间时,$\sum_n x_n^2(t)$不变。

下面通过对一维布喇菲格子振动时能量表达式中交叉项的变换处理,可知 Q_q 即为简正坐标。已知势能和动能在一维空间的表达式分别为

$$U = \frac{\beta}{2}\sum_n (x_{n+1} - x_n)^2$$

$$T = \frac{1}{2}\sum m\dot{x}_n^2$$

势能 $U=\frac{\beta}{2}\sum_n (x_{n+1}^2+x_n^2-2x_{n+1}x_n)$,其中 $x_{n+1}x_n$ 是一些交叉项。把变换关系式(3. 51)代入,得

$$U = \frac{\beta}{2Nm}\sum_{n,q,q'} Q_q Q_{q'}[\mathrm{e}^{\mathrm{i}q(n+1)a} \cdot \mathrm{e}^{\mathrm{i}q'(n+1)a} + \mathrm{e}^{\mathrm{i}qna}. \mathrm{e}^{\mathrm{i}q'na} - \mathrm{e}^{\mathrm{i}q(n+1)a} \cdot \mathrm{e}^{\mathrm{i}q'na} - \mathrm{e}^{\mathrm{i}qna} \cdot \mathrm{e}^{\mathrm{i}q'(n+1)a}] =$$

$$\frac{\beta}{2Nm}\sum_{q,q'}\{Q_q Q_{q'}[\mathrm{e}^{\mathrm{i}(q+q')a} + 1 - \mathrm{e}^{\mathrm{i}qa} - \mathrm{e}^{\mathrm{i}q'a}]\sum_n \mathrm{e}^{\mathrm{i}(q+q')a}\}$$

由式(3. 50)中的第一式可知,上式中最后部分(对 n 的求和)等于 $N\delta_{q,-q'}$,所以

$$U = \frac{\beta}{2m}\sum_{q,q'}\{Q_q Q_{q'}[\mathrm{e}^{\mathrm{i}(q+q')a} + 1 - \mathrm{e}^{\mathrm{i}qa} - \mathrm{e}^{\mathrm{i}q'a}]\delta_{q,-q'}\} =$$

$$\frac{\beta}{2m}\sum_q Q_q Q_{-q}\{2 - \mathrm{e}^{\mathrm{i}qa} - \mathrm{e}^{-\mathrm{i}qa}\} =$$

$$\frac{\beta}{m}\sum_q Q_q Q_{-q}\{1 - \cos(qa)\}$$

而由式(3. 6)可知

$$\omega_q^2 = \frac{2\beta}{m}\{1 - \cos(qa)\}$$

于是,势能可化为

$$U = \frac{1}{2}\sum_q \omega_q^2 Q_q Q_{-q}$$

由于 $Q_{-q}=Q_q^*$,则势能最后化成形式

$$U = \frac{1}{2}\sum_q \omega_q^2 Q_q^2 \tag{3.53}$$

利用式(3. 51)的变换关系,动能可写为

$$T = \frac{1}{2N}\sum_{n,q,q'}\dot{Q}_q\dot{Q}_{q'}\mathrm{e}^{\mathrm{i}(q+q')na} = \frac{1}{2N}\sum_{q,q'}\dot{Q}_q\dot{Q}_{q'}\sum_n \mathrm{e}^{\mathrm{i}(q+q')na} =$$

$$\frac{1}{2}\sum_{q,q'}\dot{Q}_q\dot{Q}_{q'}\delta_{q,-q'} = \frac{1}{2}\sum_q \dot{Q}_q\dot{Q}_{q'}$$

同样,因为$\dot{Q}_{-q}=\dot{Q}_q^*$,则动能最后化成形式

$$T = \frac{1}{2}\sum_q \dot{Q}_q^2 \tag{3.54}$$

将动能和势能代入式(3. 42)和式(3. 43),再由正则方程可得到

$$\ddot{Q}_q = -\omega_q^2 Q_q$$

上式是简谐振动的动力学方程,由于 q 的取值有 N 个,所以该方程的数目共有 N 个,说明一维布喇菲格子的 N 个原子振动可等价于 N 个谐振子的振动,谐振子的振动频率就是晶格的振动频率。

上述关于一维布喇菲格子所用的方法,同样可以应用于三维复式格子,这里不再详述。

3.2.2 晶格振动的量子化 声子

1. 晶格振动的量子化

在简正坐标系中,原子作微振动时,N 个原子构成的晶体可看成是 $3N$ 个独立的谐振子系统。此时,若用动量算符 $-i\hbar\dfrac{\partial}{\partial Q_s}$ 代换正则动量 $P_s=\dot{Q}_s$,则系统的哈密顿算符可表述为

$$\hat{H} = \frac{1}{2}\sum_{s=1}^{3N}\left(-\hbar\frac{\partial^2}{\partial Q_s^2} + \omega_s^2 Q_s^2\right) \tag{3.55}$$

系统的定态薛定谔方程为

$$\left[\frac{1}{2}\sum_{s=1}^{3N}\left(-\hbar\frac{\partial^2}{\partial Q_s^2} + \omega_s^2 Q_s^2\right)\right]\varphi(Q_1,Q_2,\cdots,Q_{3N}) = E\varphi(Q_1,Q_2,\cdots,Q_{3N}) \tag{3.56}$$

因为 $3N$ 个谐振子是相互独立的,则多变量波函数可由单变量波函数的乘积形式表示,即

$$\varphi(Q_1,Q_2,\cdots,Q_{3N}) = \phi(Q_1)\phi(Q_2)\phi(Q_{3N}) = \prod_{s=1}^{3N}\phi(Q_s) \tag{3.57}$$

代入式(3.56),可得 $3N$ 个方程

$$\frac{\hbar^2}{2}\frac{\partial^2\phi(Q_s)}{\partial Q_s^2} + \left(E - \frac{1}{2}\omega_s^2 Q_S^2\right)\phi(Q_s) = 0 \qquad (s = 1,2,\cdots,3N)$$

代表 $3N$ 个独立的谐振子。解薛定谔方程,可得各谐振子波函数的本征值

$$E_{sn} = \left(n + \frac{1}{2}\right)\hbar\omega_s \qquad (n = 0,1,\cdots) \quad (s = 1,2,\cdots,3N)$$

晶格振动能是这些谐振子振动能量的总和,即

$$E_n = \sum_{s=1}^{3N} E_{sn} = \sum_{s=1}^{3N}\left(n + \frac{1}{2}\right)\hbar\omega_s \qquad (n = 0,1,2,\cdots) \tag{3.58}$$

其中 n 为量子数。

2. 声 子

式(3.58)说明,晶格振动的能量以 $\hbar\omega_s$ 为单位变化,类似于光子。我们引入声子的概念,声子即 $\hbar\omega_s$ 的假想携带者,是晶格振动能量的量子。

对晶格点阵系统,当频率为 ω_s 的振动模式被激发到量子数为 n 的能态时,其能量为

$$E_{sn} = \left(n + \frac{1}{2}\right)\hbar\omega_s$$

因而说这个振动模式被 n 个声子所占据,这与光子作为电磁振荡的能量子完全类同。与光子不同的是:光子具有动量,因而随着光子的运动,有物质的迁移。而声子代表原子的振动状态,不与物质的迁移相联系,因而不携带动量。声子不是实际存在的实物粒子,所

以称其为准粒子。

声子虽然不携带物理动量,但由德布罗意关系,可以假设它具有准动量,其量值由下式给出

$$P_s = \frac{h}{\lambda_s} = \hbar q_s \tag{3.59}$$

式中,q_s 是声子的波矢值。声子准动量和能量的关系为

$$\varepsilon_s = \hbar\omega_s = P_s c_s = \hbar q_s c_s = \hbar\frac{2\pi}{\lambda_s}c_s \tag{3.60}$$

式中,c_s 是晶体中的声速。

声子具有一个很重要的性质,即声子的等价性。由式(3.22)可知,用波矢 $\boldsymbol{q}+\boldsymbol{K}_m$ 代换 $\boldsymbol{q}$,格波的波动方程不变。这说明波矢为 $\boldsymbol{q}$ 的声子与波矢为 $\boldsymbol{q}+\boldsymbol{K}_m$ 的声子是等价的。

3. 晶体的温度

由 $E_{sn}=\left(n+\frac{1}{2}\right)\hbar\omega_s$ 可知,对于频率为 ω_s 的谐振子,其能量部分 $n\hbar\omega_s$ 为 n 个声子所携带。晶体温度是晶格振动能量的反映,振动能量的大小取决于声子数目的多少和大能量声子数目的多少。为此,我们讨论温度与平均声子数目的关系。

利用玻耳兹曼统计理论,在温度 T 时,频率为 ω 的简正振动的平均声子数为

$$n(\omega) = \frac{\sum_{n=0}^{\infty} n\mathrm{e}^{-n\hbar\omega/k_{\mathrm{B}}T}}{\sum_{n=0}^{\infty}\mathrm{e}^{-n\hbar\omega/k_{\mathrm{B}}T}} \tag{3.61}$$

令 $x=\frac{\hbar\omega}{k_{\mathrm{B}}T}$,则平均声子数简化为

$$n(\omega) = \frac{\sum_{n=0}^{\infty} n\mathrm{e}^{-nx}}{\sum_{n=0}^{\infty}\mathrm{e}^{-nx}} = -\frac{\mathrm{d}}{\mathrm{d}x}\ln\left(\sum_{n=0}^{\infty}\mathrm{e}^{-nx}\right) = -\frac{\mathrm{d}}{\mathrm{d}x}\ln\left(\frac{1}{1-\mathrm{e}^{-x}}\right) = \frac{1}{\mathrm{e}^{x}-1} = \frac{1}{\mathrm{e}^{\hbar\omega/k_{\mathrm{B}}T}-1}$$

由上式可以看出,当 $T=0\mathrm{K}$ 时,$n(\omega)=0$,说明只有 $T>0\mathrm{K}$ 时才有声子;当温度很高时

$$\mathrm{e}^{\hbar\omega/k_{\mathrm{B}}T}\approx 1+\frac{\hbar\omega}{k_{\mathrm{B}}T},\quad n(\omega)\approx\frac{k_{\mathrm{B}}T}{\hbar\omega}$$

由此可见,在高温时,平均声子数与温度成正比,与频率成反比。当温度恒定,频率低的格波的声子数多于频率高的格波的声子数。

4. 原子对光子的散射

利用声子概念可以把晶体的晶格振动和由电磁辐射、中子等的激发所产生的相互作用,看作为光子与声子、中子与声子等的碰撞过程。由于碰撞粒子被看成为刚性粒子,所以这样的碰撞过程满足能量和动量守恒。例如,晶格中的一个原子对一个光子的散射可以导致一个声子的发射或吸收,参见图 3.9。

在这种正常散射中,能量和动量守恒定律表述为

$$\varepsilon' = \varepsilon \pm \hbar\omega_s \tag{3.62}$$

$$\hbar\boldsymbol{k}' = \hbar\boldsymbol{k} \pm \hbar\boldsymbol{q} \tag{3.63}$$

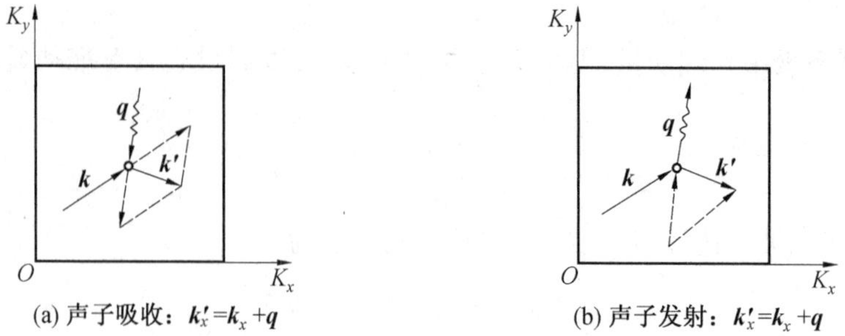

图 3.9　晶体中一个原子对光子的正常散射

式中，ε、ε'为光子在碰撞前后的能量；$\boldsymbol{k}'$、$\boldsymbol{k}$ 为相应光子的波矢；正、负号分别代表声子的吸收和发射；$\hbar\omega_s$ 和 $\hbar\boldsymbol{q}$ 分别代表声子的能量和动量。

3.3　长波近似

长波近似对于认识固体宏观性质的微观机理有特别重要的意义，下面对这个问题展开讨论。讨论中把波长很长的光学波和波长很长的声学波分别简称为长光学波和长声学波。

3.3.1　长声学波

在 $q\to 0$ 的条件下，利用式(3.16)可得长声学波的波速 v_p 为

$$v_p=\frac{\omega_A}{q}=\left[\frac{\beta_1\beta_2}{(m+M)(\beta_1+\beta_2)}\right]^{\frac{1}{2}}a \tag{3.64}$$

式中，β_1、β_2 为晶体的恢复力常数；m、M 分别为两种不同原子的质量；a 为晶格常数。

由式(3.64)看到，长声学波的角频率与波矢存在线性关系，它的波速 v 为一常数。长声学波的这些特性与晶体中的弹性波完全一致。实际上，当 $q\to 0$ 时，即对于长声学波，不仅相邻原胞中原子振动的位相差趋近于零，而且振幅也近于相等。这是由于长声学波的波长比原胞线度大的多时，在半个波长内就已包括了许多原胞，这些原胞都整体的沿同一方向运动。固体弹性理论中所述的宏观质点运动正是由这些原子整体运动所构成的，这些原子偏离平衡位置的位移就是宏观上的质点位移 u。

从宏观上看，原子的位置可视为准连续的，原子的分离坐标可视为连续坐标 x，可以证明，质点的位移 u 与其坐标满足下面关系，即

$$\frac{\mathrm{d}^2u}{\mathrm{d}t^2}=\frac{\beta_1\beta_2a^2}{(m+M)(\beta_1+\beta_2)}\frac{\partial^2u}{\partial x^2}=v_A^2\frac{\partial^2u}{\partial x^2} \tag{3.65}$$

上式即为宏观弹性波的波动方程，其中

$$v_A=a\sqrt{\frac{\beta_1\beta_2}{(m+M)(\beta_1+\beta_2)}}$$

是用微观参数表示的弹性波的波速。

可以证明，在一维连续弹性媒质中传播的机械波是弹性波。而在一维复式格子中形成的声学波，当 $q\to 0$ 时，其性质与弹性波完全相同。式(3.65)表明，长声学波的波速与弹性波的波速完全相等，这说明长声学波就是弹性波。对于长声学波，晶格可以看作是连续介质。

3.3.2 长光学波

为明确起见，今考虑由正、负离子所组成的一维复式格子。如前所述，对于光学波，原胞内相邻的不同类离子振动方向相反。当波长比原胞的线度大得多，相邻的同一种离子的位移将趋于相同；这样，在半波长的范围内，正离子所组成的一些布喇菲原胞同向位移，而负离子所组成的另一些布喇菲原胞则反向位移，其结果使得电荷不再均匀分布，晶体在宏观上呈现出极化现象，所以长光学波又称为极化波。

对于长光学波，正、负离子的相对位移会引起宏观电场的产生。这时，作用在离子上除准弹性恢复力之外，还有电场力。但是，作用在某一离子上的电场不能包括该离子本身所产生的电场，故应从宏观场强中减去该离子本身所产生的场强，其结果称为有效场强，用 $\boldsymbol{E}_{有效}$ 表示。采用国际单位制，由洛伦兹有效场近似，则有

$$\boldsymbol{E}_{有效}=\boldsymbol{E}+\frac{1}{3\varepsilon_0}\boldsymbol{P} \tag{3.66}$$

式中，$\boldsymbol{E}$ 代表宏观场；ε_0 为自由空间的介电系数；$\boldsymbol{P}$ 代表极化强度。

离子晶体的极化由两部分贡献构成：一部分是正、负离子的相对位移产生的电偶极矩，称为离子位移极化，极化强度记为 $\boldsymbol{P}_a$；另一部分是离子本身的电子云在有效场作用下，其中心偏离原子核而形成了电偶极子，这部分称为电子位移极化，极化强度记为 $\boldsymbol{P}_e$。

1. 离子位移极化

首先讨论离子位移极化。

典型的离子晶体(如 NaCl)的正负离子是交替等距分布的，如图 3.10 所示。设质量为 M 和 m 的正负离子，平衡位置的距离为 a，如第 $2n-1$ 个离子到第 $2n+1$ 个离子取为一个原胞，则第 $2n-1$ 个离子和第 $2n+1$ 个离子对该原胞的贡献都是 1/2。从偶极矩的角度考虑，第 $2n$ 个离子为两个电偶极子所共有，于是该原胞内两个电偶极子的偶极矩为

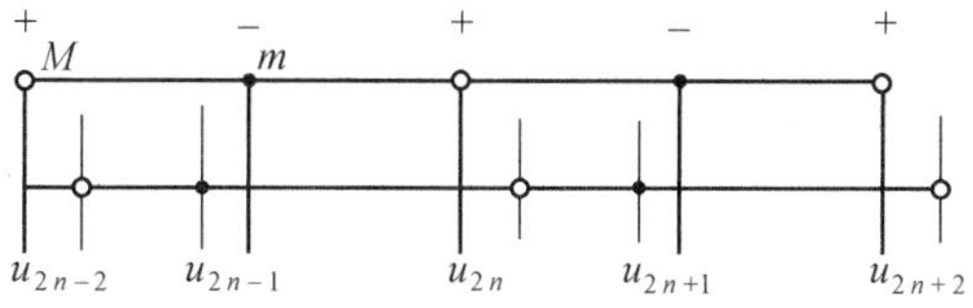

图 3.10 一维离子晶格的离子位移

$$\boldsymbol{P}_{2n-1,2n}=\frac{1}{2}q^*(a\boldsymbol{i}+\boldsymbol{u}_{2n}-\boldsymbol{u}_{2n-1})$$

$$\boldsymbol{P}_{2n+1,2n}=\frac{1}{2}q^*(-a\boldsymbol{i}+\boldsymbol{u}_{2n}-\boldsymbol{u}_{2n+1})$$

其中 q^* 是离子的有效电荷量。一个原胞内的离子位移偶极矩为

$$\boldsymbol{P}=\frac{1}{2}q^*(2\boldsymbol{u}_{2n}-\boldsymbol{u}_{2n-1}-\boldsymbol{u}_{2n+1})$$

对于长光学波，在相当大的范围内，同种原子的位移相同，用 $\boldsymbol{u}_+$ 和 $\boldsymbol{u}_-$ 表示正、负离子的位移，则上式可以写成

$$\boldsymbol{P} = q^*(\boldsymbol{u}_+ - \boldsymbol{u}_-)$$

于是,离子位移极化强度为

$$\boldsymbol{P}_a = \frac{1}{\Omega} q^*(\boldsymbol{u}_+ - \boldsymbol{u}_-) \tag{3.67}$$

式中,Ω 为原胞体积。

2. 电子位移极化

下面再对电子位移极化进行讨论。

一个原胞内正、负离子受到有效电场的作用,产生的电子位移偶极矩为

$$\boldsymbol{P} = \alpha_+ \boldsymbol{E}_{有效} + \alpha_- \boldsymbol{E}_{有效}$$

式中,α_+ 和 α_- 分别为正、负离子的电子位移极化率。则电子位移极化强度为

$$\boldsymbol{P}_e = \frac{\alpha}{\Omega} \boldsymbol{E}_{有效} \tag{3.68}$$

$$\alpha = \alpha_+ + \alpha_-$$

同时考虑离子位移极化和电子位移极化,则有总的极化强度为

$$\boldsymbol{P}_o = \boldsymbol{P}_\alpha + \boldsymbol{P}_e = \frac{q^*}{\Omega}(\boldsymbol{u}_+ - \boldsymbol{u}_-) + \frac{\alpha}{\Omega} \boldsymbol{E}_{有效} \tag{3.69}$$

将式(3.66)代入上式,得到

$$\boldsymbol{P}_o = \frac{1}{\Omega} \frac{1}{1 - \dfrac{\alpha}{3\varepsilon_0 \Omega}} (q^* \boldsymbol{u} + \alpha \boldsymbol{E}) \tag{3.70}$$

$$\boldsymbol{u} = \boldsymbol{u}_+ - \boldsymbol{u}_-$$

3. 黄昆方程

下面考虑离子的运动方程。

由于离子等间距分布,所以相邻离子间的恢复力系数都相等,设为 β。若只考虑近邻离子的作用,则对第 $2n$ 个离子,其运动方程为

$$M\ddot{u}_+ = \beta(\boldsymbol{u}_- - \boldsymbol{u}_+) - \beta(\boldsymbol{u}_+ - \boldsymbol{u}_-) + q^* \boldsymbol{E}_{有效} = -2\beta \boldsymbol{u} + q^* \boldsymbol{E}_{有效} \tag{3.71}$$

对于第 $2n+1$ 个离子,有运动方程

$$m\ddot{u}_- = 2\beta \boldsymbol{u} - q^* \boldsymbol{E}_{有效} \tag{3.72}$$

用式(3.71)乘以 m,减去式(3.72)乘以 M,并代入式(3.66)式和式(3.70)得到

$$\mu \ddot{\boldsymbol{u}} = -2\beta \boldsymbol{u} + q^* \boldsymbol{E}_{有效} = \left(-2\beta + \frac{\dfrac{q^{*2}}{3\varepsilon_0 \Omega}}{1 - \dfrac{a}{3\varepsilon_0 \Omega}} \right) \boldsymbol{u} + \left(\frac{q^*}{1 - \dfrac{\alpha}{3\varepsilon_0 \Omega}} \right) \boldsymbol{E} \tag{3.73}$$

式中,$\mu = \dfrac{mM}{m+M}$ 为折合质量。引入位移参量

$$\boldsymbol{W} = \sqrt{\frac{\mu}{\Omega}} \boldsymbol{u} \tag{3.74}$$

则式(3.73)和式(3.70)可以写成

$$\ddot{\boldsymbol{W}} = b_{11} \boldsymbol{W} + b_{12} \boldsymbol{E} \tag{3.75a}$$

$$\boldsymbol{P} = b_{21} \boldsymbol{W} + b_{22} \boldsymbol{E} \tag{3.75b}$$

其中

$$b_{11} = \frac{-2\beta}{\mu} + \frac{\dfrac{q^{*2}}{3\mu\varepsilon_0\Omega}}{1 - \dfrac{\alpha}{3\varepsilon_0\Omega}}$$

$$b_{12} = b_{21} = \frac{\dfrac{q^{*}}{(\mu\Omega)^{1/2}}}{1 - \dfrac{\alpha}{3\varepsilon_0\Omega}}$$

$$b_{22} = \frac{a}{\Omega - \dfrac{\alpha}{3\varepsilon_0}}$$

方程式(3.75)是黄昆在1951年讨论光学波的长波近似时引进的,称为黄昆方程。

黄昆方程的物理意义很明显,其中(3.75a)式代表振动方程,它的右方第一项 $b_{11}\boldsymbol{W}$ 为准弹性恢复力,b_{11} 相当于离子本征振动频率平方的负值($-\omega_0^2$),第二项表示电场 $\boldsymbol{E}$ 的存在附加了恢复力。(3.75b)代表极化方程,其右方第一项 $b_{21}\boldsymbol{W}$ 表示离子位移引起了极化,第二项表示电场 $\boldsymbol{E}$ 的存在附加了极化。从方程可以看出,格波与宏观极化电场相互耦合在一起,这种耦合的结果会产生一些特性,下面进行讨论。

4. LST 关系

将位移 $\boldsymbol{W}$ 与波矢 $\boldsymbol{q}$ 相垂直的部分称为横波,记以 $\boldsymbol{W}_{\mathrm{T}}$;位移与波矢平行的部分,称为纵波记以 $\boldsymbol{W}_{\mathrm{L}}$。由弹性理论可知,横波不引起晶体体积的压缩或膨胀,所以横向位移 $\boldsymbol{W}_{\mathrm{T}}$ 的散度为零。而纵波是无旋波,所以纵向位移 $\boldsymbol{W}_{\mathrm{L}}$ 的旋度为零。因此,有以下关系

$$\boldsymbol{W} = \boldsymbol{W}_{\mathrm{L}} + \boldsymbol{W}_{\mathrm{T}} \tag{3.76a}$$

$$\nabla \times \boldsymbol{W}_{\mathrm{L}} = 0 \tag{3.76b}$$

$$\nabla \cdot \boldsymbol{W}_{\mathrm{T}} = 0 \tag{3.76c}$$

在所讨论的晶体中,没有自由电荷,据麦克斯韦方程组,电位移$\boldsymbol{D}$的散度为零,即

$$\nabla \cdot \boldsymbol{D} = \nabla \cdot (\varepsilon_0 \boldsymbol{E} + \boldsymbol{P}) = 0 \tag{3.77}$$

将电场 $\boldsymbol{E}$ 分成有旋场 $\boldsymbol{E}_{\mathrm{T}}$ 和无旋场 $\boldsymbol{E}_{\mathrm{L}}$ 两部分。则有 $\boldsymbol{E} = \boldsymbol{E}_{\mathrm{T}} + \boldsymbol{E}_{\mathrm{L}}$。将式(3.75b)代入式(3.77)中,得

$$\nabla \cdot [b_{21}\boldsymbol{W}_{\mathrm{L}} + (\varepsilon_0 + b_{22})\boldsymbol{E}_{\mathrm{L}}] = 0 \tag{3.78}$$

上式成立的一个条件是

$$\boldsymbol{E}_{\mathrm{L}} = -\frac{b_{21}}{\varepsilon_0 + b_{22}}\boldsymbol{W}_{\mathrm{L}} \tag{3.79}$$

即极化所引起的无旋场 $\boldsymbol{E}_{\mathrm{L}}$ 是个纵向场,它趋于减小纵向位移 $\boldsymbol{W}_{\mathrm{L}}$,从而增加了纵向振动的恢复力,提高了光学波的纵向频率 ω_{LO}(纵光学波的频率)。

把式(3.76a)和式(3.79)代入到式(3.75a),得出

$$\ddot{\boldsymbol{W}}_{\mathrm{L}} + \ddot{\boldsymbol{W}}_{\mathrm{T}} = b_{11}(\boldsymbol{W}_{\mathrm{L}} + \boldsymbol{W}_{\mathrm{T}}) - \frac{b_{12}b_{21}}{\varepsilon_0 + b_{22}}\boldsymbol{W}_{\mathrm{L}} + b_{21}\boldsymbol{E}_{\mathrm{T}}$$

将上式中的有旋场和无旋场分开,从而有

$$\ddot{\boldsymbol{W}}_{\mathrm{T}}=b_{11}\boldsymbol{W}_{\mathrm{T}}+b_{12}\boldsymbol{E}_{\mathrm{T}} \tag{3.80a}$$

$$\ddot{\boldsymbol{W}}_{\mathrm{L}}=\left(b_{11}-\frac{b_{12}b_{21}}{\varepsilon_0+b_{22}}\right)\boldsymbol{W}_{\mathrm{L}} \tag{3.80b}$$

方程式(3.80a)代表横向振动方程,式(3.80b)代表纵向振动方程。由电磁波理论可知,横波电场 $\boldsymbol{E}_{\mathrm{T}}$ 是电磁波,一般它比无旋电场 $\boldsymbol{E}_{\mathrm{L}}$ 小的多,为此,忽略 $\boldsymbol{E}_{\mathrm{T}}$ 后,(3.80a)变为 $\ddot{\boldsymbol{W}}_{\mathrm{T}}=b_{11}\boldsymbol{W}_{\mathrm{T}}$,式(3.80)中两分式均为简谐振动的动力学方程。这里,光学波中的横波频率 ω_{TO} 与 b_{11} 的关系为

$$\omega_{\mathrm{TO}}^2=-b_{11} \tag{3.81a}$$

同理可得光学波的纵波振动频率,即

$$\omega_{\mathrm{LO}}^2=-\left(b_{11}-\frac{b_{12}b_{21}}{\varepsilon_0+b_{22}}\right)=\omega_{\mathrm{TO}}^2+\frac{b_{12}b_{21}}{\varepsilon_0+b_{22}} \tag{3.81b}$$

为了把系数 b_{22}、$b_{21}(=b_{12})$ 和晶体的介电系数联系起来,考虑两种极端情况。

静电场 当正、负离子发生稳定位移,离子到达一新的平衡位置,形成了稳定的极化电场,将有 $\ddot{\boldsymbol{W}}=0$,这时式(3.75a)简化为

$$\boldsymbol{W}=-\frac{b_{12}}{b_{11}}\boldsymbol{E}=\frac{b_{12}}{\omega_{\mathrm{TO}}^2}\boldsymbol{E} \tag{3.82}$$

把上式代入到式(3.75b)中,得

$$\boldsymbol{P}=\left(b_{22}+\frac{b_{12}^2}{\omega_{\mathrm{TO}}^2}\right)\boldsymbol{E}=\varepsilon_0(\varepsilon_{\mathrm{s}}-1)\boldsymbol{E} \tag{3.83}$$

其中 ε_{s} 代表晶体的静电介电系数。

光频电场 这种情况对应的是光频振动,由于离子的惯性,在这种情况下不可能与如此高频同步,此时位移 $\boldsymbol{W}=0$,式(3.75b)简化为

$$\boldsymbol{P}=b_{22}\boldsymbol{E}=\varepsilon_0(\varepsilon_\infty-1)\boldsymbol{E} \tag{3.84}$$

其中 ε_∞ 代表晶体的光频相对介电常数。由上述各式得出

$$\begin{cases} b_{11}=-\omega_{\mathrm{TO}}^2 \\ b_{22}=\varepsilon_0(\varepsilon_\infty-1) \\ b_{12}=b_{21}=[(\varepsilon_{\mathrm{s}}-\varepsilon_\infty)\varepsilon_0]^{1/2}\omega_{\mathrm{TO}} \end{cases} \tag{3.85}$$

再把所得的 b_{22} 和 $b_{12}(=b_{21})$ 代入式(3.81b),又得出

$$\frac{\omega_{\mathrm{TO}}^2}{\omega_{\mathrm{LO}}^2}=\frac{\varepsilon_\infty}{\varepsilon_{\mathrm{s}}} \tag{3.86}$$

这是著名的 LST(Lyddane-Sachs-Teller)关系。

由该关系可得出以下两个重要结论:

(1)由于静电介电系数 ε_{s} 恒大于光频介电系数 ε_∞,所以长光学纵波的频率 ω_{LO} 恒大于长光学横波频率 ω_{TO}。原因如上所述,这是由于长光学纵波伴随着一个宏观电场,相当于弹簧振子系统中弹簧变硬,有效的恢复力系数变大,增加了恢复力,从而提高了纵波的频率 ω_{LO}。

(2)有些晶体在某一温度下,其介电常数 ε_{s} 突然变得非常大,由式(3.86)可知,当

$\varepsilon_s \to \infty$，对应 $\omega_{TO} \to 0$。因为 $\omega \propto \beta^{\frac{1}{2}}$，$\omega_{TO} \to 0$，说明此振动模对应的恢复力系数 β 消失。由于恢复力系数 β 的消失，发生位移的离子回不到原来平衡位置，因而晶体结构发生了改变。在这一新结构中，正负离子存在固定位移偶极矩，即产生了所谓的自发极化。从力学的角度来看，恢复力系数 β 的消失，相当于弹簧振子系统中的弹簧失去了弹性，即弹簧变软。所以人们把 ω_{TO} 趋于零的振动模式称为光学软模。由于这一现象是在研究铁电材料时发现的，通常又称为铁电软模。

由于长光学波是极化波，所以，长光学波声子称为极化声子。但如上面的分析所指出的，只有长光学纵波才伴随有宏观的极化电场，所以，极化声子应该主要是指纵光学声子（LO）。

若不忽略电磁场，由（3.80a）式可知长光学横波与电磁场相耦合，它具有电磁性质，称长光学横波声子为电磁声子。

3.4 晶格振动的热容理论

在热力学里已经知道，固体的定容热容定义为

$$c_V = \left(\frac{\partial \overline{E}}{\partial T}\right)_V$$

式中，$\overline{E}$为固体的平均内能。一般情况下，固体的内能除包括平衡时的内能外，还包括晶格振动的能量和电子运动的能量。在不同温度下，晶格振动能量的变化和电子运动能量的变化都对热容有贡献。当温度不太低时，电子热运动对热容的贡献远比晶格热振动的贡献小，一般略去不计。本章只讨论晶格振动对热容的贡献。

3.4.1 晶格振动的热容理论

根据经典理论的能均分定理，每一个自由度的平均能量是 $k_B T$，其中$\frac{1}{2}k_B T$ 是平均动能，$\frac{1}{2}k_B T$ 是平均势能；k_B 是玻尔兹曼常数。若固体有 N 个原子，则总平均能量$\overline{E}=3Nk_B T$。由 c_V 的定义式，可得定容热容 $c_V=3Nk_B$，是一个与温度和材料性质无关的常数，这就是杜隆-珀替定律。在高温时，这条定律和实验符合得很好，但在低温时，实验指出绝缘体的热容按 T^3 趋近于零，对导体来说，热容按 T 趋近于零，这表明在低温下，能量均分的理论不再适用。为此，爱因斯坦在普朗克的量子假说的基础之上提出了量子的热容理论。

根据量子理论，晶格振动的能量本征值是量子化的，频率为 ω_i 的振动能量为

$$E_n = \left(n + \frac{1}{2}\right)\hbar\omega_i \qquad (n\text{ 为整数})$$

式中，$\frac{1}{2}\hbar\omega_i$ 代表零振动能。

根据玻耳兹曼统计理论，把晶体看成一个热力学系统，在简谐近似下，各简正坐标 Q_i

所代表的振动是相互独立的,因而这些振子构成近独立子系,在温度 T 时,它们的统计平均能量为

$$\overline{E}(\omega_i)=\frac{1}{2}\hbar\omega_i+\frac{\sum\limits_{n=0}^{\infty}n\hbar\omega_i\mathrm{e}^{-n\hbar\omega_i/k_BT}}{\sum\limits_{n=0}^{\infty}\mathrm{e}^{-n\hbar\omega_i/k_BT}}=\frac{1}{2}\hbar\omega_i+\hbar\omega_i\frac{\sum n\mathrm{e}^{-nx}}{\sum\mathrm{e}^{-nx}} \tag{3.87}$$

式中 $x=\dfrac{\hbar\omega_i}{k_BT}$,因为

$$\frac{\sum n\mathrm{e}^{-nx}}{\sum\mathrm{e}^{-nx}}=-\frac{\mathrm{d}}{\mathrm{d}x}\ln\sum_n\mathrm{e}^{-nx}=\frac{\mathrm{d}}{\mathrm{d}x}\ln\frac{1}{1-\mathrm{e}^{-x}}=\frac{1}{\mathrm{e}^{x}-1}$$

所以在温度 T 时,频率为 ω_i 的振动的平均能量可以写成

$$\overline{E}(\omega_i)=\frac{1}{2}\hbar\omega_i+\frac{\hbar\omega_i}{\mathrm{e}^{\hbar\omega_i/k_BT}-1}$$

上式对 T 求导就得到晶格热容,即

$$c_V=\frac{\mathrm{d}\overline{E}(\omega_i)}{\mathrm{d}T}=k_B\frac{\left(\dfrac{\hbar\omega_i}{k_BT}\right)\mathrm{e}^{\hbar\omega_i/k_BT}}{(\mathrm{e}^{\hbar\omega_i/k_BT}-1)^2} \tag{3.88}$$

把它和经典理论值比较,首先的区别在于量子理论值与振动频率有关。

高温极限情况 在高温极限情况下,$k_BT\gg\hbar\omega_i$,即 $\hbar\omega_i/k_BT\ll1$,把式(3.88)中指数因子按 $\hbar\omega_i/k_BT$的级数展开,得到

$$c_V=\frac{\mathrm{d}\overline{E}(\omega_i)}{\mathrm{d}T}=k_B\frac{\left(\dfrac{\hbar\omega_i}{k_BT}\right)^2\left(1+\dfrac{\hbar\omega_i}{k_BT}+\cdots\right)}{\left[\dfrac{\hbar\omega_i}{k_BT}+\dfrac{1}{2}\left(\dfrac{\hbar\omega_i}{k_BT}\right)^2+\cdots\right]^2}\approx k \tag{3.89}$$

这个结果和经典理论值一致,说明在较高温度时杜隆-珀替定律成立。这是因为当振子的能量远远大于能量的量子($\hbar\omega$)时,量子化的效应可以忽略。

低温极限情况 对于 $k_BT\ll\hbar\omega_i$ 的低温极限情况,可以忽略式(3.88)分母中的1,得到

$$\frac{\mathrm{d}\overline{E}(\omega_i)}{\mathrm{d}T}\approx k_B\left(\frac{\hbar\omega_i}{k_BT}\right)^2\mathrm{e}^{-\hbar\omega_i/k_BT} \tag{3.90}$$

这时由于$-\hbar\omega_i/k_BT$ 是很大的负值,振子对热容的贡献将十分小。根据量子理论,当$T\to0$K 时,晶体热容将趋于零。从物理上来看,由于振动能级是量子化的,在 $k_BT\ll\hbar\omega_i$ 时,振动被"冻结"在基态,很难被激发,因而对热容的贡献趋向于零。

3.4.2 频率分布函数

由于晶体中有 N 个原子,每个原子有 3 个自由度,因此晶体有 $3N$ 个正则频率,平均能量应为

$$\overline{E}=\sum_{i=1}^{3N}\overline{E}(\omega_i)=\sum_{i=1}^{3N}\left(\frac{1}{2}\hbar\omega_i+\frac{\hbar\omega_i}{\mathrm{e}^{\hbar\omega_i/k_BT}-1}\right) \tag{3.91}$$

如果频率分布可以用一个积分函数表示，就可以把式(3.91)中的累加号变为积分。设 $\rho(\omega)\mathrm{d}\omega$ 表示角频率在 ω 和 $\omega+\mathrm{d}\omega$ 之间的格波数，且

$$\int_0^{\omega_m}\rho(\omega)\mathrm{d}\omega = 3N \tag{3.92}$$

式中，ω_m 表示最大的角频率，则平均能量可以写成

$$\overline{E} = \int_0^{\omega_m}\left[\frac{1}{2}\hbar\omega + \frac{\hbar\omega}{\mathrm{e}^{\hbar\omega/k_BT} - 1}\right]\rho(\omega)\mathrm{d}\omega \tag{3.93}$$

而热容 c_V 可写成

$$c_V = \left(\frac{\partial \overline{E}}{\partial T}\right)_V = \int_0^{\omega_m}k_B\left(\frac{\hbar\omega}{k_BT}\right)^2\frac{\mathrm{e}^{\hbar\omega/k_BT}\rho(\omega)\mathrm{d}\omega}{(\mathrm{e}^{\hbar\omega/k_BT} - 1)^2} \tag{3.94}$$

由此可见，用量子理论求热容，关键在于角频率的分布函数 $\rho(\omega)$ 的确定。对于具体的晶体，$\rho(\omega)$ 的计算非常复杂。在一般讨论时，常采用爱因斯坦模型及德拜模型。下面分别介绍这两个简化的模型。

1. 爱因斯坦模型

爱因斯坦模型假定晶体中各原子的振动是相互独立的，且所有原子的振动都有相同的频率，因为每个原子有 3 个自由度，所以共有 $3N$ 个频率为 ω 的振动，于是在不考虑零点振动能的情况下，晶体的平均能量为

$$\overline{E} = 3N\frac{\hbar\omega}{\mathrm{e}^{\hbar\omega/k_BT} - 1} \tag{3.95}$$

则定容热容为

$$c_V = \frac{\partial \overline{E}}{\partial T} = 3Nk_B\left(\frac{\hbar\omega}{k_BT}\right)^2\frac{\mathrm{e}^{\hbar\omega/k_BT}}{(\mathrm{e}^{\hbar\omega/k_BT} - 1)^2} \tag{3.96}$$

在固体物理学中，常用爱因斯坦温度 Θ_E 代替频率 ω，其定义为

$$\hbar\omega = k_B\Theta_E \tag{3.97}$$

将式(3.97)代入式(3.96)，则得

$$c_V = 3Nk_B\left(\frac{\Theta_E}{T}\right)^2\frac{\mathrm{e}^{\Theta_E/T}}{(\mathrm{e}^{\Theta_E/T} - 1)^2} \tag{3.98}$$

爱因斯坦温度 Θ_E 的确定，通常采用下述方法：在热容显著改变的较大温度范围内，设定适当的 Θ_E 值，以使理论曲线和实验数据很好地符合。图 3.11 是关于金刚石在 Θ_E 的值为 1320K 条件下的理论值与实验值比较，与经典理论相比，爱因斯坦理论的合理性很明显，它能反映出 c_V 下降的基本趋势，但在低温范围，爱因斯坦理论值下降很陡，与实验不符。

高温情况　在高温情况下，由于 $\Theta_E/T \ll 1$，令 $x=\Theta_E/T$，则

$$\frac{\mathrm{e}^x}{(\mathrm{e}^x - 1)^2} = \frac{1}{(\mathrm{e}^{x/2} - \mathrm{e}^{-x/2})^2} \cong \frac{1}{\left(\frac{x}{2} + \frac{x}{2}\right)^2} = \frac{1}{x^2} = \left(\frac{T}{\Theta_E}\right)^2$$

由式(3.98)可知，$c_V \approx 3Nk_B$。该结果正是固体热容的经验定律杜隆-珀替定律，爱因斯坦模型与实验较好地符合。

低温情况　当温度非常低时，由于 $\Theta_E/T \gg 1$，即 $\mathrm{e}^{\Theta_E/T} \gg 1$，由式(3.96)得

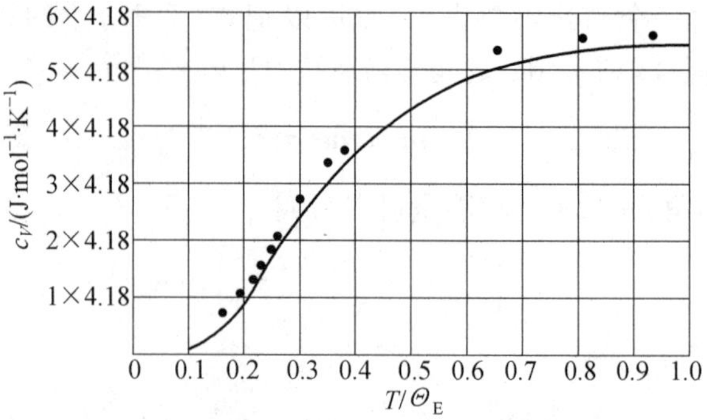

●为比热实验值；实线为爱因斯坦模型计算值

图 3.11　金刚石比热的实验值和爱因斯坦模型计算值的比较

$$c_V = 3Nk_B\left(\frac{\hbar\omega}{k_B T}\right)^2 e^{-\hbar\omega/k_B T} \tag{3.99}$$

实验表明，在极低温度时，c_V 和 T^3 成正比，而式(3.99)得到的 c_V 值则比 T^3 更快地趋近于零，这与实验结果有很大差别。差别的原因是爱因斯坦把每个原子当做一个三维的独立简谐振子，围绕平衡点振动。但事实上每个原子同邻近原子之间存在着联系，尤其是在低温下，这种联系表现得更为显著。爱因斯坦模型把晶体中各原子看作是具有相同振动频率的谐振子，是一种过于简化的假设。另外，在选择 Θ_E 时，为了与实验符合，选择的对应频率偏高，从而使 c_V 下降较快，这也是出现偏差的原因。

2. 德拜模型

由于在低温下，晶体中原子间的相互作用表现得甚为显著，因此在分析晶体的晶格振动时，整个晶体应视为紧密相关的整体，原子的各种不同频率振动，必然传到晶体中所有的原子，形成一系列不同频率的波。德拜关于固体热容的模型的主要特点，是把布喇菲晶格看作是各向同性的连续介质，而把所有格波看作是连续介质中传播的波速相等的弹性波。

按照德拜的模型，如前所述，假设在频率间隔 $\omega \to \omega+\mathrm{d}\omega$ 之间，晶体中弹性波的数目为 $\rho(\omega)\mathrm{d}\omega$，则晶格振动能的平均能量应如式(3.93)所示。根据德拜的连续介质假设，由弹性理论可知，在连续介质中传播的弹性波的动力学方程为

$$\nabla^2\varphi = \frac{1}{v_p^2}\frac{\partial^2\varphi}{\partial t^2} \tag{3.100}$$

式中 v_p 为波速。方程式的解具有下面形式

$$\varphi(x,y,z,t) = \Psi(x,y,z)e^{i\omega t}$$

式中

$$\Psi(x,y,z) = Ae^{i(q_x x+q_y y+q_z z)} \tag{3.101}$$

$$v_p = \omega/q \tag{3.102}$$

$\boldsymbol{q}$ 和 q 分别表示波矢和波矢值。

现在将上述无限的各向同性连续介质分割为体积 $V=L^3$ 的一个个立方体，每一个分割的立方体具有完全相同的性质。这样，就可以把晶体结构的周期性用周期性边界条件来表示

$$\Psi(x+L,y,z)=\Psi(x,y+L,z)=\Psi(x,y,z+L)=\Psi(x,y,z) \tag{3.103}$$

把式(3.103)代入式(3.101),就得到一系列分立的 q 值,即

$$q_x=n_x\frac{2\pi}{L}\quad q_y=n_y\frac{2\pi}{L}\quad q_z=n_z\frac{2\pi}{L}\quad(n_x、n_y、n_z=0,1,2,\cdots)$$

则
$$q^2=q_x^2+q_y^2+q_z^2=\left(\frac{2\pi}{L}\right)^2n^2$$

在具有数轴 n_x、n_y、n_z 的数空间中,每一个 q 值对应于整数坐标 n_x、n_y、n_z 的一个代表点和单位体积,如图3.12所示。在 $q=0$ 到 $q=q(n)$ 之间 q 值的数目 Z_ω,就是数空间中以 n 为半径的球体积,即

$$Z_\omega=\frac{4\pi}{3}n^3=\frac{L^3}{6\pi^2}q^3 \tag{3.104}$$

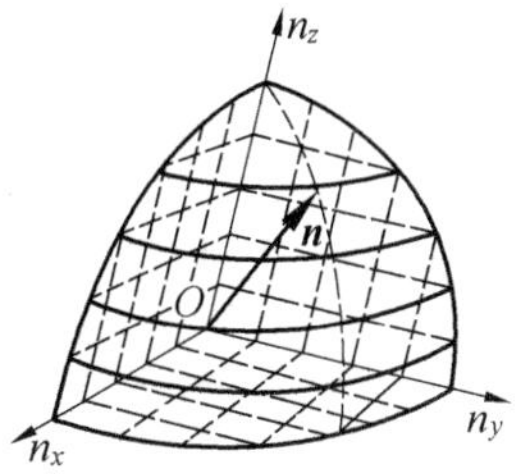

图3.12 具有数轴 n_x、n_y、n_z 的数空间

由 q 到 $q+\mathrm{d}q$ 之间对应的 q 值密度,给出为

$$\frac{\mathrm{d}Z_\omega}{\mathrm{d}q}=\frac{L^3}{2\pi^2}q^2$$

每个波矢值 q 对应于三个振动模。再将式(3.102)代入式(3.104),得到振动模的数目

$$Z_\omega=\frac{L^3}{6\pi^2}\frac{\omega^3}{v_{\mathrm{P}}^3} \tag{3.105}$$

但是,在连续介质中传播的弹性波,实际上分成一个纵波和两个横波,用 v_l 和 v_t 分别代表纵波和横波的传播速度。因而式(3.105)中应分别用 v_l 和 v_t 代表 v_p。这样对于纵波有

$$Z_\omega^\mathrm{l}=\frac{L^3}{6\pi^2}\frac{\omega^3}{v_\mathrm{l}^3}$$

对于横波有

$$Z_\omega^\mathrm{t}=2\frac{L^3}{6\pi^2}\frac{\omega^3}{v_\mathrm{t}^3}$$

实际的振动模数目就是

$$Z_\omega=Z_\omega^\mathrm{l}+Z_\omega^\mathrm{t}=\frac{L^3}{6\pi^2}\omega^3\left(\frac{1}{v_\mathrm{l}^3}+\frac{2}{v_\mathrm{t}^3}\right)$$

而在 ω 到 $\omega+\mathrm{d}\omega$ 之间单位频率的振动模数目,即频率分布函数为

$$\rho(\omega)=\frac{\mathrm{d}Z_\omega}{\mathrm{d}\omega}=\frac{L^3}{2\pi^2}\omega^2\left(\frac{1}{v_\mathrm{l}^3}+\frac{2}{v_\mathrm{t}^3}\right)$$

如定义平均传播速度 $\bar{v}_\mathrm{p}$ 为

$$\frac{3}{\bar{v}_\mathrm{p}^3}=\frac{1}{v_\mathrm{l}^3}+\frac{2}{v_\mathrm{t}^3}$$

则频率分布函数为

$$\rho(\omega)=\frac{3}{2\pi^2}\frac{L^3}{\bar{v}_\mathrm{p}^3}\omega^2=\frac{3}{2\pi^2}\frac{V}{\bar{v}_\mathrm{p}^3}\omega^2 \tag{3.106}$$

根据以上的频率分布函数计算比热容,还有一个重要的问题必须解决。根据弹性理论 ω 可取从0到 ∞ 的任意值,它们对应于从无限长的波到任意短的波($q=0\rightarrow\infty$,或

$\lambda=\infty\to 0$)，对式(3.106)积分，$\int_0^{\infty}\rho(\omega)\,\mathrm{d}\omega$ 显然将发散，即振动模的数目是无限的。而实际晶体是由原子组成的，如果晶体包含 N 个原子，自由度只有 $3N$ 个。这个矛盾反映了德拜模型的局限性。容易想到，对于波长远远大于微观尺度(如原子间距、原子相互作用的力程)时，德拜的宏观处理方法是适用的。然而，当波长已短到和微观尺度可比，甚至更短时，宏观模型必然会导致很大的偏差以至完全错误。德拜采用了一个很简单的办法来解决以上的矛盾，即假设 ω 大于某一 ω_m 的短波实际上不存在，而对 ω_m 以下的振动都可以应用弹性波近似。其中 ω_m 根据自由度

$$\int_0^{\infty}\rho(\omega)\,\mathrm{d}\omega=\frac{3}{2\pi^2}\frac{V}{v_{\mathrm{p}}^3}\int_0^{\omega_m}\omega^2\,\mathrm{d}\omega=3N$$

确定，即得

$$\omega_m=v_{\mathrm{p}}\left[6\pi^2\left(\frac{N}{V}\right)\right]^{1/3} \tag{3.107}$$

把德拜频率分布函数式(3.106)代入热容公式可以得到

$$c_V(T)=\left(\frac{\partial \bar{E}}{\partial T}\right)_V=\frac{3k_{\mathrm{B}}V}{2\pi^2 v_{\mathrm{p}}^3}\int_0^{\omega_m}\left(\frac{\hbar\omega}{k_{\mathrm{B}}T}\right)^2\frac{\mathrm{e}^{\hbar\omega/k_{\mathrm{B}}T}\omega^2}{(\mathrm{e}^{\hbar\omega/k_{\mathrm{B}}T}-1)^2}\mathrm{d}\omega$$

应用式(3.107)还可以把系数用 ω_m 表示，即

$$\begin{aligned}c_V(T)=&9R\left(\frac{1}{\omega_m}\right)^3\int_0^{\omega_m}\left(\frac{\hbar\omega}{k_{\mathrm{B}}T}\right)^2\frac{\mathrm{e}^{\hbar\omega/k_{\mathrm{B}}T}\omega^2}{(\mathrm{e}^{\hbar\omega/k_{\mathrm{B}}T}-1)^2}\mathrm{d}\omega=\\&9R\left(\frac{k_{\mathrm{B}}T}{\hbar\omega_m}\right)^3\int_0^{\hbar\omega_m/k_{\mathrm{B}}T}\frac{\zeta^4\mathrm{e}^{\zeta}}{(\mathrm{e}^{\zeta}-1)^2}\mathrm{d}\zeta\end{aligned} \tag{3.108}$$

式中，$R=Nk_{\mathrm{B}}$ 为普适气体恒量，$\zeta=\hbar\omega/k_{\mathrm{B}}T$。

德拜热容函数中包含了一个参数 ω_m，令

$$\Theta_{\mathrm{D}}=\frac{\hbar\omega_m}{k_{\mathrm{B}}} \tag{3.109}$$

且以 Θ_{D} 作为温度的计量单位，称为德拜温度，德拜热容就是一个普适函数，即

$$c_V(\Theta_{\mathrm{D}}/T)=9R\left(\frac{T}{\Theta_{\mathrm{D}}}\right)^3\int_0^{\Theta_{\mathrm{D}}/T}\frac{\zeta^4\mathrm{e}^{\zeta}}{(\mathrm{e}^{\zeta}-1)^2}\mathrm{d}\zeta \tag{3.110}$$

按照德拜理论，某种晶体的热容特征完全由它的德拜温度确定。图3.13给出了铝和铜的理论曲线和实验数据比较。

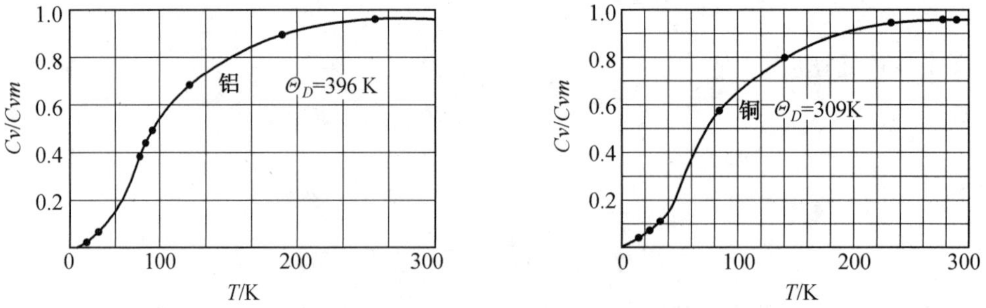

图3.13　铝和铜比热的实验数据和德拜模型计算曲线的比较

当 $T \gg \Theta_D$ 时，式(3.110)等于 $3Nk_B$，热容趋于经典极限。在极低温度下，据式(3.110)，平均内能应为 $\bar{E} = 9Nk_B T\left(\frac{T}{\Theta_D}\right)^3 \int_0^{\Theta_D/T} \frac{\zeta^3}{e^\zeta - 1} d\zeta$，把积分上限取作∞，则$\bar{E}$的积分变为

$$\int_0^\infty \frac{\zeta^3 d\zeta}{e^\zeta - 1} = 6\zeta(\Psi) = 6\sum_{n=1}^\infty \frac{1}{n^4} = \frac{\pi^4}{15}$$

其中 ζ 是里曼 Zeta 函数。即有

$$\bar{E} = 9Nk_B T\left(\frac{T}{\Theta_D}\right)^3 \frac{\pi^4}{15} = \frac{3}{5}Nk_B T\left(\frac{T}{\Theta_D}\right)^3 \pi^4$$

于是当 $\Theta_D \gg T$ 时，热容为

$$c_V = \frac{\partial \bar{E}}{\partial T} = \frac{12\pi^4 N k_B}{5}\left(\frac{T}{\Theta_D}\right)^3 \tag{3.111}$$

即在极低温度下，热容和温度 T^3 成正比，这个关系式与实验相符合，称为德拜定律。温度愈低，德拜近似愈好。因为在非常低的温度下，只有长波的激发是主要的，对于长波，晶格可以看作是连续介质。

在德拜理论中，关于德拜温度的确定，分别用下面两种方法来计算：

(1)利用固体的弹性模量求弹性波波速 v_p，再按 $\Theta_D = \hbar\omega/k_B$ 来计算。

具体的处理是，利用关系式 $\Theta_D = \hbar\omega/k_B$，将德拜温度改写为

$$\Theta_D = (6\pi^2 n)^{\frac{1}{3}} \frac{\hbar}{k_B}\bar{v}_p$$

式中 $n = N/V$，是单位体积中的原子数。对于各向同性介质，平均传播速度 $\bar{v}_p$ 即声速，有关系式

$$\bar{v}_p = \left(\frac{c}{\rho}\right)^{\frac{1}{2}}$$

式中，c 为弹性模量；ρ 为质量密度。这样，对于各向同性介质，德拜温度 Θ_D 可以写成

$$\Theta_D(c) = (6\pi^2 n)^{\frac{1}{2}} \frac{\hbar}{k_B}\left(\frac{c}{\rho}\right)^{\frac{1}{2}} \tag{3.112}$$

(2)由热容的实验数据按式(3.110)求 Θ_D。

由这两种方法求得的结果如表3.1所示。从表中可以看到，在低温下，这两种方法求得的 Θ_D 相差很小，这说明在低温下，德拜的连续介质模型是相当好的近似模型。

表 3.1　几种晶体的 Θ_D 的计算值

晶　体	T/K	Θ_D/K 由热容求得	Θ_D/K 由弹性系数求得
NaCl	10	308	320
KCl	3	230	246
Ag	4	225	216
Zn	4	308	305
Be	0	1160	1462
Cd	0	252	222
Cu	0	342	345
Ta	0	247	262
Ge	0	378	375

如果德拜理论是严格精确的话,那么根据德拜温度的定义,由 c_V 的实验值所算得的 Θ_D 应该与温度无关。但是实际的结果 Θ_D 是与温度有关的。这种理论与实验间的差别主要在于德拜理论用连续介质来计算 $\rho(\omega)$,并得出 $\rho(\omega)\propto\omega^2$,是不够精确的。图 3. 14 描述了 Cu 的 $\rho(\omega)$ 和 ω 的关系曲线。可以看出,晶体的频谱只在 ω 很小时,才按 ω^2 的形式变化。

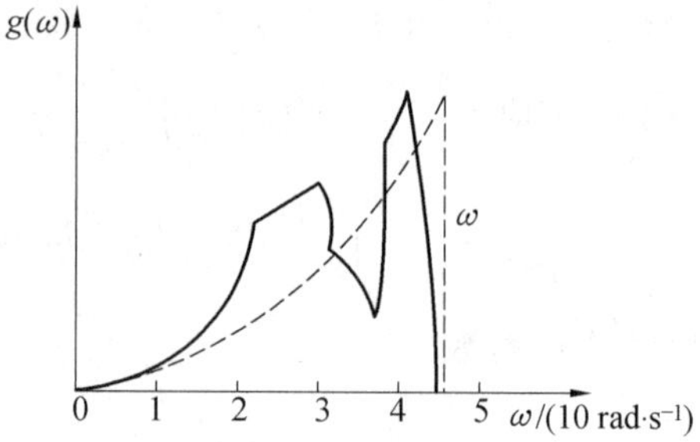

图 3. 14　Cu 的频谱曲线

3. 5　非简谐效应

3. 5. 1　非简谐效应

前面的讨论,是在简谐近似前提下进行的,在这样的近似下,晶格的原子可以看作是一系列线性独立的谐振子。由于振动是线性独立的,相应的振子之间不发生作用,因而不能交换能量。按照这种近似处理,在晶体中某种声子一旦被激发出来,其数目将一直保持不变,它既不能把能量传递给其他频率的声子,也不能使自己处于热平衡分布,这显然与实际相去甚远,其原因是晶格振动简谐近似的推论过于粗糙。

在实际情况中,原子间的相互作用力(恢复力)并非严格的与原子的位移成正比。当考虑到原子相互作用势能表达式(3. 1)中 δ 的三次项和高次项时,晶格的原子振动就不能被描述成一系列线性独立的谐振子。如果原子的位移相当小,式(3. 1)中 δ 高次项与 δ^2 相比是一小量,则可以把 δ 高次项看成微扰项。微扰项的存在,将使这些谐振子相互间要发生作用,声子与声子间将相互交换能量。这样,如果开始时只存在某种频率的声子,由于声子间的相互作用,这种频率的声子转换成另一种频率的声子,即一种频率的声子要湮灭,而另一种频率的声子会产生。这样,经过一定的弛豫时间后,各种声子的分布就能达到热平衡,显然,这些非简谐项是使晶格振动达到热平衡的最主要原因。

两个声子通过非简谐项的作用,而产生第三个声子,这相当于两个声子的碰撞产生了第三个声子。声子的这种相互作用可通过如下的物理图象来解释:一个声子的存在相当于有某一频率的格波在晶体中传播,这将在晶体中引起周期性的弹性应变,由于非简谐作用的影响,平均结果使晶体体积发生了改变,晶体弹性模量受到弹性应变的调制。由于弹性模量的变化,第二个声子的频率也会发生变化,这个过程相当于第二个声子受第一个声子的散射而产生了第三个声子。声子间的相互作用,遵守能量守恒定律和动量守恒定律。即如果两个相互碰撞的声子的频率和波矢分别为 ω_1、$\boldsymbol{q}_1$ 和 ω_2、$\boldsymbol{q}_2$,而第三个声子的频率和波矢为 ω_3、$\boldsymbol{q}_3$,则它们间必须满足

$$\hbar\omega_1+\hbar\omega_2=\hbar\omega_3 \tag{3.113a}$$

$$\boldsymbol{q}_1+\boldsymbol{q}_2=\boldsymbol{q}_3 \tag{3.113b}$$

我们知道,晶格振动的波矢 $\boldsymbol{q}$ 具有周期性,如果 $\boldsymbol{K}_h$ 代表倒格矢,波矢($\boldsymbol{q}+\boldsymbol{K}_h$)的晶格振动状态与波矢 $\boldsymbol{q}$ 的振动状态完全一样。因此,下式

$$\boldsymbol{q}_1+\boldsymbol{q}_2=\boldsymbol{q}_3+\boldsymbol{K}_h \tag{3.113c}$$

与式(3.113b)同样有效。实际情况确实如此,比如在研究热阻时,发现两个同向运动的声子相互碰撞,产生的第三个声子其运动方向会相反,即运动方向倒转过来了,这就是 $\boldsymbol{q}_1+\boldsymbol{q}_2=-\boldsymbol{q}_3+\boldsymbol{K}_h$ 的情况。因此,两个声子相互碰撞的过程既可以满足式(3.113a)和式(3.113b),也可以满足式(3.113a)和式(3.113c)。满足式(3.113a)和式(3.113b)的声子碰撞过程,称为正常过程,简称 N 过程(Normal processes);而满足式(3.113a)和式(3.113c)的声子碰撞过程,则称为倒逆过程,简称 U 过程(Umklapp processes)。

下面讨论晶体的热传导和热膨胀。

3.5.2 声子对晶体热传导的贡献

1. 晶体的热传导过程

利用声子与声子相互作用的模型可以形象地将晶体的导热过程与气体的导热过程进行类比,并得到满意的结果。

对于晶体,其中金属主要是通过电子导热,而绝缘体和半导体则主要是通过声子的碰撞,即通过格波的传播来导热。下面仅分析声子在晶体中对热传导的作用。

设沿 x 轴晶体内存在温度梯度 $\frac{\mathrm{d}T}{\mathrm{d}x}$,则在晶体中单位时间内通过单位横截面的热能 Q 为

$$Q=-\kappa\frac{\mathrm{d}T}{\mathrm{d}x} \tag{3.114}$$

式中,κ 为晶体的导热系数,又称热导率;Q 为能流密度。

如果晶体的单位体积热容为 c,晶体的一端温度为 T_1,另一端温度为 T_2,且 $T_2>T_1$。由于温度不均匀,在温度高的一端,晶格振动将具有较多的振动模式和较大的振动幅度,即有较多的声子被激发,导致了声子的密度分布不均匀,高温区声子密度高,低温区声子密度低。如把声子系统等效成为"声子气体",那么"声子气体"在无规则运动基础上将会沿温度梯度的相反方向产生平均定向运动,形成声子的扩散运动。如同气体系统内高温区域的分子与低温区域的分子发生交换,在交换过程中,高温区分子携带较大的能量进入低温区,而低温区的分子携带较小的能量进入高温区,最终表现为高温区的能量向低温区转移,这种能量传递过程,在宏观上就表现为热传导过程。晶体中声子的定向运动伴随着一股热流,其方向沿声子平均定向运动的方向。因此,晶格热传导可以看成是声子扩散运动的结果。如果声子间不存在相互作用,则热导系数 κ 将为无穷大,在晶体间不能存在温度梯度。实际上,声子间存在相互作用,当它们从一端移向另一端时,相互间会发生碰撞,同时也会与晶体中的缺陷发生碰撞。我们取 $\overline{\lambda}$ 为两次碰撞之间声子走过路程的平均值,称为平均自由程,则在晶体中距离相差 $\overline{\lambda}$ 的两个区域间的温度差 ΔT 可写成

$$\Delta T=\frac{\mathrm{d}T}{\mathrm{d}x}\overline{\lambda} \tag{3.115}$$

声子移动 $\bar{\lambda}$ 后,把热量 $c\Delta T$ 从距离 $\bar{\lambda}$ 的一端携带到另一端。若声子在晶体中沿 x 方向的移动速率为 $\boldsymbol{v}_x$,则单位时间内通过单位面积的热量为

$$Q=(c\Delta T)\boldsymbol{v}_x \tag{3.116}$$

把式(3.115)代入式(3.116),则

$$Q=cv_x\bar{\lambda}\frac{\mathrm{d}T}{\mathrm{d}x} \tag{3.117}$$

而平均自由程 $\bar{\lambda}$ 可写成

$$\bar{\lambda}=\tau\boldsymbol{v}_x$$

其中 τ 代表声子间两次碰撞相隔的时间,把上式代入式(3.117)得

$$Q=cv_x^2\tau\frac{\mathrm{d}T}{\mathrm{d}x} \tag{3.118}$$

这里 v_x^2 是对所有声子的平均值,应写为 $\bar{v}_x^2$,由能量均分定理可知

$$\bar{v}_x^2=\frac{1}{3}\bar{v}^2 \tag{3.119}$$

因此式(3.118)可写成

$$Q=\frac{1}{3}c\bar{v}\bar{\lambda}\frac{\mathrm{d}T}{\mathrm{d}x} \tag{3.120}$$

其中 $\bar{v}$ 代表声子的平均速率。把式(3.120)与式(3.114)相比较,可以得到热导系数 κ,即

$$\kappa=\frac{1}{3}c\bar{v}\bar{\lambda} \tag{3.121}$$

这和气体的热导系数形式上一样。热导系数 κ 与声子的平均自由程和晶体的热容有关。而平均自由程 $\bar{\lambda}$ 主要取决于声子的相互碰撞及晶体中的杂质、缺陷对声子的散射。如果晶体是理想的单晶体,则它主要由声子间的碰撞所决定。

2. 热导系数 κ 与温度的关系

下面进一步来研究热导系数 κ 与温度的关系。

低温情况 在低温下,$T\ll\Theta_{\mathrm{D}}$,则可以得到

$$\bar{\lambda}\propto \mathrm{e}^{\Theta_{\mathrm{D}}/\alpha T}$$

这里 α 无量纲,取值在 2 ~ 3 之间。上式表明,当温度很低时,自由程将很大,因而声子相互碰撞的几率很小,声子平均自由程主要取决于晶体表面的散射,由晶体的线度所决定。所以,晶体的热导系数与温度的关系主要同热容 c 有关。低温区域 $c\propto T^3$,因而 $\kappa\propto T^3$,随温度的增加,κ 上升很快。由于 $T\ll\Theta_{\mathrm{D}}$,现有的声子其频率满足 $\omega_{\mathrm{S}}(\boldsymbol{q})\ll\omega_{\mathrm{D}}$,$\boldsymbol{q}\ll\boldsymbol{q}_{\mathrm{D}}$;而激发的声子数很少,参与碰撞的声子总能量和总动量远小于 $\hbar\omega_{\mathrm{D}}$ 和 $\hbar\boldsymbol{q}_{\mathrm{D}}$。因此,碰撞产生的声子总能量与 $\hbar\omega_{\mathrm{D}}$ 相比很小,总动量与 $\hbar\boldsymbol{q}_{\mathrm{D}}$ 相比也很小。这样,声子碰撞前后的总波矢大小必然都比 $|\boldsymbol{q}_{\mathrm{D}}|$ 小。而 $\boldsymbol{q}_{\mathrm{D}}$ 与倒格子点阵矢量 $\boldsymbol{K}_h$ 的大小接近,此时声子在碰撞过程中占主导地位的是正常过程,满足 $\boldsymbol{q}_3=\boldsymbol{q}_2+\boldsymbol{q}_1$。只要晶体的一端有声子激发,声子就可以通过正常散射过程移向另一端,相当于有一束净声子流由晶体的一端流向另一端,如果没有表面散射,热导系数就会变得很大。

通过上述讨论,我们注意到,由于声子碰撞的 U 过程必须有短波($|\boldsymbol{q}|$可以和倒格子原

胞的尺度相比)参与才有可能发生。而短波往往是高能量($\hbar\omega$ 大)的格波,如同在爱因斯坦理论中看到的那样,这样的格波振动随温度下降而十分陡峻地下降。因此,低温下平均自由程$\bar{\lambda}$增大的原因是由于 U 过程中必须参与的短波声子数减少的结果。

高温情况 在高温下,$T \gg \Theta_D$,热容 c 变为与温度无关的常数,热导系数中与温度有关的仅仅是平均自由程$\bar{\lambda}$。由于 $T \gg \Theta_D$,在被激发的声子中,$\omega_s(\boldsymbol{q}) > \omega_D$ 和$|\boldsymbol{q}| > |\boldsymbol{q}_D|$的声子数大大增加。这些声子的碰撞显然属于倒逆过程,满足 $\boldsymbol{q}_3 = \boldsymbol{q}_2 + \boldsymbol{q}_1 - \boldsymbol{K}_h$,它们的自由程很短。此时声子平均能量不变,约为 $k_B\Theta_D$,对于所有晶格振动模,平均声子数正比于温度 T,即

$$\bar{n}(\boldsymbol{q}) = \frac{1}{e^{\hbar\omega_q/k_BT} - 1} \approx \frac{k_BT}{\hbar\omega_q} = \frac{T}{\Theta_D}$$

上式表明,温度升高,平均声子数增大。声子相互碰撞的几率与声子数成正比,这时平均自由程$\bar{\lambda}$与温度 T 成反比。考虑到高温情况下,晶格热容与温度无关(经典极限情况),因此热导系数 k 也与温度成反比。

当温度由低不断升高时,晶体的热导系数由开始的 T^3 的规律急剧上升,同时开始参与倒易散射过程的声子数开始出现并不断增加,从而使平均自由程不断缩短。当$\bar{\lambda}$达到晶体线度量级时,热导系数达到最大值。以后随着温度进一步升高,k 就以 $1/T$ 的规律很快下降。这种晶体热导系数与温度的变化规律,可由图 3.15 所示的实验曲线来描述,说明非简谐作用由声子与声子的相互作用模型来说明是合理的。

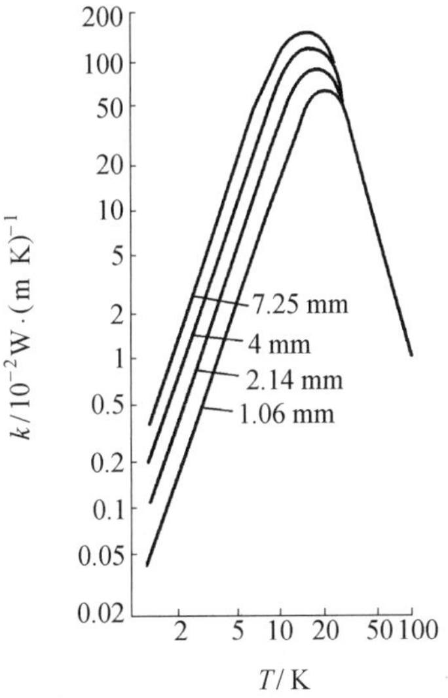

图 3.15 LiF 的热导系数随温度变化曲线

除去声子间相互碰撞作用以外,实际固体中的缺陷也是限制平均自由程的原因,如晶体的不均匀性、多晶体晶界、晶体表面和内部的杂质等都可以散射格波,这种非理想的情况另做讨论。

3.5.3 非简谐效应对晶体热膨胀的影响

下面讨论非简谐效应对晶体热膨胀的影响。如果晶体中的振动是严格的简谐振动,晶体将不会因受热而膨胀。这里只以双原子分子为例,定性地讨论热膨胀问题,所得结果可以直接应用于一维晶格。

如图 3.16 所示,假定左边的原子固定不动,而右边的原子可以自由地振动。如果势能曲线对原子的平衡位置对称,则当原子振动后,其平均位置将与振辐的大小无关,如果这种振动是热振动,则两原子间的距离将和温度无关。实际上,两原子之间的相互作用势能曲线并不是严格的抛物线,而是不对称的复杂函数,如图 3.16 中的实曲线所示。平衡位置的左边较陡,右边较平滑,因此当原子振动后,随着振幅(或总能量)的增加,平均位置

将向右边移动。例如，当振动的总能量为某一个 E_i 时，平均位置移至 p_i。与各个能量相应的平均位置，如图 3.16 中的 AB 曲线所示。物体的热膨胀，就是由于势能曲线的这种不对称性所导致的。

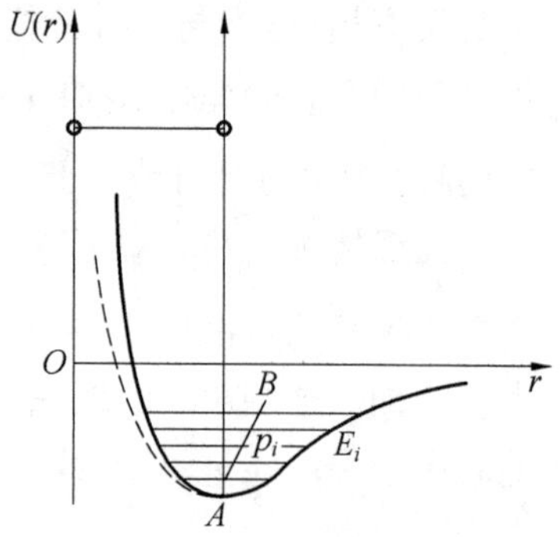

图 3.16　原子间互作用势能曲线

设 r_0 是原子的平衡位置，δ 是离开平衡位置的位移。把原子在 $r_0+\delta$ 点的势能 $U(r_0+\delta)$ 对平衡位置 r_0 按式(3.1)展开，则有

$$U(r_0+\delta)=U(r_0)+\left(\frac{\partial U}{\partial r}\right)_{r_0}\delta+\frac{1}{2!}\left(\frac{\partial^2 U}{\partial r^2}\right)_{r_0}\delta^2+\frac{1}{3!}\left(\frac{\partial^3 U}{\partial r^3}\right)_{r_0}\delta^3+\cdots$$

式中，第一项为常数，第二项为零。如果取 $U(r_0)=0$，并且令 $\frac{1}{2}\left(\frac{\partial^2 U}{\partial r^2}\right)_{r_0}=f$ 及 $-\frac{1}{3!}\left(\frac{\partial^3 U}{\partial r^3}\right)_{r_0}=g$，忽略 δ^3 以上各项，则上式可以写成

$$U(r_0+\delta)=f\delta^2-g\delta^3$$

按玻耳兹曼统计，平均位移 $\bar{\delta}$ 为

$$\bar{\delta}=\frac{\int_{-\infty}^{\infty}\delta \mathrm{e}^{-U/k_BT}\mathrm{d}\delta}{\int_{-\infty}^{\infty}\mathrm{e}^{-U/k_BT}\mathrm{d}\delta} \tag{3.122}$$

如果在势能展开式中只保留 δ^2 项，即振动是简谐的，则 $\bar{\delta}=0$，没有热膨胀现象发生。如果计入非对称项，则 $\bar{\delta}\neq 0$，设 δ 很小，则式(3.122)的分母为

$$\int_{-\infty}^{\infty}\mathrm{e}^{-U/k_BT}\mathrm{d}\delta=\int_{-\infty}^{\infty}\mathrm{e}^{-f\delta^2/k_BT}\mathrm{d}\delta=\left(\frac{\pi k_BT}{f}\right)^{\frac{1}{2}}$$

同时式(3.122)的分子可写成

$$\int_{-\infty}^{\infty}\delta\mathrm{e}^{-U/k_BT}\mathrm{d}\delta\approx\int_{-\infty}^{\infty}\delta\mathrm{e}^{-(f\delta^2-g\delta^3)/k_BT}\mathrm{d}\delta\approx\int_{-\infty}^{\infty}\delta\mathrm{e}^{-f\delta^2/k_BT}\left(1+\frac{g\delta^3}{k_BT}\right)\mathrm{d}\delta=$$

$$\int_{-\infty}^{\infty}\mathrm{e}^{-f\delta^2/k_BT}\left(\frac{g\delta^4}{k_BT}\right)\mathrm{d}\delta=\frac{g}{k_BT}\left(\frac{3}{4}\pi^{\frac{1}{2}}\right)\left(\frac{k_BT}{f}\right)^{\frac{5}{2}}$$

把它们代入式(3.122)，得

$$\bar{\delta}=\frac{3}{4}\cdot\frac{g}{f^2}k_BT$$

因此得到线膨胀系数

$$\frac{1}{r_0}\frac{\mathrm{d}\bar{\delta}}{\mathrm{d}T}=\frac{3}{4}\frac{k_Bg}{f^2r_0} \tag{3.123}$$

这是一个与温度无关的常数。显然，如果计入 $U(r_0+\delta)$ 展开式中的更高次项，则线膨胀系数将和温度有关。

3.6 确定振动谱的实验方法

3.6.1 振动谱

晶格振动频率与波矢之间的色散关系，一般称为晶格振动的振动谱。这里将对振动谱的实验测量方法作简单的介绍。

声子间的相互作用，可以直观地理解为声子间的相互碰撞。在碰撞过程中，必须满足动量守恒及能量守恒定律。从 3.3 的讨论中可知，光波与离子晶体的长光学横波可以发生强烈耦合，形成声光子。而在非离子晶体中，光子也能与晶格振动发生相互作用。晶格振动可以使晶体内的电子分布发生改变，并使晶体的光学常数(如折射率等)发生相应的变化，因此在晶体中传播的光波频率和波矢亦发生相应的变化。另一方面，当光波在晶体中传播时，光频电场会使晶体的力学性质(如弹性系数等)发生改变，从而使晶格振动也发生相应的变化。光频电场与晶格振动的相互作用，可以理解为光子受到声子的非弹性散射。设频率和波矢分别为 ω 及 $\boldsymbol{k}$ 的入射光子，经散射后，频率和波矢都分别改变成为 ω' 及 $\boldsymbol{k}'$。与此同时，在晶格中产生或吸收了一个声子，其频率和波矢分别为 Ω 及 $\boldsymbol{q}$。光子与声子的相互作用过程中，满足动量守恒和能量守恒定律，即

$$\boldsymbol{k} = \boldsymbol{k}' + \boldsymbol{q} \tag{3.124}$$

$$\hbar\omega = \hbar\omega' + \hbar\Omega \tag{3.125}$$

利用声子对光子散射过程中的动量守恒和能量守恒定律，可以从实验上确定声子振动谱，式(3.124)和式(3.125)是确定声子振动谱的基本公式。

3.6.2 确定声子振动谱的实验方法

在确定声子振动谱的实验中，只要对一定晶面入射频率为 ω 的光束，在不同的方位测出散射光的频率 ω'，再根据 ω 及 ω' 和式(3.125)决定声子的频率 Ω，就可以得到声子的频率和波矢间的关系——声子振动谱。

1. 光子的布里渊散射

光子与长声学波声子的相互作用，通常称为光子的布里渊散射。

我们知道，光波的频率 ω 与波矢值 k 间的关系为

$$\omega = \frac{c}{n}k \tag{3.126}$$

式中，c 为光在真空中的速度；n 为晶体的折射率。

而长声学波声子的频率 Ω 和波矢值 q 之间的关系为

$$\Omega = v_p q \tag{3.127}$$

此处 v_p 为晶体中的声速。

由于 $v_p \ll c$，由式(3.126)及式(3.127)可见，若 $q \approx k$，则 $\Omega \ll \omega$，即声子的能量 $\hbar\Omega$ 要比光子能量 $\hbar\omega$ 小得多，因此可以近似地把式(3.125)改写成 $\hbar\omega \approx \hbar\omega'$，即

$$\omega \approx \omega'$$

式(3.126)表明,当 $k \approx k'$,即光子被长声学波声子散射时,入射光的波矢与散射光的波矢,其量值近似相等。由图3.17可以看到,长声学波声子的波矢值 q 可近似地写成

$$q = 2k\sin\frac{\varphi}{2} \tag{3.128}$$

因此当光子被长声学波声子散射时,声子的波矢可根据式(3.128)近似地求出。

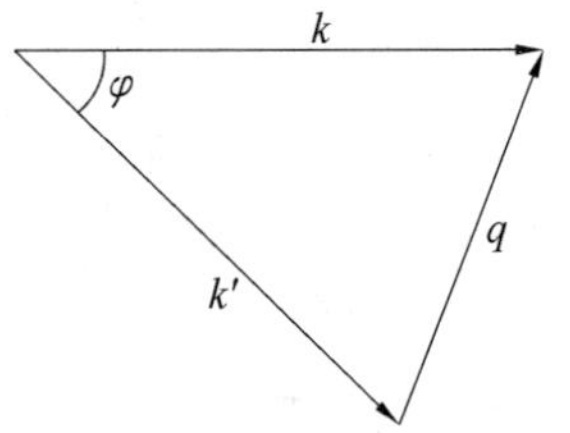

图3.17 光子与声子相互作用中的波矢关系

2. 光子的喇曼散射

光子与光学波声子相互作用,称为光子的喇曼散射。

由式(3.126)可知,由于光速 c 的数值很大,对一般可见光或红外光,波矢值 k 很小,为了满足式(3.124),声子的波矢值 q 也必须很小。所以,光子的喇曼散射也只能限于与长光学波的声子相互作用。

由于在布里渊散射或喇曼散射中与光子发生作用的都是长波长的声子,因此,这两种散射都只能研究长波长范围内的声子振动谱。关于整个波长范围内对于声子振动谱的研究,要求光子的波矢也要比较大,即光子的频率比较大,故人们常利用X光非弹性散射来研究声子的振动谱。由于X光的光子能量远远高于声子能量,因此式(3.128)对X光非弹性散射也是同样适用,即声子的波矢也可以用式(3.128)求出,图3.18是用X光弹性散射的方法测得的Al晶体中沿[1 1 0]方向的声子振动谱。

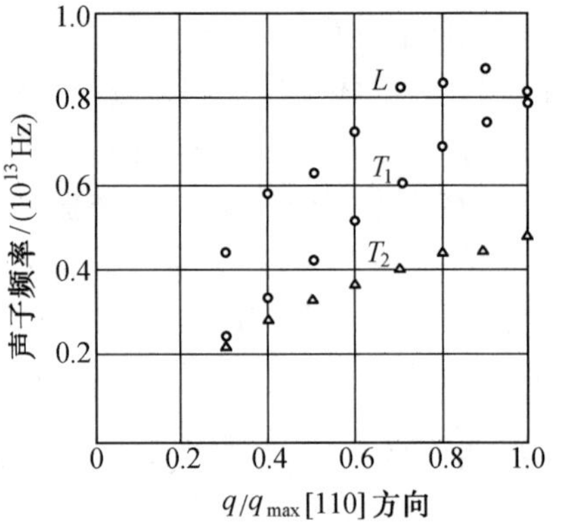

图3.18 Al中沿[1 1 0]方向的声子振动谱

3. 中子的散射

利用X光非弹性散射的方法,虽然可以研究整个波长范围内的声子振动谱,但是散射前后X光的频率差的直接精确测量,在实验技术上还有相当的难度。采用中子散射的实验方法,能准确地测量散射前后中子能量的变化,因而能够完全克服X光非弹性散射中遇到的困难。

设中子的质量为 m,入射中子束的动量为 $p=\hbar k$,而散射后中子动量为 $p'=\hbar k'$,则在散射过程中的能量守恒定律可写成

$$\frac{\hbar^2 k^2}{2m} = \frac{\hbar^2 k'^2}{2m} \pm \hbar\,\Omega\,(\boldsymbol{q}) \tag{3.129}$$

式中,“+”和“-”号分别表示产生一个声子和吸收一个声子。

在散射过程中,动量守恒定律可写成 $\hbar\boldsymbol{k}=\hbar\boldsymbol{k}'\pm\hbar\boldsymbol{q}$,即

$$\boldsymbol{k} = \boldsymbol{k}' \pm \boldsymbol{q} \tag{3.130}$$

由式(3.129)及式(3.130)可以得到

$$\frac{\hbar^2}{2m}(k^2 - k'^2) = \pm \hbar \Omega \tag{3.131}$$

如果假定入射的中子能量很小,以至不能激发出声子,那么在散射过程中只有吸收声子,这时式(3.131)可以改写成

$$\frac{\hbar^2}{2m}(k'^2 - k^2) = \hbar\Omega \tag{3.132}$$

显然,只要测出在各个方位上散射中子与入射中子的能量差,并根据散射中子束及入射中子束的几何关系求出 $\boldsymbol{k}'-\boldsymbol{k}$,就可以确定声子的振动谱。

前面已假定入射的中子能量足够小,在散射过程中只须考虑声子的吸收,那么入射的中子能量究竟多小,才能不激发产生声子?下面作一个简单的估计。

已知波矢为 $\boldsymbol{q}$ 及 $\boldsymbol{q}+\boldsymbol{K}_h$ 的两个声子是完全等价的,其中 $\boldsymbol{K}_h$ 是任意的倒格矢量。因此式(3.130)可以写成

$$\boldsymbol{k} = \boldsymbol{k}' + \boldsymbol{K}_h \pm \boldsymbol{q} \tag{3.133}$$

从式(3.133)可以看到,如果假定散射过程中既不产生也不吸收声子,即考虑中子的弹性散射过程,这时 $\boldsymbol{q}=0$,式(3.133)可写成

$$\boldsymbol{k} = \boldsymbol{k}' + \boldsymbol{K}_h \tag{3.134}$$

又因为在弹性散射过程中,$\Omega=0$,由式(3.129)可知,$k=k'$。因此,波矢间的关系如图3.19所示。由图可以求出

$$k \sin\frac{\varphi}{2} = \frac{1}{2}K_h \tag{3.135}$$

此即布拉格条件。

从式(3.135)可以看到,如果 $k<\frac{1}{2}K_h$,动量守恒定律必须写成下面形式

$$\boldsymbol{k} = \boldsymbol{k}' + \boldsymbol{K}_h - \boldsymbol{q}$$

即当 $k<\frac{1}{2}K_h$ 时,中子只能吸收声子,而不能发射声子。所以,中子不激发就产生声子的条件是入射中子的能量必须小于$\frac{\hbar^2K_h^2}{8m}$,这里 K_h 是倒格子点阵中最小的倒格矢。图 3.20 给出了用中子非弹性散射方法测出的钠晶体中沿[1 0 0]方向的声子振动谱。

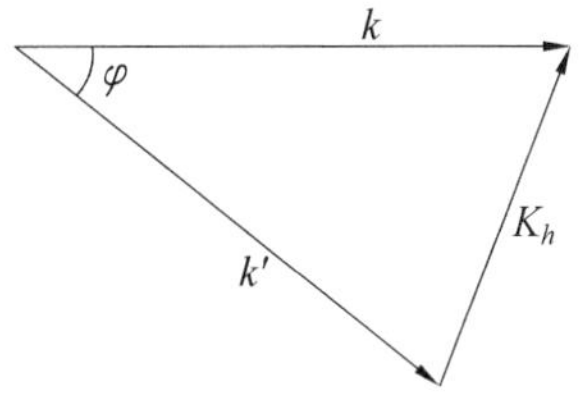

图 3.19　中子弹性散射过程中波矢间的关系

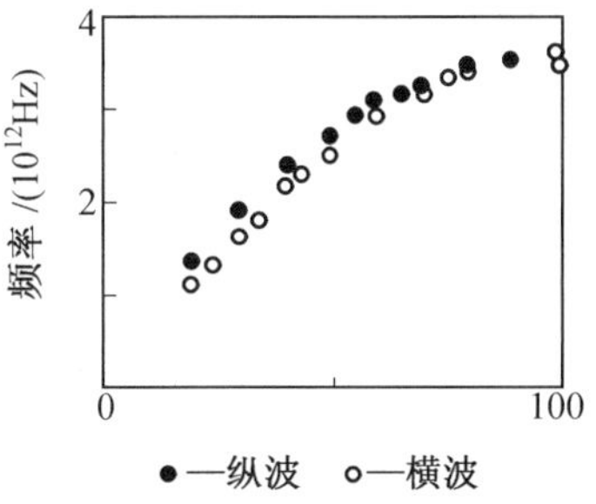

图 3.20　钠晶体中沿[1 0 0]方向的声子振动谱

3.7 晶格的自由能

本章前一部分所讨论的晶格比热、热膨胀等问题都可以在自由能的基础上统一起来讨论。

由热力学可知，压强 p、熵 S、定容热容 c_V 和自由能 $F(T,V)$ 之间的关系为

$$\begin{cases} F = U - TS \\ \mathrm{d}f = -p\mathrm{d}V - S\mathrm{d}T \\ p = -\left(\dfrac{\partial F}{\partial V}\right)_{\mathrm{T}} \\ S = -\left(\dfrac{\partial F}{\partial T}\right)_{V} \\ c_V = T\left(\dfrac{\partial S}{\partial T}\right)_{V} \end{cases} \tag{3.136}$$

显然，要想计算这些物理量和 T、V 的关系，应该首先计算晶格的自由能。

晶格的自由能分为两部分：一部分 $F_1=U(V)$，只与晶格的体积有关而与温度（或晶格振动）无关。这里，$U(V)$ 是 $T=0$ 时的晶格的结合能；另一部分 F_2 则与晶格的振动有关。

根据统计物理可知

$$F_2 = -k_{\mathrm{B}}T\ln Z \tag{3.137}$$

式中，Z 是晶格振动的配分函数。对于频率为$\dfrac{\omega_i}{2\pi}$的格波，配分函数为

$$Z_i = \sum_{n=0}^{\infty} \mathrm{e}^{-\left(n+\frac{1}{2}\right)\frac{h\nu_i}{k_{\mathrm{B}}T}} = \frac{\mathrm{e}^{-\frac{h\nu_i}{2k_{\mathrm{B}}T}}}{1-\mathrm{e}^{\frac{h\nu_i}{k_{\mathrm{B}}T}}} \tag{3.138}$$

若忽略格波之间的相互作用，则总的配分函数为

$$Z = \prod_i Z_i = \prod_i \frac{\mathrm{e}^{-h\nu_i/2k_{\mathrm{B}}T}}{1-\mathrm{e}^{-h\nu_i/k_{\mathrm{B}}T}} \tag{3.139}$$

代入到式(3.137)可得

$$F_2 = -k_{\mathrm{B}}T\sum_i\left\{-\frac{1}{2}\frac{h\nu_i}{k_{\mathrm{B}}T} - \ln(1-\mathrm{e}^{-h\nu_i/k_{\mathrm{B}}T})\right\} \tag{3.140}$$

即

$$F = U(V) + \sum_i\left\{\frac{1}{2}h\nu_i + k_{\mathrm{B}}T\ln(1-\mathrm{e}^{-h\nu_i/k_{\mathrm{B}}T})\right\} \tag{3.141}$$

由于非线性振动，当体积改变时，ω_i 也随着改变。所以，ω_i 是体积的函数。由式(3.136)和式(3.141)可知，晶体的状态方程为

$$p = -\left(\frac{\partial F}{\partial V}\right)_T = -\left(\frac{\partial U}{\partial V}\right)_T - \sum_i\left\{\frac{1}{2}h + \frac{h\mathrm{e}^{-h\nu_1/k_{\mathrm{B}}T}}{1-\mathrm{e}^{-h\nu_1/k_{\mathrm{B}}T}}\right\}\frac{\mathrm{d}\nu_i}{\mathrm{d}V} =$$

$$
\begin{aligned}
&-\left(\frac{\partial U}{\partial V}\right)_T-\sum_i\left\{\frac{1}{2}h\nu_i+\frac{h\nu_i}{e^{h\nu_i/k_BT}-1}\right\}\frac{d\ln\nu_i}{dV}= \\
&-\left(\frac{\partial U}{\partial V}\right)_T-\frac{1}{V}\sum_i\overline{E}_i\frac{d\ln\nu_i}{d\ln V}
\end{aligned}
\tag{3.142}
$$

式中，$\overline{E}_i$ 为频率为 ν_i 的格波的振动能量，$\overline{E}_i=\frac{1}{2}h\nu_i+\frac{h\nu_i}{e^{h\nu_i/k_BT}-1}$，而

$$
\frac{d\ln\nu_i}{d\ln V}=-\gamma \tag{3.143}
$$

是个与频率 ν_i 无关的常数，称为格林爱森常数。而 γ 与晶格的非线性振动有关。对于一维晶格，可以证明，式(3.143)严格成立。利用式(3.143)的假定，则式(3.142)可以写成

$$
p=-\frac{dU}{dV}+\gamma\frac{\overline{E}}{V} \tag{3.144}
$$

对于大多数固体，其体积的变化不大，因此可将$\frac{dU}{dV}$在静止的晶格平衡体积 V_0 点展开，即

$$
\frac{dU}{dV}=\left(\frac{dU}{dV}\right)_{V_0}+(V-V_0)\left(\frac{d^2U}{dV^2}\right)_{V_0}+\cdots \tag{3.145}
$$

按照定义，第一项为零，若只取线性项，则上式变为

$$
\frac{dU}{dV}=\frac{V-V_0}{V_0}\left[V_0\left(\frac{d^2U}{dV^2}\right)_{V_0}\right]=K\frac{V-V_0}{V_0} \tag{3.146}
$$

式中，$K=V_0\left(\frac{d^2U}{dV^2}\right)_{V_0}$ 为在体积为 V_0 时的体积弹性模量。

将式(3.146)代入式(3.144)可得

$$
p=-K\frac{V-V_0}{V_0}+\gamma\frac{\overline{E}}{V} \tag{3.147}
$$

由式(3.147)，当 $p=0$ 时可计算出热膨胀体积 V 和温度 T 的关系，即

$$
\frac{V-V_0}{V_0}=\frac{\gamma}{K}\frac{\overline{E}}{V} \tag{3.148}
$$

由式(3.148)可知，热膨胀和非线性振动有关。如果晶体作严格的线性振动，$\gamma=0$，则没有热膨胀现象发生。对大多数固体，γ 的值在 1 ~ 3 范围内。此外，体膨胀和热振动成正比，因此，体胀系数与定容热容 c_V 成正比。

在式(3.144)中，第一项是与势能有关的压强；第二项是与晶格热振动有关的压强，称为热压强，用 $p_{热}$ 表示，并且 $p_{热}=\gamma\frac{\overline{E}}{V}$。在室温或者稍高的温度下，对于 1 摩尔的固体，$\overline{E}=3Nk_BT=3RT$，所以 $p_{热}=\gamma\frac{3RT}{V_{固}}$。为了估计 $p_{热}$ 的大小，使 1 摩尔的固体和 1 摩尔的气体相比较。对于 1 摩尔的理想气体，$R=p_{气}V_{气}/T$，所以 $p_{热}=3\gamma(V_{气}/V_{固})p_{气}$。在通常压强下，比如取 $p_{气}=1$ 大气压，$V_{气}/V_{固}\approx1000$，则 $P_{热}\approx10^3$ 大气压。

思 考 题

3.1　相距为某一常数(不是晶格常数)倍数的两个同种原子,其最大振幅是否相同?

3.2　试说明格波和弹性波有何不同?

3.3　为什么要引入玻恩-卡门条件?

3.4　试说明在布里渊区的边界上($q=\pi/a$),一维单原子晶格的振动解 x_n 不代表行波而代表驻波。

3.5　什么叫简正振动模式?简正振动数目、格波数目或格波模式数目是否是同一概念?

3.6　有人说,既然晶格独立振动频率的数目等于晶体的自由度数,而 $h\nu$ 代表一个声子。因此,对于一给定的晶体,它所拥有声子的数目一定守恒。这种说法是否正确?

3.7　长光学支格波与长声学支格波本质上有何差别?

3.8　同一温度下,一个光学波的声子数目与一个声学波的声子数目相同吗?

3.9　对同一个振动模式,温度高时的声子数目多,还是温度低时的声子数目多?

3.10　由两种不同质量的原子组成的晶格,即使相邻原子间互作用的恢复力常数相同,也将存在光学波。试问:由质量相同的原子组成的晶格,若一个原子与两个近邻原子间有不同的恢复力常数,是否有光学波存在?

3.11　高频线性谐振子和低频线性谐振子中,在高温区和低温区哪个对热容的贡献大?

3.12　在低温下,不考虑光学波对比热容的贡献合理吗?

3.13　若考虑非线性相互作用,当晶格发生伸长或压缩的形变时,晶格振动的频率是否变化?如何变化?

3.14　试简述固体中的非线性振动对固体的热膨胀、弹性模量、热容、热导、热阻等物理性质的影响。

3.15　喇曼散射方法中,光子会不会产生倒逆散射?

3.16　长声学格波能否导致离子晶体的宏观极化?

3.17　何谓极化声子?何谓电磁声子?

3.18　温度降到很低时,爱因斯坦模型与实验结果的偏差增大,但此时,德拜模型却与实验结果符合的较好。试解释其原因。

3.19　绝对零度时还有格波存在吗?若存在,格波间还有能量交换吗?

3.20　石英晶体的热膨胀系数很小,问它的格林爱森常数有何特点?

习　题

3.1　证明由两种不同质量 M、$m(M>m)$ 的原子所组成的一维复式格子中,如果波矢 q

取边界值 $q=\pm\pi/2a$（a 为相邻原子间距），则在声学支上，质量为 m 的轻原子全部保持不动；在光学支上，质量为 M 的重原子保持不动。

3.2　一维复式格子，原子质量都为 m，原子统一编号，任一个原子与两最近邻的间距不同，恢复力常数不同，分别为 β_1 和 β_2，晶格常数为 a，求原子的运动方程及色散关系。

3.3　设有一纵波 $x_n(t)=A\cos(\omega t-naq)$，沿着一维单原子链传播，原子间距为 a，最近邻互作用的恢复力常数为 β，试证明每个原子对时间平均的总能量

$$\bar{\varepsilon}=\frac{1}{2}m\omega^2A^2$$

式中 m 为原子的质量。

3.4　证明在长波范围内，一维单原子晶格和双原子晶格的声学波传播速度均与一维连续介质弹性波传播速度相同，即

$$v=\sqrt{E/\rho}$$

式中，E 为弹性模量；ρ 为介质密度。

3.5　设有一维原子链（如图），第 $2n$ 个原子与第 $2n+1$ 个原子之间的恢复力常数为 β，第 $2n$ 个原子与第 $2n-1$ 个原子之间的恢复力常数为 β'（$\beta'<\beta$）。设两种原子的质量相等，最近邻间距均为 a，试求晶格振动的振动谱以及波矢 $q=0$ 和 $q=\pm\frac{\pi}{2}a$ 时的振动频率。

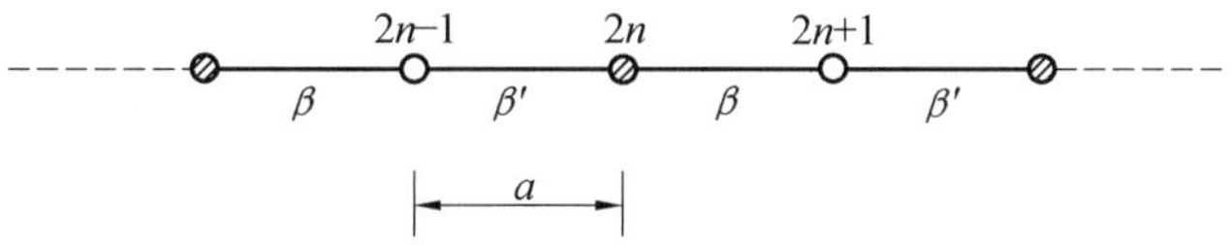

题 3.5 图

3.6　如将一维单原子晶格原子的振动位移写成如下的驻波形式

$$x_n(t)=A\sin(naq)\sin\omega t$$

试证明格波的色散关系与行波解给出的相同。

3.7　设有一长度为 L 的一价正负离子构成的一维晶格，正负离子间距为 a，正负离子的质量分别为 m_+ 和 m_-，近邻两离子的互作用势为

$$u(r)=-\frac{e^2}{r}+\frac{b}{r^n}$$

式中，e 为电子电荷；b 和 n 为参量常数。求：

（1）参数 b 与 e、n 及 a 的关系。（2）恢复力系数 β。（3）$q=0$ 时光学波的频率 ω_0。（4）长声学波的速度 v_A。（5）假设光学支格波为一常数，且 $\omega=\omega_0$，对光学支采用爱因斯坦近似，对声学支采用德拜近似，求晶格热容。

3.8　利用德拜模型，求

（1）在绝对零度下，晶体中原子的均方位移。（2）$T\neq0$ 时原子的均方位移，并讨论高低温极限情况。

3.9　设晶体结构是由 N 个原子构成的晶格点阵，试用德拜模型证明格波的频率分布函数为

$$g(\omega)=\frac{9N}{\omega_D^3}\omega^2$$

式中,ω_D 为格波的截止频率(德拜频率)。

3.10　金刚石的爱因斯坦温度 $\Theta_E=1\ 320$ K,德拜温度 $\Theta_D=1\ 860$ K。试分别用爱因斯坦热容公式和德拜热容公式计算在温度 $T_1=2\ 000$ K 和 $T_2=0.2$ K 时金刚石的热容数值。

3.11　证明在温度为 T 时,一个量子谐振子的平均能量为

$$\bar{\varepsilon}=\frac{\hbar\omega}{2}\mathrm{cth}\left(\frac{\hbar\omega}{2k_BT}\right)$$

并作图表示 $\bar{\varepsilon}$ 与 T 的关系;讨论当温度很高时,结果又会怎样?

3.12　设三维晶格一支光学波在 $q=0$ 附近,色散关系为 $\omega(q)=\omega_0-Aq^2$,证明该长光学波的模式密度

$$D(\omega)=\frac{V_c}{4\pi^2}\frac{1}{A^{3/2}}(\omega_0-\omega)^{1/2}\qquad(\omega<\omega_0)$$

3.13　已知晶体的自由能

$$F=U(V)+\sum_{i=1}^{3N}\left\{\frac{1}{2}h\nu_i+k_BT\ln(1-\mathrm{e}^{-h\nu_i/k_BT})\right\}$$

试证晶体有下面的状态方程

$$p=-\left(\frac{\partial U(V)}{\partial V}\right)_T+\gamma\frac{\bar{E}}{V}$$

式中

$$\bar{E}=\sum_{i=1}^{3N}\left\{\frac{1}{2}h\nu_i+\frac{h\nu_i}{\mathrm{e}^{h\nu_i/k_BT}-1}\right\}$$

为晶体热振动的总能量,而

$$\gamma=-\frac{\mathrm{d}\ln\nu_i}{\mathrm{d}\ln V}$$

为格林爱森常数。

3.14　证明晶体自由能的经典极限为

$$F=U(V)+k_BT\sum_i\ln\left(\frac{\hbar\omega_i}{k_BT}\right)$$

3.15　证明频率为 ν 的振动模的自由能为

$$F=k_BT\mathrm{sh}\left[2\mathrm{sh}\left(\frac{h\nu}{2k_BT}\right)\right]$$

式中,k_B 为玻耳兹曼常数。

3.16　已知晶体的状态方程为

$$p=-\frac{\mathrm{d}U}{\mathrm{d}V}+\gamma\frac{\bar{E}}{V}$$

(1)证明晶体的体膨胀可表示为

$$\frac{\Delta V}{V_0}=\frac{\gamma}{K}\frac{\bar{E}}{V}$$

式中，$\overline{E}$ 为晶体热振动的总能量；K 为体积弹性模量；γ 为格林爱森常数。

（2）已知金属钠是体心立方结构，晶格常数 $a=4.225\times10^{-10}$ m，体积弹性模量 $K=7\times10^{9}$ N/m^2，试估计室温下钠晶体的 $\Delta V/V_0$ 的值。

3.17　按德拜近似，试证明高温时晶格热容

$$c_V = 3Nk_B\left[1 - \frac{1}{20}\left(\frac{\Theta_D}{T}\right)^2\right]$$

3.18　实验表明，固体的德拜温度随它所受到的压强而发生变化。试证明下述关系

$$\frac{\mathrm{d}\ln\Theta_D}{\mathrm{d}p} = \frac{\alpha_V V_c}{c_V}$$

式中，p 为压强；α_V 为体膨胀系数；c_V 为定容热容；V_c 为固体的平衡体积。

3.19　设某离子晶体中相邻两离子的互作用势能

$$U(r) = -\frac{e^2}{r} + \frac{b}{r^9}$$

式中，b 为待定常数；平衡间距 $r_0=3\times10^{-10}$ m。求线膨胀系数。

3.20　分别按照爱因斯坦热容模型和德拜热容模型，求单原子晶体的熵，并求其在低温和高温极限下的表示式。

3.21　证明在一维复式格子中形成的声学波，当 $q\to0$ 时，其性质与弹性波完全相同，即长声学波为弹性波。

3.22　通过一维布喇菲格子的振动证明声子不携带物理动量。

第4章 晶体结构中的缺陷

在理想完整晶体中，原子严格地处在空间有规则的、周期性的格点上。但在实际的晶体中，原子的排列不可能那样完整和规则，往往存在着偏离了理想晶体结构的区域。这些与完整晶体中周期性点阵结构发生偏离的区域就构成了缺陷，它们的存在破坏了晶体本身的对称性和周期性。

在晶体中存在的缺陷种类很多，但是由于晶体中的晶体结构具有规律性，因此晶体中实际出现缺陷的类型也不会是漫无限制的，根据缺陷的几何形状和所涉及的范围常常可以分为点缺陷、线缺陷、面缺陷几种主要类型。点缺陷是发生在晶体中一个或几个晶格常数范围内的缺陷，三维尺度都与原子尺寸相近，例如空位、间隙原子、杂质原子等，也可称零维缺陷。线缺陷发生在晶格中一条线的周围，它的一维尺寸比其他二维尺寸大得多，例如各种类型的位错，也可称一维缺陷。面缺陷是发生在晶格二维平面上的缺陷，二维尺寸比另一维尺寸大得多，例如晶界、相界、堆垛层错等，也可称二维缺陷。

晶体中虽然存在各种各样的缺陷，但是实际在晶体中偏离平衡位置的原子数目很少，既使在最严重的情况下，一般也不会超过原子总数的万分之一，因而实际晶体结构从整体上看来还是比较完整的。虽然相对于完整的晶体部分来说，缺陷的数目很少，但是它们的产生和发展、运动和相互作用，以及合并和消失，对晶体的性能有重要的影响。晶体的缺陷在空间上通过一定方式是可以观察到的，在时间上有一定的延续性，因此在某种程度上是可以作为有一定特征的个体来看待。

晶体缺陷是固体物理中一个重要的研究领域，它对于研究和理解一些不能用完整晶体理论解释和理解的现象具有重要的意义。例如，塑性与强度、扩散、相变、再结晶、离子电导以及半导体的缺陷电导等现象。

4.1 点缺陷

点缺陷是晶体中在一个或几个晶格常数范围内偏离理想周期结构的一种晶格缺陷，其特征是在三维方向上的尺寸都很小，例如空位、间隙原子、杂质原子等，如图4.1所示。

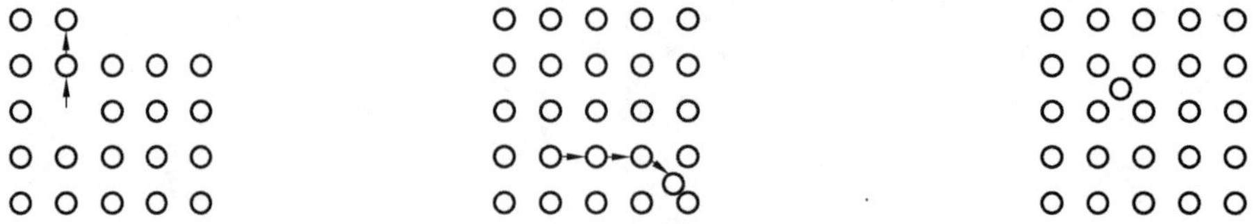

(a) 肖脱基缺陷　(b) 弗兰克乐缺陷　(c) 间隙原子

图4.1　点缺陷示意图

点缺陷及其运动与晶体的力学性质、电学性质、光学性质以及物理性质都有密切的关系，尤其以对晶体的电阻和密度影响最为显著。

4.1.1 点缺陷的形成及种类

在晶体中，位于晶格点阵中的原子并不是静止不动的，而是以平衡位置为中心在附近做不停的热振动。在一定温度下，原子热振动的振幅和平均能量是一定的，但是各个原子并不是完全相等的，而是经常变化，此起彼伏(即能量起伏)。对于某一个原子来说，它的振幅和能量在统计平均值附近不断变化，因此，个别原子可能获得足够大的能量，以至于克服平衡位置势阱的束缚脱离原来的格点位置而迁移到其他位置上，结果就在原来的位置上出现了空格点，称为空位。由于空位的出现，周围的原子的力平衡关系受到破坏，导致它们也都要略微地偏离各自的平衡位置，达到新的平衡状态，这样就在空位周围产生了三个方向都很小的点阵畸变区，形成点缺陷。

1. 肖脱基缺陷

晶格中的原子由于热振动的涨落而逃离平衡位置，如果该原子脱离格点后并不在晶体内部构成间隙原子，而是迁移到晶体的表面上正常格点的位置构成新的一层，或者在晶粒间界或位错等晶体缺陷处湮灭，这样，只在原来格点的位置上形成空位。这种缺陷是由肖脱基首先发现的，因此我们把它称为肖脱基(Schottky)缺陷。晶体中肖脱基缺陷的产生方式可以是多种多样的。晶体中靠近表面的原子由于热涨落而迁移到晶体表面，在原来的格点位置上形成空位，周围的原子又迁移到这个空位上，形成一个新的空位，这样由于空位的迁移，从表面附近而进入晶体内部；也可能是晶体内部的原子由于热涨落脱离正常格点的位置，再逐步跳跃而到达晶体表面上的格点位置，在晶体内部形成空位；同样，在晶体内部还可能存在内部的空位和表面原子的复合。在一定的温度下，晶体内部的空位的产生和消失处于平衡。

2. 弗兰克尔缺陷

晶体中格点上的原子由于热涨落，逃离平衡位置后，如果原子迁移到晶体点阵的间隙之中，同时产生一个空位和一个间隙原子，这是点缺陷的另一种类型，它是由弗兰克尔首先提出的，因此把这种空位-间隙原子对称为弗兰克尔(Frankel)缺陷。

在一定的温度下，晶体中弗兰克尔缺陷的平衡浓度保持一个特定值，它的产生和复合的过程呈动态平衡。

3. 间隙原子

由于热振动能量的涨落，使晶体表面上的个别原子获得足够的动能进入晶体内部格点之间的间隙位置，这些位置在理想情况下是不为原子所占据的，从而在这些被占据的间隙位置形成缺陷，这种缺陷称为间隙原子。

以上三种点缺陷形式都是靠原子热振动能量的涨落产生和运动的，所以称为热缺陷，它是一种正常的热平衡现象，是实际晶体的本征特性。晶体内部的点缺陷由于热涨落的随机性，缺陷的产生和复合过程是处于时刻变化之中的，但是在一定温度下，当系统达到统计平衡时，缺陷的产生和复合过程处于动态平衡，也就是说，缺陷的数目是一定的，晶体中缺陷将保持一定的平衡浓度。

另外，由于构成填隙原子缺陷时，必须使原子挤入晶格的间隙位置，这所需要的能量比造成空位的能量大，所以对于大多数情况，特别是在温度不太高时，肖脱基缺陷存在的可能性要比弗兰克尔缺陷的可能性大得多。但是，对于某些情况，特别是当间隙原子为外来杂质原子，且比晶体本身的原子小时，这些比较小的外来原子很可能存在于间隙位置。

4. 杂质原子

实际晶体中不可避免的含有或多或少的杂质，另外，人们为了改善晶体的电学、光学等性能，往往有控制地向晶体中掺入少量杂质，例如在硅单晶中掺入微量的硼、铝、镓或磷、砷、锑，可以使单晶的导电性能发生很大的变化。向晶体中掺入杂质原子的方法有很多，例如在晶体生长时加入，采用高温扩散的方法或者离子注入杂质的方法。

组成晶体的主体原子称为基质原子，掺入到晶体中的异类原子或同位素原子称为杂质原子。杂质原子在晶体中占据位置的方式可能有两种：一种是杂质原子取代基质原子而占据规则的格点位置，称为替位杂质；另一种是杂质原子占据格点之间的间隙位置，称为间隙杂质。通常相对原子半径较小的杂质原子常常是以间隙方式出现在晶体之中，例如钢中的 C、N、O 等元素原子。

4.1.2　点缺陷的运动

晶体中的点缺陷并不是静止不动的，而是处于不断的运动过程中。由于晶体中原子热振动的能量起伏，有可能使空位周围的原子获得足够的能量，而跳入空位中，使空位发生迁移。图 4.2 表示 A 处的原子跳入 B 处的空位中，这相当于空位由 B 处迁移到 A 处。在这个过程中，原子需要经过中间位置 C，当原子处于 C 位置时，原子处于不稳定状态，能量较高。空位的迁移必须有足够的能量来克服这个能垒，这部分增加的能量称为空位迁移能。因为空位周围的原子热振动的能量起伏是随机的，因此空位的迁移也是随机的，在不断地做不规则的布朗运动，但是在某些条件下，例如晶体内的空位浓度分布不均匀，或晶体内应力场分布不均匀时，就有可能导致大量空位的定向迁移。同样，晶体中的间隙原子也可以由一个间隙位置迁移到另一个间隙位置，产生间隙原子的迁移。间隙原子的迁移能比空位的迁移能小得多，因此间隙原子的迁移率远远超过空位。

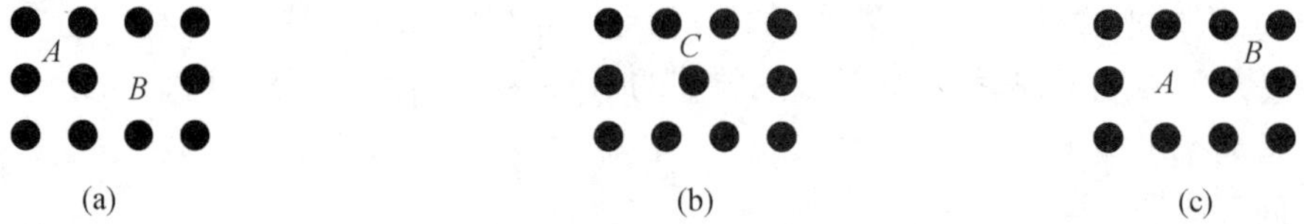

图 4.2　空位的迁移

在点缺陷的运动过程中，如果一个间隙原子和一个空位相遇，它将落入空位，而使两者彼此抵消，这一过程称为复合（或者称为湮灭）；如果点缺陷移动到晶界、位错等晶体缺陷处，它们将在那里消亡；大量的点缺陷还可以聚集在一起形成点缺陷群，例如空位片和间隙原子团，与其他晶体缺陷发生复杂的相互作用。实际晶体中点缺陷不断的、无规则的迁移，构成了晶体中质量传输的基础。

4.1.3 热缺陷的统计平衡理论

点缺陷是由于晶体中原子热振动产生出来的，是热力学平衡点缺陷，即在一定温度下总是对应着一定数量的点缺陷，因此可以利用晶体的热力学平衡条件计算出点缺陷的平衡浓度。

根据热力学原理，自由能

$$F = U - TS$$

式中，U 是内能；S 是熵；T 是绝对温度。

在一定温度下，点缺陷的存在将从两个方面改变晶体的自由能：一方面由于点缺陷的产生需要能量，因而点缺陷的存在使系统的内能增加 ΔU；另一方面，由于缺陷的存在使系统的无序度增加，因此晶体的熵增大 ΔS，则内能的变化和熵变从相反的两个方向改变着系统的自由能，而自由能的变化为 $\Delta F = \Delta U - T\Delta S$。晶体的稳定性与其导致的自由能的变化有关。向晶体中引入点缺陷导致熵的增加，使晶体自由能降低，同时点缺陷引起内能的增加，使晶体自由能增加，因此在一定温度下，某一数量的点缺陷在两种因素的相互作用下，使系统的自由能 F 达到最小时，系统达到稳定状态，这时点缺陷的浓度称为在该温度下的平衡浓度 n_s。由此可以得出点缺陷的平衡浓度由下式决定

$$\frac{\partial F}{\partial n} = 0 \tag{4.1}$$

根据上式确定点缺陷平衡浓度与温度之间的关系必须作如下假设：

(1) 晶体中含有 N 个完全相同的原子，晶体的体积与温度无关。

(2) 点缺陷的形成能与温度无关。

(3) 点缺陷的数目为 n，没有相互作用，是相互独立的 ($n \ll N$)。

(4) 晶格振动的频率不受缺陷的影响。

下面以肖脱基缺陷为例加以分析。

晶体中共有 N 个相同的原子，利用排列组合可求出形成 n_s 个肖脱基缺陷可能有的排列方式数 P_s，即

$$P_s = \frac{N!}{(N - n_s)!\ n_s!} \tag{4.2}$$

用斯特令近似法可写成

$$\ln N! = N\ln N - N \tag{4.3}$$

当 N 足够大时满足此式。此时，式(4.2)可写成

$$\ln P_s = N\ln N - (N - n_s)\ln(N - n_s) - n_s\ln n_s \tag{4.4}$$

因此晶体组态熵的增加为

$$\Delta S = k\ln P_s = k[N\ln N - (N - n_s)\ln(N - n_s) - n_s\ln n_s] \tag{4.5}$$

晶体的自由能变化即可表示为

$$F = n_s\mu_s - T\Delta S = n_s\mu_s - Tk[N\ln N - (N - n_s)\ln(N - n_s) - n_s\ln n_s] \tag{4.6}$$

式中，μ_s 为肖脱基缺陷的形成能，即把晶格中的一个原子移到无穷远处所需的能量同把这个原子移回晶体表面所得到的能量之差。

要使晶体的自由能最小,则需满足式(4.1),即

$$\frac{\partial F}{\partial n_s}=0$$

求得

$$\mu_s+Tk\left(\frac{n_s}{N-n_s}\right)=0 \tag{4.7}$$

整理得到

$$\frac{n_s}{N-n_s}=\exp\left(-\frac{\mu_s}{kT}\right)$$

实际晶体中,由于 $n_s \ll N$, $\frac{n_s}{N}\approx\frac{n_s}{N-n_s}$,因此平衡时肖脱基缺陷数为

$$n_s=N\exp\left(-\frac{\mu_s}{kT}\right) \tag{4.8}$$

由式(4.8)可以看出,肖脱基缺陷对温度的变化特别敏感,温度升高缺陷数目以指数规律迅速增加,如纯铜在1 000 ℃时,$n_s=5\times10^{18}$ 个/m^3,而在室温时,$n_s=2\times10^{3}$ 个/m^3,温度升高空位数目相差15个数量级。晶体在高温时缺陷浓度很高,若将晶体缓慢冷却下来,使空位等点缺陷有充分的时间进行迁移,大部分会通过复合或迁移至晶体表面、晶界等处消失,使空位浓度显著降低;若将晶体从高温急冷(淬火)下来,则限制点缺陷的运动,使大量高温时的大量点缺陷被"冻结"下来,保留到低温,则实际的空位浓度必然远远高于该温度下的平衡浓度,获得了大量的过饱和空位。

用与导出肖脱基缺陷数目完全类似的方法,可以求出晶体中弗兰克尔缺陷的平衡数目。假设晶体中包含有 N 个原子,N'个间隙位置,则平衡缺陷数目为

$$n_F=\sqrt{NN'}\exp\left(-\frac{\mu_F}{2kT}\right) \tag{4.9}$$

式中,μ_F 是形成一个弗兰克尔缺陷所需要的能量。形成一个弗兰克尔缺陷所需的能量(约4 eV,包括空位形成能和间隙原子形成能)比形成一个肖脱基缺陷所需的能量(约1 eV)要大得多,所以在热平衡状态下,几乎不形成弗兰克尔缺陷,只形成肖脱基缺陷。

在一定温度下,间隙原子也有一定的平衡数目,用与上面相似的方法可以得出其平衡数目,即

$$n_1=N\exp\left(-\frac{\mu_1}{kT}\right) \tag{4.10}$$

式中,μ_1 是形成一个间隙原子所需要的能量。构成间隙原子,必须使原子挤入晶格的间隙位置,一般需要比形成空位更大的能量。

4.1.4 点缺陷对晶体性能的影响

点缺陷的存在对晶体的物理性能和力学性能都有一定的影响。对物理性能的影响主要是对晶体电阻和密度最明显。由于点缺陷破坏了原子的规则排列,对传导电子产生了附加的电子散射,使电阻增大。在金属材料中点缺陷引起的电阻升高可达10%~15%。因此,电阻率是研究点缺陷的一个简单灵敏的方法。点缺陷的存在还使晶体体积膨胀,密

度减小。

影响晶体力学性能的主要缺陷是非平衡点缺陷,当点缺陷具有平衡浓度时对晶体的力学性能没有明显的影响。非平衡点缺陷的产生主要有三种方式:(1)高温淬火(将高温的晶体激冷到低温)。(2)塑性变形。(3)高能粒子辐照(例如中子、质子、α粒子等)。通过这三种方式产生的大量非平衡点缺陷使晶体的力学性能发生很大的变化,例如使晶体的屈服应力得到提高,如图4.3所示通过辐照提高晶体的屈服应力。

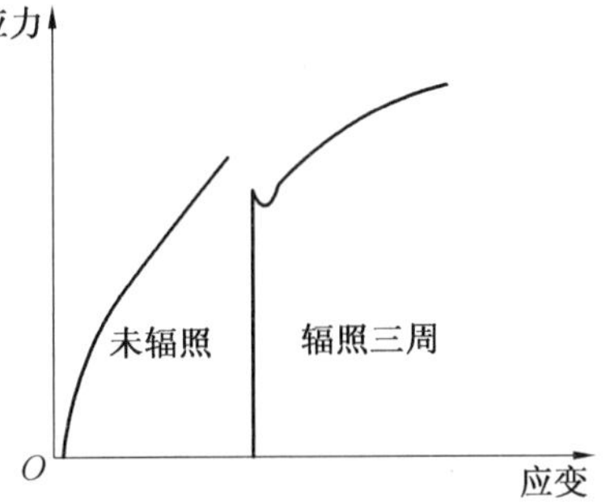

图4.3　未辐照和辐照的多晶铜的应力-应变曲线(在20℃下的实验)

由于高温时点缺陷的平衡浓度急剧增加,点缺陷无疑会对高温下进行的过程,如扩散、高温塑性变形和断裂、表面氧化、腐蚀等产生重要影响。

4.2　晶体中的扩散及其微观机理

晶体中的原子借助无规则热振动现象在晶格中的传输过程,称为扩散。固体中单个原子的扩散方向是毫无规则的,但是,当样品中原子分布不均匀或存在一定的浓度梯度时,大量原子的运动趋势是从高浓度区向低浓度区扩散,一直到样品中的原子分布均匀、浓度梯度消失为止。

固体中许多过程或现象都与扩散有关。例如,高碳钢在空气介质中加热(锻造、热处理)时,出现脱碳,以及向低碳钢或纯铁中渗碳,都与钢中的原子扩散有关。此外,离子晶体中的导电性、金属和合金中的相变过程及热处理和氧化过程等也都与扩散有关。

4.2.1　扩散第一定律

如果固体中扩散粒子(如晶体中的空位、杂质原子)的浓度梯度不为零,在无其他势场作用以及在一定温度条件下,扩散粒子可形成由高浓度区向低浓度区的扩散流。假设在扩散过程中,扩散系统各点的浓度只随着距离 x 变化,不随时间 t 而变化,即 $\partial C/\partial t=0$,则称这种扩散为稳态扩散。单位时间内通过垂直于扩散方向上单位面积的扩散物质的流量,称为扩散流密度或扩散通量,用 j 表示。

费克早在1885年根据数据分析发现,在稳态扩散条件下,通过某处的扩散流密度 j 与该处的浓度梯度成正比,其数学表达式为

$$j=-D\frac{\partial C}{\partial x} \tag{4.11}$$

式中,D 为扩散系数;$\partial C/\partial x$ 为扩散粒子的浓度梯度,负号表示扩散粒子的流动方向与浓度下降方向一致,即由高浓度区指向低浓度区扩散。

方程式(4.11)称为费克(A. Fick)第一定律,或称为扩散第一定律。

4.2.2 扩散第二定律

扩散第一定律的导出条件是:在扩散过程中各截面上的浓度不随时间而发生变化,即 $\partial C/\partial t=0$。这种稳态扩散的特殊情况在实际问题中是不多见的。而在多数扩散问题中,往往是扩散物质的浓度在扩散过程中随着时间而变化的,即满足 $\partial C/\partial x\neq 0$ 的非稳态扩散过程最常见,因此有必要对扩散规律做进一步的研究。

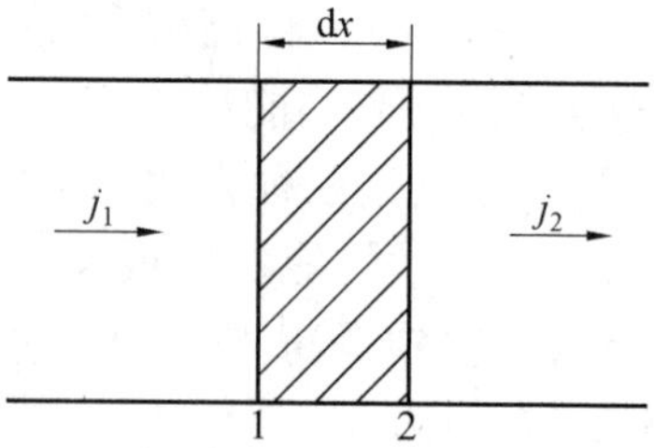

图 4.4 扩散通过微小体积的情况

非稳态扩散条件下,在扩散体中取一微小体积单元,如图 4.4 所示,其宽度为 dx,横截面积为 A,j_1 和 j_2 分别表示流入体积元和从体积元中流出物质的扩散流密度。则在单位时间内流入体积元的物质的速率为

$$M_1 = j_1 A$$

单位时间内流出体积元的物质的速率为

$$M_2 = j_2 A = j_1 A + \frac{\partial (jA)}{\partial x}\mathrm{d}x$$

则扩散物质在体积元中的积存速率为

$$M_3 = M_1 - M_2 = -\frac{\partial (jA)}{\partial x}\mathrm{d}x = -A\frac{\partial j}{\partial x}\mathrm{d}x$$

又因为体积元内物质的浓度随时间变化,因此也可用下式来表示体积元中的积存速率,即

$$M_3 = \frac{\partial (CA\mathrm{d}x)}{\partial t} = A\frac{\partial C}{\partial t}\mathrm{d}x$$

由此得到连续方程式,即

$$\frac{\partial C}{\partial t} = -\frac{\partial j}{\partial x} \tag{4.12}$$

将式(4.11)代入可以得出

$$\frac{\partial C}{\partial t} = D\frac{\partial^2 C}{\partial x^2} \tag{4.13}$$

方程式(4.13)为扩散第二定律的表达式。扩散第二定律表明,在扩散过程中,扩散物质随时间的变化率,与沿扩散方向上扩散物质浓度梯度随扩散距离的变化率成正比。此偏微分方程是变量 x 和 t 的函数,适用于分析浓度分布在扩散过程中不断变化的非稳态扩散问题。显然,在扩散第二定律表达式中,当 $\partial C/\partial t=0$ 时,即可变为扩散第一定律。

另外,式(4.13)是一维方向上的扩散方程,对于三维方向扩散,考虑到晶体的各向异性,扩散第二定律可以表示为

$$\frac{\partial C}{\partial t} = \frac{\partial}{\partial x}\left(D_x\frac{\partial C}{\partial x}\right) + \frac{\partial}{\partial y}\left(D_x\frac{\partial C}{\partial y}\right) + \frac{\partial}{\partial z}\left(D_x\frac{\partial C}{\partial z}\right) \tag{4.14}$$

将式(4.13)加上适当的初始条件和边界条件,可以对任意时刻扩散物质的浓度分布 $n(x,t)$ 做出推断。

下面以半无限长柱体为例求解方程式(4.13)。

假设一沿 x 方向半无限长柱体，有一定量 N 个粒子由表面向内部扩散。这是一个半无限空间的定解问题。设柱体表面在 $x=0$ 处，那么初始条件为

在 $t=0, x=0$ 时 $\qquad n(x,t)=N$

$x\neq 0$ 时 $\qquad n(x,t)=0$

在 $t>0$ 时 $\qquad \int_0^{\infty} n(x)\mathrm{d}x=N$

$$n(x,t)\mid_{t=0}=N\delta(x-0)$$

$$\left.\frac{\partial n(x,t)}{\partial x}\right|_{x=0}=0$$

这种情况下，式(4.13)解的形式为

$$n(x,t)=\frac{N}{\sqrt{\pi Dt}}\exp\left(-\frac{x^2}{4Dt}\right) \tag{4.15}$$

在实验中，通常利用放射性示踪原子来研究扩散规律。把含有示踪原子的扩散物由固体表面向内部扩散，测出各层的扩散物质浓度 $n(x)$，代入式(4.15)，即可求出扩散系数 D。在不同温度下测定 D 值，就可以得到 D 和温度 T 之间的关系，即

$$D=D_0\exp\left(-\frac{Q}{RT}\right) \tag{4.16}$$

式中，D_0 为一常数，称为频率因子；Q 称为扩散激活能；R 为气体常数。

4.2.3 扩散的微观机制

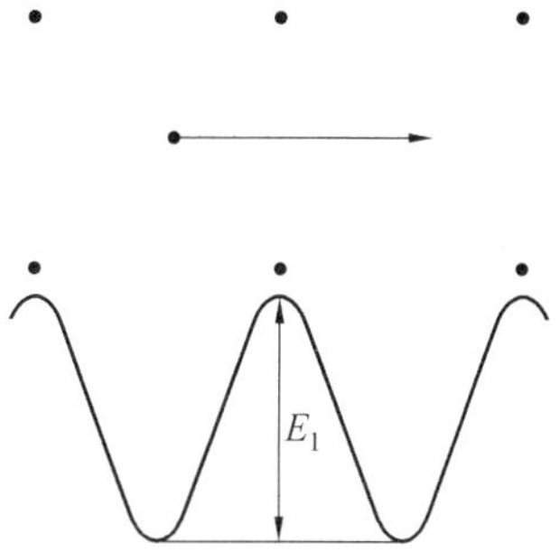

图 4.5 间隙原子运动势场示意图

晶体中原子的扩散与晶体缺陷及其运动有密切的关系。下面先讨论晶体中缺陷的运动，缺陷在晶格中运动需要的激活能可以从热涨落中获得，然后从一个晶格位置跳到另一个位置。

依靠热涨落现象所产生的缺陷，其运动是一种跨越势垒的过程。以间隙原子为例加以说明，如图 4.5 所示。晶格中的间隙位置是间隙原子的平衡位置，能量最低点，间隙位置之间是一个能量势垒，一般有几个电子伏特的能量，室温下原子振动能只有 $k_{\mathrm{B}}T$(约 0.026 eV)的数量级。间隙原子要从一个位置跳到另一个位置，必须靠偶然性的统计涨落获得高于势垒的能量。设势垒高度为 E_{I}，按照玻耳兹曼统计，在温度 T 时，粒子依靠热涨落获得能量 E_{I} 的几率与 $\exp(-E_{\mathrm{I}}/kT)$ 成正比。如果间隙原子在平衡位置附近振动的频率为 ν_{01}，每次振动都是间隙原子跨越势垒的一次尝试，跃迁几率为 $\exp(-E_{\mathrm{I}}/kT)$，因此，单位时间内间隙原子跨越势垒的次数为

$$P_{\mathrm{I}}=\nu_{01}\exp(-E_{\mathrm{I}}/kT) \tag{4.17}$$

这里 ν_{01} 称为跳跃频率。

间隙原子每跳跃一步所必须等待的时间为

$$\tau_{\mathrm{I}}=P_{\mathrm{I}}^{-1}=\nu_{01}^{-1}\exp(E_{\mathrm{I}}/kT) \tag{4.18}$$

同理，空位所处的位置也是势能最低的位置，邻近格点上的原子跳到空位上也必须跨越一个势垒。用同样的方法可以得出，单位时间内空位跨越能量为 E_{V} 的势垒的次数为

$$P_{\mathrm{V}}=\nu_{0\mathrm{V}}\exp(-E_{\mathrm{V}}/kT) \tag{4.19}$$

空位每跳跃一步必须等待的时间为

$$\tau_V = P_V^{-1} = \nu_{0V}^{-1}\exp(E_V/kT) \tag{4.20}$$

发生在晶体中的扩散有两类：一类是外来杂质原子在晶体中的扩散；另一类是自扩散，即构成晶体的基质原子的扩散。基质原子的自扩散是借助于点缺陷的运动而运动的，杂质在晶体中的扩散也和热缺陷的存在和运动有关。对于扩散的研究集中在阐明扩散的微观机制，并由此进一步说明扩散系数与温度之间的关系。

从微观角度来看，扩散是粒子（原子、离子、点缺陷等）的布朗运动。布朗运动中反映粒子无规运动快慢的参数是布朗行程的平方均值$\overline{x^2}$，扩散系数是反映粒子扩散快慢的另一个参数，两者之间的关系是

$$\overline{x^2} = 2D\tau \tag{4.21}$$

式中，τ 是扩散粒子完成一次布朗行程所需时间的统计平均值。

自扩散机制有两种：一是空位机制；二是间隙原子机制。

1. 空位机制

扩散粒子通过与空位互换位置进行迁移，只有当扩散原子的近邻有一个空位时，原子才能跨越势垒跳跃一步，完成一次布朗运动。对于空位机制，x 等于格点间距离 a，即$\overline{x^2}=a^2$，跳跃一步所需的时间是 τ_V。而实际上扩散原子附近出现空位的几率是$\dfrac{n_V}{N}$，即空位平均跳跃$\dfrac{N}{n_V}$步，经历$\dfrac{N}{n_V}\tau_V$ 时间间隔才能靠近扩散原子，因此

$$\tau = \frac{N}{n_V}\tau_V \tag{4.22}$$

由此可以得出

$$D = \frac{1}{2}\frac{\overline{x^2}}{\tau} = \frac{1}{2}a^2\frac{n_V}{N\tau_V} = \frac{1}{2}a^2\nu_{0V}\exp\left(-\frac{u_V + E_V}{kT}\right) \tag{4.23}$$

式(4.23)中的指数项表明了扩散过程与某种热激发有关，u_V+E_V 表示激活能，当 u_V 小时，空位浓度大，扩散原子附近出现空位的几率大，易于发生扩散。E_V 是扩散原子与其邻近的空位交换位置所必须跨越的势垒高度，E_V 小，空位运动快，比较容易靠近扩散原子并与之交换，完成一次布朗运动。由此可见，扩散系数随温度的升高而增大，随激活能 u_V+E_V 的减小而增大。

2. 间隙原子机制

用同样的方法可以求出这种扩散机制的扩散系数 D 为

$$D = \frac{1}{2}a^2\nu_{0V}\exp\left(-\frac{u_I + E_I}{kT}\right) \tag{4.24}$$

通过以上叙述表明，扩散系数具有

$$D(T) = D_0\exp(-Q/kT) \tag{4.25}$$

的形式。按照上式，做 $\ln D$ 和 $1/T$ 的曲线应该得到一条直线，从其斜率可以得到激活能。但是，当测量范围较宽时，实际得到的曲线如图 4.6 所示，表明在高温和低温时扩散有性质上的不同。

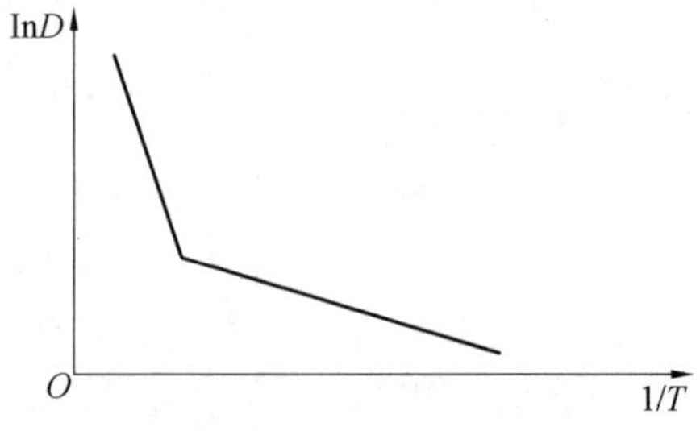

图 4.6　扩散系数随温度的变化

杂质原子的扩散机制同上面讨论的自扩散机制相类似。但是由于杂质原子大小等因素的影响,一般杂质原子的扩散系数比自扩散系数要大。

4.3 色　　心

4.3.1 色　心

晶体中的点缺陷借助于它们的有效电荷而束缚住电子或空穴,如果这些电子或空穴的激发导致可见光谱区的光吸收,则称这些点缺陷为色心。离子晶体中的某些点缺陷是带有效电荷的中心,它们可能束缚电子(例如碱卤晶体中的负离子空位可以束缚电子),这种缺陷结构能吸收可见光而使晶体着色。这种吸收在碱卤化物上看得特别清楚,因为没有色心的碱卤化物(即符合理想配比的高纯碱卤化物)对于紫外到红外的区段是完全透明的。色心的出现使晶体明显着色,出现颜色是因为在原先为透明的区段内出现了吸收带。可以通过下列方式使晶体着色:

(1)掺入化学杂质,在晶体中形成吸收中心。

(2)引入过量的金属离子,形成负离子空位,正电性的负离子空位束缚住从金属原子中电离的电子,从而形成可见光的吸收中心。

(3)X 射线、γ 射线、中子或电子轰击晶体形成损伤,使晶体产生点缺陷,可以束缚电子或空穴形成可见光的吸收中心。

(4)电解过程。

4.3.2 色心的形成过程

最常见的色心是 F 心,是离子晶体中一个负离子空位束缚一个电子所形成的,可以看作是在空位处的一种电子陷阱,如图 4.7 所示。F 心的物理性质由束缚电子和晶格的离子相互作用决定,可以采用方势阱模型来模拟负离子空位与其束缚电子之间的相互作用并计算受束缚电子的能量本征值。如势阱的边长为 $a/2$(a 为晶格常数),则束缚电子的能量允许值为

$$E_n = \frac{\pi^2}{2} \cdot \frac{h^2}{m \cdot (a/2)^2} n^2 \quad (n^2 = n_1^2 + n_2^2 + n_3^2)$$

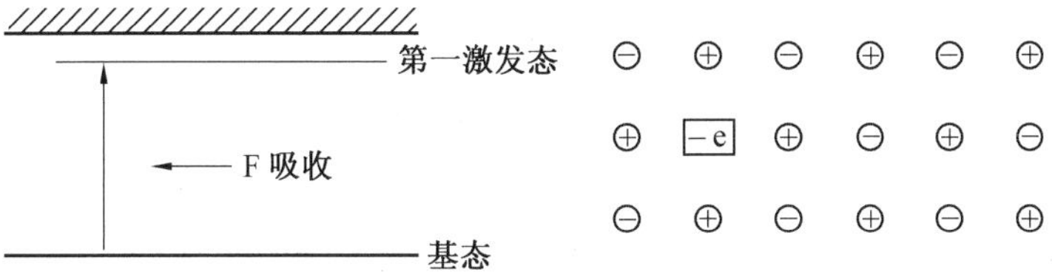

图 4.7　F 心的电子能态及 F 心形成

电子从基态跃迁到第一激发态所吸收的能量为

$$\Delta E = \frac{\pi^2}{2}\frac{h^2}{m}\frac{1}{(a/2)^2}$$

与该能量对应的吸收带在可见光谱中。

碱卤晶体在碱金属蒸气中加热,然后骤冷,原来透明的晶体就出现了颜色,这个过程称为增色。例如 NaCl 晶体在 Na 蒸汽中加热后呈黄色;KCl 晶体在 K 蒸汽中加热后成品红色。这是因为经过增色以后,晶体中形成超过化学比的碱金属离子,从而形成负离子空位。负离子空位束缚着原碱金属原子上的一个电子,形成吸收中心。图 4.8 说明碱卤晶体在碱金属蒸气中加热形成负离子空位,即 F 心的过程。

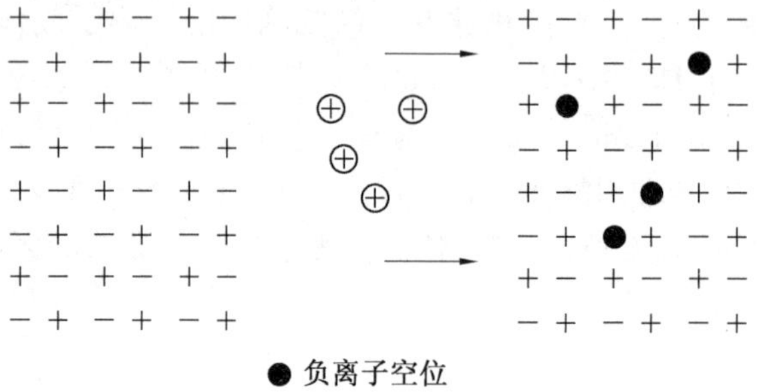

图 4.8　碱卤晶体在碱金属蒸气中加热形成负离子空位的过程

离子晶体在可见光区各有一个吸收带称为 F 带,图 4.9 列出几种晶体中 F 带。吸收带的宽度同温度有关,温度越低,吸收带就会变得越窄。这个吸收带实际上对应一根吸收谱线,该谱线变成吸收带是由于晶格振动所引起的。温度越高,晶格振动越剧烈,吸收带就会变宽。

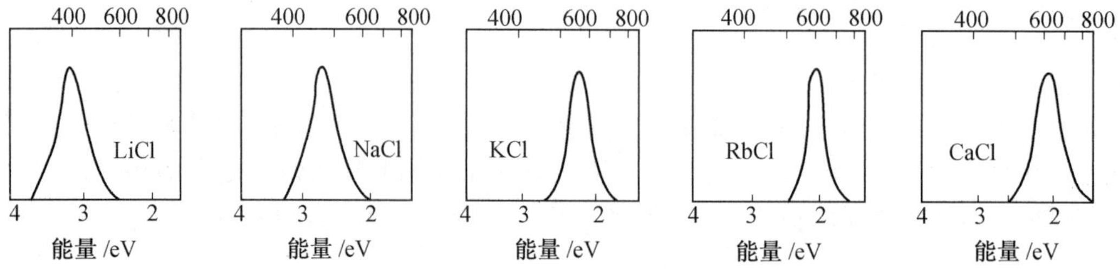

图 4.9　几种碱卤金属的 F 带

4.3.3　色心的种类

F 心　F 心是色心中最简单的一种。如果 F 心的六个最近邻离子中的某一个被另一个不同的碱金属离子取代,就形成 F_A 心,如图 4.10(a)所示。图中六角形表示负离子空位束缚一个电子。

V 心　若将碱卤晶体(如溴化钾或碘化钾)在卤素蒸气中加热,然后骤冷,则在晶体中将出现一些 V 心,含溴过量的溴化钾晶体在紫外区将出现 V 带。

F 心和 V 心是碱卤晶体中色心的两种典型。此外,碱卤晶体中色心还有 M 心、R 心等。

M 心　M 心由两个相邻的 F 心构成,如图 4.10(b)所示,(1 0 0)面两个相邻负离子空位各俘获一个电子,图中两个六边形分别束缚一个电子。

R 心　R 心是三个相邻的 F 心构成的,如图 4.10(c)所示,(1 1 1)面三个相邻的负离子空位各俘获一个电子构成 R 心。

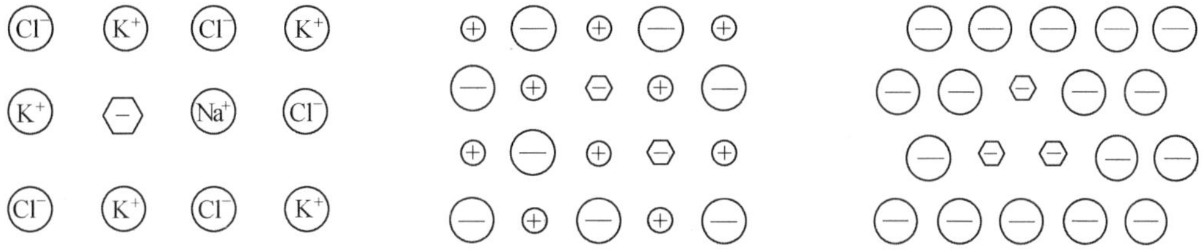

(a) KCl 晶体的 FV 心　　(b) M 心　　(c) R 心

图 4.10　色心的构成

4.4　线缺陷

晶体中的线缺陷主要是各种类型的位错,是晶体中某处的一列或几列原子发生错排产生的线形点阵畸变区。线缺陷的特征是在两个方向上的尺寸很小,而另一个方向上的尺寸很大。

位错的概念最初是在 20 世纪 30 年代为了解释材料的理论屈服强度与实测值之间的巨大差异而提出来的,在当时由于实验条件的限制,没有直接的实验证据,因而位错理论受到怀疑和争议。直到 50 年代,浸蚀法、透射电镜技术等一系列的观测方法出现后,位错理论才得到证实,并且取得巨大的发展。人们逐渐认识到位错还影响着晶体的力、电、光学等性质,对相变和扩散等过程也有重大的影响。

4.4.1　位错概念的引入

晶体在外力作用下发生塑性变形,通过显微镜观察表明,变形是由一个原子平面相对于另一个原子平面的滑移产生的。对于晶体材料,滑移通常是发生在密排面,例如面心立方结构的{1 1 1}面上,并且沿该面上的原子最密排方向,例如面心立方结构中的⟨1 1 0⟩晶向。在金相显微镜下观察发生塑性变形的金属表面,可以看到一些条纹,这些条纹称为滑移带。

但是,应用滑移理论计算晶体塑性变形,其抗力与实际测定值之间有着巨大的差异(表 4.1)。1926 年,弗兰克(Frankel)首先应用简单的方法计算了晶体的理论强度。他假设晶体是完整的,滑移时滑移面两侧的晶体象刚体一样,所有原子同步平移,发生刚性滑动。

表 4.1　金属晶体的理论切应力值和实测切应力值比较

金属	切变模量/(MN·m^{-2})	理论切应力/(MN·m^{-2})	实际切应力/(MN·m^{-2})
Al	24400	3830	0.786
Ag	25000	3980	0.372
Cu	40700	6480	0.490
α-Fe	38950	10960	2.75
Mg	16400	2630	0.393

在晶体中有两列受剪应力的原子,其晶面间距为 a,原子间距为 b,如图 4.11 所示。在切应力的作用下,晶面上的原子由一个平衡位置运动到另一个等价的位置。假设位移为 x 时,切应力为 τ,则 τ 是周期为 b 的函数,可以写为

$$\tau = c\sin\left(\frac{2\pi x}{b}\right) \tag{4.26}$$

式中,c 为一常数。在位移很小的情况下,可以写为

$$\tau = c\,\frac{2\pi x}{b} \tag{4.27}$$

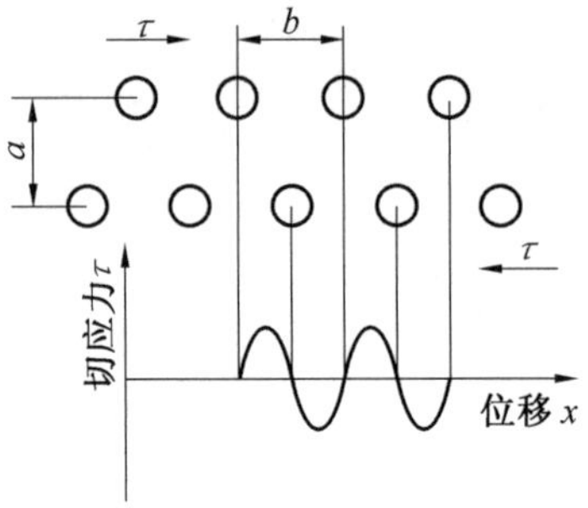

图 4.11　理想晶体滑移模型

对于较小的弹性位移,应用虎克定律,切应力为

$$\tau = G\,\frac{x}{a} \tag{4.28}$$

式中,G 为剪切模量;x/a 为切应变。则由式(4.27)和式(4.28)得

$$c = \frac{Gb}{2\pi a} \tag{4.29}$$

由此可得

$$\tau = \frac{Gb}{2\pi a}\sin\left(\frac{2\pi x}{b}\right) \tag{4.30}$$

切应力的最大值为

$$\tau_{\max} = \frac{Gb}{2\pi a} \tag{4.31}$$

由式(4.31)得到的最大值,就是材料的理论屈服应力 τ_0。假设 $a \approx b$,则 $\tau_0 = G/2\pi$。但是,实际材料屈服应力的实验值比上述理论值小 2 ~ 4 个数量级。这一矛盾表明,简单的刚性滑移模型不符合真实晶体的变形特点,实际晶体中的缺陷,削弱了它的机械强度。这样人们不得不放弃刚性相对滑移的假设,开始新的探索。后来又提出了滑移从晶体的局部区域开始的,逐步扩大到整个晶面上的“逐步滑移”模型,如图 4.12 所示,该模型与上述刚性模型的区别在于滑移时晶体的上半部并不是整体地刚性滑移,而是首先在局部的薄弱位置发生,滑移前沿在微小切应力的作用下逐步的滑移,由“逐步滑移”模型估算出的屈服强度与实测值吻合得很好。当晶体滑移时,在已滑移区和未滑移区的边界地带的原子组态不同于理想晶体点阵,附近的原子有较小的弹性偏移,其他区域的原子仍然处于正

常位置,呈现出一种特殊的原子排列方式。1934 年,泰勒(G · I · Taylor)、奥罗万(E · Orown)和波朗依(M · Polanyi)几乎同时提出了晶体中包含这种形式的缺陷的假说,并称之为位错。1956 年布拉格等人利用透射电镜技术获得了位错形态及其运动的实验证据,在随后实验中位错理论被越来越多的证实,得到了人们的普遍承认。

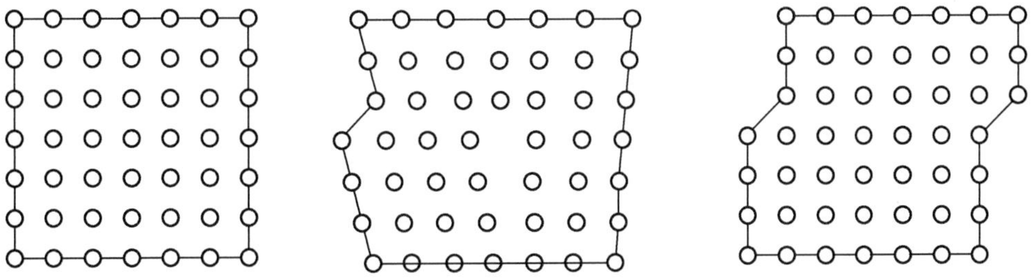

图 4.12　晶体滑移的位错机制

4.4.2　位错的类型

当晶体受到外力作用发生局部滑移时,在已滑移区和未滑移区中间的过渡地带形成了原子排列的紊乱区域,这一区域就是线缺陷,即位错。位错处的原子虽然偏离了理想的点阵位置,但也并不是随机杂乱无章的堆积,而是原子排列的一种特殊组态。按照其结构特征,可以分为两种最基本和最简单的类型,即刃型位错和螺型位错。

1. 刃型位错

设有一简单立方晶体,当晶体受到应力作用时,其上半部分相对于下半部分沿 *ABCD* 面(称为滑移面)局部地滑移了一个原子间距,结果在滑移面的上半部分已滑移区和未滑移区之间出现了多余的半个原子面 *EFGH*,这半个原子面象一把刀插入晶体中,形成刃型位错。从图 4.13 中可以看出,在沿半个原子面的“刀刃”*EF* 处,晶格发生了很大的畸变。由于多余半原子面的插入,使上半部分晶体受挤压,原子间距减小;下半部分受拉伸,原子间距增大。位错中心处畸变最严重,把这种点阵畸变的中心线称为位错线。在图 4.13、图 4.14 中,多余半原子面与滑移面的交线 *EF* 处点阵畸变最为严重,*EF* 表示该刃型位错的位错线。随着离位错线距离增加,点阵畸变程度逐渐减小,在无穷远处为零,但是严重的畸变区一般只有几个原子间距。一般把位错严重畸变(点阵畸变大于 1/4 原子间距)的范围称为位错宽度,通常为几个原子间距,但是位错的长度可达几百个到几万个原子间距。因此刃型位错是以位错线为中心的点阵畸变“管道”。需要注意的是,刃型位错的位错线不一定是直线。从图 4.14 中可以看到位错线的方向和滑移方向(晶体受切应力的方向)相垂直。

多余半原子面是刃型位错的表征。习惯上把多余半原子面位于滑移面上方的刃型位错称为正刃型位错,用符号“⊥”表示。当多余半原子面在滑移面下方时,称为负刃型位错,用符号“⊤”表示。刃型位错的正负是相对而言的。

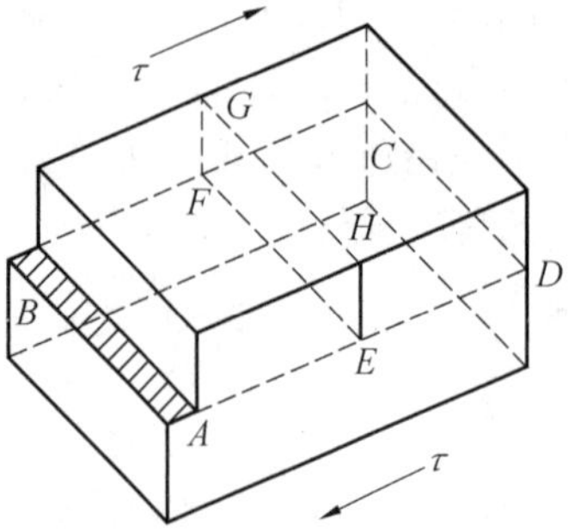

图 4.13　刃位错示意图

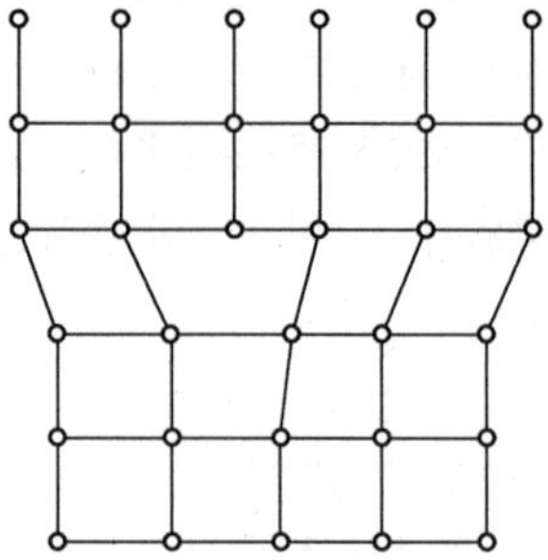

图 4.14　刃位错晶格变化

2. 螺型位错

如果设想用刀子将晶体切开一部分，并使两边晶体相对滑移一个原子间距，然后粘合起来得到如图 4.15 所示的情况。在已滑移区和未滑移区边界线附近，原子失去晶格周期性，发生错排，构成螺型位错缺陷。已滑移区和未滑移区的边界线称为位错线。

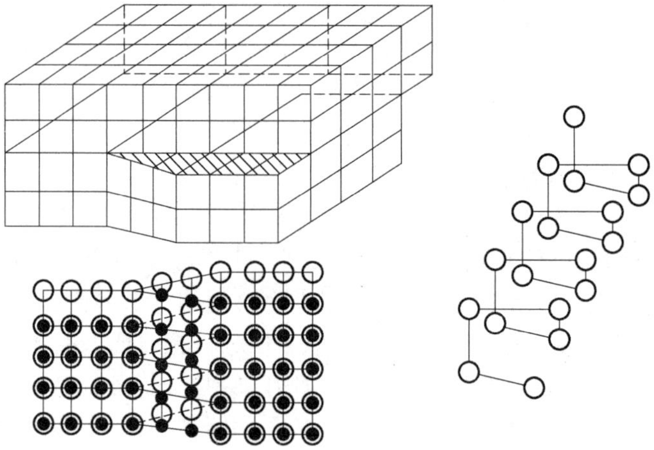

图 4.15　螺型位错

如果在原子平面上绕螺型位错走一周，就会从一个晶面走到下一个晶面（或上一个晶面）上去。在这种情况下，原子不再构成一些平行的原子平面，而是形成以位错线为轴的螺旋面，因此称这种位错为螺型位错。螺型位错线以外的四周原子基本上保持着晶格排列，但是在位错线附近，由于原子面从平行晶面变为螺旋面而受到扭曲。螺型位错是只有几个原子间距宽的螺旋状点阵畸变“管道”。在“管道”中心，点阵畸变最为严重，是螺型位错的位错线，显然，螺型位错的位错线与滑移方向相同，并且位错的点阵畸变场关于位错线成轴对称。

根据原子排列成螺旋线的旋转方向，螺型位错可以分为左旋和右旋螺型位错。以拇指的方向代表螺旋前进的方向，其余四指代表螺旋的旋转方向，符合右手法则的称为右旋螺型位错，符合左手法则的称为左旋螺型位错。图 4.15 所示为右旋螺型位错。

3. 位错的柏氏矢量

为了描述不同类型的位错和表示出位错周围原子的点阵畸变的大小和方向，1939 年柏格斯(J·M·Burgers)提出了一个可以描述位错的本质和各种行为的矢量,称为柏格斯矢量,简称柏氏矢量,用 $\boldsymbol{b}$ 表示。

以一简单立方晶体中的刃型位错为例,确定位错的柏氏矢量。首先要在含有位错的实际晶体中作一闭合回路,从晶体中任一原子出发,沿逆时针方向围绕位错,但是要避开位错线,回路中也不能包含其他缺陷,如图 4.16(a)中 $MNOPQ$ 回路称为柏氏回路。再在参考的理想晶体中作一步数相等,方向相同的回路,如图 4.16(b)中 $M'N'O'P'Q'$ 回路,显然该回路不能闭合。为了使参考晶体中的回路闭合,必须从终点向起点引一矢量 $\boldsymbol{b}$,使回路闭合。则矢量 $\boldsymbol{b}$ 为实际晶体中的柏氏矢量。利用同样的方法,也可以确定螺型位错的柏氏矢量,不过作出的回路为三维回路。

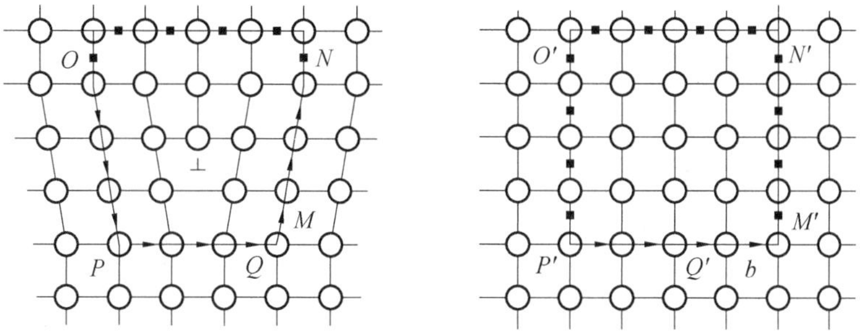

图 4.16　刃型位错柏氏矢量的确定

从图中可以看出刃型位错的柏氏矢量垂直于位错线,螺型位错的柏氏矢量平行于位错线。柏氏矢量是位错区别于其他晶体缺陷的特征,因此可以把位错定义为柏氏矢量不为零的晶体缺陷。

4.4.3　与位错有关的现象和性质

1. 杂质原子与位错

由于位错线附近晶格畸变,晶体中的杂质原子会在这里聚集,如图 4.17 所示。当比基质原子小的杂质原子 A 进入晶格时,它倾向于处在刃型位错线上部晶格受压缩的区域。当比基质原子大的杂质原子 B 进入晶格时,比较容易进入刃型位错线下部晶格受扩张的区域,以此来减少晶体的形变势能。所以,在位错线附近容易聚集杂质原子。

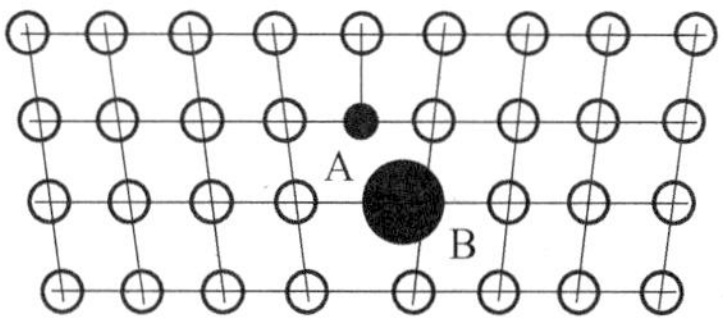

图 4.17　位错与杂质的聚集

2. 位错的攀移

刃型位错除能在滑移面上滑移外,还可以在垂直于滑移面的方向运动,从而使位错线离开原来的滑移面,这种运动称为攀移。如果多余半原子面下端的原子扩散出去,即空位迁移到半原子面的下端时,位错线的一部分或整个将上移到另一个新的滑移面上,多余半原子面缩小,这种运动称为“正攀移”。反之,如果原子迁移到半原子面的下端,位错线下移,多余半原子面扩大,称为“负攀移”,如图 4.18 所示。位错的攀移伴随着空位的产生和消失。在室温时,位错的攀移比滑移困难。只有升高温度时,原子扩散能力增加,攀移才易于发生。

螺型位错由于没有多余半原子面，所以不能攀移，只能滑移。

3. 位错与小角晶界

在晶体内部，常常发现存在某些区域，它们的晶格之间有小角度的差别。这种晶粒之间的差别称为晶粒间界，可以认为是由一系列间隔成一定距离的刃型位错垂直排列而成，相当于晶界两边的晶体绕平行于位错线的轴各自旋转相反的 $\theta/2$ 角而形成，如图4.19所示。在旋转过程中，为了使它们之间的原子尽可能完整地按照晶格点阵排列在一起，每隔几行插入一片半原子面，形成刃型位错。

位错的间距 D 可以按下式求得，即

$$D=\frac{b}{2\sin\frac{\theta}{2}} \tag{4.32}$$

式中，b 为原子间距。当 θ 很小时，$\sin\frac{\theta}{2}\approx\frac{\theta}{2}$，故有

$$D\approx\frac{b}{\theta} \tag{4.33}$$

如果取 $b=0.25$ nm，$\theta=1°$时，位错间距为 14 nm；而取 $\theta=10°$时，位错间距仅为 1.4 nm，只有 56 个原子间距左右。此时，晶界上位错密度太大，与实际情况不符。显然，当 θ 值较大时，该模型是不适用的。

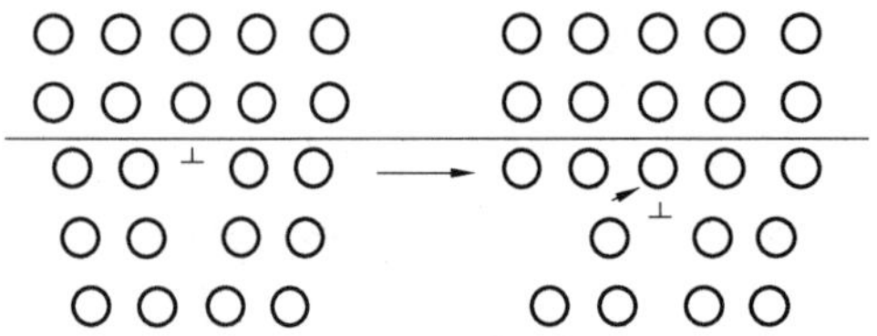

图 4.18　位错攀移

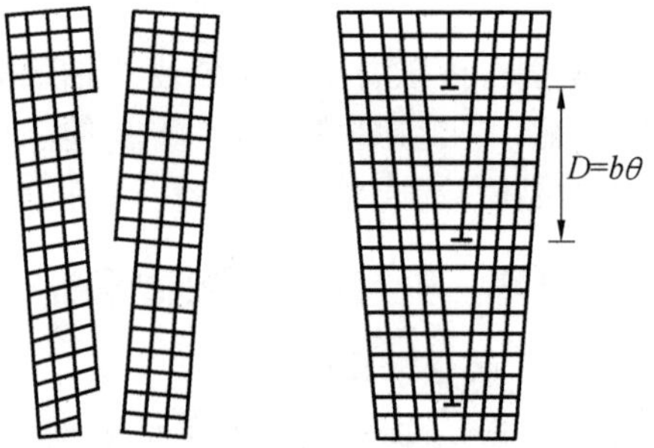

图 4.19　小角晶粒间界

4. 位错的线张力

晶体中有位错存在时，由于位错线附近的晶格畸变，在其周围产生弹性应变和应力场，所以单位位错线上就存在附加的弹性能量 E。为了降低能量，位错线有尽量缩短的趋势。因此，形成环状的位错将倾向于缩小面积而最终消失，其他形状的位错将尽可能的变成一条直线。

当位错的长度增加一无限小量 δ_x 时，则所做的功等于 $E\delta_x$，可以认为这个功是在张力 T 作用下移动距离为 δ_x 所产生的。所以，$T=E$，即认为一个位错具有线张力为 $T=E\approx Gb^2$。通过计算可以得出使一段位错弯曲成曲率半径为 R 的弧，单位长度上的法向力为

$$F=T/R\approx Gb^2/R$$

5. 位错周围的应力场和弹性能

晶体受到变形时，在形变区域附近将存在应力场和弹性能。位错的许多特性是由位错在其周围材料中所产生的应力场和弹性能所决定的。位错引起的畸变区分为位错中心的严重畸变区和远离位错中心的较小畸变区，严重畸变区一般为 0.5 ~ 1 nm，与位错的柏

氏矢量具有相同的数量级,研究该区域的情况,必须考虑晶体结构和原子间的相互作用,这是相当复杂的。下面以螺型位错为例求解位错周围较小畸变区的应力场和弹性能。

把一个轴心与 z 轴重合,内半径为 R_c,外半径为 R 的空心圆柱体沿径向切开,并将切开的两侧沿 z 轴相对移动一个距离 b,然后黏合起来,如图 4.20 所示。该空心圆柱的畸变情况与一个螺型位错的畸变较小区的情况相似。该位错的位错线沿 z 轴,柏氏矢量为圆柱体的滑移矢量 $\boldsymbol{b}$。

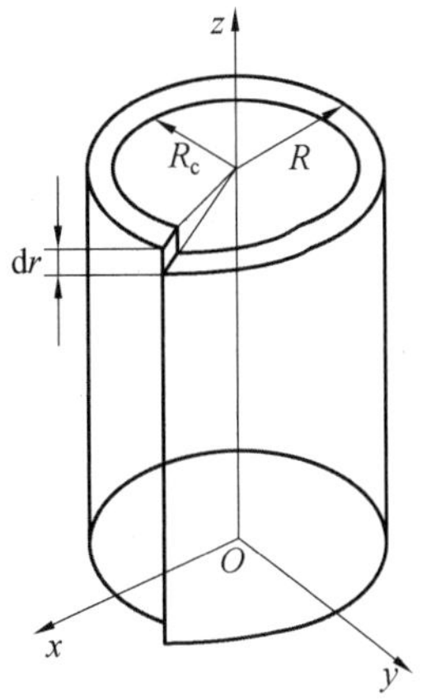

图 4.20　螺型位错畸变区的应力和弹性能

由于圆柱体只有沿 z 轴方向的变形(柱坐标系),因此位错产生切应变为

$$\begin{cases}\varepsilon_{\theta z}=\varepsilon_{z\theta}=\dfrac{b}{2\pi r}\\ \varepsilon_{\theta r}=\varepsilon_{r\theta}=\varepsilon_{zr}=\varepsilon_{rz}=0\\ \varepsilon_{r}=\varepsilon_{\theta\theta}=\varepsilon_{zz}=0\end{cases}\tag{4.34}$$

其相应的切应力为

$$\begin{cases}\sigma_{\theta z}=G\varepsilon_{\theta z}=\dfrac{Gb}{2\pi r}\\ \sigma_{\theta r}=\sigma_{r\theta}=\sigma_{zr}=\sigma_{rz}=0\\ \sigma_{rr}=\sigma_{\theta\theta}=\sigma_{zz}=0\end{cases}\tag{4.35}$$

式中,G 为切变模量。

由于圆柱体在 x 和 y 方向没有位移,所以其余的应力和应变分量均为零。若令式(4.35)中 $r\to 0$,则 $\sigma_{\theta z}\to\infty$,说明这些表达式不适用于位错中心区。

对于螺型位错周围体积元的弹性能为 $\mathrm{d}E=\dfrac{1}{2}\sigma_{\theta z}\varepsilon_{\theta z}\mathrm{d}V$,其中 $\mathrm{d}V=2\pi r/\mathrm{d}r$,则

$$\mathrm{d}E=\frac{Gb^2}{4\pi}l\,\frac{\mathrm{d}r}{r}$$

因此可以求出位错的弹性能为

$$E_s=\int_{R_c}^{R}\frac{Gb^2}{4\pi}l\,\frac{\mathrm{d}r}{r}=\frac{Gb^2 l}{4\pi}\ln\frac{R}{R_c}\tag{4.36}$$

刃型位错的应力场在直角坐标系中表示为

$$\begin{cases}\sigma_{xx}=-D\dfrac{y(3x^2+y^2)}{(x^2+y^2)^2}\\ \sigma_{yy}=D\dfrac{y(x^2-y^2)}{(x^2+y^2)^2}\\ \sigma_{zz}=\gamma(\sigma_{xx}+\sigma_{yy})\\ \tau_{xy}=\tau_{yx}=D\dfrac{x(x^2-y^2)}{(x^2+y^2)^2}\\ \tau_{yz}=\tau_{zy}=\tau_{zx}=\tau_{xz}=0\end{cases}\tag{4.37}$$

$$D=Gb/2\pi(1-\nu)$$

式中，ν 为泊松比；G 为切变模量；b 为柏氏矢量的模。

刃型位错的弹性能为

$$E_{c}=\frac{Gb^{2}}{4\pi(1-\nu)}\ln\frac{R}{R_{c}} \tag{4.38}$$

比较表达式(4.37)和式(4.38)，位错的弹性能和柏氏矢量的平方成正比，这说明柏氏矢量越小的位错，能量越低，在晶体中越稳定。

4.5 面缺陷

晶体的面缺陷包括两类：晶体的外表面和晶体中的内界面，其中内界面又包括了晶界、亚晶界、孪晶界、相界、堆垛层错等。这些界面通常只有几个原子层厚，而界面面积远远大于其厚度，因此称为面缺陷。面缺陷的特征是在一个方向上的尺寸很小，而在另两个方向上的尺寸很大，它对材料的力学、物理、化学性能都有重要的影响。

4.5.1 表面

晶体的表面是指晶体与气体或液体等外部介质相接触的界面。处于表面上的原子同时受到内部原子和外部介质原子或分子的作用力，这两种作用力不会平衡，造成表面层的点阵畸变，能量升高。表面的存在对晶体的物理化学性质有重要的影响，特别是化学性能如吸附、催化、耐蚀性等。

4.5.2 晶界

大多数的晶体不是单晶体，而是多晶体。在多晶体中，结构、成分相同而位相不同的相邻晶粒之间的界面称为晶界。它是晶体中最常见且对材料力学性能影响最大的面缺陷。通常按两晶粒间的位相差 θ 的大小将晶粒分为小角晶界和大角晶界，位相差小于 10°的晶界为小角晶界，大于 10°的为大角晶界。

小角晶界一般有两种基本的构成方式：倾侧晶界和扭转晶界。倾侧晶界如 4.4.3 节中所述，可以用一列相距一定距离的同号刃型位错垂直排列形成的位错壁来描述。扭转晶界实质上是两组交叉的螺型位错的网络。实际晶体中的小角晶界的旋转轴可与晶面有任意位向，是倾侧晶界和扭转晶界的组合，其结构复杂。但是小角晶界是由位错组成的。实际晶体中亚晶界通常是小角晶界。

相对于小角晶界，对大角晶界的认识要少得多，目前提出过几种不同类型的晶界模型，如重合位置点模型、平面匹配模型，以及旋错模型等，这些模型都有各自适用的特殊晶界，也有各自的不足。综合各种模型的特点以后，一般认为：界面的一边的取向不同于另一边的取向，可以看作是有一系列相隔一定距离的刃型位错垂直排列而成的，相当于晶界两边的晶体绕平行于位错线的轴各自向相反的方向旋转一定角度而成的，如图 4.21 所示。

由于晶界上原子排列的不规则性使其处于较高的能量状态，因此材料在晶界处表现出许多特性。晶界内的原子排列结构比较疏松，原子在晶界的扩散速度远远高于晶内；杂质或溶质原子也容易在这里发生偏聚；晶界处的原子处于不稳定状态，其腐蚀速度一般也要比晶内快，在制作光学金相试样时，抛光后再用腐蚀剂浸蚀试样时，晶界因受浸蚀而很快形成沟槽，在显微镜下比较容易看到黑色的晶界，如图 4.22 所示为钢中的奥氏体晶粒，其中可以看到清晰的黑色的晶界。

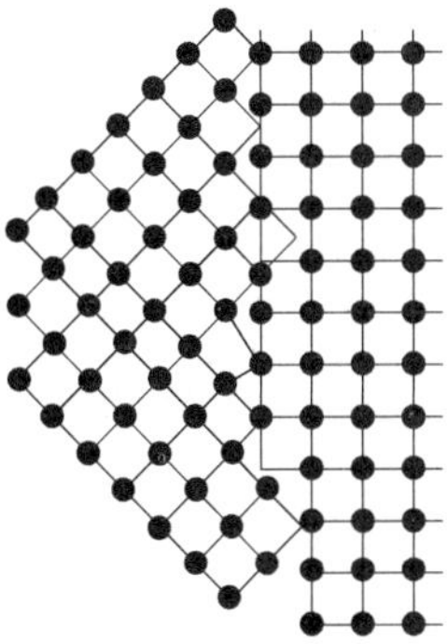

图 4.21　大角晶界模型

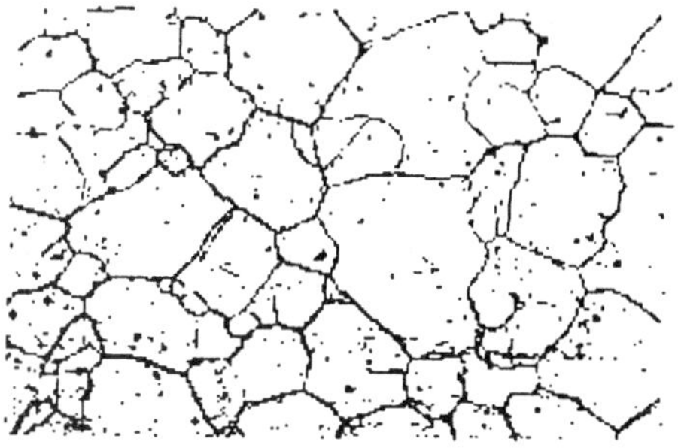

图 4.22　钢中的奥氏体晶粒

4.5.3　堆垛层错和孪晶界

在密堆晶体中，堆垛次序的破坏可以产生堆垛层错和孪晶界两种缺陷。面心立方结构的堆垛方式为 ABC ABC…，当这种排列顺序发生错乱时，例如若在排列中有 A 列丧失，就形成 ABCBCABC…的结构，若在排列中附加了 A 列，形成 ABCABACABC…结构，这种由于各层不按排列顺序堆积而形成的结构，就是堆垛层错，如图 4.23 所示。

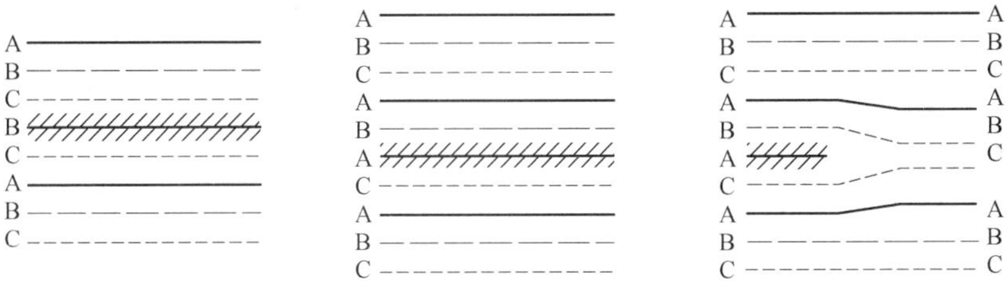

(a)　(b)　(c)

图 4.23　堆垛层错示意图

如果发生错排以后，形成的晶粒关于晶界成对称关系，则这两个晶粒即为孪晶，孪晶之间的界面称为孪晶界，如图 4.24 所示，区域和区域的位向相同，区域相对于区域，具有孪晶位向，它们之间的界面就是孪晶界，同时也是堆垛次序发生改变的地方。

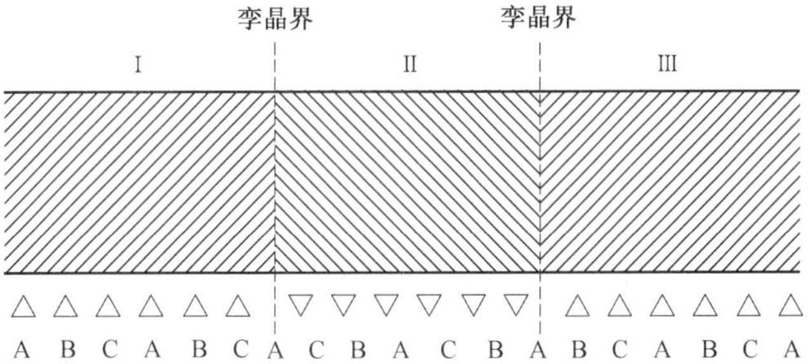

图 4.24　孪晶及孪晶界

思　考　题

4.1　为什么形成一个空位所需要的能量低于形成一个弗兰克尔缺陷所需要的能量？

4.2　离子晶体有哪些类型的点缺陷？

4.3　什么是色心？它有哪些种类？

4.4　讨论间隙原子和空位复合时，可以将其中一种缺陷看成是相对静止，另一种缺陷移近它而进行复合。这种近似处理的根据是什么？

4.5　自扩散是以点缺陷的存在为前提的，扩散系数中出现激活能项的根据是什么？Q 与哪些因素有关？

4.6　分析位错线可以聚集杂质的根据？

4.7　位错运动的蠕动模型有什么实验根据？

习　　题

4.1　试证明，由 N 个原子组成的晶体，其肖脱基缺陷数为

$$n_s = N\exp\left(-\frac{\mu_s}{k_B T}\right)$$

其中 μ_s 是形成一个空位所需要的能量。

4.2　铜中形成一个肖脱基缺陷的能量为 1.2 eV，若形成一个间隙原子的能量为 4 eV，试分别计算 1 300 K 时的肖脱基缺陷和间隙原子数目，并对二者进行比较。已知，铜的熔点是 1 360 K。

4.3　设一个钠晶体中空位附近的一个钠原子迁移时，必须越过 0.5 eV 的势垒，原子振动频率为 10^{12} Hz。试估算室温下放射性钠在正常钠中的扩散系数，以及 373 K 时的扩散系数。已知，形成一个钠空位所需要能量是 1 eV。

4.4　在离子晶体中，由于电中性要求，正、负离子多成对出现。另 n_{sp} 代表正、负离子空位的数目，u_{sp} 是产生一对缺陷所需要的能量，N 是原有正、负离子对的数目。在理论上可以推出

$$\frac{n_{sp}}{N} = e^{-u_{sp}/2k_B T}$$

（1）试阐述产生正、负离子空位后，晶体体积的变化 $\dfrac{\Delta V}{V}$，V 是原有的体积；

（2）在 800 ℃时，用 X 射线测量食盐的离子间距，再由此测定密度 ρ，算得分子量 M_P 为 58.430±0.016，而用化学方法所测定的分子量 M_C 是 58.454。求在 800 ℃时缺陷 $\dfrac{n_P}{N}$ 的数量级。

4.5　在一维晶格中，晶格粒子的势能曲线如图所示。设晶体中只有一种肖脱基缺

陷,格点上的粒子每秒钟从能谷 1 跳到能谷 2 的几率为

$$P = \frac{V}{l}\exp\left(\frac{-W}{k_{\mathrm{B}}T}\right)$$

其中,l 为缺陷的最近邻格点数目。试推导出扩散流密度和扩散系数的表达式。

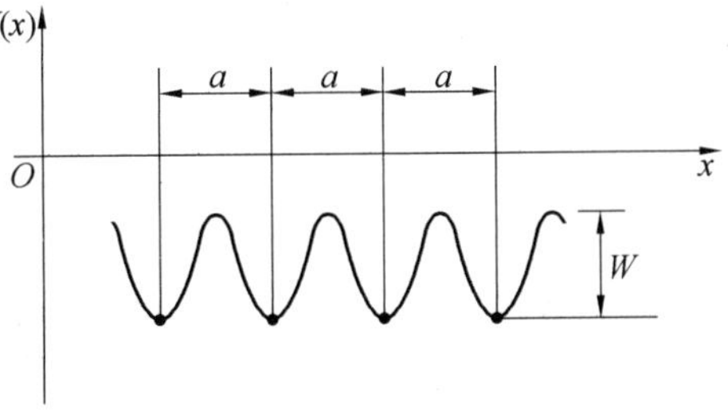

题 4.5 图　一维晶格粒子的势能曲线

第5章　金属电子论基础

在固体材料中，三分之二以上的固态纯元素物质属于金属材料。由于金属具有极好的导电、导热性能及优良的机械性能，是一种非常重要的实用材料，所以，通过对金属材料功能的研究，可以了解金属材料的性质，同时推动现代固体理论的发展。另一方面，对金属材料的了解，也是认识非金属材料的基础。

有关金属的第一个理论模型，是特鲁特(P. Drude)在1900年提出的经典自由电子气体模型。他将在当时已经非常成功的气体分子动理论运用于金属，以解释金属电导和热导的行为。1928年索末菲(A. Sommerfeld)又进一步将费米-狄拉克统计用于电子气体，发展了量子的自由电子气体模型，从而克服了经典自由电子气体模型的不足。

本章从量子自由电子气体模型出发，着重讨论固体、特别是金属的一些基本性质。

5.1　自由电子气体模型

5.1.1　基本假定

固体是由许多原子组成的复杂体系。在研究固体问题时，作为一个比较好的近似，可以把固体中的原子分成离子实和价电子两部分。离子实是由原子核与结合能高的内层电子组成，形成固体时，离子实的变化可以忽略；价电子是原子外层结合能低的电子，形成固体时，其状况与在孤立原子中的状况不同。显然，即使我们做上述简化，面对的依然是一个粒子数为$10^{11}\sim10^{23}\ \mathrm{cm}^{-3}$的多体问题，与我们研究气体热学性质时所面对的问题相似。

1900年，特鲁特首先提出了自由电子气体模型，即：金属中的价电子同气体分子类似，形成自由电子气体，称为金属电子气。这些自由电子可以同金属中离子实碰撞，在一定温度下达到热平衡状态。按照特鲁特模型，金属中的电子气体可以用具有确定的平均速度和平均自由时间的电子运动来描述。例如，在外电场作用下，电子产生漂移运动形成了电流；而在温度场中，电子气体的流动总是伴随着能量(热量)的传递，从而形成了金属的热传导现象。随后，洛伦兹(H. A. Lorentz)将麦克斯韦-玻耳兹曼统计分布规律应用于自由电子气体模型，并对金属中的电子比热容等问题进行定量计算，从而建立了经典自由电子气体理论。

经典自由电子气体理论的基础是自由电子气体模型，它包括三个基本假定：

(1)忽略电子与离子实之间的相互作用，且因为存在表面势垒，电子自由运动的范围仅限于样品内部。在金属中，由于带正电的离子实均匀分布，施加在电子上的电场为零，因此对电子并没有作用，这一假定称为自由电子近似。

(2)忽略电子与电子之间的相互作用。即将金属中的自由电子看作彼此独立运动的、完全相同的粒子,这一假定称为独立电子近似。

(3)在外场作用下,金属中自由电子将偏离平衡状态进入非平稳态。在对平衡态的偏离较小时,可以认为系统恢复平衡状态的快慢正比于平均碰撞频率,而平均碰撞频率为

$$\bar{\nu}=\frac{1}{\tau}$$

式中,τ 为弛豫时间,这一假定称为弛豫时间近似。

在自由电子气体模型中只有一个独立参量,即电子数密度 n,表示单位体积中的平均电子数。由于每摩尔金属元素包含 $N_A=6.022\times10^{23}$ 个原子,而单位体积物质的量为ρ_m/A,其中 ρ_m 是元素的质量密度,A 是元素的相对原子量。则当每一个原子提供 Z 个自由电子时,电子数密度为

$$n = N_A \frac{Z\rho_m}{A} \tag{5.1}$$

对于大多数金属,电子数密度的典型数值是 $10^{22}\sim10^{23}\ \text{cm}^{-3}$。

如果将每一个电子平均占据的体积等效地看成球体,则该球的半径 r_s 可以用电子数密度 n 表示,即

$$r_s = \sqrt[3]{\frac{3}{4\pi n}} \tag{5.2}$$

r_s 的大小约为 0.1 nm,习惯上常用玻尔半径 $a_0=4\pi\varepsilon_0\hbar^2/me^2=0.529\times10^{-1}$ nm 作为量度单位。对于大多数金属而言,比值 r_s/a_0 在 2 和 3 之间,而碱金属的 r_s/a_0 值一般在 3 和 6 之间。一些金属 Z、n、r_s 和 r_s/a_0 的数值如表 5.1 所示。

表 5.1　一些金属 Z、n、r_s 和 r_s/a_0 的数值

元素	Z	$n/(10^{22}\text{cm}^{-3})$	$r_s/(10^{-1}\text{nm})$	r_s/a_0
Li	1	4.70	1.72	3.25
Na	1	2.65	2.08	3.93
K	1	1.40	2.57	4.86
Rb	1	1.15	2.75	5.20
Cs	1	0.91	2.98	5.62
Cu	1	8.47	1.41	2.67
Ag	1	5.86	1.60	3.02
Au	1	5.90	1.59	3.01
Be	2	24.7	0.99	1.87
Mg	2	8.61	1.41	2.66
Ca	2	4.61	1.73	3.27
Zn	2	13.2	1.22	2.30
Al	3	18.1	1.10	2.07
In	3	11.5	1.27	2.41
Sn	4	14.8	1.17	2.22
Pb	4	13.2	1.22	2.30
Bi	5	14.1	1.19	2.25

5.1.2 单电子本征态

在量子力学建立后,索末菲将薛定谔方程应用于自由电子气体模型,建立了量子自由电子理论。按照量子自由电子理论,金属中的价电子类似于理想气体,彼此之间没有相互作用,且各自独立地在一个等于平均势能的势场中运动。其中,每一个电子所具有的状态就是在一定深度势阱中运动的粒子所具有的能态,称为单电子的本征态。

考虑温度 $T=0$ 时,在边长为 L 的立方体内部有 N 个自由电子。按独立电子近似,可以将这 N 个自由电子的多体问题转化为 N 个单电子问题,每个单电子的状态可以用波函数 $\Psi(\boldsymbol{r})$ 描述。波函数 $\Psi(\boldsymbol{r})$ 满足不含时薛定谔方程,即

$$\left[-\frac{\hbar^2}{2m}\nabla^2 + V(\boldsymbol{r})\right]\Psi(\boldsymbol{r}) = E\Psi(\boldsymbol{r}) \tag{5.3}$$

式中,$V(\boldsymbol{r})$ 是电子在金属中的势能;E 是电子的本征能量。势能 $V(\boldsymbol{r})$ 的取值为

$$\begin{cases} V(\boldsymbol{r}) = 0 & (\text{在金属内部}) \\ V(\boldsymbol{r}) = \infty & (\text{在金属外}) \end{cases}$$

即金属中的电子可以看作是被关闭在一个箱体中的自由电子,称为索末菲自由电子模型。按该模型处理,描述金属中单电子态的薛定谔方程式(5.3)又可以写成

$$-\frac{\hbar^2}{2m}\nabla^2\Psi(\boldsymbol{r}) = E\Psi(\boldsymbol{r}) \tag{5.4}$$

显然,描述金属中单电子态的薛定谔方程式(5.4)与电子在自由空间的情况相同,它的解具有平面波形式,可以写成

$$\Psi(\boldsymbol{r}) = C\mathrm{e}^{\mathrm{i}\boldsymbol{k}\cdot\boldsymbol{r}} \tag{5.5}$$

按照归一化条件 $\int_V |\Psi(\boldsymbol{r})|^2 \mathrm{d}\boldsymbol{r}=1$,波函数式(5.5)又可以写成

$$\Psi_k(\boldsymbol{r}) = \frac{1}{\sqrt{V}}\mathrm{e}^{\mathrm{i}\boldsymbol{k}\cdot\boldsymbol{r}} \tag{5.6}$$

将上式代入方程式(5.4),即得到相应的电子能量

$$E(k) = \frac{\hbar^2 k^2}{2m} \tag{5.7}$$

因为波函数 $\Psi(\boldsymbol{r})$ 同时也是动量算符 $\hat{p}=-\mathrm{i}\hbar\nabla$ 的本征态,所以处于 $\Psi(\boldsymbol{r})$ 态的电子有确定的动量,可以写成

$$\boldsymbol{P} = \hbar\boldsymbol{k} \tag{5.8}$$

而相应的速度是

$$\boldsymbol{v} = \frac{\hbar\boldsymbol{k}}{m} \tag{5.9}$$

在式(5.5)~(5.9)中,$\boldsymbol{k}$ 为平面波的波矢,$\boldsymbol{k}$ 的方向为平面波的传播方向。由于电子的运动范围限制在金属内部,所以波矢 $\boldsymbol{k}$ 的取值需要由边界条件确定。对于足够大的金属材料,通常采用周期性边界条件,即

$$\begin{cases} \Psi(x+L,y,z) = \Psi(x,y,z) \\ \Psi(x,y+L,z) = \Psi(x,y,z) \\ \Psi(x,y,Z+L) = \Psi(x,y,z) \end{cases} \tag{5.10}$$

对于一维情况，上述边界条件式(5.10)可以写成 $\Psi(x+L)=\Psi(x)$，该模型相当于一个将 L 长的金属线首尾相接形成的环，从而既有有限的尺寸，又消除了边界的存在。在三维情况下，可以想象成将边长为 L 的立方体沿三个正交方向平移，填满整个空间，从而当电子到达表面时，并不受到反射，而是进入相对表面的对应点。

利用边界条件式(5.10)和波函数式(5.6)，可以得

$$e^{ik_xL}=e^{ik_yL}=e^{ik_zL}=1$$

进而得到波矢 $\boldsymbol{k}$ 的取值，即

$$\begin{cases} k_x=\dfrac{2\pi}{L}n_x \\ k_y=\dfrac{2\pi}{L}n_y \\ k_z=\dfrac{2\pi}{L}n_z \end{cases} \tag{5.11}$$

这里 n_x、n_y、n_z 为整数。

采用周期性边界条件，金属中单个电子波函数所表示的是行进的平面波。在波矢为 $\boldsymbol{k}$ 的行波状态下，电子具有确定的动量和速度；由于平面波状态的波矢 $\boldsymbol{k}$ 是由一组量子数 (n_x,n_y,n_z) 确定，因此单电子本征能量、动量和相应的速度均取分立值，即量子化。

5.1.3 波矢空间 态密度

1. 波矢空间

若把波矢 $\boldsymbol{k}$ 看作空间矢量，则相应的空间称为波矢空间，又称为 $\boldsymbol{k}$ 空间。在以 k_x、k_y 和 k_z 为坐标轴的波矢空间中，每一个允许的状态用一个点来表示，它的坐标由式(5.11)确定。

由于沿 k_x 轴(或 k_y 轴和 k_z 轴)相邻的两个点之间的间距均为 $2\pi/L$，故在波矢空间中每一个状态点占有的体积是 $(2\pi/L)^3$。若在波矢空间中的状态点均匀分布，则 $\boldsymbol{k}$ 空间单位体积内含有的状态点数为 $(L/2\pi)^3$。$\boldsymbol{k}$ 空间中单位体积内允许的状态数目为

$$\frac{1}{\Delta\boldsymbol{k}}=\frac{V}{8\pi^3} \tag{5.12}$$

这里，$V=L^3$ 代表晶体的体积。如果要计算在 $\boldsymbol{k}$ 空间内某一给定体积中允许的状态数目(即 k 值数目)，只要用 $\boldsymbol{k}$ 空间的体积乘式(5.12)即可。因此，在 $\boldsymbol{k}$ 到 $\boldsymbol{k}+d\boldsymbol{k}$ 的体积元 $d\boldsymbol{k}=dk_xdk_ydk_z$ 内含有的状态数为 $(L/2\pi)^3d\boldsymbol{k}$。根据泡利不相容原理，每一个波矢状态只可以容纳两个自旋方向相反的电子，所以，在体积元 $d\boldsymbol{k}$ 中可以容纳的电子数应为

$$dN=\frac{V}{4\pi^3}d\boldsymbol{k} \tag{5.13}$$

在图 5.1 所示的二维波矢空间中，每一个小方格的边长为 $2\pi/L$，每个小方格的顶点就是状态点。由于一个小方格有四个顶角，被四个小方格所共有，因而每个状态点占据一个小方格。其中，图中每一个状态点可以容纳自旋方向相反的两个电子。

2. 能级密度分布

由于边界条件导致波矢 $\boldsymbol{k}$ 只能取分立的值，因此单电子本征能量是量子化的。对应

于电子的每一个能量的分立值，称为该电子的能级。

在固体电子理论中，经常需要知道某一特定的能量范围内，如在 E 到 $E+\mathrm{d}E$ 之间区域内有多少状态，这就需要计算状态密度 $G(E)$ 与能量 E 之间的直接关系，这里 $G(E)\mathrm{d}E$ 是体积为 V 的晶体中，能量在 E 到 $E+\mathrm{d}E$ 之间的状态数目。

由于在 $\boldsymbol{k}$ 空间，自由电子能量等于某个定值的球面，它的半径是 $k=\sqrt{2mE}/\hbar$。所以，在 E 到$E+\mathrm{d}E$之间的体积是半径为 k 和 $k+\mathrm{d}k$ 的两个球面之间球壳层的体积，为 $4\pi k^2\mathrm{d}k$。因此，由式(5.12)可得 E 到 $E+\mathrm{d}E$ 能量区间的状态数目，即

$$\mathrm{d}Z=\frac{V}{2\pi^2}k^2\mathrm{d}k \tag{5.14}$$

利用式(5.7)，有

$$\mathrm{d}k=\frac{\sqrt{2m}}{2\hbar\sqrt{E}}\mathrm{d}E$$

代入式(5.14)，则有

$$\mathrm{d}Z=2\pi V\left(\frac{2m}{\hbar^2}\right)^{3/2}E^{1/2}\mathrm{d}E \tag{5.15}$$

由式(5.15)可以得到自由电子的能级密度，即

$$G(E)=\frac{\mathrm{d}Z}{\mathrm{d}E}=\frac{V}{4\pi^2}\left(\frac{2m}{\hbar^2}\right)^{3/2}E^{1/2} \tag{5.16}$$

由式(5.16)可知，自由电子气体的能态密度随能量变化，电子的能级越大，相应的能态密度也越大。但是，自由电子气体能态密度随能级的变化不是线性的，而是成抛物线关系，如图 5.2 所示。

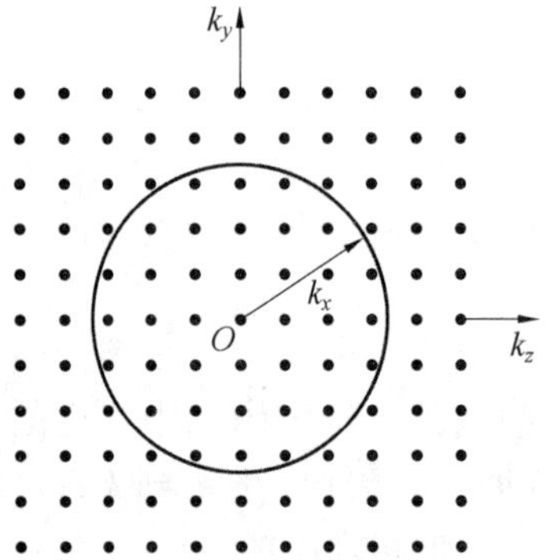

图 5.1　在 k_x-k_y 空间中状态点的分布

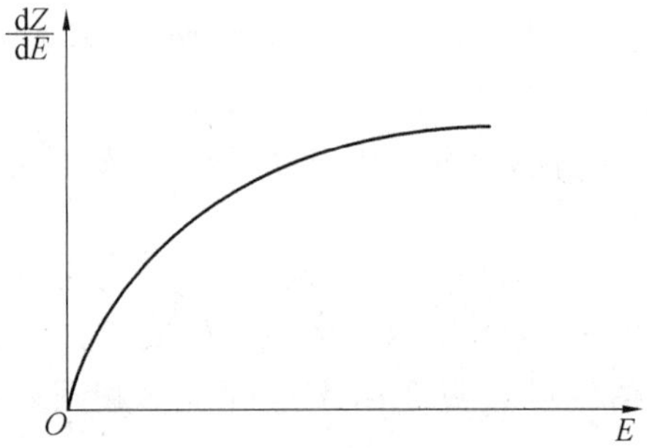

图 5.2　电子能级密度分布曲线

3. 电子的态密度

考虑到电子具有向上和向下两种不同的自旋状态，因此，同每一个允许的波矢 k 相对应的是两个电子能级，每一个能级对应着一个自旋方向。所以，在式(5.16)中乘以一个因子 2，同时再除以体积 V，就得到单位体积晶体中电子的状态密度，即态密度

$$g(E)=\frac{1}{2\pi^2}\left(\frac{2m}{\hbar^2}\right)^{3/2}E^{1/2} \tag{5.17}$$

5.1.4 基态能量 费米面

1. 费米面

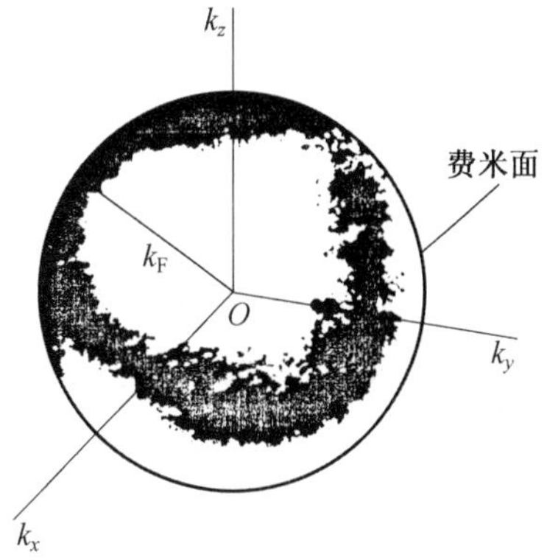

图 5.3 费米球与费米面

在绝对零度 $T=0$ 时，N 个电子对允许态的占据遵从泡利不相容原理，即每个允许的 $\boldsymbol{k}$ 态上可以容纳两个自旋方向相反的电子。

N 个电子的基态，是从能量最低的 $\boldsymbol{k}$ 态开始，由低到高依次填充而得到。由于单电子能级正比于 $\boldsymbol{k}$ 的平方，且 N 数目又很大，因而在 $\boldsymbol{k}$ 空间中电子占据区域最后形成一个球，一般称为费米球，如图 5.3 所示。费米球的半径称为费米波矢，用 k_F 来表示。在 $\boldsymbol{k}$ 空间中将占据态与未占据态分开的界面，称为费米面。在近代固体理论中，费米面是一个重要的基本观念。

在绝对零度 $T=0$ 条件下，利用式(5.13)有

$$N=\frac{V}{4\pi^3}\times\frac{4}{3}\pi k_F^3$$

由此，我们能够获得费米波矢与电子数密度的关系，即

$$k_F^3=3\pi^2 n \tag{5.18}$$

费米面上单电子态的能量称为费米能量，它可以写成

$$E_F=\frac{\hbar^2 k_F^2}{2m} \tag{5.19}$$

相应的费米动量、费米速度和费米温度可以写成

$$p_F=\hbar k_F \tag{5.20}$$

$$v_F=\frac{\hbar k_F}{m} \tag{5.21}$$

$$T_F=\frac{E_F}{k_B} \tag{5.22}$$

在式(5.22)中，$k_B=1.38\times10^{-23}$ J/K，称为玻尔兹曼常数。

对普通金属而言，上述参数大体是：k_F 的数值约为 10^{10} m^{-1}，E_F 的数值为 2～10 eV，v_F 的数值约为 10^6 m/s，而 T_F 的数值为 10^4～10^5 K。

2. 自由电子基态

在温度 $T=0$ 时，电子气处于基态，其能量等于费米球内所有单电子能级的能量之和，即

$$E_0=\int_0^{E_F}E\mathrm{d}N$$

利用式(5.7)和式(5.13)可以得到自由电子的基态能量，即

$$E_0=\int_0^{k_F}\frac{V}{4\pi^3}E4\pi k^2\mathrm{d}k=\int_0^{k_F}\frac{\hbar^2 V}{2m\pi^2}k^4\mathrm{d}k=\frac{V}{\pi^2}\frac{\hbar^2 k_F^5}{10m} \tag{5.23}$$

每个电子的平均能量为

$$\overline{E}_0 = \frac{\int_0^{E_F} E\mathrm{d}N}{N} = \frac{\dfrac{V\hbar^2 k_F^5}{10m\pi^2}}{\dfrac{V}{4\pi^3} \times \dfrac{4}{3}\pi k_F^3} = \frac{3\hbar^2 k_F^2}{10m} \tag{5.24}$$

比较式(5.19)和式(5.24),我们可以得到每个电子的平均能量,即

$$\overline{E}_0 = \frac{3}{5}E_F \tag{5.25}$$

由式(5.25)可知,在绝对零度 $T=0$ 时,自由电子基态的平均能量 $\overline{E}_0$ 与费米能量 E_F 具有相同的量级,约为几个电子伏特。而按照经典自由电子气体理论,金属电子气的平均能量可以根据能量均分原理得到,应该是 $3k_BT/2$,在绝对零度 $T=0$ 时,电子的平均能量为零。之所以会出现这一矛盾结果,是由于金属电子气必须满足泡利不相容原理,即每个状态只能容纳两个自旋方向相反的电子。因此,在绝对零度条件下,金属中的电子不可能全部填充在最低能级上。

在统计物理学中,通常将粒子体系与经典行为的偏离称为简并性。在 $T=0$ 时,金属自由电子气体是完全简并的。另外,由于费米温度很高(相应温度 T_F 为 $10^4 \sim 10^5$K),所以,室温下的电子气体也是高度简并的。

5.2 电子热容的量子理论

在绝对零度 $T\neq 0$ 条件下,N 个电子在本征态上的分布不能简单的由泡利不相容原理决定,而是服从费米-狄拉克分布规律。

5.2.1 费米-狄拉克分布

在热平衡条件下,电子处在能量为 E 状态的几率是

$$f(E) = \frac{1}{\mathrm{e}^{(E-\mu)/k_BT} + 1} \tag{5.26}$$

式中,μ 是系统的化学势,它的意义是在体积不变的条件下,系统每增加一个电子所需要的自由能。系统的化学势 μ 由总粒子数所有可能的本征态确定,即

$$N = \sum_i f_i \tag{5.27}$$

式(5.26)称为费米-狄拉克分布函数,或简称为费米分布函数。在 $T\to 0$ 时,费米分布函数具有下列形式,即

$$\lim_{T\to 0} f(E) = \begin{cases} 1 & (E \leqslant \mu) \\ 0 & (E > \mu) \end{cases} \tag{5.28}$$

式(5.28)表明,电子的占据态和非占据态在化学势 μ 处有一个清晰的分界,如图 5.4 所示。根据费米能量的定义式(5.19),显然有

$$\lim_{T\to 0} \mu = E_F$$

图 5.4 给出了不同温度下的费米分布曲线,由图可知:在绝对温度为零时,分布曲线

在能量等于 μ 处发生陡直的变化，如图5.4中曲线 a 所示；而在温度很低的条件下，分布函数从 $E \ll \mu$ 时的接近于 1 的数值，下降到 $E \gg \mu$ 时接近于 0 的数值，分布曲线在 $E=\mu$ 附近处发生很大的变化。并且，随着温度的升高，分布函数曲线从接近于 1 到接近于 0 转变的能量范围变宽。但是，在任何情况下，此能量范围都不超过几个 $k_B T$。

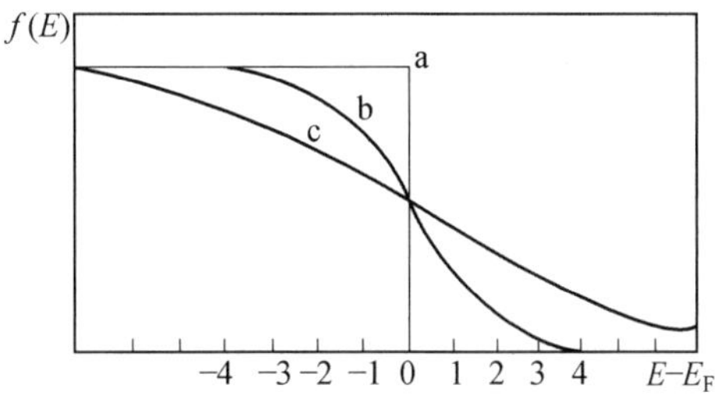

图 5.4　不同温度的费米-狄拉克分布

图 5.4 中曲线 b 表明，在 $T \neq 0$ 且 $k_B T \ll E_F$ 条件下，能量大于 E_F 的能级可能有电子占据，而能量小于 E_F 的能级可能没有电子占据，根据费米-狄拉克分布函数可以给出电子被占据态的密度 $n(E)$，即

$$n(E) = f(E)g(E) \tag{5.29}$$

因此，在能量 E 到 $E+\mathrm{d}E$ 范围内被电子占据的状态数目为

$$n(E)\mathrm{d}E = f(E)g(E)\mathrm{d}E \tag{5.30}$$

单位体积金属中总的电子占据态数目应该等于金属的电子浓度，所以有

$$n = \int_0^\infty n(E)\mathrm{d}E \tag{5.31}$$

式中，n 是金属的电子浓度。将电子态密度分布函数式(5.17)和费米-狄拉克分布函数式(5.26)代入式(5.31)，即可得金属的电子浓度为

$$n = \frac{1}{2\pi^2}\left(\frac{2m}{\hbar^2}\right)^{3/2}\int_0^\infty \frac{E^{1/2}}{\mathrm{e}^{(E-\mu)/k_B T}+1}\mathrm{d}E \tag{5.32}$$

将式(5.17)和式(5.26)代入式(5.29)可得

$$n(E) = \frac{1}{2\pi^2}\left(\frac{2m}{\hbar^2}\right)^{3/2}\frac{E^{1/2}}{\mathrm{e}^{(E-\mu)/k_B T}+1} \tag{5.33}$$

电子被占据态密度 $n(E)$、态密度 $g(E)$ 和费米-狄拉克分布函数的曲线如图 5.5 所示。其中，电子被占据态密度 $n(E)$ 在所有基于自由电子模型的计算中都具有重要的作用。

5.2.2　金属电子气的热激发态

通常，我们将 $T \neq 0$ 时金属中自由电子的状态称为电子气的热激发态。由于热激发能近似于 $k_B T$，而在室温下，$k_B T/\mu \approx 0.01$。所以，只有费米面内约 $k_B T$ 范围的电子因为获得能量，可以跃迁到费米面以外的空态上去，并使费米面内的一些状态变成空态。此时，电子气体分布与基态情况不同，未被电子占据的空态与被电子占据态之间没有明显的界限，如图 5.5 所示。

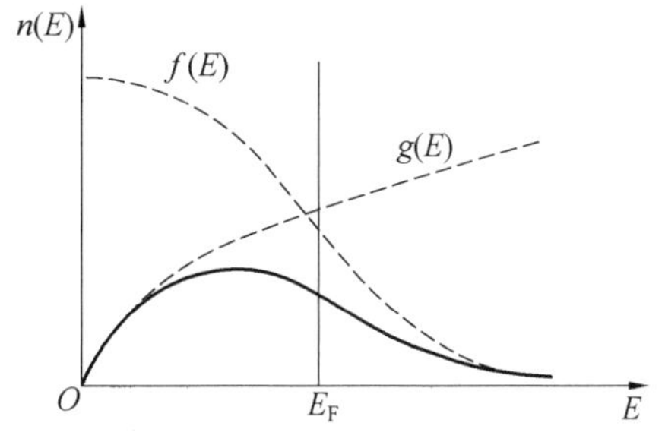

图 5.5　电子被占据态的密度分布曲线

由于对大多数金属，当处于熔点以下温度时，都满足条件 $k_B T \ll E_F$。因此，下面仅讨论

在 $T\neq 0$ 但 $k_B T \ll E_F$ 条件下激发态电子的分布情况。

由式(5.17)、(5.29)和(5.31)可知,系统的电子数密度应为

$$n = \int_0^{\infty} f(E)g(E)\,\mathrm{d}E = C\int_0^{\infty} f(E)E^{1/2}\mathrm{d}E =$$

$$\frac{2}{3}Cf(E)E^{3/2}\bigg|_0^{\infty} - \frac{2}{3}C\int_0^{\infty} E^{3/2}\frac{\partial f}{\partial E}\mathrm{d}E \tag{5.34}$$

式中
$$g(E)=\frac{1}{2\pi^2}\left(\frac{2m}{\hbar^2}\right)^{3/2}E^{1/2}=CE^{1/2}$$

式(5.34)中第一项为零,所以有

$$n = -\frac{2}{3}C\int_0^{\infty} E^{3/2}\frac{\partial f}{\partial E}\mathrm{d}E \tag{5.35}$$

下面推导积分公式,即

$$I = -\int_0^{\infty} h(E)\frac{\partial f(E)}{\partial E}\mathrm{d}E$$

由于 $k_B T \ll \mu$,$\frac{\partial f}{\partial E}$只有在 μ 附近有较大的值,所以可以将 $h(E)$ 在 μ 附近展开,于是上式可以写成

$$I = I_0 h(\mu) + I_1 h'(\mu) + I_2 h''(\mu) + \cdots$$

其中

$$\begin{cases} I_0 = -\displaystyle\int_0^{\infty}\frac{\partial f}{\partial E}\mathrm{d}E \\ I_1 = -\displaystyle\int_0^{\infty}(E-\mu)\frac{\partial f}{\partial E}\mathrm{d}E \\ I_2 = -\displaystyle\frac{1}{2!}\int_0^{\infty}(E-\mu)^2\frac{\partial f}{\partial E}\mathrm{d}E \\ \vdots \end{cases}$$

容易计算得

$$I_0 = 1$$

令 $\eta=\frac{E-\mu}{k_B T}$,则有

$$I_1 = -k_B T\int_{-\frac{\mu}{k_B T}}^{\infty}\eta\frac{\partial f}{\partial \eta}\mathrm{d}\eta \approx -k_B T\int_{-\infty}^{\infty}\eta\frac{\partial f}{\partial \eta}\mathrm{d}\eta$$

又由式(5.26)可得$\frac{\partial f}{\partial \eta}=-\frac{\mathrm{e}^{\eta}}{(\mathrm{e}^{\eta}+1)^2}$,即被积函数 $\eta\frac{\partial f}{\partial \eta}$是 η 的奇函数,所以

$$I_1 = 0$$

同理可以得到

$$I_2 = \frac{(k_B T)^2}{2}\int_{-\infty}^{\infty}\frac{\mathrm{e}^{-\eta}}{(1+\mathrm{e}^{-\eta})^2}\eta^2\mathrm{d}\eta =$$

$$(k_B T)^2\int_0^{\infty}\frac{\mathrm{e}^{-\eta}}{(1+\mathrm{e}^{-\eta})^2}\eta^2\mathrm{d}\eta =$$

$$
\begin{aligned}
&(k_B T)^2 \int_0^{\infty} \eta^2 (e^{-\eta} - 2e^{-2\eta} + 3e^{-3\eta} - \cdots) = \\
&(k_B T)^2 \left[2\left(1 - \frac{1}{2^2} + \frac{1}{3^2} - \cdots\right) \right] = \\
&\frac{\pi^2}{6}(k_B T)^2
\end{aligned}
$$

于是得到积分公式

$$
I = -\int_0^{\infty} h(E) \frac{\partial f(E)}{\partial E} \mathrm{d}E = h(\mu) + \frac{\pi^2}{6}(k_B T)^2 h''(\mu) + \cdots \tag{5.36}
$$

取 $h(E) = \frac{2}{3}CE^{3/2}$,并代入式(5.36),则系统的电子数密度应为

$$
n = \frac{2}{3}C\mu^{3/2}\left[1 + \frac{\pi^2}{8}\left(\frac{k_B T}{\mu}\right)^2\right] \tag{5.37}
$$

另外,由于在 $T=0$ 时,电子气全部分布在费米面内,则根据式(5.17)系统的电子数密度应为

$$
n = \frac{2}{3}CE_F^{3/2} \tag{5.38}
$$

比较式(5.37)和式(5.38),可得

$$
\mu = E_F\left[1 + \frac{\pi^2}{8}\frac{(k_B T)^2}{E_F^2}\right]^{2/3}
$$

利用 $k_B T \ll E_F$ 条件,化学势与费米能量的关系可以近似写成

$$
\mu = E_F\left[1 - \frac{\pi^2}{12}\left(\frac{T}{T_F}\right)^2\right] \tag{5.39}
$$

对金属而言,费米温度为 $10^4 \sim 10^5$K,所以在室温下,总能满足条件 $T \ll T_F$。因此,μ 与 E_F 的数值非常接近,故化学势又称为费米能量;而费米-狄拉克分布函数式(5.26)又常写成

$$
f(E) = \frac{1}{e^{(E-E_F)/k_B T} + 1} \tag{5.40}
$$

由上述讨论可知,在绝对零度时,费米球面内的状态都被电子占据,而球外则没有电子。当温度增加时,根据式(5.39)计算,费米球半径比绝对零度时的费米球半径小。此时的费米面不再是被电子占据的满态与未被电子占据的空态之间的分界面,而是表示在费米面以内能量距 E_F 约 $k_B T$ 范围能级上的电子,被热激发到 E_F 之上约 $k_B T$ 的能级上,这些热激发电子对金属的物理性质具有重要的作用。

5.2.3 电子热容量

若金属中的 N 个自由电子可以看作理想气体,则按照能量均分原理,这 N 个自由电子的热容应该是 $3Nk_B/2$,与晶格振动贡献的热容具有相同的数量级。但是,从实验上得到的金属电子比热却只有这个数值的百分之一左右。之所以会出现这样的矛盾,是由于金属电子气并不遵从经典的麦克斯韦-玻耳兹曼分布规律,而是服从量子的费米-狄拉克分布规律。

设金属中有 N 个自由电子,每个电子的平均能量为

$$\overline{E} = \frac{1}{N}\int E\mathrm{d}N = \frac{C}{N}\int_0^{\infty} f(E)E^{3/2}\mathrm{d}E$$

经过分步积分后可以写成

$$\overline{E} = -\frac{2}{5}\frac{C}{N}\int_0^{\infty}\frac{\partial f}{\partial E}\cdot E^{3/2}\mathrm{d}E$$

取 $h(E)=E^{3/2}$ 代入式(5.36),可以获得上面积分的结果,即

$$\overline{E} = \frac{2}{5}\frac{C}{N}\left[\mu^{5/2} + \frac{5}{8}\pi^2(k_{\mathrm{B}}T)^2\mu^{1/2}\right] \tag{5.41}$$

考虑到 $k_{\mathrm{B}}T \ll \mu$,则由式(5.41)可得电子的平均能量,即

$$\overline{E} = \frac{3}{5}E_{\mathrm{F}}\left[1 + \frac{5}{12}\pi^2\left(\frac{T}{T_{\mathrm{F}}}\right)^2\right] \tag{5.42}$$

由式(5.42)可得金属中每个电子对热容的贡献,即

$$c_V = \left(\frac{\partial \overline{E}}{\partial T}\right)_V = \frac{\pi^2}{2}k_{\mathrm{B}}\left(\frac{T}{T_{\mathrm{F}}}\right) \tag{5.43}$$

设每个原子有 Z 个价电子,N_0 是每个摩尔金属中的原子数,于是电子气的摩尔热容可以写成

$$c_V^e = N_0 k_{\mathrm{B}} Z\frac{\pi^2 T}{2T_{\mathrm{F}}} = ZR\frac{\pi^2}{2T_{\mathrm{F}}}T$$

令

$$\gamma = Z\pi^2 R/2T_{\mathrm{F}} \tag{5.44}$$

这里,γ 称为金属的电子热容常数,同费米面上的能态密度 $g(E_{\mathrm{F}})$ 有关,其单位为 $\mathrm{J/(mol\cdot K^2)}$。则电子气的摩尔热容可以写成下述形式

$$c_V^e = \gamma T \tag{5.45}$$

常温下晶格振动的摩尔热容约为 25 $\mathrm{J/(mol\cdot K^2)}$。显然,在常温下电子气对热容的贡献很小,金属的热容仍然服从杜隆-珀替定律。

在常温下,金属中自由电子对热容贡献很小的原因是:在常温下,金属中大多数自由电子的能量远低于 E_{F},由于受到泡利不相容原理的限制而不能参与热激发。因此,尽管金属拥有大量的自由电子,但是只有处于费米面附近,约 $k_{\mathrm{B}}T$ 范围内的电子受到热激发才能跃迁到较高的能级,从而使电子的热容很小。

但是,在温度 T 比德拜温度 Θ_{D} 低得多的条件下,晶格振动的热容按德拜规律变化,即

$$c_V^a = \frac{12}{5}R\pi^4\left(\frac{T}{\Theta_{\mathrm{D}}}\right)^3 = bT^3$$

这里,晶格振动的热容常数 b 与德拜温度 Θ_D 有关,可以写成

$$b = \frac{12R\pi^4}{5\Theta_D^3}$$

在金属中,电子气和晶格振动对摩尔热容贡献之比为

$$\frac{c_V^e}{c_V^a} = \frac{5Z\Theta_{\mathrm{D}}^3}{24\pi^2 T_{\mathrm{F}}}\frac{1}{T^2} \tag{5.46}$$

显然,随着温度的降低,上述比值增大,最终在 10 K 左右或更低的温度下,晶格振动热容会

小于电子热容。这说明,只有当温度很低时,才需要考虑电子对热容的影响。

在低温下,金属的摩尔热容可以写成

$$c_V = \gamma T + bT^3 \tag{5.47}$$

将电子热容实验测量结果作 c_V/T 对 T^2 的变化曲线,从直线在 c_V/T 轴上的截距可以得到金属电子热容常数的实验值 γ。

表 5.2 给出了一些金属元素电子热容常数的实验值和理论计算值,通过比较发现:对多数金属,两个数值接近;但对多价金属和过渡族金属,两者相差较大。这些电子热容常数的实验值和理论值存在差别的原因主要是:在金属电子气模型中,忽略了电子与电子、电子与晶格之间的相互作用。通过后面章节的讨论我们知道,用有效质量 m^* 可以在一定程度上概括电子与电子、电子与晶格的相互作用。由于费米能量与电子质量有关,因而 γ 直接与电子质量,即 γ_0 与 γ 的差别可以看作是电子的有效质量 m^*(见 7.1.2)与真实质量 m 不同造成的。实际上,金属电子热容常数的实验值和理论值之间满足近似关系(见公式 7.13),即

$$\frac{\gamma}{\gamma_0} = \frac{m^*}{m}$$

表 5.2　若干金属元素电子热容常数实验值 γ 和理论计算值 γ_0 的比较 γ/γ_0

/($10^{-3}\,\mathrm{J\cdot mol^{-1}\cdot K^{-2}}$)

元素	实验值 γ	理论值 γ_0	γ/γ_0	元素	实验值 γ	理论值 γ_0	γ/γ_0
Li	1.63	0.749	2.18	Be	0.17	0.500	0.34
Na	1.38	1.094	1.26	Sb	0.11	1.650	0.07
K	2.08	1.667	1.25	Bi	0.08	1.783	0.04
Cu	0.695	0.503	1.38	Zn	0.64	0.750	0.85
Ag	0.645	0.646	1.00	Al	1.35	0.912	1.48
Au	0.729	0.639	1.14	Pb	2.98	1.491	2.00
Mg	1.30	0.992	1.31	Fe	4.98	0.623	7.99

电子气体热容的量子理论,解决了早期特鲁特经典电子气理论的困难。按照经典电子气体模型,电子热容与晶格热容具有相同的数量级。而实际上只有费米面附近 k_BT 范围内的电子对热容有贡献,其数量仅占总电子数的 T/T_F 左右。

5.3　逸出功　接触电势差

5.3.1　逸出功　电子发射

在金属内部,电子受到正离子的吸引,但是由于各离子的吸引力相互抵消,而使电子受到的净吸引力为零。而在金属表面处,由于正离子的均匀分布被破坏,电子将在金属表面处受到净吸引力,阻碍它逸出金属表面。显然,只有在外界提供足够的能量时,电子才

会脱离金属表面逸出形成电子发射。

按金属电子气体模型,电子发射相当于在金属表面处形成一个高度为 E_0 的势垒,而金属中的电子气则可以看作处于深度为 E_0 的势阱内部运动的电子系统,电子的费米能级为 E_F,如图 5.6 所示。通常,将电子离开金属表面至少需要从外界得到的能量称为逸出功。根据图 5.6可知,逸出功可以写成

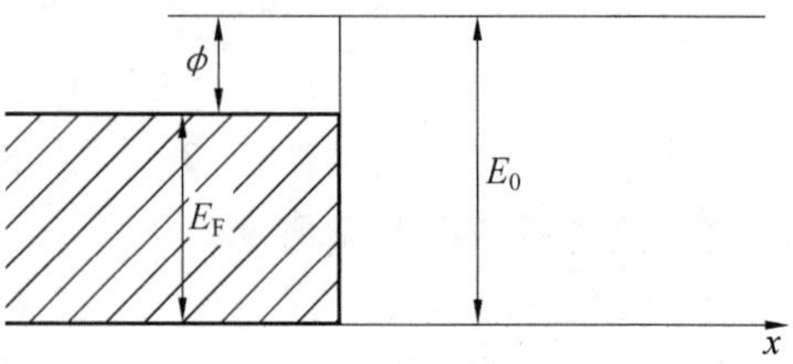

图 5.6　金属电子气的逸出功

$$\phi = E_0 - E_F \tag{5.48}$$

利用这一模型可以解释某些从金属中逸出的电子发射现象,如热电子效应、肖脱基效应、光电效应等。

1. 热电子效应

在 $T=0$ 时,所有电子能量都不超过费米能量 E_F,因此没有电子脱离金属。但是,当金属被加热到很高温度时,将有一部分电子获得的能量大于逸出功,从而脱离金属表面形成热电子发射电流,这种现象称为热电子效应。

下面利用电子气体模型导出热电子发射电流密度与温度的关系,即里查逊-杜斯曼公式

$$j = AT^2 e^{-\phi/k_B T} \tag{5.49}$$

式中,A 是常数。

利用电子速度公式(5.9)及电子态公式(5.12),考虑单位体积的金属,则在 $d\boldsymbol{k}$ 范围内电子数目可以写成

$$\frac{2}{8\pi^3}d\boldsymbol{k} = 2\left(\frac{m}{h}\right)^3 d\boldsymbol{v}$$

于是得到速度在 $\boldsymbol{v} \sim d\boldsymbol{v}$ 之间的电子数目为

$$dn = 2\left(\frac{m}{h}\right)^3 \frac{1}{e^{(E-E_F)/k_B T} + 1} d\boldsymbol{v}$$

由于能够离开金属的电子能量必须大于势阱深度 E_0,即 $E - E_F > E_0 - E_F = \phi$,而 $\phi \gg k_B T$。设电子的能量为 $mv^2/2$,则上式可以近似地写成

$$dn = 2\left(\frac{m}{h}\right)^3 e^{E_F/k_B T} \cdot e^{-mv^2/2k_B T} d\boldsymbol{v} \tag{5.50}$$

设电子垂直于金属表面,并沿 x 轴方向离开金属。此时要求电子沿 x 轴方向的动能为 $mv_x^2/2$必须大于逸出功 ϕ,而沿 y、z 方向的速度是任意的。于是,沿 x 轴发射的电子数为

$$dn = 2\left(\frac{m}{h}\right)^3 e^{E_F/k_B T} e^{-mv_x^2/2k_B T} dv_x \int_{-\infty}^{\infty} e^{-mv_y^2/2k_B T} dv_y \int_{-\infty}^{\infty} e^{-mv_x^2/2k_B T} dv_z \tag{5.51}$$

令 $\eta = \left(\frac{m}{2k_B T}\right)^{1/2} v_y$,则有

$$\int_{-\infty}^{\infty} e^{-mv_y^2/2k_B T} dv_y = \left(\frac{2k_B T}{m}\right)^{1/2} \int_{-\infty}^{\infty} e^{-\eta^2 d\eta} = \left(\frac{2\pi k_B T}{m}\right)^{1/2}$$

同理

$$\int_{-\infty}^{\infty} e^{-mv_z^2/2k_BT} dv_z = \left(\frac{2k_BT}{m}\right)^{1/2} \int_{-\infty}^{\infty} e^{-\eta^2 d\eta} = \left(\frac{2\pi k_BT}{m}\right)^{1/2}$$

所以,式(5.51)可以写成

$$dn = 4\pi \frac{m^2 k_BT}{h^3} e^{E_F/k_BT} e^{-mv_x^2/2k_BT} dv_x$$

由于在 t 时间内,距离表面小于 $v_x t$ 且速度为 v_x 的电子都能够到达金属表面。因此,能够到达金属表面的电子总数为

$$dN = Sv_x t dn$$

这里 S 是金属表面的面积。则在单位时间内到达金属表面的电子数目,即电流为

$$dI = \frac{dN}{tS} = v_x dn$$

只有满足 $\frac{1}{2}mv_x^2 > E_0$,即 $v_x > \sqrt{2E_0/m}$ 的电子才能形成热电流,其电流密度的数值为

$$\begin{aligned} j &= \int_{\sqrt{2E_0/m}}^{\infty} e dI = \\ & 4\pi e \frac{m^2 k_BT}{h^3} e^{E_F/k_BT} \int_{\sqrt{2E_0/m}}^{\infty} e^{-mv_x^2/2k_BT} v_x dv_x = \\ & 4\pi e \frac{m(k_BT)^2}{h^3} e^{-\frac{E_0-E_F}{k_BT}} = 4\pi e \frac{m(k_BT)^2}{h^3} e^{-\phi/k_BT} \end{aligned}$$

令 $A = 4\pi emk_B^2/h^3$,则上式可以写成式(5.49)形式,即

$$j = AT^2 e^{-\phi/k_BT}$$

在这里,常数 A 的理论数值为 $1.2\times10^6\ A/(m^2 \cdot K^2)$。

根据测定热电子发射电流密度的实验数据,作 $\ln(j/T^2)$ 与 $1/T$ 的关系曲线(称为里查逊图),则可以得到一条直线,再由直线的斜率即可以确定逸出功 ϕ 数值。表 5.3 给出了一些金属材料 A 和 ϕ 的实验值,显然 A 的实验值大多数情况下与理论值相差几个量级,其主要原因是:

(1)势阱 E_0 相当于晶体内电子的束缚能,由于晶体热膨胀,它将随温度的升高而减小。另一方面,费米能量也随温度的升高而减小。所以,逸出功是温度的函数,可以写成 $\phi(T) = \phi_0 + \alpha T$。

(2)逸出功与晶体表面特性有关,例如,点阵结构、杂质吸附等。

表 5.3　一些金属材料的 A 和 ϕ 实验值

金属材料	W	Ni	Ta	Ag	Cs	Pt	Cr
$A/(10^4 A \cdot m^{-2} \cdot K^{-2})$	75	30	55	—	160	32	48
ϕ/eV	4.5	4.6	4.2	4.8	1.8	5.2	4.6

2. 肖脱基效应

当给金属表面附近施加一高强度电场时,金属外面的势垒将发生变化,从而减少逸出功,致使热电子发射电流密度显著增大,这种现象称为肖脱基效应。利用自由电子的索末菲模型,可以很好地解释这种现象。

图 5.7 给出金属表面势垒在外加电场作用下的变化情况，其中虚线 OA 表示未加电场时的势垒曲线。当在金属表面加一均匀电场 $\boldsymbol{E}$ 时，逸出的电子要附加势能 $-e\boldsymbol{E}_x$，如图 5.7 中虚线 PQ 所示。图 5.7 中的实线 OB 是两条虚线 PQ 和 OA 叠加而成的，它就是在外电场作用下的金属表面势垒曲线，该曲线有一个极大值 E'_0，比 E_0 小，即

$$\Delta\phi = \frac{1}{2}\sqrt{\frac{e^3\boldsymbol{E}}{\varepsilon_0\pi}} \tag{5.52}$$

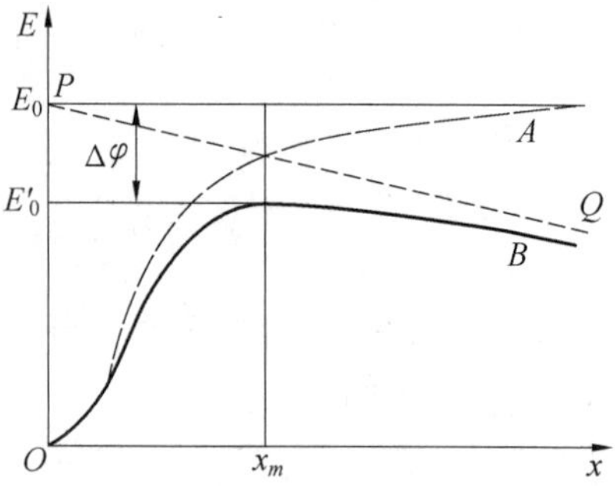

图 5.7　外电场作用下的表面势垒

显然，由于在外电场作用下金属表面势垒降低，从而使逸出功减小，导致有更多的电子脱离金属表面，热电子发射电流密度增大。式(5.52)给出了外电场作用下逸出功的降低量，将 $\phi-\Delta\phi$ 代替式(5.49)中的 ϕ，即可以得到外电场作用下的热电子发射电流密度，即

$$j_E = AT^3 \mathrm{e}^{-(\phi-\Delta\phi)/k_B T} = j\mathrm{e}^{\Delta\phi/k_B T} \tag{5.53}$$

根据式(5.52)能够计算外电场对逸出功的影响，如对于 $\boldsymbol{E}=10^5\,\mathrm{V/m}$ 的外加电场，逸出功的变化约为 $10^{-2}\,\mathrm{eV}$。但是，由于 $\Delta\phi$ 在指数项上，所以对发射电流的影响很灵敏。同里查逊图一样，通常将 $\ln j_E$ 与 $\sqrt{\boldsymbol{E}}$ 的关系曲线称为肖脱基图。该曲线应该是一条直线，且斜率与温度 T 成反比。图 5.8 是从实验获得的肖脱基图，显然，只有在 $\boldsymbol{E}$ 较大时 $\ln j_E$ 与 $\sqrt{\boldsymbol{E}}$ 才成线性关系。这是由于空间电荷以及不同晶面逸出功的差异，使得在 $\boldsymbol{E}$ 较小时严重偏离线性关系。

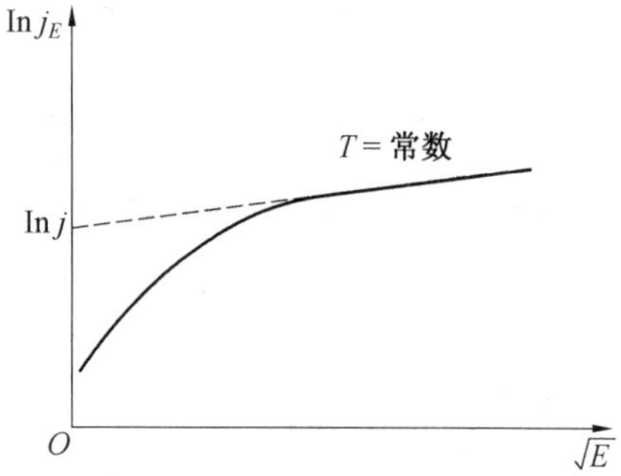

图 5.8　肖脱基图

此外，利用肖脱基图线性部分外推可以得到纵轴截距 $\ln j$，这里的 j 即是无外电场时热电子发射的饱和电流密度。

3. 光电效应

当金属受到光照射时，若金属中的自由电子从光子获得的能量 $h\nu \geqslant \phi$，则该电子就可以克服金属表面势垒的束缚而脱离金属，形成电子发射。这种现象称为光电效应，发射的电子称为光电子。

在光电效应中，金属的逸出功可以写成

$$\phi = h\nu_0$$

这里，ν_0 称为红限频率，它决定着能够产生光电子发射的入射光的最小频率。

5.3.2　接触电势差

当两块不同的金属 Ⅰ 和 Ⅱ 相接触，或用导线联接时，两块金属将彼此带电并产生不同

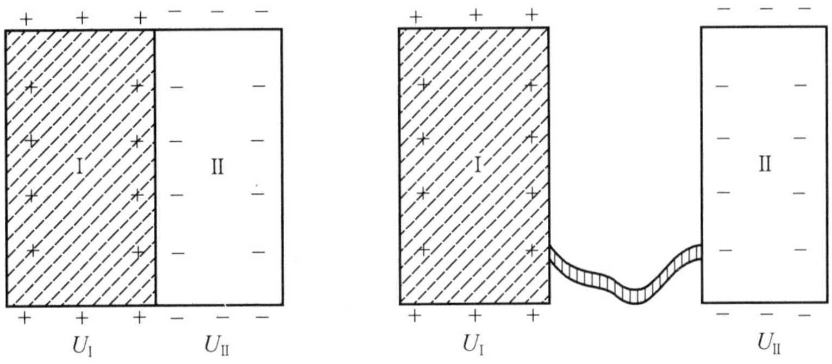

图 5.9 接触电势差现象

的电势 U_{I} 和 U_{II}，称为接触电势，如图 5.9 所示。

设金属Ⅰ和金属Ⅱ具有相同的温度 T，当它们相互接触时，单位时间内从金属Ⅰ表面单位面积逸出的电子数目为

$$N_{\mathrm{I}} = 4\pi \frac{m(k_{\mathrm{B}}T)^2}{\hbar^3} \mathrm{e}^{-\phi_{\mathrm{I}}/k_{\mathrm{B}}T}$$

而在单位时间内从金属Ⅱ表面单位面积逸出的电子数目则为

$$N_{\mathrm{II}} = 4\pi \frac{m(k_{\mathrm{B}}T)^2}{\hbar^3} \mathrm{e}^{-\phi_{\mathrm{II}}/k_{\mathrm{B}}T}$$

若 $\phi_{\mathrm{II}} > \phi_{\mathrm{I}}$，则从金属Ⅰ逸出的电子数比金属Ⅱ逸出的多。因此，金属Ⅰ带正电，而金属Ⅱ带负电。两块金属中的电子分别具有数值为 $-eU_{\mathrm{I}}$ 和 $-eU_{\mathrm{II}}$ 的静电势能，此时，它们发射的电子数目分别变成

$$N'_{\mathrm{I}} = 4\pi \frac{m(k_{\mathrm{B}}T)^2}{\hbar^3} \mathrm{e}^{-(\phi_{\mathrm{I}} + eU_{\mathrm{I}})/k_{\mathrm{B}}T}$$

$$N'_{\mathrm{II}} = 4\pi \frac{m(k_{\mathrm{B}}T)^2}{\hbar^3} \mathrm{e}^{-(\phi_{\mathrm{II}} + eU_{\mathrm{II}})/k_{\mathrm{B}}T}$$

在平衡状态下，$N'_{\mathrm{I}} = N'_{\mathrm{II}}$，于是得到

$$\phi_{\mathrm{I}} + eU_{\mathrm{I}} = \phi_{\mathrm{II}} + eU_{\mathrm{II}}$$

所以，两块金属之间的接触电势差可以写成

$$U_{\mathrm{I}} - U_{\mathrm{II}} = \frac{1}{e}(\phi_{\mathrm{II}} - \phi_{\mathrm{I}}) \tag{5.54}$$

由式(5.48)和式(5.54)可知，接触电势差来源于两块金属的费米能级不一样高。由于两块金属具有不同的费米能级 E_{FI} 和 E_{FII}，所以，当两块金属相接触时，电子从费米能级较高的金属Ⅰ流到费米能级较低的金属Ⅱ，而接触电势差正好补偿了两块金属的费米能级差 $E_{\mathrm{FI}} - E_{\mathrm{FII}}$。当两块金属的费米能级达到相同时，电子的相互流动处于平衡状态，如图 5.10 所示。

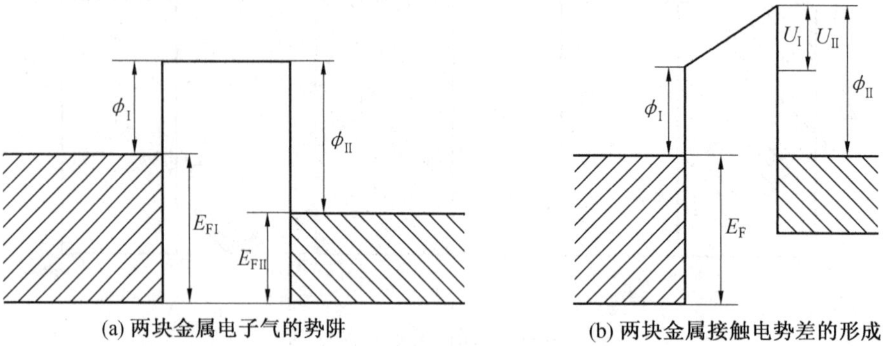

图 5.10　费米能级与接触电势差的形成

5.4　外场作用下的金属电子气

在电磁场、温度梯度等外场作用下，金属的导电、导热等现象都涉及自由电子的输运过程。严格地研究输运问题，应该首先建立能够确定电子非平衡分布函数的方程——玻尔兹曼方程，并对散射的微观机构做出分析，然后求解玻尔兹曼方程。

下面给出电子系统的玻尔兹曼方程，以及在弛豫时间近似下玻尔兹曼方程的形式。

5.4.1　玻尔兹曼方程

1. 电子系统的玻尔兹曼方程

在热平衡状态下，电子系统的分布遵从费米-狄拉克分布函数。由于体系均匀，所以平衡分布函数 f_0 与空间位置 $\boldsymbol{r}$ 无关。

当偏离平衡状态时，假设电子系统在比原子间距大许多的小区域存在局域平衡，并可以用非平衡分布函数 $f(\boldsymbol{r},\boldsymbol{k},t)$ 来描述，它表示 t 时刻在 $(\boldsymbol{r},\boldsymbol{k})$ 点附近单位体积内一种自旋的电子数。显然，非平衡分布函数 $f(\boldsymbol{r},\boldsymbol{k},t)$ 随空间位置 $\boldsymbol{r}$ 和时间 t 变化，且电子的 $\boldsymbol{r}$ 和 $\boldsymbol{k}$ 也因为外场的作用以及碰撞的存在而改变。

如果不存在碰撞，则 t 时刻 $(\boldsymbol{r},\boldsymbol{k})$ 处的电子必然来自 $t-\mathrm{d}t$ 时刻 $(\boldsymbol{r}-\dot{\boldsymbol{r}}\mathrm{d}t,\boldsymbol{k}-\dot{\boldsymbol{k}}\mathrm{d}t)$ 处，所以有

$$f(\boldsymbol{r},\boldsymbol{k},t)=f(\boldsymbol{r}-\dot{\boldsymbol{r}}\mathrm{d}t,\boldsymbol{k}-\dot{\boldsymbol{k}}\mathrm{d}t,t-\mathrm{d}t) \tag{5.55}$$

实际上，由于存在着碰撞，$\mathrm{d}t$ 时间内从 $(\boldsymbol{r}-\dot{\boldsymbol{r}}\mathrm{d}t,\boldsymbol{k}-\dot{\boldsymbol{k}}\mathrm{d}t)$ 出发的电子，并不能全部达到 $(\boldsymbol{r},\boldsymbol{k})$ 处；t 时刻在 $(\boldsymbol{r},\boldsymbol{k})$ 处的电子，也并不一定都是来自 $(\boldsymbol{r}-\dot{\boldsymbol{r}}\mathrm{d}t,\boldsymbol{k}-\dot{\boldsymbol{k}}\mathrm{d}t)$ 处。若将碰撞引起的 f 改变写成 $\left(\frac{\partial f}{\partial t}\right)_{\mathrm{coll}}$，则式(5.55)应改写成

$$f(\boldsymbol{r},\boldsymbol{k},t)=f(\boldsymbol{r}-\dot{\boldsymbol{r}}\mathrm{d}t,\boldsymbol{k}-\dot{\boldsymbol{k}}\mathrm{d}t,t-\mathrm{d}t)+\left(\frac{\partial f}{\partial t}\right)_{\mathrm{coll}}\mathrm{d}t \tag{5.56}$$

将上式右边第一项展开，保留到 $\mathrm{d}t$ 的线性项，则由式(5.56)可得

$$\frac{\partial f}{\partial t}+\dot{\boldsymbol{r}}\frac{\partial f}{\partial \boldsymbol{r}}+\dot{\boldsymbol{k}}\frac{\partial f}{\partial \boldsymbol{k}}=\left(\frac{\partial f}{\partial \boldsymbol{t}}\right)_{\mathrm{coll}} \tag{5.57}$$

如果电子的分布不随时间变化而处于稳定状态，则$\frac{\partial f}{\partial t}=0$，于是得到电子系统的玻尔兹曼方程，即

$$\dot{\boldsymbol{r}}\frac{\partial f}{\partial \boldsymbol{r}}+\dot{\boldsymbol{k}}\frac{\partial f}{\partial \boldsymbol{k}}=\left(\frac{\partial f}{\partial t}\right)_{\mathrm{coll}} \tag{5.58}$$

在式(5.58)中，左边两项称为漂移项，右边称为碰撞项。

2. 弛豫时间近似

玻尔兹曼方程式(5.58)比较复杂，为了求解方便，下面做一些简化。

假设在外场作用下，电子系统偏离平衡状态进入非平衡态；当外场取消后，碰撞使系统恢复到平衡状态的分布f_0。在对平衡态的偏离较小时，可以认为系统恢复平衡态的快慢$\frac{\partial f}{\partial t}$正比于系统偏离平衡态的程度$f-f_0$和平均碰撞频率$1/\tau$，即

$$\frac{\partial f}{\partial t}=-\frac{f-f_0}{\tau} \tag{5.59}$$

式中的负号表示系统对平衡态的偏离随着时间的增加而减小。式(5.59)的解可以写成

$$f=f_0+(f_i-f_0)\mathrm{e}^{-t/\tau} \tag{5.60}$$

这里，f_i是系统在$t=0$时的分布函数。

式(5.60)表明，系统恢复平衡态的弛豫过程随时间以指数形式变化，这一过程的时间常数τ称为弛豫时间。

对比式(5.57)，在弛豫时间近似下，可以将玻尔兹曼方程中的碰撞项写成

$$\left(\frac{\partial f}{\partial t}\right)_{\mathrm{coll}}=-\frac{f-f_0}{\tau} \tag{5.61}$$

总之，没有外场作用，电子系统不会偏离平衡分布；而没有碰撞，系统也不会从非平衡分布恢复到平衡分布。只有在外场作用下，系统才会偏离平衡状态，形成漂移；由于存在碰撞，漂移才能被限制在一定程度，从而达到稳定的分布。

利用公式

$$\frac{\partial f}{\partial \boldsymbol{r}}=\frac{\partial f}{\partial T}\nabla T$$

$$\dot{\boldsymbol{k}}=-\frac{e}{\hbar}(\boldsymbol{E}+\boldsymbol{v}\times\boldsymbol{B})$$

可以将外场(电场、磁场和温度梯度)作用下的玻尔兹曼方程写成

$$\dot{\boldsymbol{r}}\frac{\partial f}{\partial T}\nabla T-\frac{e}{\hbar}(\boldsymbol{E}+\boldsymbol{v}\times\boldsymbol{B})\cdot\frac{\partial f}{\partial \boldsymbol{k}}=-\frac{f-f_0}{\tau} \tag{5.62}$$

尽管做了若干简化，但是求解玻尔兹曼方程仍然是一项十分繁杂的工作。下面给出一种建立在经典电子气理论基础上的，可以用于描述自由电子在外场条件下行为的模型——准经典模型。

5.4.2 准经典模型

为了描述金属电子气在外场条件下的行为，我们在独立电子近似的基础上，做进一步的假设：

(1)电子将受到散射，或受到碰撞。假设碰撞在瞬间完成，其结果为：

①在相邻两次碰撞之间，电子作直线运动，且遵从牛顿运动定律。

②碰撞后，电子迅速达到热平衡状态，其数值大小的分布与该处温度相平衡。

(2)对于电子受到的散射或碰撞，简单的用弛豫时间 τ 描述，相当于相继两次散射之间的平均时间。在 $\mathrm{d}t$ 时间内，电子受到碰撞的概率为 $\mathrm{d}t/\tau$。

(3)在金属电子气模型下，电子与电子之间、电子与晶格之间的相互作用情况，可以用电子的有效质量 m^* 来概括。

在外场作用下，电子的行为遵从相应的含时薛定谔方程。例如，对于外加电场 $\boldsymbol{E}$ 的情况，其方程式可以写成

$$\left(-\frac{\hbar^2}{2m}\nabla^2 \quad - e\phi\right)\Psi(\boldsymbol{r},t) = \mathrm{i}\hbar\dot{\Psi}(\boldsymbol{r},t) \tag{5.63}$$

式中，ϕ 是与电场相联系的标量势。

按照量子力学与经典力学对应的 Ehrenfest 定理，只有在粒子动能比较大，且外场变化缓慢条件下，才能过渡到经典情况。这相当于方程式(5.63)取波包解，波包中心坐标和动量的变化满足经典运动方程，并且在不违反不确定原理的前提下，可以足够精确地给出电子的坐标和动量。

费米球的存在使金属电子气具有较高的动量，其典型值为 $\hbar k_{\mathrm{F}}$。确定的动量要求其不确定度远小于 $\hbar k_{\mathrm{F}}$，根据不确定原理及其式(5.2)和式(5.20)可知，坐标的不确定程度为

$$\Delta x \approx \frac{\hbar}{\Delta p} \gg \frac{1}{k_{\mathrm{F}}} \approx r_{\mathrm{s}} \tag{5.64}$$

只要在 r_{s} 尺度(约为几个原子间距)内外场变化足够缓慢，或同电子气的平均自由程(即电子相继两次碰撞所走的平均距离)相比 r_{s} 足够小，则电子的行为就可以用经典方式描述。外场明显变化的尺度可用其波长 λ 表征，对于可见光，λ 约为 10^2 nm；在室温下，金属电子气的平均自由程 l 约为 10 nm，低温下要更长一些。由表 5.1 可知，r_{s} 值约为 10^{-1} nm，所以，一般情况下 λ 和 l 远大于 r_{s}。因此，在很多问题中，经典方式是一种相当好的近似。

对于外场作用下的金属电子气体，若用费米速度 v_{F} 代替热运动的平均速度，用有效质量 m^* 代替电子的真实质量，则电子的运动就可以采用经典方式处理，这种方法又称为准经典近似。

5.4.3 电子的动力学方程

假设 t 时刻电子的平均动量为 $\boldsymbol{p}(t)$，经过 $\mathrm{d}t$ 时间，电子没有受到碰撞的几率为 $1-\mathrm{d}t/\tau$，这部分电子对平均动量的贡献为

$$\boldsymbol{p}(t+\mathrm{d}t) = \left(1 - \frac{\mathrm{d}t}{\tau}\right)[\boldsymbol{p}(t) + \boldsymbol{F}(t)\mathrm{d}t] =$$

$$\boldsymbol{p}(t)+\boldsymbol{F}(t)\mathrm{d}t-\frac{\boldsymbol{p}(t)}{\tau}\mathrm{d}t-\frac{\boldsymbol{F}(t)}{\tau}(\mathrm{d}t)^2$$

其中 $\boldsymbol{F}(t)$ 为电子受到的作用力。

由于电子受到碰撞的概率为 $\mathrm{d}t/\tau$，且电子碰撞后其动量无规则取向，因此它们的贡献仅源于碰撞前在外力作用下所获得的动量变化。而碰撞又发生在 $t+\mathrm{d}t$ 时刻之前，故总的贡献小于 $(\mathrm{d}t/\tau)\boldsymbol{F}(t)\mathrm{d}t$，所以上式中 $(\mathrm{d}t)^2$ 项可以忽略。于是，自由电子在外场作用下的动力学方程可以写成

$$\frac{\mathrm{d}\boldsymbol{p}(t)}{\mathrm{d}t}=\boldsymbol{F}(t)-\frac{\boldsymbol{p}(t)}{\tau} \tag{5.65}$$

引入外场作用下电子的漂移速度 $\boldsymbol{v}_{\mathrm{d}}(t)$ 和有效质量 m^*，则式(5.65)又可以写成

$$m^*\frac{\mathrm{d}\boldsymbol{v}_{\mathrm{d}}(t)}{\mathrm{d}t}=\boldsymbol{F}(t)-m^*\frac{\boldsymbol{v}_{\mathrm{d}}(t)}{\tau} \tag{5.66}$$

式(5.66)表明，在外场作用下金属电子气的运动过程中，碰撞的作用，相当于在通常的运动方程式中引入了一个依赖于漂移速度的阻尼项。

5.5 金属的电导率

在外电场作用下，金属的自由电子做定向运动形成电流。按照欧姆定律，电流密度与电场强度成正比，即

$$\boldsymbol{j}=\sigma\boldsymbol{E} \tag{5.67}$$

式中，σ 称为金属的电导率。

下面讨论金属电导率的性质及其微观机理。

5.5.1 金属电导率

假设有一个均匀的金属晶体，在电场强度为 $\boldsymbol{E}$ 的外电场作用下，形成稳定的电流密度 $\boldsymbol{j}$，此时玻尔兹曼方程可以写成

$$f-f_0=\frac{e\tau}{\hbar}\boldsymbol{E}\frac{\partial f}{\partial \boldsymbol{k}} \tag{5.68}$$

一般地，外电场的电场强度 $\boldsymbol{E}$ 总是比原子内部的场强小得多，因此可以认为 f 偏离平衡分布 f_0 是一小量，式(5.68)右项中的 f 可以近似地用 f_0 代替。所以有

$$f=f_0+\frac{e\tau}{\hbar}\boldsymbol{E}\frac{\partial f_0}{\partial \boldsymbol{k}} \tag{5.69}$$

按照泰勒定理，式(5.69)又可以写成

$$f(\boldsymbol{k})=f_0\left(\boldsymbol{k}+\frac{e\tau}{\hbar}\boldsymbol{E}\right)=f_0\left(\boldsymbol{k}-\frac{-e\tau}{\hbar}\boldsymbol{E}\right) \tag{5.70}$$

式(5.70)说明：当存在外电场 $\boldsymbol{E}$ 时，分布函数 $f(\boldsymbol{k})$ 相当于平衡分布 f_0 在 $\boldsymbol{k}$ 空间沿电场 $\boldsymbol{E}$ 的反方向刚性移动了 $-\frac{e\tau}{\hbar}\boldsymbol{E}$，图5.11给出了球形费米面在外电场 $\boldsymbol{E}$ 作用下发生刚性移

动的示意图。此时,电子占据态相对于 $\boldsymbol{k}$ 空间的原点不再成对称分布,电子体系的总动量不为零,金属中将产生电流;如果外电场保持不变,则无电场时对称分布的费米面将越来越偏心,金属中的电流也将越来越大。但是,由于电子受到金属内部杂质、缺陷及其声子的碰撞,使得电子占据态沿相反方向在 $\boldsymbol{k}$ 空间运动;当两种运动达到平衡时,费米面在 $\boldsymbol{k}$ 空间将保持一种稳定的偏心分布,电流达到稳定值。

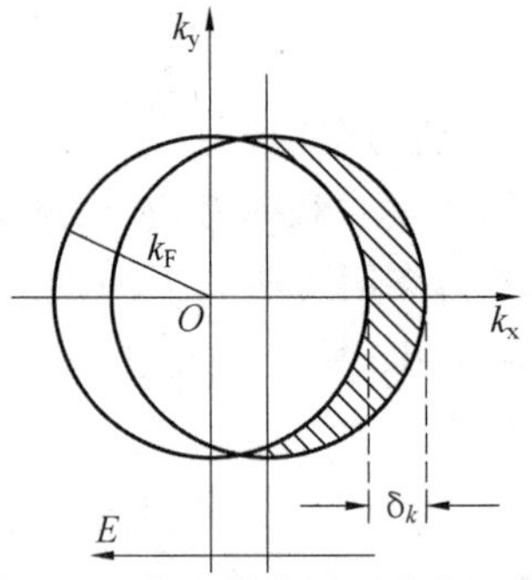

图 5.11　外电场作用下费米面在 $\boldsymbol{k}$ 空间的移动

设在 $t=0$ 时刻外电场 $\boldsymbol{E}$ 施加于金属上,则金属中自由电子受到的作用力为

$$\boldsymbol{F}=\frac{\mathrm{d}\boldsymbol{p}}{\mathrm{d}t}=-e\boldsymbol{E} \tag{5.71}$$

将式(5.8)代入上式,可以得到系统处于稳定分布时费米面沿 $\boldsymbol{k}$ 空间的位移,即

$$\delta\boldsymbol{k}=-\frac{e\tau}{\hbar}\boldsymbol{E} \tag{5.72}$$

由图 5.11 可知,只有阴影部分的电子,即费米面附近的电子对电流才有贡献。根据式(5.32)可得费米面附近的电子数密度为

$$\begin{aligned}n_{\mathrm{F}}&=g(E_{\mathrm{F}})\delta E=\\&g(E_{\mathrm{F}})\cdot\left(\frac{\partial\boldsymbol{E}}{\partial\boldsymbol{k}}\right)_{E_{\mathrm{F}}}\delta\boldsymbol{k}=\\&g(E_{\mathrm{F}})\cdot\hbar\boldsymbol{v}_{\mathrm{F}}\delta\boldsymbol{k}\end{aligned} \tag{5.73}$$

式中,$g(E_{\mathrm{F}})$ 是费米面上的能态密度。

把式(5.72)和式(5.73)代入电流密度公式,有

$$\boldsymbol{j}=-n_{\mathrm{F}}e\boldsymbol{v}_{\mathrm{F}}=g(E_{\mathrm{F}})\cdot\hbar\boldsymbol{v}_{\mathrm{F}}^{2}\frac{e^{2}\tau}{\hbar}\boldsymbol{E} \tag{5.74}$$

同欧姆定律式(5.67)相比较,金属的电导率可以写成

$$\boldsymbol{\sigma}=g(E_{\mathrm{F}})\cdot\boldsymbol{v}_{\mathrm{F}}^{2}e^{2}\tau \tag{5.75}$$

对于各向同性金属,电导率是标量,满足 $\sigma=\sigma_{xx}=\sigma_{yy}=\sigma_{zz}$ 关系。此时,式(5.75)可以写成

$$\sigma=\sigma_{xx}=g(E_{\mathrm{F}})\cdot v_{\mathrm{F}x}^{2}e^{2}\tau \tag{5.76}$$

由于大多数金属的费米面可以看作是球面,所以有

$$v_{\mathrm{F}x}^{2}=v_{\mathrm{F}y}^{2}=v_{\mathrm{F}z}^{2}=\frac{1}{3}v_{\mathrm{F}}^{2}$$

代入式(5.76),金属的电导率的表达式可以写成

$$\sigma=\frac{1}{3}g(E_{\mathrm{F}})\cdot v_{\mathrm{F}}^{2}e^{2}\tau \tag{5.77}$$

显然,金属的电导率不仅取决于费米速度和弛豫时间,而且还与费米面上的能态密度有关。对于一般的金属电导问题,利用式(5.17)~(5.20)关系式,即

$$g(E_F)=\frac{1}{2\pi^2}\left(\frac{2m^*}{\hbar^2}\right)^{3/2}E_F^{1/2}$$

$$k_F^3=3\pi^2 n$$

$$E_F=\frac{\hbar^2 k_F^2}{2m^*}=\frac{1}{2}m^* v_F^2$$

代入式(5.77),即得金属电导率公式

$$\sigma=\frac{ne^2\tau}{m^*} \tag{5.78}$$

在上述推导中,用电子的有效质量 m^* 来代替真实质量 m,以概括电子与电子之间、电子与晶格之间的相互作用情况。

此外,考虑到泡利不相容原理的限制,只有费米面附近的电子才有可能在外电场作用下进入较高的能级,因而才会对金属电导率有贡献。而对于能量比费米能级低得多的电子,由于它附近的能态已经被占据,没有可以接受它的空态,所以这些电子不可能从外电场获得能量而改变其状态,因而它们并不参与导电。

5.5.2 电阻率随温度的变化

金属电导率的倒数称为电阻率,即

$$\rho=\frac{1}{\sigma}$$

金属的电阻率是由于金属中的散射中心对电子气的散射形成的。这些散射中心包括两类:一是金属中的杂质和缺陷,二是晶格振动。因而,金属的电阻率也可以分为两部分:

(1)由杂质和缺陷对电子的散射所形成的电阻率,称为剩余电阻率,用 ρ_0 表示。剩余电阻率 ρ_0 与温度 T 无关,可以看作是常数。

(2)由电子与声子的散射引起的电阻率,称为本征电阻率,用 ρ_l 表示。本征电阻率 ρ_l 随着温度 T 增加而增大,并且当 $T\to 0$ 时,$\rho_l\to 0$。

金属的电阻率可以写成

$$\rho=\rho_0+\rho_l \tag{5.79}$$

图 5.12 给出了电阻率随温度变化的关系曲线,下面就高温和低温两种极端情况来分析电阻率与温度的关系。

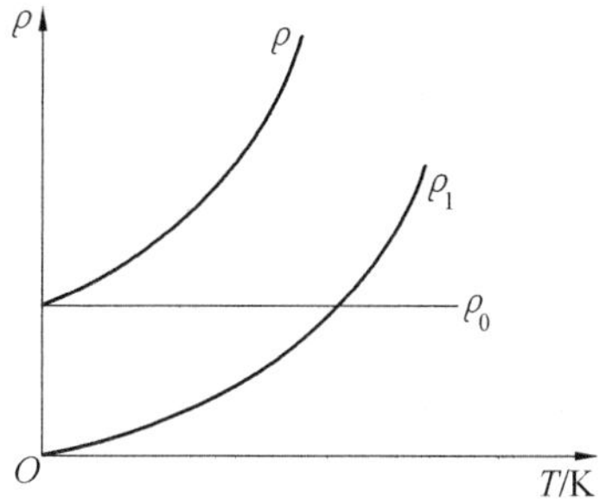

图 5.12 电阻率随温度变化的关系曲线

1. 高温情况

在高温情况下,由于满足 $T\gg\Theta_D$ 关系,声子能量同费米能量具有相同的数量级,因此很容易发生能量的共振转移。

在这种情况下,本征电阻率 ρ_l 同散射几率成正比,而散射几率又与声子数密度 $n(q)$ 成正比,可以写成 $\rho_l\propto n(q)$。声子为玻色子,遵从玻色统计,其平均数密度可由普朗克公式给出。在 $T\gg\Theta_D$ 条件下,有

$$n(q)=\frac{1}{e^{\hbar\omega/k_BT}-1}\approx\frac{1}{1+\dfrac{\hbar\omega}{k_BT}-1}=\frac{k_B}{\hbar\omega}T$$

这表明，本征电阻率与温度成正比，即

$$\rho_l \propto T \tag{5.80}$$

2. 低温情况

在低温情况下，$T\ll\Theta_D$，由于声子的能量一般在 10^{-2} eV 以下，远小于费米面附近的电子能量，因此不能发生能量的共振转移。此时，电子与声子之间的碰撞可以看作是弹性碰撞，电子的波矢 $\boldsymbol{k}$ 因为受到散射而改变方向，变为 $\boldsymbol{k}'$，但其大小保持不变。在这种碰撞过程中，电子动量的损失是电阻率形成的原因。显然，在低温情况下，本征电阻率 ρ_l 不仅同散射几率，即声子数密度 $n(q)$ 成正比，还与每次散射中电子的动量损失 Δp 成正比，可以写成

$$\rho_l \propto n(q)\Delta p$$

设声子的波矢为 $\boldsymbol{q}$，根据动量守恒定律 $\boldsymbol{k}+\boldsymbol{q}=\boldsymbol{k}'$ 可得

$$2k\sin\frac{\theta}{2}=q$$

式中，θ 是碰撞前后电子波矢 $\boldsymbol{k}$ 与 $\boldsymbol{k}'$ 的夹角，如图 5.13 所示。

因为 $q\ll k$，所以 $\sin\theta/2\ll1$，即 $\theta\approx q/k$。则每次散射使电子在原来方向上的动量损失为

$$\Delta p=\hbar k(1-\cos\theta)\approx\hbar k\frac{\theta^2}{2}=\frac{\hbar}{2}q^2$$

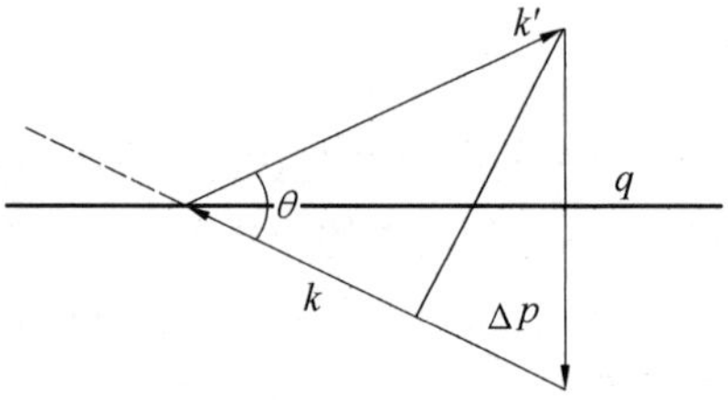

图 5.13 散射时电子在原方向的动量损失

在低温情况下，声子频率与波矢 q 成线性关系，而声子频率 $\omega\approx\frac{k_B}{\hbar}T$，所以声子波矢 $q\propto T$，故有

$$\Delta p \propto T^2$$

又因为低温时，在德拜近似下，声子数密度 $n(q)\propto T^3$。所以可知，在低温情况下，本征电阻率与温度的 5 次方成正比，即

$$\rho_l \propto n(q)\Delta p = T^2T^3 = T^5 \tag{5.81}$$

5.5.3 交变电场的电导率

5.5.1 中我们讨论了金属电子气在稳恒电场作用下的电导率问题，下面给出在交变电场作用下的金属电导率。

1. 直流电导率

金属在稳恒电场作用下，其 $d\boldsymbol{v}_d(t)/dt=0$，且 $\boldsymbol{F}=-e\boldsymbol{E}$，由式(5.66)可得

$$\boldsymbol{v}_d=-\frac{e\tau}{m^*}\boldsymbol{E}$$

相应的电流密度为

$$\boldsymbol{j}=-ne\boldsymbol{v}_d=-\frac{ne^2\tau}{m^*}\boldsymbol{E}$$

同欧姆定律式(5.67)相比较,金属的电导率可以写成

$$\sigma = \frac{ne^2\tau}{m^*}$$

上式同式(5.78)完全一致,是稳恒电场作用下,即直流情况下金属电导率的表达式,又称为直流电导率。为了同交变电场作用下的交流电导率相区别,直流电导率又写成

$$\sigma_0 = \frac{ne^2\tau}{m^*} \tag{5.82}$$

2. 交流电导率

当金属受到交变电场作用时,电场强度可以用 $\boldsymbol{E}=\boldsymbol{E}_0\mathrm{e}^{-\mathrm{i}\omega t}$ 表示,相应的漂移速度可以写成 $\boldsymbol{v}_\mathrm{d}=\boldsymbol{v}_{\mathrm{d}0}\mathrm{e}^{-\mathrm{i}\omega t}$,则根据式(5.66)有

$$-\mathrm{i}\omega m\boldsymbol{v}_\mathrm{d} = -e\boldsymbol{E} - \frac{m^2}{\tau}\boldsymbol{v}_\mathrm{d}$$

于是得到电子的漂移速度,即

$$\boldsymbol{v}_\mathrm{d} = \frac{-e\tau}{m^*(1-\mathrm{i}\omega\tau)}\boldsymbol{E}$$

相应的电流密度为

$$\boldsymbol{j} = -ne\boldsymbol{v}_\mathrm{d} = -\frac{ne^2\tau}{m^*(1-\mathrm{i}\omega\tau)}\boldsymbol{E}$$

则相应的交流电导率为

$$\sigma = \frac{ne^2\tau}{m^*}\frac{1}{1-\mathrm{i}\omega\tau} = \frac{\sigma_0}{1-\mathrm{i}\omega\tau} \tag{5.83}$$

上式即是交变电场作用下,金属的交流电导率公式。

5.6 金属的磁电效应

当把通电的金属或半导体置于磁场中时,将会产生一些磁致电变现象,这些现象通常称为磁电效应。典型的磁电效应包括三种,即:霍耳效应、磁(电)阻效应和苏里(Suhl)效应。其中,苏里效应仅出现在半导体材料中。下面讨论金属的霍耳效应和磁(电)阻效应。

5.6.1 霍耳效应

1. 霍耳效应

如图5.14所示,当给金属片通以电流 I,并在与电流垂直方向施加一磁场 $\boldsymbol{B}$ 时,则会在金属片两侧表面上出现横向电势差 U_H,这一现象称为霍耳效应,是美国物理学家霍耳(A. H. Hall)在1879年发现的。实验表明,在磁场不太强的条件下,霍耳效应可以写成以下形式

$$U_\mathrm{H} = R_\mathrm{H}\frac{IB}{d} \tag{5.84}$$

式中,d 为金属片的厚度;R_H 称为霍耳系数,是仅与材料有关的常数。

形成霍耳电势差 U_H 的横向电场 $\boldsymbol{E}_H$，称为霍耳电场。显然，霍耳效应公式(5.84)又可以写成

$$\boldsymbol{E}_H = R_H B \boldsymbol{j} \tag{5.85}$$

2. 霍耳系数

在电场和磁场同时存在的情况下，根据洛伦兹力公式，即

$$\boldsymbol{F} = -e(\boldsymbol{E} + \boldsymbol{v} \times \boldsymbol{B}) \tag{5.86}$$

则单电子准经典动力学方程式(5.65)可以写成

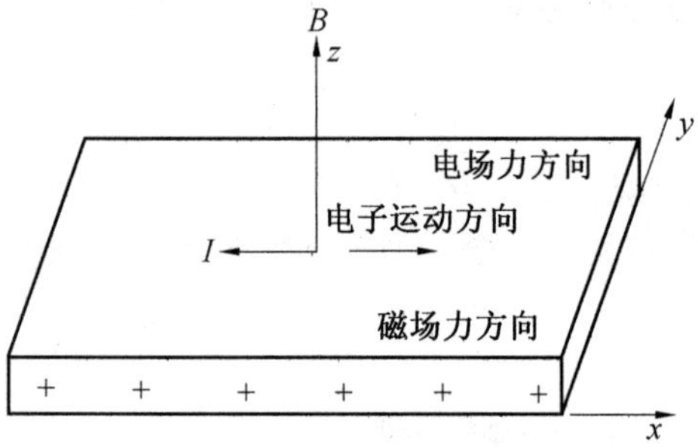

图 5.14　霍耳效应示意图

$$\frac{d\boldsymbol{P}}{dt} = -e(\boldsymbol{E} + \boldsymbol{v} \times \boldsymbol{B}) - \frac{p}{\tau}$$

其中，电子的动量 $p = m^* \boldsymbol{v}$。

对于稳态情况，$dp/dt = 0$，电流密度 $\boldsymbol{j} = -ne\boldsymbol{v}$，则上式可以写成

$$\sigma_0 \boldsymbol{E} = \boldsymbol{j} + \frac{e\tau}{m^*} \boldsymbol{j} \times \boldsymbol{B} \tag{5.87}$$

其中 σ_0 为 $\boldsymbol{B} = 0$ 时的直流电导率，由式(5.82)给出，令

$$\omega_c = \frac{eB}{m^*} \tag{5.88}$$

这里，ω_c 称为回旋频率，是电子做螺旋运动的角频率。设磁场沿 z 方向，电场与之垂直，在 xy 平面内，则由式(5.87)可写成

$$\begin{cases} \sigma_0 \boldsymbol{E}_x = \boldsymbol{j}_x + \omega_c \tau \boldsymbol{j}_y \\ \omega_c \boldsymbol{E}_y = -\omega_c \tau \boldsymbol{j}_x + \boldsymbol{j}_y \end{cases} \tag{5.89}$$

显然，$\boldsymbol{j}_y = 0$ 时的 $\boldsymbol{E}_y$ 即是霍耳电场，$\boldsymbol{j}_x$ 则是通过金属片的电流密度。根据式(5.89)中的第二式，可得

$$\boldsymbol{E}_y = -\frac{\omega_c \tau}{\sigma_0} \boldsymbol{j}_x = -\frac{B}{ne} j_x$$

按照霍耳效应关系式(5.85)，可得霍耳系数

$$R_H = \frac{\boldsymbol{E}_y}{\boldsymbol{j}_x B_z} = -\frac{1}{ne} \tag{5.90}$$

式(5.90)表明，霍耳系数仅依赖于金属电子气的数密度，与金属的其他参数无关。这是一个非常简单的结果，提供了对金属电子气模型正确性最直接的检验方法。

表 5.4 给出了一些金属霍耳系数的测量结果，以及同式(5.90)的比较。在表 5.4 中，$-1/neR_H$ 的数值越接近 1，说明理论值与实验值符合的越好。显然，对一价碱金属元素，式(5.90)结果与实验符合的较好；对一价贵金属元素符合的较差。而对于一些二、三价金属，不仅数值相差较大，而且符号也不对，这是金属电子气模型无法说明的。

表 5.4　一些金属元素在室温下的霍耳系数

元素	Z	$R_H/(10^{-10}m^3 \cdot C^{-1})$	$-1/neR_H$
Li	1	-1.70	0.8
Na	1	-2.50	1.0
K	1	-4.20	1.1
Cu	1	-0.55	1.3
Ag	1	-0.84	1.3
Au	1	-0.72	1.5
Be	2	+2.44	-0.1
Zn	2	+0.33	-1.4
Cd	2	+0.60	-1.1
Al	2	-3.00	0.1

5.6.2　磁阻效应

1. 磁阻效应

在通有电流的金属或半导体上施加磁场时,电阻值将会发生改变,这种现象称为磁电阻效应,或称为磁阻效应。

由垂直于电流方向的磁场形成的磁阻效应,称为横向磁阻效应。而由平行于电流方向的磁场形成的磁阻效应,则称为纵向磁阻效应。当材料中电子有效质量显示各向同性时,纵向磁阻效应为零。在一般情况下,横向磁阻效应比纵向磁阻效应显著得多。

通常利用磁场所引起的电阻率的相对变化来衡量磁阻效应,即

$$\frac{\Delta\rho}{\rho_0}=\frac{\rho-\rho_0}{\rho_0}$$

式中,ρ_0 是 $\boldsymbol{B}=0$ 时的电阻率。若不考虑几何效应,则有

$$\frac{\Delta\rho}{\rho_0}=\frac{9\pi}{16}\left(1-\frac{\pi}{4}\right)\mu^2B^2 \tag{5.91}$$

式中,μ^2 是载流子的迁移率。显然,磁场引起的电阻率与磁感应强度的平方成正比。

2. 弱磁场玻尔兹曼方程的解

在电场和磁场共同作用下,玻尔兹曼方程式(5.62)可以写成

$$f-f_0=\frac{e\tau}{\hbar}(\boldsymbol{E}+\boldsymbol{v}\times\boldsymbol{B})\frac{\partial f}{\partial \boldsymbol{k}} \tag{5.92}$$

在弱场条件下,非平衡分布函数 f 同平衡分布函数 f_0 偏离不大,式(5.92)右项中的 f 可以近似地用 f_0 代替。令

$$f=f_0-\frac{\partial f_0}{\partial E}\boldsymbol{D}\cdot\boldsymbol{k} \tag{5.93}$$

式中,$\boldsymbol{D}$ 是待定矢量。

对于自由电子情况,有 $m^*\boldsymbol{v}=\hbar\boldsymbol{k}$ 和 $\boldsymbol{E}=\frac{\hbar^2k^2}{2m^*}$。由于

$$\frac{\partial f}{\partial \boldsymbol{k}}=-\frac{\partial f_0}{\partial E}\boldsymbol{D}-\left[\hbar\boldsymbol{k}\cdot\frac{\partial}{\partial E}\left(\frac{\partial f_0}{\partial E}\boldsymbol{D}\right)\right]\boldsymbol{v}$$

代入式(5.92)得

$$f - f_0 = \frac{e\tau}{\hbar}\boldsymbol{E}\frac{\partial f_0}{\partial \boldsymbol{k}} + \frac{e\tau}{\hbar}\boldsymbol{v} \times \boldsymbol{B} \cdot \left(-\frac{\partial f}{\partial E}\boldsymbol{D}\right) \tag{5.94}$$

或

$$-\frac{m^*}{\hbar}\frac{\partial f_0}{\partial E}\boldsymbol{D} \cdot \boldsymbol{v} = \frac{\partial f_0}{\partial E}\frac{e\tau}{\hbar}\boldsymbol{E} \cdot \boldsymbol{\eta v} - \frac{\partial f_0}{\partial E}\frac{e\tau}{\hbar}(\boldsymbol{B} \times \boldsymbol{D}) \cdot \boldsymbol{v}$$

对任意的 $\boldsymbol{v}$ 上式均成立,因此有

$$\boldsymbol{D} = -\frac{\hbar e\tau}{m^*}\boldsymbol{E} + \frac{e\tau}{m^*}\boldsymbol{B} \times \boldsymbol{D} \tag{5.95}$$

对式(5.95)两端点乘$\frac{e\tau}{m^*}\boldsymbol{B}$,做矢量运算,可得

$$\boldsymbol{D} = \frac{-\frac{\hbar e\tau}{m^*}\boldsymbol{E} - \hbar\left(\frac{e\tau}{m^*}\right)^2(\boldsymbol{B} \times \boldsymbol{E}) - \hbar\left(\frac{e\tau}{m^*}\right)^3(\boldsymbol{B} \cdot \boldsymbol{E})\boldsymbol{B}}{1 + \left(\frac{e\tau}{m^*}\boldsymbol{B}\right)^2} \tag{5.96}$$

在弱场条件下,$\omega_c\tau \ll 1$,故上式可以写成

$$\boldsymbol{D} = -\frac{\hbar e\tau}{m^*}\left[\boldsymbol{E} + \left(\frac{e\tau}{m^*}\right)(\boldsymbol{B} \times \boldsymbol{E}) + \left(\frac{e\tau}{m^*}\right)^2\boldsymbol{B} \times (\boldsymbol{B} \times \boldsymbol{E})\right] \tag{5.97}$$

考虑在无磁场作用下,即在 $B=0$ 条件下,将式(5.95)代入欧姆定律可得

$$\boldsymbol{j} = \frac{ne}{\hbar}\boldsymbol{D} \tag{5.98}$$

将式(5.97)代入式(5.98),即得

$$\boldsymbol{j} = \sigma_0\boldsymbol{E} - \frac{ne^3\tau^2}{(m^*)^2}(\boldsymbol{E} \times \boldsymbol{B}) - \frac{ne^4\tau^3}{(m^*)^3}B^2\boldsymbol{E} + \frac{ne^4\tau^3}{(m^*)^3}(\boldsymbol{B} \cdot \boldsymbol{E})\boldsymbol{B} \tag{5.99}$$

3. 金属的横向磁阻

在 B^2 可以忽略的情况下,式(5.99)只保留前两项。此时可以得到同式(5.89)一致的公式。对于稳态情况,$j_x=0$,则由式(5.89)第一式有 $j_x=\sigma_0 E_x$,这意味着金属电子气体的横向磁阻为零。但实际测量结果表明,大多数金属的横向磁阻并不为零,有时甚至相当大。

考虑在 B^2 不能忽略的情况,由式(5.99)可得

$$j_x = \sigma_0(1 - \mu^2B^2)E_x \tag{5.100}$$

式中

$$\mu = \frac{e\tau}{m^*} \tag{5.101}$$

为电子的迁移率。根据欧姆定律,磁场作用下的电导率为

$$\sigma = \sigma_0 - \sigma_0\mu^2B^2$$

相应电阻率的相对变化为

$$\frac{\Delta\rho}{\rho_0} = -\frac{\Delta\sigma}{\sigma_0} = \mu^2B^2 \tag{5.102}$$

即磁电阻率的相对变化与磁感应强度的平方成正比。同式(5.91)相比,这里没有比例因

子 $\frac{9\pi}{16}\left(1-\frac{\pi}{4}\right)$。

5.7　金属热导率

5.7.1　金属热导率

在存在温度梯度 ∇T 的情况下，金属中将产生热流。当 ∇T 较小时，产生的热流与温度梯度 ∇T 成比例，即

$$\boldsymbol{j}_Q = -\kappa \nabla T \tag{5.103}$$

其中，κ 是材料的热导率，负号表示热流方向与温度梯度方向相反，即热流总是从高温处向低温处流动。

根据前面介绍可知，绝缘晶体的热传导是通过声子传输实现的。但是在常温下，金属的热导率远高于绝缘体，因此可以断定：金属中不仅声子，更主要的是电子参与了热传导。在大多数金属中，电子对热导率的贡献远大于声子的贡献，即热流的主要来源是金属电子气的输运过程。若简单地借用气体分子动理论结果，对于金属中的电子气体，有

$$\kappa = \frac{1}{3}c_V v l = \frac{1}{3}c_V v^2 \tau \tag{5.104}$$

在式(5.104)中，τ 是无外电场情况下的弛豫时间，$l = v\tau$ 为平均自由程。同电导率一样，对热导率有贡献的也只是分布在费米面附近的电子。所以，上式中电子的平均速度应取费米速度 v_{F}，并将电子比热公式(5.43)代入上式，则有

$$\kappa = \frac{\pi^2 k_{\mathrm{B}}^2 n\tau}{3m^*}T \tag{5.105}$$

式(5.105)即是在金属电子气准经典模型下得到的热导率公式。公式中用电子有效质量代替真实质量，以概括电子与电子、电子与声子之间的相互作用。

5.7.2　维德曼-弗兰兹定律

金属中的热导几乎完全是依靠电子来实现的，因此，金属的热阻也是由5.5节所述的电子散射机制决定的，故而可以预计金属的热导率和电导率之间存在着一定的关系。1853年维德曼（Wiedeman）和弗兰兹（Franz）发现：金属的热导率和电导率的比值与温度成线性关系，即

$$\frac{\kappa}{\sigma} = LT \tag{5.106}$$

这一规律称为维德曼-弗兰兹定律。

维德曼-弗兰兹定律可以利用金属电子气体的准经典模型得到解释。假设在金属中，电导和热导过程具有相同的弛豫时间，则利用电导率公式(5.78)和热导率公式(5.105)，有

$$\frac{\kappa}{\sigma T}=\frac{1}{3}\left(\frac{\pi k_{\mathrm{B}}}{e}\right)^{2}=2.45\times10^{-8}\mathrm{W}\cdot\Omega\cdot\mathrm{K}^{-2} \tag{5.107}$$

1853 年,洛伦兹注意到($\kappa/\sigma T$)是一个与金属具体性质无关的常数,故 $L\equiv\kappa/\sigma T$ 被称为洛伦兹常数,它就是式(5.106)中的比例系数。在早期的经典电子气体模型中,用式(5.105)对热导率进行计算。由于在室温附近,电子比热的计算大了 2 个数量级,但是恰好被对 v^2 的计算小 2 个数量级所补偿,因此,得到了与实验结果相近的洛伦兹常数。

在温度较高时,金属中热导率和电导率的关系式(5.107)与实验结果一致,这说明金属电子气体的准经典模型是成功的。

在低温下,实验结果显示 L 与温度有关。但这并不说明金属电子论的失败,而是因为在热导和电导中电子的弛豫过程不同:在电导问题中,电子在 $\boldsymbol{k}$ 空间的分布发生整体移动,并在扩散平稳后形成一定的电流;而热导问题中,电子在 $\boldsymbol{k}$ 空间的分布仍保持对称分布,只是数量相同而“冷”“热”不同的电子相向运动,进而形成热流。因此,两种情况的电子应有不同的弛豫时间,而在导出式(5.107)时假设电导和热导过程具有相同的弛豫时间,这是不精确的,从而导致在低温下与实验结果不符。但是在高温下,外电场影响相对较小,可以认为电导和热导过程具有相同的弛豫时间,这就是高温下维德曼-弗兰兹定律与实验一致的原因。

5.8 光学性质

本节讨论金属电子气体的光学性质,这一问题可以看作是:在一个空间变化比较缓慢的交变电场作用下,即波长远大于平均自由程($\lambda\gg l$)情况下,金属中自由电子气体的输运问题。

5.8.1 等离子体振荡

1. 屏蔽效应

在金属电子气体模型中,具有库仑长程作用的电子之所以可以采用无相互作用的理想气体处理,是因为金属电子所受到的屏蔽效应。由于库仑力作用,电子将排斥邻近的其他电子,从而暴露出均匀的正电荷背景。每一个电子在其周围形成一个正电荷的屏蔽层,这种被屏蔽层所包围的电子,即带着屏蔽层一起运动的电子可以看作是一种准粒子。准粒子之间的相互作用不再是长程的,而是短程的。可以证明,屏蔽效应的强弱取决于屏蔽长度 $r_{\mathrm{s}}=(3\pi^3 n)^{-1/3}$,即电子密度越大,屏蔽效应越强。

等离子体是由密度相当高的、等量均匀分布的正负带电自由粒子组成的气体,整个体系呈电中性。金属中的电子气体及其正电荷背景说明,实际上它是一种等离子体,见图 5.15。

2. 等离子体振荡

由于热涨落或外界干扰,金属中电子密度分布会出现对平均分布的偏离。若在某一小区域中电子密度小于平均密度,则此区域的正电荷背景便处于未被中和状态,从而对邻近的电子产生吸引力以图恢复中和状态。但是,被吸引的电子由于获得电场能量而具有一附加动能,使其能够克服电子之间的排斥力而相互靠近,从而使原来缺少电子的区域又聚集了过多的负电荷。然后,由于电子的排斥力作用使电子再度离开该区域。这种带电粒子往返运动所产生的振荡,称为等离子体振荡。

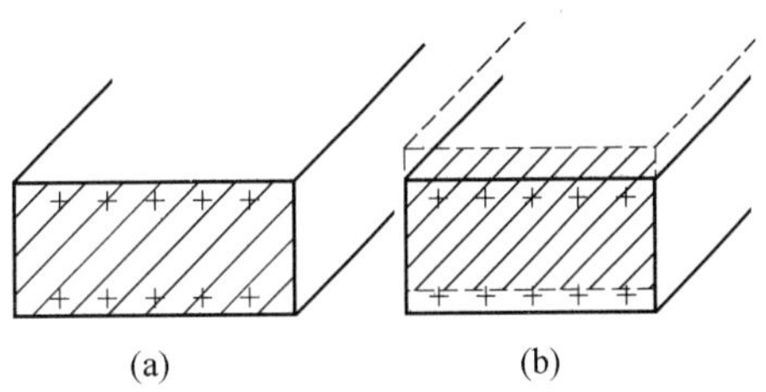

图 5.15 电子气体相对正电荷背景平移

3. 振荡频率

为了给出等离子体振荡频率,我们假定在一个圆柱体中,电子气体整体相对于正电荷背景平移 $\boldsymbol{u}$,导致强度为 $-neSL\boldsymbol{u}$ 的偶极矩出现(S、L 分别是圆柱体的截面积和高),相应的电极化强度为

$$\boldsymbol{P} = -ne\boldsymbol{u}$$

由于体系呈电中性,即必须满足电位移为零的条件

$$\varepsilon_0 E + \boldsymbol{p} = 0$$

所以,位移电子受到的电场为

$$\boldsymbol{E} = -\frac{\boldsymbol{P}}{\varepsilon_0} = \frac{ne}{\varepsilon_0}\boldsymbol{u}$$

其中,任一电子的运动方程为

$$\frac{\mathrm{d}^2\boldsymbol{u}}{\mathrm{d}t^2} + \frac{ne^2}{m\varepsilon_0}\boldsymbol{u} = 0 \tag{5.108}$$

由上式即可以得到电子气体振荡的频率

$$\omega_{\mathrm{P}}^2 = \frac{ne^2}{m\varepsilon_0} \tag{5.109}$$

4. 等离激元

等离子体振荡的能量是量子化的,其量子为 $\hbar\omega_{\mathrm{P}}$,称为等离激元。同声子类似,等离激元是金属中电子气体的一个集体激发量子。ω_{P} 的量值很高,一般情况下,$n \approx 10^{29}\ \mathrm{m}^{-3}$,由式(5.109)可知 $\omega_{\mathrm{P}} \approx 10^{16}\ \mathrm{s}^{-1}$。因此,等离激元 $\hbar\omega_{\mathrm{P}} \approx 10\ \mathrm{eV}$,所以很难被热激发。但是,高速电子的能量却可以达到约几千个电子伏,它穿过金属薄膜时,可以激发等离子体振荡。由于等离子体振荡能量的量子化,穿过金属薄膜电子的能量损失为 $\hbar\omega_{\mathrm{P}}$ 的整数倍,由此可以测定 ω_{P}。图 5.16 给出了金属 Mg 薄膜的实验结果。

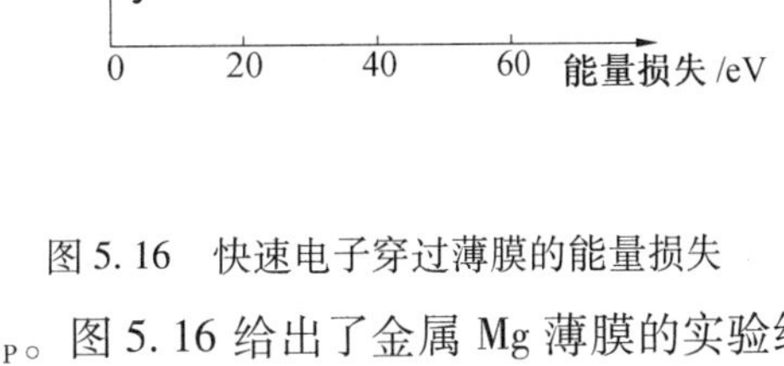

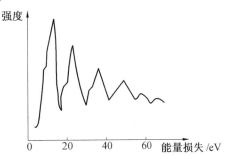

图 5.16 快速电子穿过薄膜的能量损失

5.8.2 描述金属光学性质的参量

下面考虑交变电场的空间变化比较缓慢,即波长远大于平均自由程的情况。此时,在金属中 $\boldsymbol{r}$ 处的电流密度完全取决于该处的电场强度,即

$$\boldsymbol{j}(\boldsymbol{r},\omega) = \sigma(\omega)\boldsymbol{E}(\boldsymbol{r},\omega) \tag{5.110}$$

1. 复介电系数

从麦克斯韦方程组,可以导出自由电子气体中的波动方程

$$\nabla^2 \boldsymbol{E} - \mu_0 \sigma \frac{\partial \boldsymbol{E}}{\partial t} - \varepsilon_0 \mu_0 \frac{\partial^2 \boldsymbol{E}}{\partial t^2} = 0 \tag{5.111}$$

对于单色波解 $\boldsymbol{E}=\boldsymbol{E}_0 e^{i(\boldsymbol{k}\cdot\boldsymbol{r}-\omega t)}$,方程式(5.111)给出

$$k^2 = \varepsilon_0 \mu_0 \omega^2 + i\mu_0 \sigma \omega = \mu_0 \omega^2 \left(\varepsilon_0 + i \frac{\sigma}{\omega} \right) \tag{5.112}$$

与不导电介质情况 $k^2=\mu_0\varepsilon_0\omega^2$ 相比,金属自由电子气体有复数介电系数

$$\tilde{\varepsilon} = \varepsilon_0 + i \frac{\sigma}{\omega} \tag{5.113}$$

利用公式(5.107)和式(5.109),则可以得到复数形式的相对介电系数

$$\tilde{\varepsilon}_r = 1 - \frac{\omega_P^2}{\omega^2 + \tau^{-2}} + i \frac{\omega_P^2 \tau}{\omega(1 + \omega^2 \tau^2)} \tag{5.114}$$

2. 复折射率

电磁波在真空中的传播速度为光速 $c=(\varepsilon_0\mu_0)^{-1/2}$,而在自由电子气体中降为 $v=\omega/k$,则按照定义,金属电子气体的复数折射率为

$$\tilde{n}_c = \frac{c}{v} = \left(1 + i \frac{\sigma}{\varepsilon_0 \omega} \right)$$

即有

$$\tilde{n}_0^2 = \tilde{\varepsilon}_r \tag{5.115}$$

复数折射率可以写成实部 n_1 与虚部 n_2 之和,即

$$\tilde{n}_c = n_1 + in_2 \tag{5.116}$$

在式(5.116)中,实部 n_1 是我们通常理解的折射率,而虚部 n_2 是与波在介质中损耗有关的参数,称为消光系数。

在光学实验中,一般并不直接测量折射率的实部 n_1 和虚部 n_2,而是测量反射率和吸收系数。

3. 吸收系数

由于折射率采用复数,因此,波矢也可以写成复数形式,即

$$\tilde{k} = \frac{\omega}{c}(n_1 + n_2) \tag{5.117}$$

假设电磁波沿垂直于金属表面的 z 方向传播,则单色波解可以写成

$$\boldsymbol{E} = \boldsymbol{E}_0 e^{i\omega\left(\frac{n_1}{c}z - t\right)} e^{\frac{n_2\omega}{c}z}$$

其光强度为

$$I = I_0 e^{\frac{2n_2\omega}{c}z} = I_0 e^{-\alpha z} \tag{5.118}$$

式中,I_0 是金属表面 $z=0$ 处的光强度;α 称为吸收系数,当光强度衰减为原来的 e^{-1}时,电磁波在介质中传播的距离是 $1/\alpha$。

式(5.118)给出了复折射率虚部对吸收系数的影响,即

$$\alpha = \frac{2n_2\omega}{c} \tag{5.119}$$

4. 反射率

对光从真空正入射到金属表面的情况，根据边界条件，可以得到反射波与入射波电场振幅的比，即

$$r = \frac{k' - k}{k' + k} = \frac{n_1 + in_2 - 1}{n_1 + in_2 + 1} \tag{5.120}$$

式中，k'透射波波矢，由式(5.117)确定；k 为入射波波矢，其相应的折射率为 1。由式(5.120)可以写出金属表面的反射率，即

$$R = r^* r = \frac{(n_1 - 1)^2 + n_2^2}{(n_1 + 1)^2 + n_2^2} \tag{5.121}$$

5.8.3 金属的光学性质

1. 低频段

将式(5.83)写成$\tilde{\sigma} = \sigma_1 + i\sigma_2$ 的复数形式。由于在低频段 $\omega\tau \ll 1$，则 $\sigma_2 \ll \sigma_1 \approx \sigma_0$，金属中电流与交变电场同相位，电磁波以焦耳热的形式被吸收。而 $n_1 < n_2$ 表明，电磁波有明显的衰减。考虑到 $\tau \approx 10^{-14}$ s，这一频段将从直电一直延伸到远红外区，称为吸收区。

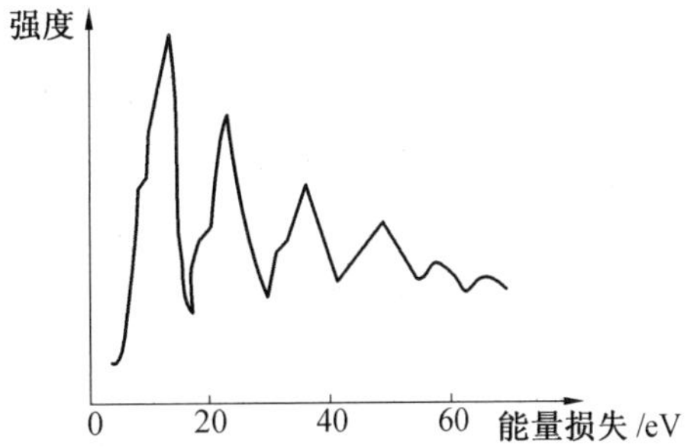

图 5.17　室温下光学测量的 Ag 电导率

一般地，在远红外区，经典的自由电子气体模型可以相当好地描述金属的光学行为。图5.17给出了室温下通过光学测量得到的 Ag 电导率，虚线表示 Drude 谱（理论计算值），可见在相当宽的范围内，Drude 谱与实验一致。

2. 高频段

当频率高到 $\omega\tau \gg 1$ 时，由式(5.114)可知，相对介电系数成为实数，即

$$\varepsilon_r = 1 - \frac{\omega_P^2}{\omega^2} \tag{5.122}$$

(1)在 $\omega < \omega_P$ 条件下，$\varepsilon_r < 0$，折射率 n_c 为虚数。此时 $n_1 = 0$，则由式(5.121)可知$R = 1$，同时 $\sigma_1 \approx 0$，金属呈现出镜面反射特性，称为金属反射区。

由于金属的 $\hbar\omega_P = 5 \sim 15$eV，而对于可见光，其上限频率的 $\hbar\omega$ 约为 3eV，因此金属通常对可见光具有高反射率。

(2)在 $\omega > \omega_P$ 条件下，由于 $\varepsilon_r > 0$，折射率 n_c 为实数，从而导致吸收系数为零。所以，这种情况下，金属的光学行为如同透明的电介质一样。

5.9 自由电子气体模型的局限性

自由电子气体模型是有关金属性质的一个最简单模型，对于金属，特别是一些简单金属的许多物理性质给出了相当好的解释。例如，自由电子模型可以很好地解释金属作为电和热的良导体原因，可以解释金属遵从欧姆定律；电导率和热导率成线性关系（维德曼-弗兰兹定律）；$\sigma(\omega)$的低频段行为；以及金属对可见光的高反射率，等等。目前，自由电子气体模型给出的一些公式，仍得到广泛的应用。

但是，自由电子模型也存在着一些不足。例如，不能解释为什么二价金属（Be、Zn等）、甚至三价金属（Al、In等）的电子密度大，而电导率却比一价金属差的现象；无法解释金属中σ随温度的变化，除非人为地假定弛豫时间依赖于温度；维德曼-弗兰兹定律实际上仅在室温和低温（几个开）很好的成立；一些材料的σ表现出各向异性，即依赖于样品和电场的相对取向；以及实际金属的$\sigma(\omega)$常有复杂的结构，Cu和Au具有特有的金属光泽，等等。这些问题，自由电子模型均无法解答。

另外，自由电子模型更无法解答一些基本问题，如为什么有些元素是金属，而有些则是半导体？同一种元素，如碳，取石墨结构时是导体，而取金刚石结构时为绝缘体？为什么有些元素的费米面不是球形的？等等。

上述存在的问题说明，自由电子气体模型虽然是一个比较好的模型，但是具有局限性。究其原因，主要是模型本身过于简单。在自由电子气体模型的三个假设中，独立电子近似是一个非常好的近似，它可以把多电子问题简化为单电子问题。在后面讨论的能带理论基本假设中，通常将其他电子对某一个电子的作用看作平均场，由于这种处理问题的方法与独立电子近似相同，因此独立电子近似与单电子近似往往并不加以严格区别，而对于输运现象，只有涉及具体的散射机制问题时，才超出了弛豫时间近似。实际上，应该修改的是第一个假设，即自由电子近似。因为，如果考虑离子实系统对电子的作用，就可以使我们对金属及其整个固体性质的了解前进一大步。

思 考 题

5.1 自由电子模型的基态费米能和激发态费米能的物理意义是什么？费米能与哪些因素有关？

5.2 金属电子气服从费米-狄拉克统计$f(E)=1/[\mathrm{e}^{(E-E_F)/k_BT}+1]$，问函数$\frac{\partial f}{\partial E}$有什么特性？它对$T\neq0$时电子按能级的分布以及电子态在$\boldsymbol{k}$空间的分布有何影响？

5.3 何为费米面？金属电子气模型的费米面是何形状？

5.4 说明为什么只有费米面附近的电子才对比热、电导和热导有贡献？

5.5 自由电子气的许多性质与费米波矢有关，试列举或导出下列参数与费米波矢的关系：

(1)绝对零度时的费米能量。

(2)电子数密度。

(3)金属电子气的总能量。

(4)与费米能级对应的能态密度。

(5)电子比热。

5.6 试叙述金属电阻与温度的关系,并说明原因。

5.7 简述化学势的意义,它与费米能级满足什么样的关系?

5.8 什么是逸出功?在热电子发射问题中,逸出功与哪些因素有关?

5.9 什么是热电子效应?它是怎样形成的?当在金属表面附近施加一高强度电场时,对热电子发射有何影响?

5.10 产生接触电势差的原因是什么?

5.11 简述金属的霍耳效应和磁(电)阻效应。横向磁(电)阻变化与外磁场满足怎样的关系?

5.12 试说明维德曼-弗兰兹定律在低温下与实验结果不符的原因。

5.13 什么是等离子体振荡?给出金属电子气的振荡频率。

5.14 在什么条件下金属的光学行为如同透明的电介质一样?

习　　题

5.1 已知下列金属的电子数密度 n/cm^{-1}：

Li	Ni	Cu
4.7×10^{22}	2.65×10^{22}	8.45×10^{22}

试计算这些金属的费米能和费米球半径。

5.2 限制在边长为 L 的正方形中的 N 个电子,单电子能量为

$$E(k_x,k_y)=\frac{\hbar^2(k_x^2+k_y^2)}{2m}$$

(1)求能量 E 到 $E+\mathrm{d}E$ 之间的状态数。

(2)求绝对零度时的费米能量。

5.3 证明单位面积有 n 个电子的二维费米电子气的化学势为

$$\mu(T)=k_{\mathrm{B}}T\ln\left[\exp\left(\frac{\pi nk^2}{mk_{\mathrm{B}}T}\right)-1\right]$$

5.4 试求：

(1)一个金属中的自由电子气体在温度 $T=0$ K 时,被填充到 $k_{\mathrm{F}}=\dfrac{(6\pi^2)^{1/3}}{a}$,这里 a^3 是每个原子占据的体积,计算每个原子的价电子数目。

(2)导出自由电子气体在温度 $T=0$ K 时的费米能表达式。

5.5　Cu 的费米能量为 7.0 eV,试求电子的费米速度。在 273 K 时,Cu 的电阻率为 $1.56\times10^{-8}\ \Omega\cdot\text{m}$,求电子的平均自由时间 τ 和平均自由程 l。

5.6　Li 是体心立方晶体,晶格常数为 $a=0.35$ nm。试计算绝对零度时 Li 电子气的费米能量(以电子伏特表示)。

5.7　在低温下,金属钾的摩尔热容的实验结果可以写成

$$c=(2.08T+257T^3)\ \text{mJ}\cdot\text{mol}^{-1}\cdot\text{K}^{-1}$$

若一个摩尔的钾有 $N=6\times10^{23}$ 个电子,试求钾的费米温度和德拜温度。

5.8　钠是体心立方晶体,晶格常数为 $a=0.428$ nm。试用自由电子模型计算钠的霍耳系数。

5.9　$f_0(E)$ 是费米分布函数,试证明

$$\frac{\partial f_0}{\partial T}=-\left[T\frac{\mathrm{d}}{\mathrm{d}T}\left(\frac{E_{\mathrm{F}}}{T}\right)+\frac{E}{T}\right]\frac{\partial f_0}{\partial T}$$

5.10　金属 Cu 中的每个原子贡献一个自由电子。已知 Cu 的密度为 $8.9\times10^3\text{kg}\cdot\text{m}^{-3}$,摩尔质量为 $6.35\times10^{-2}\text{kg}\cdot\text{mol}^{-1}$,试求:

(1)自由电子系统在温度 $T=0$ K 时,费米球的半径;

(2)在温度 $T=0$ K 时,Cu 的费米能量;

(3)自由电子气的平均动能;

(4)在温度 $T=300$ K 时,能够参与热交换的电子数密度 $n(T)$,以及 $n(t)/n$。其中,n 是自由电子数密度;

5.11　已知 Ag 的费米能量为 5.51 eV,试求

(1)温度 $T=0$ K 时,Ag 中自由电子的平均能量。

(2)理想气体中分子平均能量等于(1)所求得的值时,温度应该是多少?

(3)具有(1)所求得的能量的电子速率是多少?

5.12　对于体积 V 内部有 N 个自由电子的电子气体,证明

(1)电子气体的压强为

$$p=\frac{2}{3}\frac{E_0}{V}$$

其中 E_0 为电子气体的基态能量。

(2)体弹性模量为

$$K=-V\frac{\partial p}{\partial V}=\frac{10E_0}{9V}$$

5.13　在室温下,金属钾的摩尔电子热容的实验结果可以写成

$$c=2.08\ \text{mJ}\cdot\text{mol}^{-1}\cdot\text{K}^{-1}$$

试在自由电子气体模型下估算钾的费米温度,已经费米面上的态密度。

5.14　考虑一个在球形区域内部密度均匀的自由电子气体,电子系统相对于等量均匀的正电荷背景做微小的整体位移。试证明,在这一位移下,系统是稳定的,并且给出该振动的特征频率。

5.15　在什么波长下,对于电磁波辐照,金属铝是透明的?

第 6 章　能带理论基础

固体中电子的运动状态对其力学、热学、电磁学、光学等物理性质具有非常重要的影响，因此，研究固体电子运动规律的理论，即固体电子理论是固体物理学的一个重要内容。

固体电子理论包括经典自由电子理论、量子自由电子理论和能带理论。1900 年，特鲁特(P. Drude)将在当时已经非常成功的气体分子动理论运用于金属，用以解释金属电导和热导的行为，提出了经典的自由电子气体模型。1928 年索末菲(A. Sommerfeld)又进一步将费米-狄拉克统计用于电子气体，在经典自由电子气体模型的基础上建立了量子自由电子理论，解决了经典自由电子气体模型在电子比热容等问题上遇到的困难。

实际上，晶体中离子是有规则地排列的，因此晶体内的价电子是在周期性势场中运动的。布洛赫(F. Bloch)和布里渊(L. Brillouin)等人致力于阐明周期场中运动的电子所具有的基本特征，为固体能带理论奠定了基础。

能带理论是目前固体电子理论中最重要的理论，而量子自由电子理论可以作为一种零级近似纳入能带理论。

本章着重介绍固体能带理论的基本原理和计算能带的一些近似方法。

6.1　能带理论的基本假设

实际晶体是由大量电子和原子核组成的多粒子体系。由于电子与电子、电子与原子核、原子核与原子核之间存在着相互作用，因此，一个严格的固体电子理论，必须求解多粒子体系的薛定谔方程，即

$$\Big[-\sum_i \frac{\hbar^2}{2m}\nabla_i^2 - \sum_a \frac{\hbar^2}{2M}\nabla_a^2 + \frac{1}{2}\sum_{i\neq j}\sum \frac{e^2}{4\pi\varepsilon_0\varepsilon_r \boldsymbol{r}_{ij}} + V_0(\boldsymbol{R}_1\cdots\boldsymbol{R}_a\cdots) + V(\boldsymbol{r}_1 + \cdots\boldsymbol{r}_i\cdots,\boldsymbol{R}_1\cdots\boldsymbol{R}_a\cdots)\Big]\phi(\boldsymbol{r}_i\cdots\boldsymbol{R}_a\cdots) = E\phi(\cdots\boldsymbol{r}_i,\cdots\boldsymbol{R}_a) \tag{6.1}$$

其中，哈密顿算符中的动能项分别是对电子坐标 i 和原子坐标 α 求和；第三项是电子之间的库仑作用势能，其中 ε_0、ε_r 分别是真空介电常数和固体相对介电常数；第四项是原子核之间的相互作用势能，最后一项是电子与核之间的相互作用势能。

利用式(6.1)可以得到多粒子体系的能量本征值及其相应的电子本征态，但是严格求解这样一个多粒子体系的薛定谔方程显然是不可能的，必须对方程式进行简化。为此，能带理论做出如下近似和假定。

6.1.1　绝热近似

考虑到电子质量 m 远远小于原子核质量 M，所以电子速度 v_i 远远大于原子核的速度

v_a，即 $v_i - v_a \gg v_a$。因此，在考虑电子速度时，可以认为原子核是不动的。此时可以将电子看作是在由原子核产生的、固定不动的势场中运动的粒子。因为价电子对晶体性能的影响最大，并且在结合成晶体时原子中的价电子状态变化也最大，而原子的内层电子状态变化较小。所以，可以把内层电子和原子核看成是一个离子实。一般温度下，离子实总是围绕其平衡位置做微小振动，称为晶格振动。但是在零级近似下，晶格振动的影响可以忽略，价电子可以看作是在固定不变的离子实场中运动。这样，一个多种粒子的多体问题就简化成多电子问题。

按照上述假定，方程式(6.1)中的第二项，即原子核(离子实)的动能项 $\sum_\alpha \frac{\hbar^2}{2M}\nabla_a^2=0$，若适当选择势能零点，可以使方程式(6.1)中的第四项，即原子核之间的相互作用势能 $V_0(\boldsymbol{R}_1\cdots\boldsymbol{R}_a\cdots)=0$，于是电子系统的薛定谔方程可以简化为

$$\left[-\sum_i \frac{\hbar^2}{2m}\nabla_i^2 + \frac{1}{2}\sum_{i\neq j}\sum \frac{e^2}{4\pi\varepsilon_0\varepsilon_r \boldsymbol{r}_{ij}} + V(\boldsymbol{r}_1\cdots\boldsymbol{r}_i,\boldsymbol{R}_1\cdots\boldsymbol{R}_a\cdots)\right]\Psi(\boldsymbol{r}_i,\boldsymbol{R}_a) = E'\Psi(\boldsymbol{r}_i,\boldsymbol{R}_a) \tag{6.2}$$

这种把电子系统与原子核(离子实)分开考虑的处理方法，首先是 Born 和 Oppenheimer 在讨论分子中电子状态时引入的，称为绝热近似或称为 Born-Oppenheimer 近似。

6.1.2 平均场近似

多电子体系的薛定谔方程(6.2)仍不能精确求解。这是因为任何一个电子的运动不仅与它自己的位置有关，而且还与所有其他电子的位置有关；同时，这个电子自身也影响其他电子的运动，即所有电子的运动都是关联的。为了进一步简化，可以利用一种平均场来代替价电子之间的相互作用，即假定每一个电子所处的势能均相同，从而使每个电子与其他电子之间的相互作用势能仅与该电子的位置有关，而与其他电子的位置无关。为此，引入势能函数 $U_i(\boldsymbol{r}_i)$，并使其满足下列关系

$$\sum_i U_i(\boldsymbol{r}_i) = \frac{1}{2}\sum_{i\neq j}\sum \frac{e^2}{4\pi\varepsilon_0\varepsilon_r \boldsymbol{r}_{ij}}$$

这里，函数 $U_i(\boldsymbol{r}_i)$ 代表电子 i 与所有其他电子的相互势能。它不仅考虑了其他电子对电子 i 的相互作用，而且也计入了电子 i 对其他电子的影响。

此外，还可以将电子与核之间的相互作用能改写成如下形式

$$V(\cdots\boldsymbol{r}_i\cdots,\cdots\boldsymbol{R}_a\cdots) = \sum_i\sum_\alpha u_{i\alpha} = \sum_i u_i$$

这里，$u_{i\alpha}$ 表示电子 i 与原子核之间的相互作用能，而 $\sum_\alpha u_{i\alpha} = u_i$ 则表示所有原子核对第 i 个电子的作用能。

在上述近似下，每一个电子都处在同样的势场中运动，若用 $\hat{H}_i$ 表示第 i 个电子的哈密顿算符，即

$$\hat{H}_i = -\frac{\hbar^2}{2m}\nabla^2 + U_i(\boldsymbol{r}_i) + u_i(\boldsymbol{r}_i) \tag{6.3}$$

则电子系统的哈密顿算符为单个电子的哈密顿算符之和，于是方程式(6.2)可以写成

$$\hat{H}\Psi(\boldsymbol{r}_1\cdots\boldsymbol{r}_i\cdots) = E'\Psi(\boldsymbol{r}_1\cdots\boldsymbol{r}_i)$$

由分离变量法,令

$$\Psi(\boldsymbol{r}_1 \cdots \boldsymbol{r}_i \cdots) = \prod_i \Psi_i(\boldsymbol{r}_i)$$

$$E' = \sum_i E_i$$

则式(6.3)可以写成

$$\hat{H}_i \Psi_i(\boldsymbol{r}_i) = E_i \Psi_i(\boldsymbol{r}_i) \tag{6.4}$$

由于所有的电子都满足同样的薛定谔方程式(6.4),因此可略去下脚标 i。这样,只要从方程式(6.4)中解得 $\Psi_i(\boldsymbol{r}_i)$ 和 E_i,即可得到晶体电子系统的电子状态和能量,从而使一个多电子体系的问题变成一个单电子问题。上述采用的近似方法,又称为单电子近似。

在很多情况下,这是一个很好的近似。同时,将用单电子近似得到的结果与实验结果相比较,还可以揭示所忽略的多体效应的相对大小,以及是否正确。

6.1.3 周期势场假设

在方程式(6.3)中,相应的势能项为

$$V(\boldsymbol{r}) = U(\boldsymbol{r}) + u(\boldsymbol{r}) \tag{6.5}$$

在式(6.5)中,由于 $u(\boldsymbol{r}) = \sum_\alpha u_\alpha$ 是离子实对电子的势能,它具有与晶格相同的周期性;而 $U(\boldsymbol{r})$ 则代表一种平均势能,是一恒量。因此,$V(\boldsymbol{r})$ 应该具有晶格周期性。

假设晶格具有严格的周期性,则 $V(\boldsymbol{r})$ 也应具有严格的周期性,即

$$V(\boldsymbol{r}) = V(\boldsymbol{r} + \boldsymbol{R}_n) \tag{6.6}$$

其中 $\boldsymbol{R}_n$ 是晶格平移矢量,式(6.6)又称为周期场假设。

式(6.6)反映了晶体中单电子势最本质的特点,它使单电子薛定谔方程,即

$$\left[-\frac{\hbar^2}{2m} \nabla^2 + V(\boldsymbol{r}) \right] \Psi(\boldsymbol{r}) = E\Psi(\boldsymbol{r}) \tag{6.7}$$

的本征函数取布洛赫波函数的形式,并使单电子能谱呈现能带结构。

综上所述,在绝热近似、单电子近似和晶格周期场假定条件下,多电子体系问题可以简化为晶格周期势场 $V(\boldsymbol{r})$ 下的单电子问题。由于这些电子的能谱形成带状结构,所以将这种建立在上述近似和假设基础上的固体电子理论,称为能带理论。

6.2 周期场中单电子状态的一般性质

下面,我们仅从 $V(\boldsymbol{r})$ 的周期性出发,讨论在晶格周期势场中运动的单电子波函数和能量的一般性质。

6.2.1 布洛赫定理

1. 布洛赫定理

布洛赫指出:处于周期性势场作用下的电子,其波函数被晶格周期势场所调制,将变成由一个周期函数所调幅的平面波,这一结论可由下述布洛赫定理来表述。

布洛赫定理：对于周期性势场，即

$$V(\boldsymbol{r}) = V(\boldsymbol{r} + \boldsymbol{R}_n)$$

其中，$\boldsymbol{R}_n$ 取布喇菲格子的所有格矢，则单电子薛定谔方程，即

$$\left[-\frac{\hbar^2}{2m}\nabla^2 + V(\boldsymbol{r})\right]\Psi(\boldsymbol{r}) = E\Psi(\boldsymbol{r})$$

的本征函数可以写成

$$\Psi(\boldsymbol{r}) = u_k(\boldsymbol{r})\mathrm{e}^{\mathrm{i}\boldsymbol{k}\cdot\boldsymbol{r}} \tag{6.8}$$

其中，波幅 $u_k(\boldsymbol{r})$ 是一个具有晶格周期性的函数，满足下列关系

$$u_k(\boldsymbol{r}) = u_k(\boldsymbol{r} + \boldsymbol{R}_n) \tag{6.9}$$

式(6.9)对 $\boldsymbol{R}_n$ 取布喇菲格子的所有格矢均成立。

从式(6.8)和式(6.9)可知，布洛赫定理也可以表述为：对上述单电子薛定谔方程的每一个本征解，存在一波矢 k，使得

$$\Psi(\boldsymbol{r} + \boldsymbol{R}_n) = \mathrm{e}^{\mathrm{i}\boldsymbol{k}\cdot\boldsymbol{R}_n}\Psi(\boldsymbol{r}) \tag{6.10}$$

对属于布喇菲格子的所有格矢 $\boldsymbol{R}_n$ 成立。

通常将式(6.8)表示的这种被周期函数所调幅的平面波，称为布洛赫波函数，或布洛赫波。而将遵从周期势单电子薛定谔方程的电子，或用布洛赫波函数描述的电子称为布洛赫电子。

布洛赫定理给出了在晶格周期场中运动的单个电子所具有的波函数形式。由布洛赫定理可知

$$|\Psi(\boldsymbol{r} + \boldsymbol{R}_n)|^2 = |\Psi(\boldsymbol{r})|^2 = |u(\boldsymbol{r})|^2$$

这说明，晶格周期场中的电子在各原胞对应点上出现的几率均相同，电子可以看作是在整个晶体中自由运动的，这种运动称为电子的共有化运动。

图 6.1 是晶体电子波函数示意图，其中(a)表示沿着某一列原子方向上，电子的势能；(b)为某一本征态，其波函数是复数，这里只画出实数部分；(c)表示布洛赫波中周期函数因子；(d)表示平面波成分，也只画出实数部分。

可以认为，布洛赫函数的平面波因子描述了晶体电子共有化运动，即电子可以在整个晶体中自由运动；而周期函数因子则描述了电子在原胞中的运动，它取决于原胞中电子的势场。

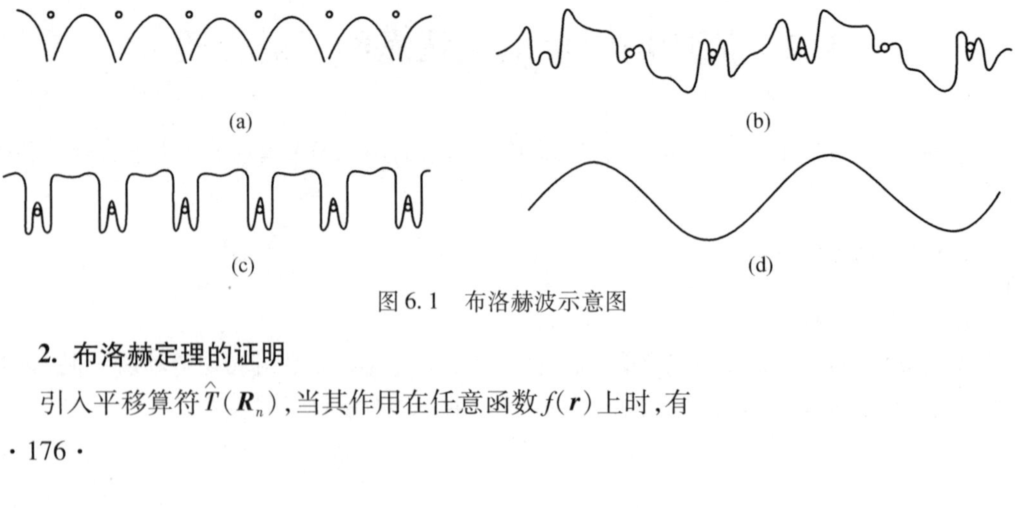

图 6.1　布洛赫波示意图

2. 布洛赫定理的证明

引入平移算符 $\hat{T}(\boldsymbol{R}_n)$，当其作用在任意函数 $f(\boldsymbol{r})$ 上时，有

$$\hat{T}(\boldsymbol{R}_n)f(\boldsymbol{r})=f(\boldsymbol{r}+\boldsymbol{R}_n) \tag{6.11}$$

根据上述定义,显然平移算符具有下述性质,即

$$\begin{cases}\hat{T}(\boldsymbol{R}_n)\ \hat{T}(\boldsymbol{R}_m)=\hat{T}(\boldsymbol{R}_n+\boldsymbol{R}_m)\\ \hat{T}(\boldsymbol{R}_n)\ \hat{T}(\boldsymbol{R}_m)=\hat{T}(\boldsymbol{R}_m)\ \hat{T}(\boldsymbol{R}_n)\end{cases} \tag{6.12}$$

可以证明,哈密顿算符与所有的晶格平移算符对易。因此,根据量子力学原理,$\hat{T}(\boldsymbol{r})$与$\hat{T}(\boldsymbol{R}_n)$具有共同的本征函数。假设它们共同的本征函数为 $\Psi(\boldsymbol{r})$,则有

$$\hat{H}(\boldsymbol{r})\Psi(\boldsymbol{r})=E\Psi(\boldsymbol{r}) \tag{6.13}$$

$$\hat{T}(\boldsymbol{R}_n)\Psi(\boldsymbol{r})=A(\boldsymbol{R}_n)\Psi(\boldsymbol{r})=\Psi(\boldsymbol{r}+\boldsymbol{R}_n) \tag{6.14}$$

其中,E、$A(\boldsymbol{R}_n)$分别是$\hat{H}$和$\hat{T}$的本征值。

由于 $\Psi(\boldsymbol{r})$和 $\Psi(\boldsymbol{r}+\boldsymbol{R}_n)=A(\boldsymbol{R}_n)\Psi(\boldsymbol{r})$都是$\hat{H}$的本征函数,故要求它们满足归一化条件。假设 $\Psi(\boldsymbol{r})$已经归一化,则由归一化条件

$$\int|\Psi(\boldsymbol{r}+\boldsymbol{R}_n)|^2\mathrm{d}\zeta=|A(\boldsymbol{R}_n)|^2$$

$$\int\Psi(\boldsymbol{r})\mathrm{d}\zeta=1$$

可得

$$|A(\boldsymbol{R}_n)|^2=1 \tag{6.15}$$

根据式(6. 12)和式(6. 14)可得

$$\hat{T}(\boldsymbol{R}_n)\ \hat{T}(\boldsymbol{R}_m)\Psi(\boldsymbol{r})=\hat{T}(\boldsymbol{R}_n+\boldsymbol{R}_m)\Psi(\boldsymbol{r})=A(\boldsymbol{R}_n+\boldsymbol{R}_m)\Psi(\boldsymbol{r})$$

$$\hat{T}(\boldsymbol{R}_n)\ \hat{T}(\boldsymbol{R}_m)\Psi(\boldsymbol{r})=A(\boldsymbol{R}_n)A(\boldsymbol{R}_m)\Psi(\boldsymbol{r})$$

比较上述两式,即得

$$A(\boldsymbol{R}_n+\boldsymbol{R}_m)=A(\boldsymbol{R}_n)A(\boldsymbol{R}_m) \tag{6.16}$$

根据式(6. 15)和式(6. 16)可知,$A(\boldsymbol{R}_n)$的一般形式为

$$A(\boldsymbol{R}_n)=\mathrm{e}^{\mathrm{i}\boldsymbol{k}\cdot\boldsymbol{R}_n}$$

其中,$\boldsymbol{k}$ 是一个实矢量。代入式(6. 14)可得

$$\Psi(\boldsymbol{r}+\boldsymbol{R}_n)=\mathrm{e}^{\mathrm{i}\boldsymbol{k}\cdot\boldsymbol{R}_n}\Psi(\boldsymbol{r})$$

上式就是写成式(6. 10)的布洛赫定理。由于晶格周期场中单电子波函数 $\Psi(\boldsymbol{r})$在平移任意格矢 $\boldsymbol{R}_n$ 后,波函数相差一个模量为 1 的相位因子。显然,电子的波函数可以写成式(6. 8)和式(6. 9)的布洛赫定理形式。

3. 波矢 $\boldsymbol{k}$ 的意义

由布洛赫定理可知,布洛赫波函数及其能量本征值都与实矢量 $\boldsymbol{k}$ 有关。由于不同的 $\boldsymbol{k}$ 对应着电子不同的状态,因此,我们将其称为布洛赫波函数的波矢,它描述着电子状态的量子数。

在描述自由电子的波函数中,波矢 $\boldsymbol{k}$ 具有明显的物理意义:$\hbar\boldsymbol{k}$ 是自由电子动量的本征值。同自由电子波函数不同,由于布洛赫波函数不是动量的本征函数,而是晶格周期场中电子能量的本征函数。因此,$\hbar\boldsymbol{k}$ 不是晶格电子的真实动量,它只是一个具有动量量纲的量。在研究电子在外场作用下运动,以及研究电子与声子、光子的相互作用时,我们将会发现 $\hbar\boldsymbol{k}$ 起着动量的作用,所以,$\hbar\boldsymbol{k}$ 通常被称为电子的“准动量”或“晶体动量”。

在晶格周期场中电子可能的本征态，即 $\boldsymbol{k}$ 的取值，由边界条件确定。同上一章讨论的问题类似，我们仍然选择周期性边界条件：假设在有限晶体之外还有无穷多个完全相同的晶体，它们相互平行地堆积充满整个空间，并且各块晶体内相应位置上的电子状态相同。

设有限晶体在基矢 $\boldsymbol{a}_1$、$\boldsymbol{a}_2$、$\boldsymbol{a}_3$ 方向上原胞数目分别是 N_1、N_2 和 N_3，则根据周期性边界条件有

$$\Psi(\boldsymbol{r} + N_i\boldsymbol{a}_i) = \Psi(\boldsymbol{r}) \qquad (i = 1,2,3)$$

将式(6.8)代入上式，可得 $e^{i(k_1N_1\boldsymbol{a}_1+k_2N_2\boldsymbol{a}_2+k_3N_3\boldsymbol{a}_3)} = 1$，即

$$\begin{cases} k_1 = \dfrac{l_1 \times 2\pi}{N_1a_1} \\ k_2 = \dfrac{l_2 \times 2\pi}{N_2a_2} \\ k_3 = \dfrac{l_3 \times 2\pi}{N_3a_3} \end{cases} \tag{6.17}$$

式中，l_1、l_2、l_3 均为整数。

由倒格矢定义可知，$\boldsymbol{k}$ 一定是倒格矢。设倒格矢基矢分别为 $\boldsymbol{b}_1$、$\boldsymbol{b}_2$ 和 $\boldsymbol{b}_3$，则由式(6.17)可得

$$\boldsymbol{k} = \frac{l_1}{N_1}\boldsymbol{b}_1 + \frac{l_2}{N_2}\boldsymbol{b}_2 + \frac{l_3}{N_3}\boldsymbol{b}_3 \tag{6.18}$$

式(6.18)表明，波矢 $\boldsymbol{k}$ 在倒易空间中是均匀分布的，每一个波矢代表点都落在以 b_1/N_1、b_2/N_2 和 b_3/N_3 为棱边的平行六面体的顶角上，每个状态点在倒易空间中所占的体积为

$$\frac{\boldsymbol{b}_1}{N_1} \cdot \left(\frac{\boldsymbol{b}_2}{N_2} \times \frac{\boldsymbol{b}_3}{N_3}\right) = \frac{1}{N_1N_2N_3}\frac{(2\pi)^3}{\Omega_d} = \frac{8\pi^3}{V}$$

这里 V 是晶体体积。因此，在倒易空间波矢代表点的密度为

$$\rho_k = \frac{V}{8\pi^3} \tag{6.19}$$

为了与自由电子波函数相区别，在布洛赫波函数中，一般用下脚标 k 表示不同的电子状态，如式(6.8)所示。

下面讨论在晶格周期场中，电子能量的一般性质。

6.2.2 能带结构

1. 能带

由于电子势能满足 $V(\boldsymbol{r})=V(\boldsymbol{r}+\boldsymbol{R})$，则在倒格子空间 $V(\boldsymbol{r})$ 可以展成

$$V(\boldsymbol{r}) = \sum_{G_l} V(\boldsymbol{G})e^{i\boldsymbol{G}_l\cdot\boldsymbol{r}}$$

求和对所有倒格矢进行。

同样，布洛赫波函数中的周期性因子 $u_{\boldsymbol{k}}(\boldsymbol{r})$ 也可以展成下列形式

$$u_{\boldsymbol{k}}(\boldsymbol{r}) = \sum_{l} a(\boldsymbol{G}_l)e^{i\boldsymbol{G}_l\cdot\boldsymbol{r}} \tag{6.20}$$

于是,布洛赫波函数可以表示成

$$\Psi_{\boldsymbol{k}}(\boldsymbol{r})=\frac{1}{\sqrt{V}}\mathrm{e}^{\mathrm{i}\boldsymbol{k}\cdot\boldsymbol{r}}\sum_{l}a(\boldsymbol{G}_l)\mathrm{e}^{\mathrm{i}\boldsymbol{G}_l\cdot\boldsymbol{r}}=\frac{1}{\sqrt{V}}\sum_{l}a(\boldsymbol{G}_l)\mathrm{e}^{\mathrm{i}(\boldsymbol{k}+\boldsymbol{G}_l)\cdot\boldsymbol{r}} \tag{6.21}$$

式中,$1/\sqrt{V}$是归一化系数;V是晶体体积。

将式(6.21)及电子势能周期性条件代入薛定谔方程,可得

$$\frac{1}{\sqrt{V}}\sum_{l}\left[\frac{\hbar^2}{2m}(\boldsymbol{k}+\boldsymbol{G}_l)^2-E(\boldsymbol{k})+\sum_{l'}V(\boldsymbol{G}_{l'})\mathrm{e}^{\mathrm{i}\boldsymbol{G}_{l'}\cdot\boldsymbol{r}}\right]\times a(\boldsymbol{G}_l)\mathrm{e}^{\mathrm{i}(\boldsymbol{k}+\boldsymbol{G}_l)\cdot\boldsymbol{r}}=0$$

将上式乘$\frac{1}{\sqrt{V}}\mathrm{e}^{-\mathrm{i}(\boldsymbol{k}+\boldsymbol{G}_m)\cdot\boldsymbol{r}}$,再对整个晶体体积积分,并利用公式,即

$$\frac{1}{V}\int_V\mathrm{e}^{\mathrm{i}(\boldsymbol{G}_m-\boldsymbol{G}_l)\cdot\boldsymbol{r}}\mathrm{d}V=\delta_{\boldsymbol{G}_m,\boldsymbol{G}_l}$$

可以得到展开系数$a(\boldsymbol{G})$所满足的方程式,即

$$\left[\frac{\hbar^2}{2m}(\boldsymbol{k}+\boldsymbol{G}_m)^2+E(\boldsymbol{r})\right]a\boldsymbol{G}_m+\sum_{l\neq m}V(\boldsymbol{G}_m+\boldsymbol{G}_l)a(\boldsymbol{G}_l)=0 \tag{6.22}$$

若$\boldsymbol{G}_m$取不同的倒格矢,则由式(6.22)可以得到与格点数目相同的方程组。再由方程组解出展开系数$a(\boldsymbol{G})$,代入式(6.21)就可以得到晶体电子的态函数。

根据线性代数理论,线性齐次方程(6.22)有一组非零解的条件是$a(\boldsymbol{G}_l)$的系数行列式为零,即

$$\det\left\{\left[\frac{\hbar^2}{2m}(\boldsymbol{k}+\boldsymbol{G}_m)-E(\boldsymbol{r})\right]\delta_{l,m}+V(\boldsymbol{G}_l-\boldsymbol{G}_m)\right\}=0 \tag{6.23}$$

显然,式(6.23)是一个以m为行指标,l为列指标的无穷多阶行列式,解这个行列式可以得到能量的本征值

$$E_n=E_n(\boldsymbol{k})\qquad(n=1,2,3\cdots) \tag{6.24}$$

式(6.24)表明,能量本征值既与n有关,又与$\boldsymbol{k}$有关。对每一个给定的n,本征能量包含着由不同$\boldsymbol{k}$取值所对应的许多能级,这些由许多能级组成的带称为能带。不同的n代表不同的能带,n称为带指标,用来标志不同的能带。

一般而言,在同一个能带中相邻$\boldsymbol{k}$值的能量差别很小,故$E_n(\boldsymbol{k})$可近似地看成是$\boldsymbol{k}$的连续函数。相邻两个能带之间可能出现电子不允许有的能量间隙,称为能隙,或称为禁带。

在能带理论中,能量本征值$E_n(\boldsymbol{k})$的总体称为晶体的能带结构。

2. 能带性质

下面讨论能带及布洛赫波的基本性质。

(1)对于第n个能带,其能量与波函数在$\boldsymbol{k}$空间均具有对称性,可以表示成

$$\begin{cases}E_n(\boldsymbol{k})=E_n(-\boldsymbol{k})\\ \Psi^*_{n,\boldsymbol{k}}(\boldsymbol{r})=\Psi_{n,-\boldsymbol{k}}(\boldsymbol{r})\end{cases} \tag{6.25}$$

证明:把布洛赫波函数代入薛定谔方程,可得$u_{\boldsymbol{k}}(\boldsymbol{r})$所满足的方程式为

$$\left[-\frac{\hbar^2}{2m}(\nabla^2+2\mathrm{i}\boldsymbol{k}\cdot\nabla)+V(\boldsymbol{r})\right]u_{\boldsymbol{k}}(\boldsymbol{r})=[E(\boldsymbol{k})-E_0(\boldsymbol{k})]u_{\boldsymbol{k}}(\boldsymbol{r}) \tag{6.26}$$

式中，$E_0(\boldsymbol{k})=\hbar^2\boldsymbol{k}^2/2m$。对上式两边取复共轭，得

$$\left[-\frac{\hbar^2}{2m}(\nabla^2-2\mathrm{i}\boldsymbol{k}\cdot\nabla)+V(\boldsymbol{r})\right]u_{\boldsymbol{k}}^*(\boldsymbol{r})=[E(\boldsymbol{k})-E_0(\boldsymbol{k})]u_{\boldsymbol{k}}^*(\boldsymbol{r}) \tag{6.27}$$

将式(6.26)中的 $\boldsymbol{k}$ 代之以 $-\boldsymbol{k}$，得

$$\left[-\frac{\hbar^2}{2m}(\nabla^2-2\mathrm{i}\boldsymbol{k}\cdot\nabla)+V(\boldsymbol{r})\right]u_{-\boldsymbol{k}}(\boldsymbol{r})=[E(-\boldsymbol{k})-E_0(-\boldsymbol{k})]u_{-\boldsymbol{k}}(\boldsymbol{r}) \tag{6.28}$$

比较式(6.27)和式(6.28)可知，$u_{\boldsymbol{k}}^*(\boldsymbol{r})$ 与 $u_{-\boldsymbol{k}}(\boldsymbol{r})$ 满足同样的本征方程，其本征值应该相等，即

$$E(\boldsymbol{k})-E_0(\boldsymbol{k})=E(-\boldsymbol{k})-E_0(-\boldsymbol{k})$$

所以有

$$E(\boldsymbol{k})=E(-\boldsymbol{k})$$

其本征函数 $u_k^*(\boldsymbol{r})$ 与 $u_{-k}(\boldsymbol{r})$ 完全相同，于是式(6.25)得证。

(2)能量与波函数都是 $\boldsymbol{k}$ 的周期性函数，在倒易空间具有倒格子的周期性，即相差一个倒格矢的两个状态是等价的状态，用下式表示

$$\begin{cases}E_n(\boldsymbol{k}+\boldsymbol{G})=E_n(\boldsymbol{k})\\ \Psi_{n,\boldsymbol{k}+\boldsymbol{G}}(\boldsymbol{r})=\Psi_{n,\boldsymbol{k}}(\boldsymbol{r})\end{cases} \tag{6.29}$$

证明：因为布洛赫函数可以写成

$$\Psi_{n,\boldsymbol{k}}(\boldsymbol{r})=\mathrm{e}^{\mathrm{i}\boldsymbol{k}\cdot\boldsymbol{r}}u_{n\boldsymbol{k}}(\boldsymbol{r})=\frac{1}{\sqrt{V}}\sum_l a(\boldsymbol{k}+\boldsymbol{G}_l)\mathrm{e}^{\mathrm{i}(\boldsymbol{k}+\boldsymbol{G}_l)\cdot\boldsymbol{r}}$$

所以有

$$\Psi_{n,\boldsymbol{k}+G}(\boldsymbol{r})=\frac{1}{\sqrt{V}}\sum_l a(\boldsymbol{k}+\boldsymbol{G}+\boldsymbol{G}_l)\mathrm{e}^{\mathrm{i}(\boldsymbol{k}+\boldsymbol{G}+\boldsymbol{G}_l)\cdot\boldsymbol{r}}$$

令 $\boldsymbol{G}'_l=\boldsymbol{G}+\boldsymbol{G}_l$，则上式可以写成

$$\Psi_{n,\boldsymbol{k}+G}(\boldsymbol{r})=\frac{1}{\sqrt{V}}\sum_{l'} a(\boldsymbol{k}+\boldsymbol{G}'_{l'})\mathrm{e}^{\mathrm{i}(\boldsymbol{k}+\boldsymbol{G}'_{l'})\cdot\boldsymbol{r}}$$

对 $\boldsymbol{G}'_{l'}$ 求和同对 $\boldsymbol{G}_l$ 求和的结果是相同的，只是顺序不同而已，所以有

$$\Psi_{n,\boldsymbol{k}+G}(\boldsymbol{r})=\Psi_{n,\boldsymbol{k}}(\boldsymbol{r})$$

由于 $\Psi_{n,\boldsymbol{k}+G}(\boldsymbol{r})$ 与 $\Psi_{n,\boldsymbol{k}}(\boldsymbol{r})$ 满足同样的薛定谔方程，且 $\Psi_{n,\boldsymbol{k}+G}(\boldsymbol{r})=\Psi_{n,\boldsymbol{k}}(\boldsymbol{r})$，所以有

$$E_n(\boldsymbol{k}+\boldsymbol{G})=E_n(\boldsymbol{k})$$

3. 能带中的电子态数目　简约布里渊区

由于布洛赫函数在倒易空间具有与倒格矢相同的周期性，即第 n 个能带波矢为 $\boldsymbol{k}+\boldsymbol{G}$ 的电子态与波矢为 $\boldsymbol{k}$ 的电子态相同。为了建立 $\boldsymbol{k}$ 与电子状态的一一对应关系，可以把 $\boldsymbol{k}$ 的取值范围限制在 $\boldsymbol{k}$ 空间中的一个区域内，它应该是 $\boldsymbol{k}$ 空间的一个最小重复单元，区域内全部波矢 $\boldsymbol{k}$ 代表了晶体中单电子第 n 个能带上所有的波矢量是实数的电子态。这个区域外波矢都可以通过平移一个倒格矢而在该区域内找到一个等价的状态点，通常这个区域被限制在倒格子的威格纳原胞内，即简约布里渊区内。

设倒格矢的基矢为 $\boldsymbol{b}_1$、$\boldsymbol{b}_2$、$\boldsymbol{b}_3$，第一布里渊区的体积为 $\boldsymbol{b}_1\cdot(\boldsymbol{b}_2\times\boldsymbol{b}_3)$，将 $\boldsymbol{k}$ 限制在第一布里渊区内，即

$$\begin{cases} -\dfrac{b_1}{2} < \boldsymbol{k}_1 \leqslant \dfrac{b_1}{2} \\ -\dfrac{b_2}{2} < \boldsymbol{k}_2 \leqslant \dfrac{b_2}{2} \\ -\dfrac{b_3}{2} < \boldsymbol{k}_3 \leqslant \dfrac{b_3}{2} \end{cases} \tag{6.30}$$

将式(6.30)代入式(6.18)可得

$$-\frac{N_i}{2} < l_i \leqslant \frac{N_i}{2} \qquad (i = 1,2,3) \tag{6.31}$$

式中，N_i 表示沿 a_i 方向晶格的原胞数目。

由式(6.31)可知，l_i 共有 N_i 个不同的取值，即波矢代表点的数目共有 $N=N_1N_2N_3$ 个。这里，N 是晶体所含有的原胞数目。因此，我们得到一个重要结论：在每一个能带中共有 N 个不同的电子态，考虑到电子自旋后，每个能带共有 $2N$ 个电子态。

6.2.3 能带的图示

根据能带结构式(6.24)是周期性函数的特点，可以用以下三种图示方法来表示$E_n(\boldsymbol{k})$与 $\boldsymbol{k}$ 的关系。

1. 简约布里渊区图示

简约区图示法是把 $\boldsymbol{k}$ 限制在第一布里渊区中。对应于每一个 $\boldsymbol{k}$ 值，各能带都有一个相应的能量 $E_1(\boldsymbol{k})$、$E_2(\boldsymbol{k})\cdots$，因此每一个能带都可以在第一布里渊区中表示出来。

2. 扩展布里渊区图示

扩展区图示法是按照能量的高低，把能带分别限制在第 1、第 2、第 3、…，第 n 布里渊区，这样，能量便是 $\boldsymbol{k}$ 的单值函数，一个布里渊区表示一个能带。

3. 周期布里渊区图示

重复图示法是取每一个能带在第一布里渊区的图形做周期性的重复。

图 6.2 分别给出了三种能带结构图示的一维示意图。

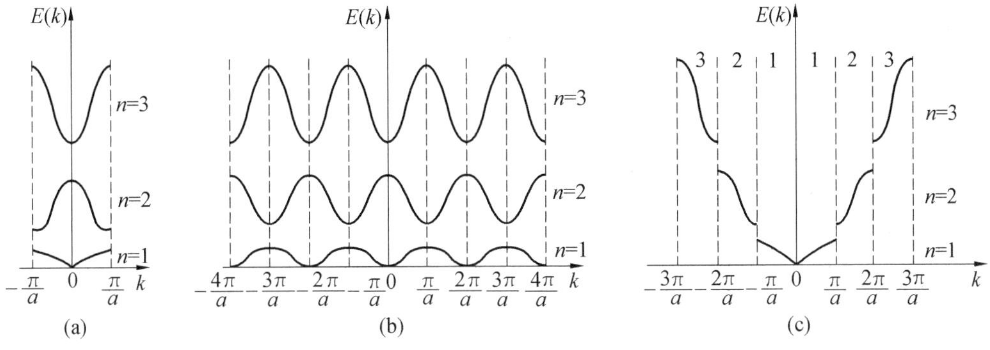

图 6.2 一维能带结构的三种不同图示

6.3 近自由电子近似

为了计算晶体的能带结构,曾经发展了许多近似方法,例如原胞法、赝势法、紧束缚近似和近自由电子近似等。本节介绍近自由电子近似方法,或称为弱周期势近似。

6.3.1 微扰法 近自由电子近似

当晶格周期势场起伏很小,从而使电子的行为很接近自由电子时,通常采用近自由电子近似方法。作为零级近似,可以用势场的平均值代替晶格势场。若要进一步讨论,可以把周期势的起伏作为微扰处理。这种模型可以作为一些简单金属(如 Na、K、Al 等)价电子的粗略近似。为了讨论方便,我们以一维情况为例说明这种方法。

设由 N 个原子组成的一维晶格,基矢为 $a\boldsymbol{i}$,则倒格矢为 $\boldsymbol{b}=(2\pi/a)\boldsymbol{i}$。晶格周期势 $V(x)$ 可以展开为

$$V(x)=V_0+\sum_{n\neq 0}V_n\mathrm{e}^{\mathrm{i}\frac{2\pi}{a}nx} \tag{6.32}$$

其中,V_0 是展开系数中 $n=0$ 项的系数,它等于势场的平均值 $\bar{V}$。

由于 $V(x)$ 是实数,因此级数式(6.32)中的系数满足

$$V_n=V_{-n} \tag{6.33}$$

对于单电子,哈密顿量可以写成

$$\hat{H}=\hat{H}_0+\hat{H}' \tag{6.34}$$

式中

$$\hat{H}_0=-\frac{\hbar^2}{2m}\frac{\mathrm{d}^2}{\mathrm{d}x^2}+V_0$$

称为零级哈密顿量。选取能量的零点使 $V_0=0$,则零级方程 $\hat{H}_0\Psi_k^0=E_k^0\Psi_k^0$ 的本征值为

$$E_k^0=\frac{\hbar^2k^2}{2m}$$

相应的归一化波函数为

$$\Psi_k^0=\frac{1}{\sqrt{L}}\mathrm{e}^{\mathrm{i}k_x}$$

这里,$L=na$,是一维晶体的线度。

哈密顿量表示式(6.34)中,$\hat{H}'$ 代表势能偏离平均值部分,它随坐标变化,可以写成

$$\hat{H}'=\sum_{n\neq 0}V_n\mathrm{e}^{\mathrm{i}\frac{2\pi}{a}nx} \tag{6.35}$$

在展开式(6.32)和哈密顿量 $\hat{H}'$ 中,V_n 是展开系数,其数值由下式确定

$$V_n=\frac{1}{L}\int_0^L V(x)\,\mathrm{e}^{-\mathrm{i}\frac{2\pi}{a}nx}\mathrm{d}x \tag{6.36}$$

电子的能量可以写成

$$E_k=E_k^0+E_k^1+E_k^2+\cdots$$

其中一级微扰项为

$$E_k^1 = \hat{H}'_{kk} = \int_0^L \Psi_k^{0*}(x)\left(\sum_n V_n e^{i\frac{2\pi}{a}nx}\right)\Psi_k^0(x)\,dx = 0$$

二级微扰项为

$$E_k^2 = \sum_{k'} \frac{|\hat{H}'_{kk'}|^2}{E_k^0 - E_{k'}^0}$$

这里求和号中不包括 $k'=k$ 项。式中微扰矩阵元

$$\hat{H}'_{kk'} = \int_0^L \Psi_k^{0*}\,\hat{H}'\Psi_{k'}^0\,dx = \frac{1}{L}\int_0^L \sum_n V_n e^{i\left(k'-k+\frac{2\pi}{a}n\right)x}\,dx =$$

$$\begin{cases} V_n & \left(当\ k-k'=\dfrac{2n\pi}{a}\right) \\ 0 & (其他情况) \end{cases} \tag{6.37}$$

所以,电子的能量可以写成

$$E_k = \frac{\hbar^2 k^2}{2m} + \sum_n \frac{2m|V_n|^2}{\hbar^2 k^2 - \hbar^2\left(k-\dfrac{2n\pi}{a}\right)^2} \tag{6.38}$$

计入微扰项后,电子的波函数可以写成

$$\Psi_k(x) = \Psi_k^0(x) + \sum_{k'} \frac{H'_{k'k}}{E_k^0 - E_{k'}^0}\Psi_{k'}^0(x) =$$

$$\frac{1}{\sqrt{L}}e^{ikx}\left[1 + \sum_{n\neq 0} \frac{2mV_n^* e^{-i\frac{2n\pi}{a}x}}{\hbar^2 k^2 - \hbar^2\left(k-\dfrac{2n\pi}{a}\right)^2}\right] =$$

$$\frac{1}{\sqrt{L}}e^{ikx}u(x) \tag{6.39}$$

其中

$$u(x) = 1 + \sum_{n\neq 0} \frac{2mV_n^* e^{-i\frac{2n\pi}{a}x}}{\hbar^2 k^2 - \hbar^2\left(k-\dfrac{2n\pi}{a}\right)^2}$$

容易证明 $u(x)$ 是晶格的周期函数。所以,把势能随坐标变化的部分当做微扰项而求得的近似波函数也满足布洛赫定理。这种波函数由两部分叠加而成,第一部分是波矢为 k 的行进平面波 $\frac{1}{\sqrt{L}}e^{ikx}$;第二部分是该平面波受周期场作用而产生的散射波,其因子

$$\frac{2mV_{-n}}{\hbar^2 k^2 - \hbar^2\left(k-\dfrac{2n\pi}{a}\right)^2} \tag{6.40}$$

代表有关散射波成分的振幅。

在一般情况下,各原子所产生的散射波位相之间没有任何关系,彼此相互抵消,周期场对前进的平面波影响不大,散射波种各成分的振幅较小。此时,微扰处理方法完全适用。但是,如果由相邻原子所产生的散射波成分(即反射波)有相同的位相,则情况就大不

一样。如果前进的平面波波长正好满足条件 $2a=n\lambda$ 时，两个相邻原子的反射波就会产生相同的位相，它们将相互加强，使前进平面波受到很大的干涉。由式(6.40)可知，当

$$E_k^0 = E_{k-\frac{2n\pi}{a}}^0$$

时，即

$$\frac{\hbar^2 k^2}{2m} - \frac{\hbar^2}{2m}\left(k - \frac{2n\pi}{a}\right)^2 = 0$$

时，在散射波中这种成分的振幅变成无限大，一级修正项太大，从而使微扰法不再适用。此时，由上式可以得到

$$k = \frac{n\pi}{a}$$

或用波长表示

$$\lambda = \frac{2a}{n}$$

这就是布拉格反射条件 $2a\sin\theta=n\lambda$ 在正入射情况下的结果。

6.3.2 简并微扰法

在 $k=\dfrac{n\pi}{a}$ 及 $k'=-\dfrac{n\pi}{a}$ 条件下，两个状态能量相同，属于简并态情况，此时必须用简并微扰方法进行处理。

设在波矢接近布拉格反射条件时，波矢可以写成

$$k = \frac{n\pi}{a}(1+\Delta)$$

$$k' = -\frac{n\pi}{a}(1-\Delta)$$

在这种情况下，散射波已经相当强。此时，零级波函数可以写成

$$\Psi^0 = A\Psi_k^0 + B\Psi_{k'}^0 = \frac{A}{\sqrt{L}}e^{ikx} + \frac{B}{\sqrt{L}}e^{ik'x}$$

将以上波函数代入薛定谔方程，有

$$\left[\frac{d^2}{dx^2} + \frac{2m}{\hbar^2}(E-V)\right]\Psi^0 = 0$$

上式分别左乘 Ψ_k^{0*} 和 $\Psi_{k'}^{0*}$，并对 dx 积分，可以得到两个线性方程式，即

$$\begin{cases}(E-E_k^0)A - V_n B = 0 \\ -V_n^* A + (E-E_{k'}^0)B = 0\end{cases} \tag{6.41}$$

A 和 B 有非零解的条件是其系数行列式为零，即

$$\begin{vmatrix} E-E_k^0 & -V_n \\ -V_n^* & E-E_{k'}^0 \end{vmatrix} = 0 \tag{6.42}$$

由式(6.42)可得

$$E = \frac{1}{2}\left[E_k^0 + E_{k'}^0 \pm \sqrt{(E_k^0 - E_{k'}^0)^2 + 4|V_n|^2}\right] =$$

$$\frac{\hbar^2}{2m}\left(\frac{n\pi}{a}\right)^2(1+\Delta^2)\pm\sqrt{|V_n|^2+4\Delta^2\left[\frac{\hbar^2}{2m}\left(\frac{n\pi}{a}\right)^2\right]^2}$$

或写成

$$E=T_n(1+\Delta^2)\pm\sqrt{|V_n|^2+4T_n^2\Delta^2} \tag{6.43}$$

其中 $T_n=\frac{\hbar^2}{2m}\left(\frac{n\pi}{a}\right)^2$，代表自由电子在 $k=\frac{n\pi}{a}$ 状态的动能。

我们就以下两种情况来讨论式(6.43)。

1. Δ=0 情况

当 $\Delta=0$ 时，式(6.43)可以写成

$$E=T_n\pm|V_n| \tag{6.44}$$

式(6.44)说明，原来能量都等于 T_n 的两个状态 $k=n\pi/a$ 和 $k'=-n\pi/a$，由于波的相互作用很强，从而变成了两个能量不同的状态。这两个不同的状态能量分别是 $T_n-|V_n|$ 和 $T_n+|V_n|$，其能量差，即禁带宽度为

$$E_g=2|V_n| \tag{6.45}$$

根据式(6.45)我们知道：禁带发生在波矢 $k=n\pi/a$ 和 $k'=-n\pi/a$ 处。禁带宽度等于周期性势能展开式中，波矢为 $k_n=n2\pi/a$ 的傅里叶分量 V_n 绝对值的两倍。

当 $E=T_n+|V_n|$ 时，由式(6.41)得

$$\frac{A}{B}=\frac{V_n}{|V_n|}$$

若 $V_n=|V_n|e^{2i\theta}$，则 $A=Be^{2i\theta}$，此时有

$$\Psi_+^0=\frac{2A}{\sqrt{L}}e^{-i\theta}\cos\left(\frac{n\pi}{a}x+\theta\right) \tag{6.46}$$

而当 $E=T_n-|V_n|$ 时，有

$$\frac{A}{B}=-\frac{V_n}{|V_n|}$$

即 $A=-Be^{2i\theta}$，于是得

$$\Psi_-^0=i\frac{2A}{\sqrt{L}}e^{-i\theta}\sin\left(\frac{n\pi}{a}x+\theta\right) \tag{6.47}$$

显然，零级近似下的波函数代表驻波。在这两个驻波状态，电子的平均速度为零。在这里之所以产生驻波，是由于波矢为 $k=n\pi/a$ 的平面波，其波长 $\lambda=2\pi/k=2a/n$ 正好满足布拉格反射条件，遭到全反射，并同入射波形成干涉。

图6.3给出了对应于波函数式(6.46)和式(6.47)的两种状态的电子密度分布，这里取某一个原子为坐标，且取 $\theta=\pi/2$。从图中可以看出：当电子处于 Ψ_+^0 态时，电子云主要分布在离子之间的区域；而处于 Ψ_-^0 态的电子主要分布在离子周围。因为，离子实周围的电子电荷受到较强的吸引，势能具有较大的负值；而离子之间的电荷受到离子吸引较弱，势能较高。所以，同自由电子的平面波状态比较，Ψ_+^0 状态的能量升高，Ψ_-^0 状态的能量降低，因而出现了能隙（禁带）。

2. $\Delta \neq 0$ 情况

考虑 $\Delta \neq 0$ 但满足条件 $T_n\Delta \ll |V_n| < T_n$ 时，式(6.43)中的根式可用二项式定理展开，保留到 Δ^2 项可得

$$\begin{cases} E_+ = T_n + |V_n| + T_n\left(1 + \dfrac{2T_n}{|V_n|}\right)\Delta^2 \\ E_- = T_n - |V_n| - T_n\left(\dfrac{2T_n}{|V_n|} - 1\right)\Delta^2 \end{cases} \tag{6.48}$$

式(6.48)说明：在禁带之上的能带底部，能量 E_+ 随相对波矢 Δ 的变化呈向上弯的抛物线关系；而在禁带下边的能带顶部，能量 E_- 随相对波矢 Δ 的变化呈向下弯的抛物线关系。在产生全反射的波长附近，能量与波矢的关系如图 6.4 所示。

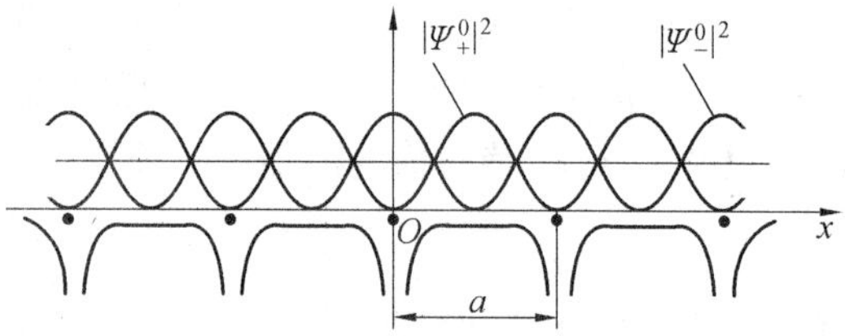

图 6.3　禁带两边外的状态几率密度分布

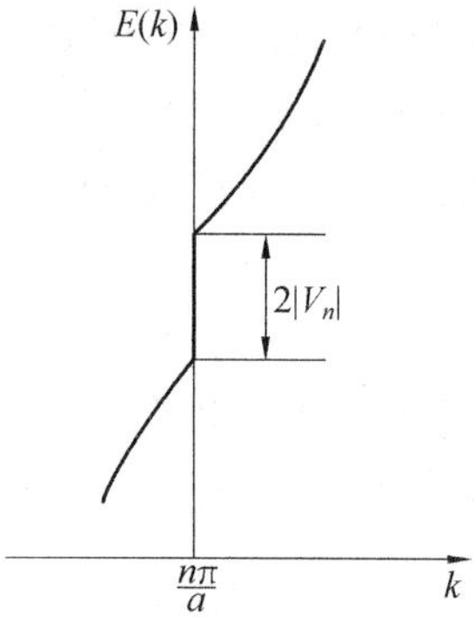

图 6.4　全反射条件附近的能量曲线

从上面讨论，我们知道禁带出现在 $\boldsymbol{k}$ 空间倒格矢的中点上，禁带宽度的大小取决于周期性势能的傅里叶分量。不难证明，如果 $E_k^0 - E_{k'}^0$ 比 $|V_n|$ 大得多，即 $2T_n \gg |V_n|$，则由式(6.43)可得

$$\begin{cases} E_+ = T_n(1 + \Delta)^2 + \dfrac{|V_n|^2}{E_k^0 - E_{k'}^0} \\ E_- = T_n(1 - \Delta)^2 - \dfrac{|V_n|^2}{E_k^0 - E_{k'}^0} \end{cases} \tag{6.49}$$

式(6.49)结果同非简并微扰结果式(6.38)相近，在其所有波矢状态中保留一个 k'，它对状态 k 具有特别大的影响。

通过对弱周期势情况的讨论，对自由电子气体在引入周期势后产生的变化，以及对 6.2.2节介绍的一般性结论有了具体的了解。显然，自由电子的能谱是抛物线关系，即

$$E = \frac{\hbar^2 k^2}{2m}$$

计入周期势场的微扰作用，能量曲线在波矢，即

$$k = \pm\frac{\pi}{a},\ \pm\frac{2\pi}{a},\ \pm\frac{3\pi}{a},\cdots$$

等处断开，使电子能谱出现能隙，其宽度依次是 $2|V_1|, 2|V_2|, 2|V_3|, \cdots$，在能隙范围内没有允许的电子态。而在离这些点较远的波矢，电子能量同自由电子的能量相近，如图6.5

中粗线所示。因为对于平移基矢算符 $\hat{T}$，波矢 k 和 $k+n\dfrac{2\pi}{a}$ 代表的两个状态具有相同的本征值，所以，这两个状态不是独立的，而是等价的。

另外，由下述推导，即

$$\Psi_k(x)=\mathrm{e}^{\mathrm{i}kx}u_k(x)=\mathrm{e}^{\mathrm{i}\left(k+\frac{2\pi}{a}\right)x}u_k(x)\mathrm{e}^{-\mathrm{i}\frac{2\pi}{a}}=$$
$$\mathrm{e}^{\mathrm{i}\left(k+\frac{2\pi}{a}\right)x}u_{k+n\frac{2\pi}{a}}(x)=\Psi_{k+n\frac{2\pi}{a}}(x)$$

可知，任何依赖于波矢 k 的可观察物理量，在状态 $\Psi_k(x)$ 和 $\Psi_{k+n\frac{2\pi}{a}}(x)$ 都具有相同的数值，即它必须是 k 的周期函数，其周期由倒格子基矢确定。所以，图 6.5 中粗线所示曲线线段，应按周期 $2\pi/a$ 在 $\boldsymbol{k}$ 空间拓开，得到 $E(k)$ 的完整图象。

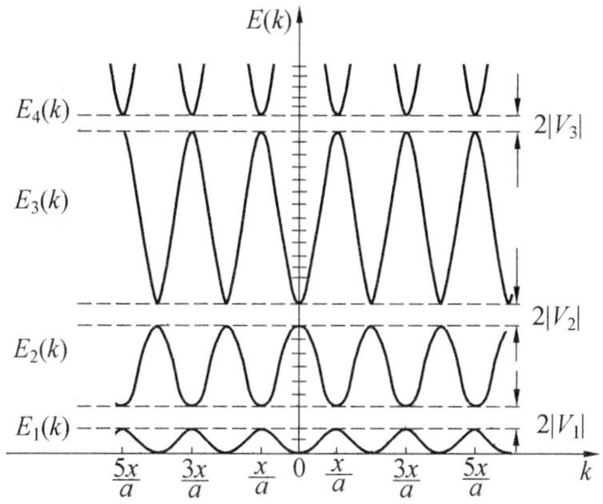

图 6.5　近自由电子模型的能量波矢关系

6.3.3　三维情况

现在用与前面完全类似的方法来讨论三维情况。

设 $\boldsymbol{a}_1$、$\boldsymbol{a}_2$、$\boldsymbol{a}_3$ 为原胞基矢，$\boldsymbol{b}_1$、$\boldsymbol{b}_2$、$\boldsymbol{b}_3$ 为相应的倒格基矢，倒格点的位置矢量为

$$\boldsymbol{G}=n_1\boldsymbol{b}_1+n_2\boldsymbol{b}_2+n_3\boldsymbol{b}_3$$

则周期势场可以展开为

$$V(\boldsymbol{r})=\sum_{\boldsymbol{G}}V(\boldsymbol{G})\mathrm{e}^{\mathrm{i}\boldsymbol{G}\cdot\boldsymbol{r}}=V(0)+\sum_{\boldsymbol{G}\neq 0}V(\boldsymbol{G})\mathrm{e}^{\mathrm{i}\boldsymbol{G}\cdot\boldsymbol{r}} \tag{6.50}$$

此式与式(6.32)对应，接下来按照类似的步骤，可以得出：当波矢 $\boldsymbol{k}$ 满足

$$\boldsymbol{k}^2=(\boldsymbol{k}-\boldsymbol{G})^2 \tag{6.51}$$

或

$$\boldsymbol{k}\cdot\boldsymbol{G}=\frac{1}{2}|\boldsymbol{G}|^2 \tag{6.52}$$

时，出现能级劈裂。这说明，如果把电子波矢 $\boldsymbol{k}$ 看成倒格空间的矢量，当 $\boldsymbol{k}$ 的端点落在布里渊区界面上(如图 6.6 所示)时，或者波矢为 $\boldsymbol{k}$ 的布洛赫波满足布拉格条件时，由于同一维情况完全类似的原因，能级将发生劈裂。此时有

$$\begin{cases}E_-=E_{\boldsymbol{k}}^0-|V(\boldsymbol{G})|\\E_+=E_{\boldsymbol{k}}^0+|V(\boldsymbol{G})|\end{cases} \tag{6.53}$$

即在倒格矢 $\boldsymbol{G}$ 相应的布里渊区界面上，出现宽度为

$$E_g = 2|V(\boldsymbol{G})| \tag{6.54}$$

的能隙，这些能隙将能谱分成一个个能带。这里，$V(\boldsymbol{G})$ 是 $V(\boldsymbol{r})$ 的傅里叶展开系数，即

$$V(\boldsymbol{G}) = \frac{1}{V}\int_V V(\boldsymbol{r})\mathrm{e}^{-\mathrm{i}\boldsymbol{G}\cdot\boldsymbol{r}}\mathrm{d}\boldsymbol{r}$$

但是，三维情况同一维情况有一个重要的区别：不同能带的能隙（禁带）不一定存在，可能发生能带的交叠，如图 6.7(d) 所示。出现这种现象的原因是由于属于同一布里渊区的 $\boldsymbol{k}$ 所对应的能级构成一个能带，而不同布里渊区的 $\boldsymbol{k}$ 构成不同的能带，因而在图 6.7(a) 中的 B 点表示第二布里渊区能量最低点，即第二能带的底点。A 是与 B 相邻，且在第一布里渊区的点，A 点的能量与 B 点的能量是不连续的，图 6.7(b) 表示出从 O 到 A、B 点连线上各点的能量。A、B 之间的能量是断开的，C 点是第一布里渊区能量的最高点（即带顶），图 6.7(c) 表示沿 OC 各点的能量。若 C 点的能量高于 B 点的能量（如图 6.7(d) 所示），显然，两个能带将发生交叠。这说明，沿各个方向，在布里渊区界面上 $E(\boldsymbol{k})$ 函数是间断的。但是，由于在不同方向断开时的能量取值不同，断开的能量宽度也不同，因而能带有可能发生交叠。

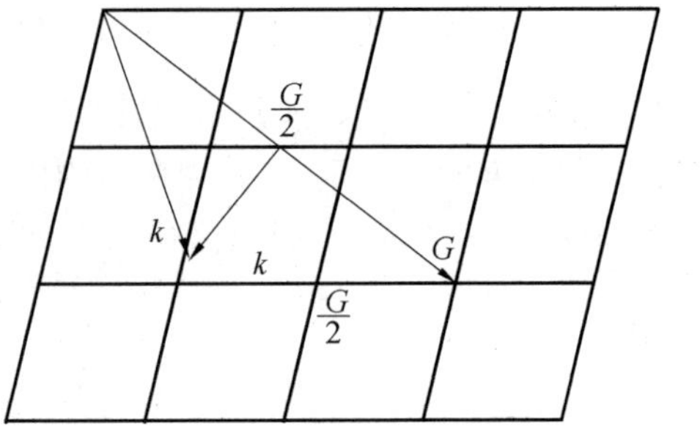

图 6.6　能带交叠示意图

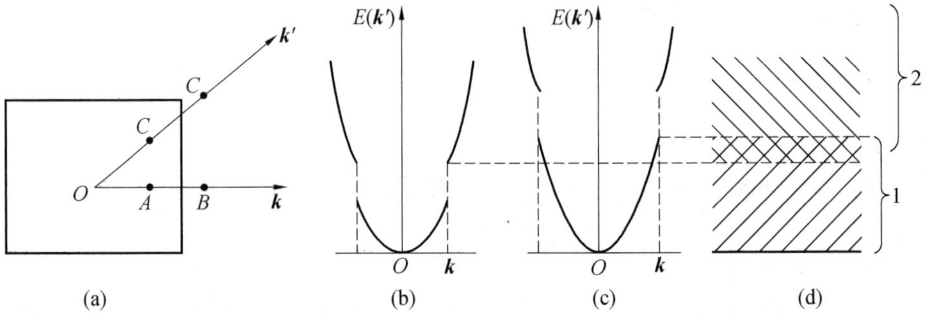

图 6.7　能带交叠示意图

除上述原因外，在布里渊区界面上是否出现能隙还与以下因素有关：

(1) 与周期势场的具体形式有关。若在某个布里渊区界面上，$V(\boldsymbol{r})$ 的展开式系数 $V(\boldsymbol{G})=0$ 时，则此布里渊区界面上将不出现能隙，两个能带将连为一体。

(2) 由于能隙的出现是入射的布洛赫波与反射的布洛赫波干涉的结果，所以对多原子原胞（复式格子）晶体，类似于电子衍射。若其结构因子（与几何结构因子仅差原子散射因子）

$$S(\boldsymbol{G}) = \sum_{\mu=1}^{f} \mathrm{e}^{\mathrm{i}\boldsymbol{G}\cdot\boldsymbol{d}_\mu} = 0$$

时，在相应布里渊区界面上的布拉格全反射将不出现，因此在该界面上的能隙为零。

6.4 紧束缚近似

在近自由电子近似中,周期场随着空间的起伏较弱,电子的状态很接近自由电子,这是一种极端情况。现在,我们讨论另一种极端情况——紧束缚近似。

6.4.1 紧束缚近似模型

当晶体是由相互作用较弱的原子组成时,周期场随空间的起伏比较显著。此时,电子在某一个原子附近时,将主要受到该原子场的作用,其他原子场的作用可以看作一个微扰作用。基于这种设想所建立的近似方法,称为紧束缚近似。

如果完全不考虑原子间的相互影响,则在某格点 $\boldsymbol{R}_n=n_1\boldsymbol{a}_1+n_2\boldsymbol{a}_2+n_3\boldsymbol{a}_3$ 附近电子的状态将是孤立原子电子本征态 $\psi_i(\boldsymbol{r}-\boldsymbol{R}_n)$。这里假设每个原胞只包含一个原子,显然 $\psi_i(\boldsymbol{r}-\boldsymbol{R}_n)$ 满足孤立原子的定态薛定谔方程,即

$$\left[-\frac{\hbar^2}{2m}\nabla^2+V(\boldsymbol{r}-\boldsymbol{R}_n)\right]\psi_i(\boldsymbol{r}-\boldsymbol{R}_n)=E_i(\boldsymbol{r})\psi_i(\boldsymbol{r}-\boldsymbol{R}_n) \tag{6.55}$$

式中 $V(\boldsymbol{r}-\boldsymbol{R}_n)$ 是位于 $\boldsymbol{R}_n$ 格点原子的势场,E_i 为孤立原子中电子的能级。

考虑到原子之间的相互作用,晶体中单电子的薛定谔方程为

$$\left[-\frac{\hbar^2}{2m}\nabla^2+V(\boldsymbol{r})\right]\Psi(\boldsymbol{r})=E\Psi(\boldsymbol{r}) \tag{6.56}$$

$V(\boldsymbol{r})$ 为晶格周期势场,它取各格点原子势场之和,即

$$V(\boldsymbol{r})=\sum_{m=1}^{N}V(\boldsymbol{r}-\boldsymbol{R}_m) \tag{6.57}$$

紧束缚近似方法就是将

$$\Delta V(\boldsymbol{r}-\boldsymbol{R}_m)=V(\boldsymbol{r})-V(\boldsymbol{r}-\boldsymbol{R}_n) \tag{6.58}$$

看作是一个微扰项 $\hat{H}'$,这样晶体中单电子的薛定谔方程式(6.56)可以写成

$$\left[-\frac{\hbar^2}{2m}\nabla^2+V(\boldsymbol{r}-\boldsymbol{R}_n)+V(\boldsymbol{r})-V(\boldsymbol{r}-\boldsymbol{R}_n)\right]\Psi(\boldsymbol{r})=$$

$$\left[-\frac{\hbar^2}{2m}\nabla^2+V(\boldsymbol{r}-\boldsymbol{R}_n)+\Delta V(\boldsymbol{r}-\boldsymbol{R}_m)\right]\Psi(\boldsymbol{r})=E\Psi(\boldsymbol{r}) \tag{6.59}$$

显然,方程式(6.55)是方程式(6.59)的零级近似。E_i、$\varphi_i(\boldsymbol{r}-\boldsymbol{R}_n)$ 是 E、$\Psi(\boldsymbol{r})$ 的零级近似。

若晶体有 N 个原子,则共有 N 个类似的方程式,即共有 N 个波函数 $\varphi_i(\boldsymbol{r}-\boldsymbol{R}_m)$ $(m=1,2,\cdots,N)$ 具有相同的本征能量 E_i,因此这 N 个波函数是简并的。按照简并微扰方法,晶体中单电子波函数的零级近似,应该是这 N 个波函数 $\varphi_i(\boldsymbol{r}-\boldsymbol{R}_m)$ 的线性组合,即

$$\Psi^0=\sum_{m\neq 1}^{N}C_m\varphi_i(\boldsymbol{r}-\boldsymbol{R}_m) \tag{6.60}$$

这种描述电子在晶体场中共有化运动的方法,也称为原子轨道线性组合法(LCAO)。

显然,$\varphi_i(\boldsymbol{r}-\boldsymbol{R}_m)$ 是晶格周期函数。根据布洛赫定理,在晶格周期势场中电子波函数具有布洛赫波形式,即式(6.60)中的 $\boldsymbol{\Psi}^0$ 可以写成

$$\Psi^0 = e^{i\boldsymbol{k}\cdot\boldsymbol{r}} u_{\boldsymbol{k}}(\boldsymbol{r}) \tag{6.61}$$

比较式(6.60)和式(6.61)可知,C_m 必须具有下列形式,即

$$C_m = \frac{1}{\sqrt{N}} e^{i\boldsymbol{k}\cdot\boldsymbol{R}_m} \tag{6.62}$$

式(6.62)可以通过将其代入式(6.60)得到证明。

6.4.2 能带

将式(6.62)和式(6.60)代入式(6.59),并利用式(6.55),得到

$$\frac{1}{\sqrt{N}} \sum_m [E_i + \Delta U(\boldsymbol{r} - \boldsymbol{R}_n)] \varphi_i(\boldsymbol{r} - \boldsymbol{R}_m) e^{i\boldsymbol{k}\cdot\boldsymbol{R}_m} = E \frac{1}{\sqrt{N}} \sum_m \varphi_i(\boldsymbol{r} - \boldsymbol{R}_m) e^{i\boldsymbol{k}\cdot\boldsymbol{R}_m} \tag{6.63}$$

给上式两边乘

$$\Psi^{0*} = \frac{1}{\sqrt{N}} \sum_l \varphi_i(\boldsymbol{r} - \boldsymbol{R}_l) e^{-i\boldsymbol{k}\cdot\boldsymbol{R}_l}$$

并对 $\boldsymbol{r}$ 积分。由于原子之间的相互影响很小,各原子波函数重叠很小,可以近似为

$$\int \varphi_i^*(\boldsymbol{r} - \boldsymbol{R}_m) \varphi_i(\boldsymbol{r} - \boldsymbol{R}_l) d\zeta = \delta_{ml} \tag{6.64}$$

又由于 $\sum\limits_l \sum\limits_m^N E_i \delta_{ml} = NE_i$,于是得

$$E = E_i + \frac{1}{N} \sum_m \sum_l e^{i\boldsymbol{k}\cdot(\boldsymbol{R}_m - \boldsymbol{R}_l)} \int \varphi_i^*(\boldsymbol{r} - \boldsymbol{R}_l) \Delta U(\boldsymbol{r} - \boldsymbol{R}_n) \varphi_i(\boldsymbol{r} - \boldsymbol{R}_m) d\zeta \tag{6.65}$$

因为求和项中只与原子的相对位置有关,即对每一个 l,对 m 求和的结果是相同的,所以有

$$\sum_l^N \sum_m^N = N \sum_m$$

为了方便,我们选 $\boldsymbol{R}_l = 0$,则式(6.65)可以写成

$$E = E_i + \sum_m e^{i\boldsymbol{k}\cdot\boldsymbol{R}_m} \int \varphi_i^*(\boldsymbol{r}) \Delta U(\boldsymbol{r} - \boldsymbol{R}_n) \varphi_i(\boldsymbol{r} - \boldsymbol{R}_m) d\zeta \tag{6.66}$$

若将 $\boldsymbol{R}_m = \boldsymbol{R}_l = 0$ 项分写出来,则上式为

$$E = E_i + \int \varphi_i^*(\boldsymbol{r}) \Delta U(\boldsymbol{r} - \boldsymbol{R}_n) \varphi_i(\boldsymbol{r}) d\zeta + \sum_{\substack{m \\ \boldsymbol{R}_m \neq 0}} e^{i\boldsymbol{k}\cdot\boldsymbol{R}_m} \int \varphi_i^*(\boldsymbol{r}) \Delta U(\boldsymbol{r} - \boldsymbol{R}_n) \varphi_i(\boldsymbol{r}) d\zeta \tag{6.67}$$

令

$$\begin{cases} \int \varphi_i^*(\boldsymbol{r}) [U(\boldsymbol{r}) - V(\boldsymbol{r} - \boldsymbol{R}_n)] \varphi_i(\boldsymbol{r}) d\zeta = -\beta \\ \int \varphi_i^*(\boldsymbol{r}) [U(\boldsymbol{r}) - V(\boldsymbol{r} - \boldsymbol{R}_n)] \varphi_i(\boldsymbol{r} - \boldsymbol{R}_m) d\zeta = -\gamma(\boldsymbol{R}_m) \end{cases} \tag{6.68}$$

这里 β、γ 均为正数,而在式(6.67)中引入负号的原因在于:$V(\boldsymbol{r}) - V(\boldsymbol{r} - \boldsymbol{R}_n)$ 是周期势场与位于 $\boldsymbol{R}_n$ 格点的孤立原子势场之差,它是负值,且在 $\boldsymbol{R}_n$ 原子附近其绝对值极小,如图 6.8 所示。

利用式(6.68),可以将式(6.67)写成

$$E = E_i - \beta - \sum_m e^{i\boldsymbol{k}\cdot\boldsymbol{R}_m} \gamma(\boldsymbol{R}_m) \tag{6.69}$$

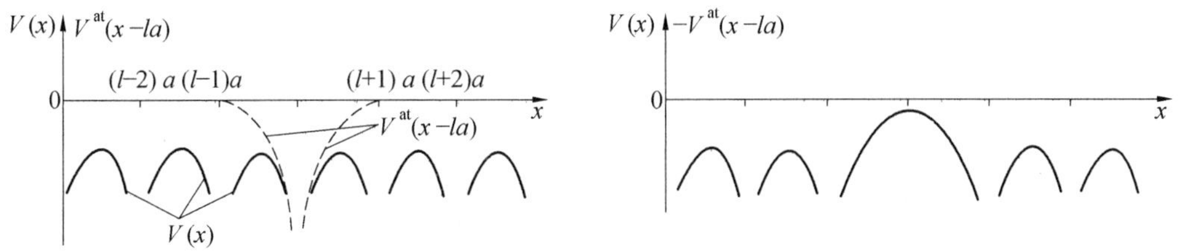

图 6.8　一维周期势场与孤立原子的势场

式中，β 称为晶体场积分，$\gamma(\boldsymbol{R}_m)$ 称为相互作用积分，它们均依赖于 ΔV 以及原子波函数的交叠程度。在我们假定的情况下，原子波函数相互交叠较少，因此式(6.69)中求和可只限于对 $\boldsymbol{R}_n$ 的最近邻原子进行。于是式(6.69)又可以写成

$$E = E_i - \beta - \sum_{n,n} \mathrm{e}^{\mathrm{i}\boldsymbol{k}\cdot\boldsymbol{R}_m}\gamma(\boldsymbol{R}_m) \tag{6.70}$$

其中，符号(n,n)表示对格点 $\boldsymbol{R}_n$ 最近邻原子求和，而 $\boldsymbol{R}_n$ 可以取晶体格点的任一个，以方便为原则。

式(6.70)就是紧束缚近似下晶体中单电子 $\boldsymbol{k}$ 态时，能量本征值的一级近似 $E(\boldsymbol{k})$。由该式可知，每一个 $\boldsymbol{k}$ 对应一个能量本征值，即一个能级。由于 $\boldsymbol{k}$ 可准连续取 N 个不同的值，因此这 N 个非常接近的能级形成一个准连续的能带。

6.4.3　立方晶体的能带宽度

下面我们利用式(6.70)来计算立方晶系 3 种晶体中，由 s 态原子形成的能带。

1. 简立方

对简立方晶格，任选一原子作为 $\boldsymbol{R}_n$，并把坐标原点选在 $\boldsymbol{R}_n$ 上，即 $\boldsymbol{R}_n=0$。此时，最近邻 6 个原子位置矢量 $\boldsymbol{R}_m$ 的坐标分别是$(\pm a,0,0)$、$(0,\pm a,0)$、$(0,0,\pm a)$。考虑到 s 态波函数的对称性，故 6 个最近邻原子相应的 $\gamma(\boldsymbol{R}_m)$ 都相等。把 6 个原子的 $\boldsymbol{R}_m$ 代入式(6.70)，得

$$E(\boldsymbol{k}) = E_i - \beta - 2\gamma[\cos(k_x a) + \cos(k_y a) + \cos(k_z a)] \tag{6.71}$$

式(6.71)给出简立方晶格 s 带能量与波矢的关系。其中，能带的极小值出现在布里渊区中心 $\boldsymbol{k}=0$ 处，其能量为

$$E_{\min} = E_i - \beta - 6\gamma$$

能带的最大值出现在 $\boldsymbol{k}$ 为$(\pm a,\pm a,\pm a)$处，其能量是

$$E_{\max} = E_i - \beta + 6\gamma$$

能带宽度为

$$\Delta E_{\mathrm{sc}} = E_{\max} - E_{\min} = 12\gamma \tag{6.72}$$

2. 体心立方

对体心立方晶格，最近邻原子数目分别是 8，s 带的能谱为

$$E_{\mathrm{bcc}} = E_i - \beta - 8\gamma\cos\left(\frac{1}{2}k_x a\right)\cos\left(\frac{1}{2}k_y a\right)\cos\left(\frac{1}{2}k_z a\right) \tag{6.73}$$

其能带宽度是

$$\Delta E_{\mathrm{bcc}} = 16\gamma \tag{6.74}$$

3. 面心立方

对面心立方晶格,最近邻原子数目是 12,s 带的能谱分别为

$$E_{\mathrm{fcc}} = E_i - \beta - 4\gamma\left[\cos\left(\frac{1}{2}k_x a\right)\cos\left(\frac{1}{2}k_y a\right) + \cos\left(\frac{1}{2}k_x a\right)\cos\left(\frac{1}{2}k_z a\right) + \cos\left(\frac{1}{2}k_y a\right)\cos\left(\frac{1}{2}k_z a\right)\right] \tag{6.75}$$

其能带宽度分别是

$$\Delta E_{\mathrm{fcc}} = 6\gamma \tag{6.76}$$

由此可以看出,能带宽度由配位数(最近邻原子数)和相互作用积分两个因素共同决定。为了对晶体的性质作定量的估计,必须要知道 γ 数值,它可以用半经验方法确定。1973 年,哈里森(Harrison)通过测量介电常数而获得相互作用积分 γ 数值,后来又通过共价晶体的光反射导出了 γ 与晶体原子间距 d 的关系,即

$$\gamma = \eta\frac{\eta^2}{md^2},\ \eta = \frac{\pi^2}{8} = 1.23$$

η 是取决于晶体结构的常数。对于电子云非球对称分布的情况,η 应与空间方位角有关,即 η 应与相邻两原子的角量子数有关。因此,只有 s 态原子的 γ 是与方位无关的常数。

6.4.4 原子能级与能带

从上述计算结果可知:原来孤立原子的每一个能级,当原子相互接近组成晶体时,因原子之间的相互作用分裂成一个能带。原子间的距离越小,则原子波函数的交叠就越多,相互作用积分 γ 也越大,因而能带的宽度也就越宽。图 6.9 给出了能带宽度随原子间距变化的示意图。

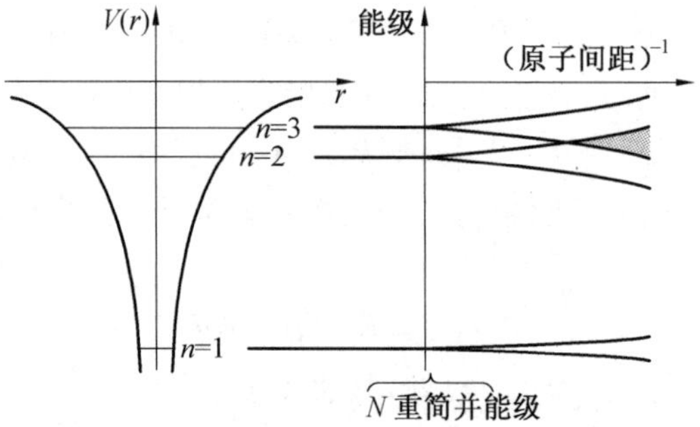

图 6.9 紧束缚近似获得的能带结构

可见,一个原子能级形成晶体的一个能带,原子的不同能级在晶体中形成一系列相应的能带,如 s、p(l=1)、d(l=2)带等。由于 p 态是三重简并的,对应的 p 能带也是由 3 个能带交叠而成。d 带也有类似的情况。

实际上,上述能带与能级的一一对应关系只适用于最简单情况,即不同原子态之间相互作用很小,晶格结构非常简单情况。例如,简立方晶体中原子内层电子的能带,这些能带宽度较窄,能带与能级之间有简单的一一对应关系。一般情况下,每个原胞不只包含一个原子,每个原子还可能有几个能量相等的原子轨道,此时式(6.68)中的 $\varphi_i(\boldsymbol{r}-\boldsymbol{R}_m)$ 就不

能是孤立原子的波函数,而要用各个原胞中各种原子波函数的线性组合来代替。

另外,不同原子态之间由于不可忽略的相互作用,导致不同原子态的相互混合,这时能带与原子能级之间也没有简单的对应关系。

6.4.5 旺尼尔函数

1. 旺尼尔函数

与近自由电子近似不同,紧束缚近似是以自由原子为基础来研究晶体中的电子状态。所以,能带中电子的波函数可以写成原子布洛赫波之和,即

$$\boldsymbol{\Psi}_{\boldsymbol{k}}^{i}=\frac{1}{\sqrt{N}}\sum_{m}\mathrm{e}^{\mathrm{i}\boldsymbol{k}\cdot\boldsymbol{R}_m}\Psi_i(\boldsymbol{r}-\boldsymbol{R}_m)$$

一般情况下,晶体中的电子并不完全局域于原子周围,用孤立原子波函数来描述这种局域性过于简单。因此,需要寻求能够全面反映这种局域性质的新函数。

设 $\Psi_{nk}(\boldsymbol{r})$ 为布洛赫函数,它是 $\boldsymbol{k}$ 空间的周期函数。由于任何一个晶格周期函数都可以展开为倒格空间的傅里叶级数,因此,$\boldsymbol{k}$ 空间的周期函数也可以展成晶格空间 $\boldsymbol{R}_l$ 的傅里叶级数,即

$$\Psi_{n\boldsymbol{k}}(\boldsymbol{r})=\frac{1}{\sqrt{N}}\sum_{l}a_n(\boldsymbol{r}-\boldsymbol{R}_l)\mathrm{e}^{\mathrm{i}\boldsymbol{k}\cdot\boldsymbol{R}_l} \tag{6.77}$$

式中,n 为能带指标;$1/\sqrt{N}$是归一化常数,N 是晶体的原子数;系数 $a_n(\boldsymbol{r}-\boldsymbol{R}_l)$称为旺尼尔(Wannier)函数;$\boldsymbol{R}_l$ 表示第 l 个原子格点的位置矢量。

上式表明,任何布洛赫波都可以写成旺尼尔函数的线性叠加。而根据式(6.77)做逆变换,则旺尼尔函数也可以写成

$$a_n(\boldsymbol{r}-\boldsymbol{R}_l)=\frac{1}{\sqrt{N}}\sum_{\boldsymbol{k}}\mathrm{e}^{\mathrm{i}\boldsymbol{k}\boldsymbol{R}_i}\Psi_{n\boldsymbol{k}}(\boldsymbol{r}) \tag{6.78}$$

即,一个能带的旺尼尔函数是由同一个能带的布洛赫函数所定义。

2. 旺尼尔函数的性质

旺尼尔函数具有以下性质:

(1)局域性

由式(6.78)可知

$$\begin{aligned}a_n(\boldsymbol{r}-\boldsymbol{R}_l)&=\frac{1}{\sqrt{N}}\sum_{\boldsymbol{k}}\mathrm{e}^{-\mathrm{i}\boldsymbol{k}\cdot\boldsymbol{R}_l}\mathrm{e}^{\mathrm{i}\cdot\boldsymbol{k}\boldsymbol{r}}u_{n\boldsymbol{k}}(\boldsymbol{r})=\\&\frac{1}{\sqrt{N}}\sum_{\boldsymbol{k}}\mathrm{e}^{\mathrm{i}\boldsymbol{k}\cdot(\boldsymbol{r}-\boldsymbol{R}_l)}u_{n\boldsymbol{k}}(\boldsymbol{r})=\\&\frac{1}{\sqrt{N}}\sum_{\boldsymbol{k}}\mathrm{e}^{\mathrm{i}\boldsymbol{k}\cdot(\boldsymbol{r}-\boldsymbol{R}_l)}u_{n\boldsymbol{k}}(\boldsymbol{r})\end{aligned} \tag{6.79}$$

式(6.79)说明:旺尼尔函数只依赖于$(\boldsymbol{r}-\boldsymbol{R}_l)$,它可以表示成各种平面波的叠加。所以,旺尼尔函数是以格点 $\boldsymbol{R}_l$ 为中心的波包,因此具有定域性质。

(2)正交性

由下式

$$\int a_n^*(\boldsymbol{r}-\boldsymbol{R}_l)a_m(\boldsymbol{r}-\boldsymbol{R}_{l'})\mathrm{d}\zeta =$$

$$\frac{1}{\sqrt{N}}\sum_k\sum_{k'}\mathrm{e}^{\mathrm{i}(\boldsymbol{k}\boldsymbol{R}_l-\boldsymbol{k}'\cdot\boldsymbol{R}_{l'})}\int\Psi_{n\boldsymbol{k}}^*(\boldsymbol{r})\Psi_{mk}(\boldsymbol{r})\mathrm{d}\zeta = \tag{6.80}$$

$$\frac{1}{\sqrt{N}}\sum_k\mathrm{e}^{\mathrm{i}k\cdot(\boldsymbol{R}_l-\boldsymbol{R}_{l'})}\delta_{mn}=\delta_{u'}$$

由式(6.80)可以看出,不同能带和不同格点上的旺尼尔函数是正交的。

上述讨论表明,当某些晶体能带与紧束缚模型相差甚远时,由于旺尼尔函数既保留了比较局域化的性质,但又不是孤立原子的波函数。所以,在讨论那些电子空间局域性起重要作用的问题时,旺尼尔函数将会是比较好的选择。

6.5 能带计算的近似方法

近代能带的计算,一般是采用建立在密度泛函理论基础之上的局域密度近似方法。这一理论的基础是非均匀相互作用电子系统的基态能量由基态电荷密度唯一确定,它是基态电子密度 $n(\boldsymbol{r})$ 的泛函。但是,在实际应用中,特别是结构较复杂且计算量很大时,尽管有大型数字计算机帮助,仍需要做进一步的近似。

在 20 世纪 60 年代中期密度泛函理论出现之前,就已经发展了多种能带计算的方法,这些方法均可以用来做密度泛函计算。下面简单地介绍几种被广泛采用的方法。

6.5.1 原胞法

原胞法是 1933 年威格纳(Wigner)和塞兹(Seitz)在研究钠晶体的结合能时首先提出来的,后来冯·德·拉则(Von der Lage)和贝特(Bethe)、以及贝尔(Bell)等人使其更为完善。

这种方法是基于晶格具有周期性的考虑,因此只需要知道电子在一个原胞内受到的有效势场即可。为了便于说明,我们讨论每个原胞只有一个原子的简单晶格情况。威格纳和塞兹选取格点上原子到它最邻近及次邻近原子连线的垂直平分面所围成的多面体,其体积等于原胞体积 $\Omega=\boldsymbol{a}_1\cdot(\boldsymbol{a}_2\times\boldsymbol{a}_3)$。钠晶体成体心立方晶格结构,它的 WS 原胞是截角八面体,如同面心立方晶格的布里渊区。在正格子空间按照上述方式选择的原胞,称为 WS 原胞。

假设在每个原胞内势场具有球对称性,即 $V(\boldsymbol{r})=V(r)$,因此薛定谔方程可以分离变量,其解为一组正交归一化的波函数,具有下列形式

$$Y_{lm}(\theta,\varphi)\boldsymbol{R}_l(E,\boldsymbol{r})$$

这里,$Y_{lm}(\theta,\varphi)$ 是球谐函数;$\boldsymbol{R}_l(E,\boldsymbol{r})$ 是矢径函数,它满足下列方程,即

$$\frac{\mathrm{d}}{\boldsymbol{r}^2\mathrm{d}\boldsymbol{r}}\left[\boldsymbol{r}^2\frac{\mathrm{d}\boldsymbol{R}_l(E,\boldsymbol{r})}{\mathrm{d}\boldsymbol{r}}\right]+\left\{\frac{2m}{\hbar^2}[E-V(\boldsymbol{r})]-\frac{l(l+1)}{\boldsymbol{r}^2}\right\}\boldsymbol{R}_l(E,\boldsymbol{r})=0 \tag{6.81}$$

而本征能量为 $E(\boldsymbol{k})$ 的晶体中电子波函数是中心力场薛定谔方程标准解的线性组合,即

$$\Psi_{\boldsymbol{k}}(\boldsymbol{r}) = \sum_{l=0}^{\infty}\sum_{m=-l}^{l} b_{lm}(\boldsymbol{k}) Y_{lm}(\theta,\varphi)\boldsymbol{R}_l(E,\boldsymbol{r}) \tag{6.82}$$

在原胞边界面上，$\Psi_{\boldsymbol{k}}(\boldsymbol{r})$及其法向导数必须满足边界条件。图6.10画出两个相邻原胞1和2，A、B表示原胞1边界面中一对平行面上相互对应的两点。由$\Psi_{\boldsymbol{k}}(\boldsymbol{r})$的性质可得

$$\Psi_{\boldsymbol{k}}(\boldsymbol{r}_A) = \mathrm{e}^{\mathrm{i}\boldsymbol{k}\cdot\boldsymbol{r}_{AB}}\Psi_{\boldsymbol{k}}(\boldsymbol{r}_B) \tag{6.83}$$

式中$\boldsymbol{r}_{AB}=\boldsymbol{r}_A-\boldsymbol{r}_B$。令$\nabla_n$代表边界面法向导数，由于这两个面的法线方向相反，因此有

$$\nabla_n\Psi_{\boldsymbol{k}}(\boldsymbol{r}_A) = -\mathrm{e}^{\mathrm{i}\boldsymbol{k}\cdot\boldsymbol{r}_{AB}}\nabla_n\Psi_{\boldsymbol{k}}(\boldsymbol{r}_B) \tag{6.84}$$

同时，A点本身也可以看作是原胞2中与B点对应的点B'。如果已知原胞1中的波函数，就可以根据式(6.83)和式(6.84)两式求出其他原胞中相应点的波函数及其导数。以此类推，可以得到晶体电子在各个原胞中的波函数。

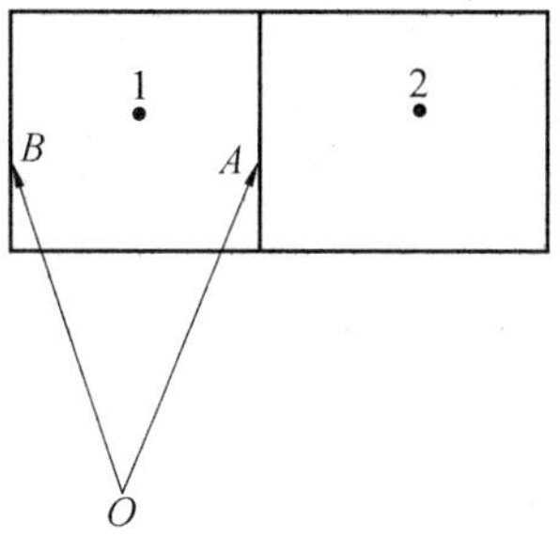

图6.10　原胞法边界条件示意图

为了计算方便，利用球谐函数的特点，通常把波函数$\Psi_{\boldsymbol{k}}(\boldsymbol{r})$分成奇函数$\Psi_{\boldsymbol{k}}^{u}(\boldsymbol{r})$和偶函数$\Psi_{\boldsymbol{k}}^{g}(\boldsymbol{r})$两部分，并将其写成

$$\Psi_{\boldsymbol{k}}(\boldsymbol{r}) = \Psi_{\boldsymbol{k}}^{g}(\boldsymbol{r}) + \mathrm{i}\Psi_{\boldsymbol{k}}^{u}(\boldsymbol{r})$$

其中

$$\begin{cases}\Psi_{\boldsymbol{k}}^{g}(\boldsymbol{r}_A) = \Psi_{\boldsymbol{k}}^{g}(\boldsymbol{r}_B)\\ \Psi_{\boldsymbol{k}}^{u}(\boldsymbol{r}_A) = -\Psi_{\boldsymbol{k}}^{u}(\boldsymbol{r}_B)\end{cases}$$

根据式(6.83)，有

$$\begin{aligned}\Psi_{\boldsymbol{k}}(\boldsymbol{r}_A) =& \Psi_{\boldsymbol{k}}^{g}(\boldsymbol{r}_A) + \mathrm{i}\Psi_{\boldsymbol{k}}^{u}(\boldsymbol{r}_A) =\\ & \mathrm{e}^{\mathrm{i}\boldsymbol{k}\cdot\boldsymbol{r}_{AB}}[\Psi_{\boldsymbol{k}}^{g}(\boldsymbol{r}_B + \mathrm{i}\Psi_{\boldsymbol{k}}^{u}(\boldsymbol{r}_B))] =\\ & \mathrm{e}^{\mathrm{i}\boldsymbol{k}\cdot\boldsymbol{r}_{AB}}[\Psi_{\boldsymbol{k}}^{g}(\boldsymbol{r}_A - \mathrm{i}\Psi_{\boldsymbol{k}}^{u}(\boldsymbol{r}_A))] =\\ & [\Psi_{\boldsymbol{k}}^{g}(\boldsymbol{r}_A)\cos(\boldsymbol{k}\cdot\boldsymbol{r}_{AB}) + \Psi_{\boldsymbol{k}}^{u}(\boldsymbol{r}_A)\sin(\boldsymbol{k}\cdot\boldsymbol{r}_{AB})] +\\ & \mathrm{i}[\Psi_{\boldsymbol{k}}^{g}(\boldsymbol{r}_A)\sin(\boldsymbol{k}\cdot\boldsymbol{r}_{AB}) - \Psi_{\boldsymbol{k}}^{u}(\boldsymbol{r}_A)\cos(\boldsymbol{k}\cdot\boldsymbol{r}_{AB})]\end{aligned}$$

于是得

$$\Psi_{\boldsymbol{k}}^{g}(\boldsymbol{r}_A)\tan\left(\frac{\boldsymbol{k}\cdot\boldsymbol{r}_{AB}}{2}\right) - \Psi_{\boldsymbol{k}}^{u}(\boldsymbol{r}_A) = 0 \tag{6.85}$$

同理，由式(6.84)可得

$$\frac{\mathrm{d}\Psi_{\boldsymbol{k}}^{g}(\boldsymbol{r}_A)}{\mathrm{d}\boldsymbol{r}} + \frac{\mathrm{d}\Psi_{\boldsymbol{k}}^{u}(\boldsymbol{r}_A)}{\mathrm{d}\boldsymbol{r}}\tan\left(\frac{\boldsymbol{k}\cdot\boldsymbol{r}_{AB}}{2}\right) = 0 \tag{6.86}$$

原则上，如果波函数在边界面上满足式(6.85)和式(6.86)，就可以得到许多关于以b_{lm}作为未知数的齐次线性方程组。若使b_{lm}有非零解，其系数组成的行列式必须为零，解此行列式的代数方程，即可以求出晶体电子的能量$E(\boldsymbol{k})$。

威格纳和塞兹研究钠晶体的价电子能带，并讨论了$\boldsymbol{k}=0$情况。他们把多面体形状的原胞用体积相同的球来代替，则边界条件可以简化为球直径两端的波函数相等，以及径向导数相等且符号相反。钠的价电子在3s态，若只取$l=0$，则有

$$\Psi_k(\boldsymbol{r})\mid_{k=0}=\Psi_k^g(\boldsymbol{r})\mid_{k=0}$$

此时,边界条件可以简化为

$$\left.\frac{\mathrm{d}\boldsymbol{R}_0(E,\boldsymbol{r})}{\mathrm{d}\boldsymbol{r}}\right|_{r=r_0}=0$$

式中,$\boldsymbol{r}_0$ 是球的半径。

6.5.2 缀加平面波法

原胞法在碱金属的能带计算上取得了很大成功,但是,假如采用真实的多面体 WS 原胞,为了在表面上满足边界条件,计算将会十分困难。同时,也会导致中心力场在原胞边界上导数的不连续。为了克服这些困难,同时考虑到实际上原胞边界附近势场变化非常平缓,于是斯莱特(Slater)在 1937 年提出了缀加平面波法,简称 APW 方法。

APW 法采用糕模势(muffin-tin potential),如图 6.11 所示。这种方法的主要思想是:将多面体 WS 原胞分成两个区域,如图 6.12 所示。其中半径为 $\boldsymbol{r}_0$ 的球内为区域Ⅰ,其势场呈球对称性 $V(\boldsymbol{r})$,$\boldsymbol{r}_0$ 小于最近邻距的一半。此区域与原胞法类似,电子的波函数是球面波的叠加;而在球外的区域Ⅱ,势场为常数,通常选取适当的能量零点使其为零。在该区域,电子的波函数是平面波。这样,在 WS 原胞多面体边界面上势场平缓,平面波自动满足边界条件。在 WS 原胞内,波函数的衔接,只需要在球表面上而不是在多面体上实现。

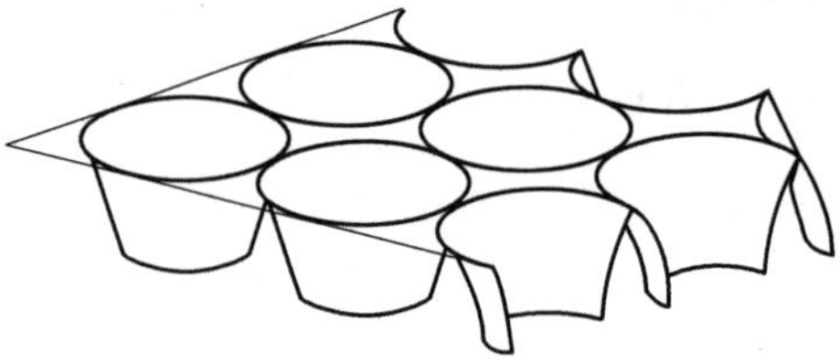

图 6.11 糕模势示意图

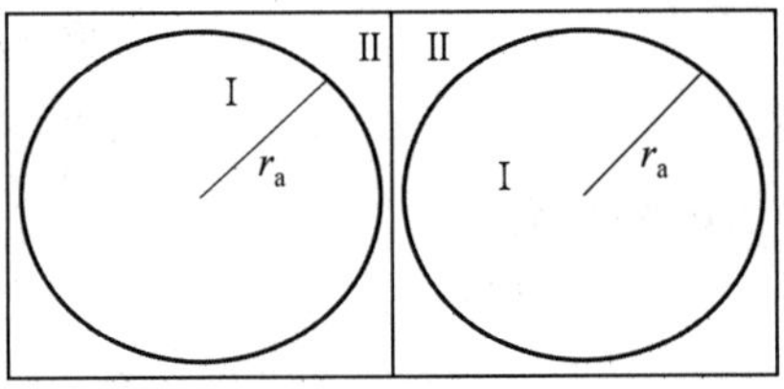

图 6.12 APW 法中原胞的两个区域

上述思想可以用 $A(\boldsymbol{k},\boldsymbol{r})$ 函数来描述,其定义为

$$A(\boldsymbol{k},\boldsymbol{r})=\sum_{l=0}^{\infty}\sum_{m=-l}^{l}a_{lm}(\boldsymbol{r})Y_{lm}(\theta,\varphi)\boldsymbol{R}_l(E,\boldsymbol{r})\eta(\boldsymbol{r}_0-\boldsymbol{r})+\mathrm{e}^{\mathrm{i}\boldsymbol{k}\cdot\boldsymbol{r}}\eta(\boldsymbol{r}-\boldsymbol{r}_0) \tag{6.87}$$

式(6.87)中,系数 $a_{lm}(\boldsymbol{k})$ 由函数在 $\boldsymbol{r}=\boldsymbol{r}_0$ 处连续的条件确定,而 $\eta(x)$ 形式则由下式决定

$$\eta(x)=\begin{cases}0 & (\text{当 } x \text{ 为负时})\\ 1 & (\text{当 } x \text{ 为正时})\end{cases}$$

这里,函数 $A(\boldsymbol{k},\boldsymbol{r})$ 称为缀加平面波(APW)。一般地,APW 是一个连续函数,但是在 $\boldsymbol{r}=\boldsymbol{r}_0$ 处,函数的导数不连续。晶体中电子的波函数可以写成 APW 的线性组合,代入薛定谔方程,并对其系数变分,即可获得电子的能量和波函数。

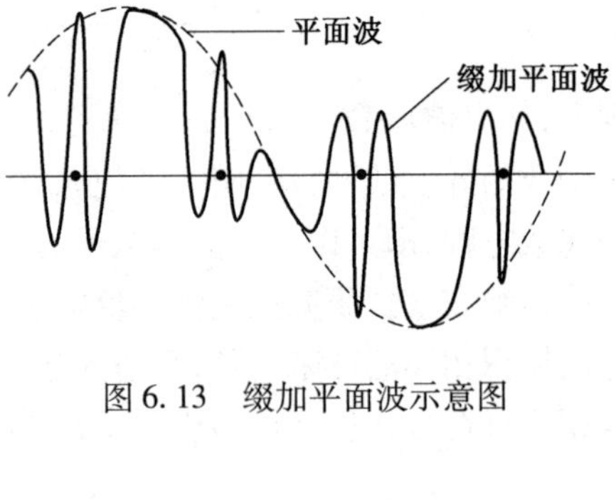

图 6.13 缀加平面波示意图

图 6.13 给出了 APW 波函数的示意。晶体中实际的单电子波函数比较复杂,一般地,

在离子实附近，势场为具有$-Ze^2/\boldsymbol{r}$奇异性的局域势，波函数应类似于原子波函数。而在离子实之间，势场变化缓慢，波函数接近于平面波。

斯莱特和他的学生们用 APW 法计算了大量金属的能带结构，以及一些化合物的能带，都取得了相当好的结果。

6.5.3 格林函数法

格林函数法是柯林噶(Korringa)以及科恩(Kohn)和罗斯托克尔(Rostoker)分别提出的计算能带方法，又称为 KKR 法。这种方法完全避免了原胞法边界困难的缺点，同时保持了 APW 法采用的糕模势模型。在数学上，则借助格林函数求解薛定谔方程。

在周期性势场$V(\boldsymbol{r})$中，薛定谔方程可以写成

$$\left(\nabla^2+\frac{2m}{\hbar^2}E\right)\Psi(\boldsymbol{r})=\frac{2m}{\hbar^2}V(\boldsymbol{r})\Psi(\boldsymbol{r})$$

当$E>0$时，令$\boldsymbol{k}^2=\frac{2m}{\hbar^2}E$；若$E<0$，则取$\boldsymbol{k}^2=-\frac{2m}{\hbar^2}E$。又取$\frac{2m}{\hbar^2}V(\boldsymbol{r})=U(\boldsymbol{r})$，于是上式可以写成

$$(\nabla^2+\boldsymbol{k}^2)\Psi_k(\boldsymbol{r})=U(\boldsymbol{r})\Psi_k(\boldsymbol{r}) \tag{6.88}$$

根据定义，格林函数$G_k(\boldsymbol{r}-\boldsymbol{r}')$是方程式

$$(\nabla^2+\boldsymbol{k}^2)G_k(\boldsymbol{r}-\boldsymbol{r}')=\delta(\boldsymbol{r}-\boldsymbol{r}') \tag{6.89}$$

的解。利用格林函数，式(6.88)的解可以写成

$$\Psi_k(\boldsymbol{r})=\int G_k(\boldsymbol{r}-\boldsymbol{r}')U(\boldsymbol{r}')\Psi_k(\boldsymbol{r}')\mathrm{d}\tau' \tag{6.90}$$

利用自由粒子的本征态，可以求得格林函数

$$G_k(\boldsymbol{r}-\boldsymbol{r}')=-\frac{1}{4\pi}\frac{\exp(\mathrm{i}\boldsymbol{k}\,|\boldsymbol{r}-\boldsymbol{r}'|)}{|\boldsymbol{r}-\boldsymbol{r}'|}$$

它代表由$\boldsymbol{r}'$点发出的球面波。因此，式(6.89)代表晶体中的电子波受到势场$V(\boldsymbol{r}')$散射所产生的所有球面波在观察点$\boldsymbol{r}$处的叠加，即$\boldsymbol{r}$处的波是由晶体中所有原子对入射波散射而引起的所有球面子波的合成波。利用糕模势模型，即

$$\begin{cases}V(\boldsymbol{r})=\sum\limits_n V^{at}(\boldsymbol{r}-\boldsymbol{R}_n)\\ U(\boldsymbol{r})=\sum\limits_n U^{at}(\boldsymbol{r}-\boldsymbol{R}_n)\end{cases}$$

波函数可以重新写成

$$\Psi_k(\boldsymbol{r})=-\frac{1}{4\pi}\sum_n\int_\Omega\frac{\exp(\mathrm{i}\boldsymbol{k}\,|\boldsymbol{r}-\boldsymbol{r}'|)}{|\boldsymbol{r}-\boldsymbol{r}'|}U^{at}(\boldsymbol{r}-\boldsymbol{R}_n)\Psi_k(\boldsymbol{r}')\mathrm{d}\tau'$$

对于晶体电子而言，波函数$\Psi_k(\boldsymbol{r})$必须是布洛赫函数。于是，波函数可以写成

$$\begin{aligned}\Psi_k(\boldsymbol{r})&=-\frac{1}{4\pi}\sum_n\int_\Omega\frac{\exp(\mathrm{i}\boldsymbol{k}\,|\boldsymbol{r}-\boldsymbol{r}'|)}{|\boldsymbol{r}-\boldsymbol{r}'|}U^{at}(\boldsymbol{r}-\boldsymbol{R}_n)\mathrm{e}^{\mathrm{i}\boldsymbol{k}\cdot\boldsymbol{R}_n}\Psi_k(\boldsymbol{r}-\boldsymbol{R}_n)\mathrm{d}\tau'=\\&-\frac{1}{4\pi}\sum_n\int_\Omega\frac{\exp(\mathrm{i}\boldsymbol{k}\,|\boldsymbol{r}-\boldsymbol{r}''-\boldsymbol{R}_n|)}{|\boldsymbol{r}-\boldsymbol{r}''-\boldsymbol{R}_n|}\mathrm{e}^{\mathrm{i}\boldsymbol{k}\cdot\boldsymbol{R}_n}U(\boldsymbol{r}'')\Psi_k(\boldsymbol{r}'')\mathrm{d}\tau''=\\&-\frac{1}{4\pi}\int_\Omega G_k(\boldsymbol{r}-\boldsymbol{r}'')U^{at}(\boldsymbol{r}'')\Psi_k(\boldsymbol{r}'')\mathrm{d}\tau''\end{aligned} \tag{6.91}$$

其中

$$G_{k}(\boldsymbol{r}-\boldsymbol{r}'') \equiv \sum_{n} \frac{\exp(\mathrm{i}k \mid \boldsymbol{r}-\boldsymbol{r}''-\boldsymbol{R}_{n} \mid)}{\mid \boldsymbol{r}-\boldsymbol{r}''-\boldsymbol{R}_{n} \mid} \mathrm{e}^{\mathrm{i}\boldsymbol{k}\cdot\boldsymbol{R}_{n}}$$

称为结构格林函数,它与一般格林函数的区别如图 6.14 所示。

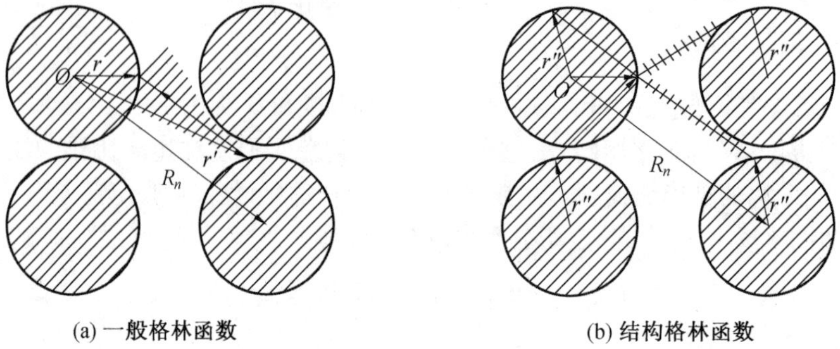

图 6.14　结构格林函数与一般格林函数比较示意图

一般格林函数代表空间中所有源点产生的球面波在观察点的叠加,而结构格林函数则代表晶体中所有等价点 $\boldsymbol{r}''$产生的球面子波在观察点的叠加。由于结构格林函数先计算了晶格所有等价点产生的效果,因此,最后只需要对一个原胞进行积分。KKR 法的优点是完全避免了原胞法的边界条件困难,把与晶体结构有关的部分纳入结构格林函数,原子的特征以原胞的积分代表。于是,结构因素和原子组分因素对晶体中电子波函数的影响十分明了。

6.5.4　正交化平面波法

在弱周期场近似中,波函数由平面波叠加而成。若使波函数在离子实附近有急剧振荡的特性,平面波的展开式中需要有较多的短波成分。而平面波展开收敛很慢,使它难以成为能带计算的实用方法。

1940 年,赫令(Herring)注意到价电子波函数的振荡部分出现在离子实区域(即芯区),此波函数必须同时与内层电子的波函数正交。而同内层电子态正交的平面波必然会在芯区引进振荡成分,这恰好能够描述价电子的特征。这种与内层电子态正交的平面波称为正交平面波(Orthogonalized Plane-wave),在实际应用中,一般只需要取几个正交平面波就会得到很好的结果。通常,我们将赫令提出的这种计算能带结构的方法,称为正交平面波法,简称为 OPW 法。

设平面波为

$$\mid \boldsymbol{k}\rangle = \frac{1}{\sqrt{N\Omega}} \mathrm{e}^{\mathrm{i}\boldsymbol{k}\cdot\boldsymbol{r}}$$

$$\mid \boldsymbol{k}+\boldsymbol{G}_{i}\rangle = \frac{1}{\sqrt{N\Omega}} \mathrm{e}^{\mathrm{i}(\boldsymbol{k}+\boldsymbol{G}_{i})\cdot\boldsymbol{r}}$$

内层电子的状态用紧束缚近似来描述,则有

$$\mid \phi_{jk}\rangle = \frac{1}{\sqrt{N}} \sum_{l} \mathrm{e}^{\mathrm{i}\boldsymbol{k}\cdot\boldsymbol{R}_{l}} \varphi_{j}^{at}(\boldsymbol{r}-\boldsymbol{R}_{l})$$

这里 $\varphi_j^{at}(\boldsymbol{r}-\boldsymbol{R}_l)$ 表示处于格点 $\boldsymbol{R}_l$ 位置原子的第 j 状态。

定义正交平面波(OPW)为

$$\chi_i(\boldsymbol{k},\boldsymbol{r}) = |\ \boldsymbol{k}+\boldsymbol{G}_i\rangle - \sum_{j=1}^{M}\mu_{ij}\ |\ \phi_{j\boldsymbol{k}}\rangle \tag{6.92}$$

这里 j 的求和遍及 M 个内层电子状态,系数 μ_{ij} 由正交化条件

$$\int_{N\Omega}\phi_{j\boldsymbol{k}}^{*}\chi_i(\boldsymbol{k},\boldsymbol{r})\,\mathrm{d}\tau = 0$$

确定。因此可以得到

$$\begin{aligned}\mu_{ij} &= \langle \phi_{jk'}\ |\ \boldsymbol{k}+\boldsymbol{G}_i\rangle = \\ &\frac{1}{N}\sum_l \mathrm{e}^{\mathrm{i}(\boldsymbol{k}+\boldsymbol{G}_i-\boldsymbol{k}')\cdot\boldsymbol{R}_l}\times\frac{1}{\sqrt{\Omega}}\int_\Omega \varphi_j^{at*}(\boldsymbol{r}-\boldsymbol{R}_l)\,\mathrm{e}^{\mathrm{i}(\boldsymbol{k}+\boldsymbol{G}_i)\cdot\boldsymbol{r}}\mathrm{d}\tau = \\ &\delta_{\boldsymbol{k}',\boldsymbol{k}+\boldsymbol{G}_i}\frac{1}{\sqrt{\Omega}}\int_\Omega \varphi_j^{at*}(\boldsymbol{r}-\boldsymbol{R}_l)\,\mathrm{e}^{\mathrm{i}(\boldsymbol{k}+\boldsymbol{G}_i)\cdot\boldsymbol{r}}\mathrm{d}\tau\end{aligned}$$

正交平面波可以写成

$$\chi_i(\boldsymbol{k},\boldsymbol{r}) = \frac{1}{\sqrt{N\Omega}}\mathrm{e}^{-\mathrm{i}(\boldsymbol{k}+\boldsymbol{G}_i)\cdot\boldsymbol{r}} - \sum_{j=1}^{M}\mu_{ij}\phi_{j,\boldsymbol{k}+\boldsymbol{G}_i}(\boldsymbol{r}) \tag{6.93}$$

图 6.15 给出了正交平面波同一般平面波的区别。利用正交平面波组成晶体电子的尝试波函数,即

$$\Psi_{\boldsymbol{k}}(\boldsymbol{r}) = \sum_{i=1}^{s}\beta_i\chi_i(\boldsymbol{k},\boldsymbol{r}) \tag{6.94}$$

这里,系数 β_i 取作变分参量。将式(6.84)代入薛定谔方程,即

$$(\hat{H}-E)\Psi_{\boldsymbol{k}}(\boldsymbol{r}) = \left[-\frac{\hbar^2}{2m}\nabla^2 + V(\boldsymbol{r}) - E\right]\Psi_{\boldsymbol{k}}(\boldsymbol{r}) = 0$$

作积分,则

$$\begin{aligned}J &= \int\Psi_{\boldsymbol{k}}^{*}(\boldsymbol{r})(\hat{H}-E)\Psi_{\boldsymbol{k}}(\boldsymbol{r})\,\mathrm{d}\tau = \\ &\sum_{j,i}\beta_j^{*}\beta_i\int\chi_j^{*}(\boldsymbol{k},\boldsymbol{r})(\hat{H}-E)\chi_i(\boldsymbol{k},\boldsymbol{r})\,\mathrm{d}\tau = \\ &\sum_{j,i}\beta_j^{*}\beta_i\left[\int\chi_j^{*}\ \hat{H}\chi_i\mathrm{d}\tau - E\int\chi_j^{*}\chi_i\mathrm{d}\tau\right] = \\ &\sum_{j,i}\beta_j^{*}\beta_i[H_{ji}-E\Delta_{ji}]\end{aligned}$$

并对 β_j^{*} 求变分,即

$$\frac{\delta J}{\delta\beta_j^{*}} = 0$$

得到

$$\sum_{i=1}^{s}\beta_i[H_{ji}-E\Delta_{ji}] = 0 \qquad (j=1,2,\cdots,s) \tag{6.95}$$

式(6.95)中 β_i 有非零解的条件是其系数行列式

$$\det|H_{ji}-E\Delta_{ji}| = 0 \tag{6.96}$$

由式(6.96)求得的最小根,就是我们期待的能量值。

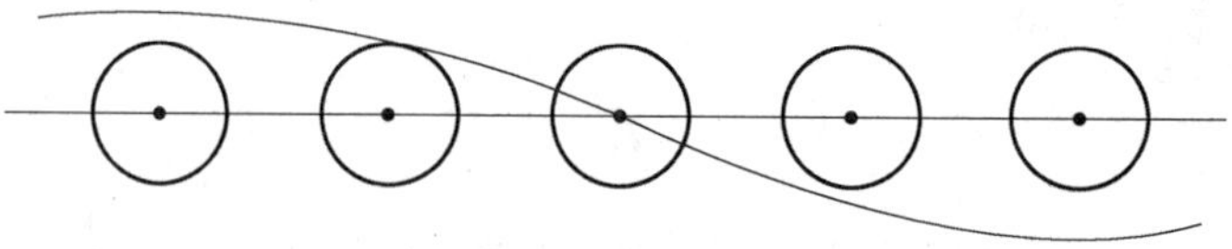

(a) 平面波

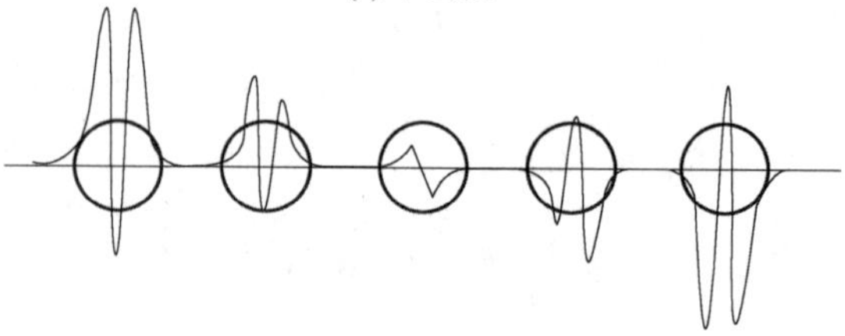

(b) 内层电子波

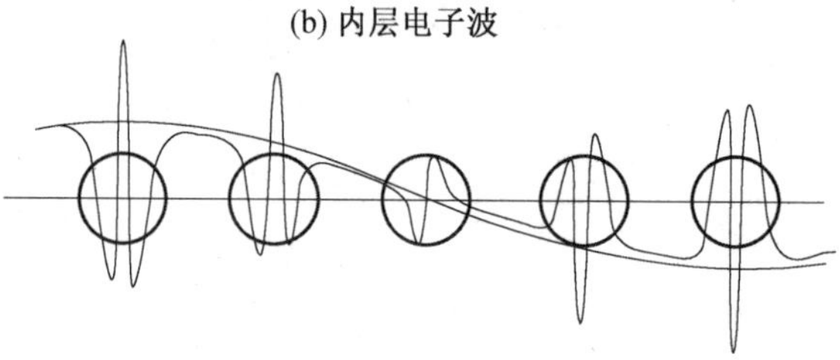

(c) 正交平面波

图 6.15　正交平面波构成

赫令(Herring)和希尔(Hill)用上述方法计算了金属铍的能带结构。1952 年帕门特尔(Parmenter)用 OPW 法计算了金属锂的能带结构,后来赫曼(Herman)用这种方法计算了金刚石和锗的能带,伍杜拉弗(Woodraff)则计算了硅的能带结构,海恩(Heine)用 OPW 法计算出金属铝的能带。另外,赫令及其他人还计算了Ⅲ-Ⅴ族化合物半导体和Ⅱ-Ⅳ族化合物半导体的能带,所有的计算结果均获得相当的成功。

图 6.16 是用 OPW 法计算得到的锗和硅的能带结构。因为锗和硅都是金刚石结构,其晶格周期性由面心立方格子决定,因而金刚石结构的布里渊区也是截角八面体。由图可知,锗和硅的价带相似,即价带顶都在 Γ 点(布里渊区中心);但是,二者的导带结构不同,硅的导带底在 Γ 点至正方形界面中心点 X 的连线 Δ 上,离 Γ 点的距离是 0.85 ΓX。而锗的导带底在布里渊区界面的六角形中心点,用 L 标记,Γ 点到 L 点连线用…标记。

6.5.5　赝势法

按照 OPW 方法,价电子波函数必须与离子实的芯态波函数正交,其作用是使电子远离离子实。实际上价电子波函数在离子实附近振荡,即等价于受到一个排斥势作用。这种排斥势对离子实强吸引势的抵消,使价电子受到的势场等价于一个弱的平滑势——赝势(Pseudopotential,简称为 PP)。

赝势法的基本思想是:适当选取一个平滑势,波函数用少数平面波展开,使计算出的能带结构与真实的接近。

按 OPW 法,晶体中的价电子波函数是正交平面波的叠加,可以写成

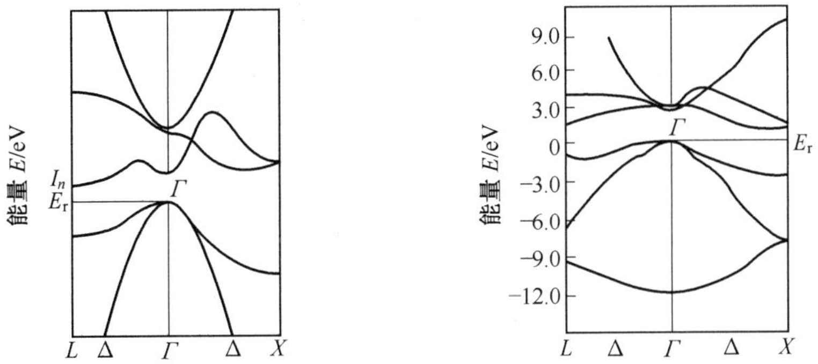

图 6.16　利用 OPW 法计算得到的锗和硅能带结构

$$\boldsymbol{\Psi}_{\boldsymbol{k}}(\boldsymbol{r}) = \sum_i C_i(1-\hat{p})\mid \boldsymbol{k}+\boldsymbol{G}_i\rangle = (1-\hat{p})\sum_i C_i \mid \boldsymbol{k}+\boldsymbol{G}_i\rangle \tag{6.97}$$

式中利用了投影算符

$$\hat{p} = \sum_j \mid \phi_{j\boldsymbol{k}}\rangle\langle \phi_{j\boldsymbol{k}} \mid \tag{6.98}$$

式(6.97)中的第二个等式是交换求和顺序得到的。显然

$$\varphi = \sum_i C_i \mid \boldsymbol{k}+\boldsymbol{G}_i\rangle \tag{6.99}$$

是一个光滑的函数,它在离子实区不再振荡。φ 称为赝波函数,把 φ 代入 $\boldsymbol{\Psi}_{\boldsymbol{k}}$ 的表达式后,再代入薛定谔方程,可以得到 φ 满足的方程,即

$$-\frac{\hbar^2}{2m}\nabla^2\varphi + V(\boldsymbol{r})\varphi - \left[-\frac{\hbar^2}{2m}\nabla^2 + V(\boldsymbol{r})\right]\hat{p}\varphi + E\hat{p}\varphi = E\varphi$$

此式可以写成赝势方程,即

$$\frac{\hbar^2}{2m}\nabla^2\varphi + W\varphi = E\varphi \tag{6.100}$$

其中赝势,即

$$W = V(\boldsymbol{r}) - \left[-\frac{\hbar^2}{2m}\nabla^2 + V(\boldsymbol{r})\right]\hat{p} + E\hat{p} \tag{6.101}$$

由于

$$(E-\hat{H})\hat{p} = (E-\hat{H})\sum_j \mid \phi_{jk}\rangle\langle\phi_{jk}\mid = \sum_j (E-E_j)\mid \phi_{jk}\rangle\langle\phi_{jk}\mid$$

所以赝势又可以写成

$$W = V(\boldsymbol{r}) + \sum_j (E-E_j)\mid \phi_{jk}\rangle\langle\phi_{jk}\mid \tag{6.102}$$

考虑到赝波函数是光滑的,赝势必定比较小,这可能成为准自由电子模型比较好的原因。图 6.17 给出了周期势 $V(\boldsymbol{r})$ 和赝势 $W(\boldsymbol{r})$ 的比较,同时画出了布洛赫波 $\boldsymbol{\Psi}_k(\boldsymbol{r})$ 和赝波函数 $\varphi(\boldsymbol{r})$ 的比较。

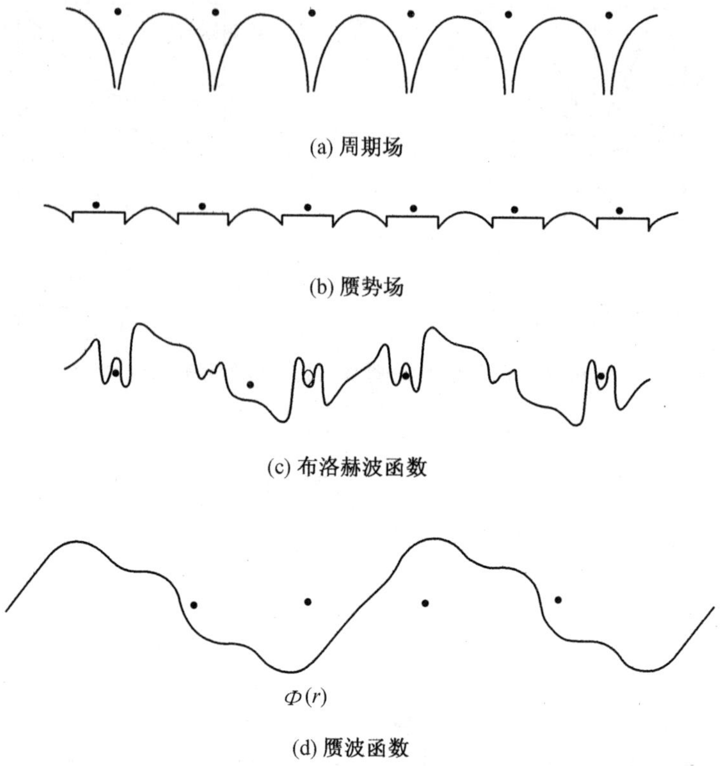

图 6.17　晶体中的周期场、赝势场、布洛赫波函数以及赝波函数

在能带计算的方法中，广泛采用的还有线性化糕模轨道法（LMTO 法）、线性化缀加平面波法（LAPW 法），它们分别是 KKR 法和 APW 法的线性化形式，其主要优点是避免了计算上的复杂性，比较适用于原胞内含有多个原子的复杂系统的研究。

思　考　题

6.1　能带理论作了哪些近似和假定？得到哪些结果？

6.2　周期场是能带形成的必要条件吗？

6.3　什么是布洛赫电子？什么是布洛赫波？布洛赫波有哪些性质？

6.4　为什么将 $\hbar\boldsymbol{k}$ 称为布洛赫电子的“准动量”或“晶体动量”？

6.5　什么是禁带？禁带出现在什么位置？

6.6　禁带是否一定出现？出现禁带与哪些因素有关？

6.7　定性说明能带形成的原因。

6.8　什么是弱周期场近似？按照弱周期场近似，禁带产生的原因是什么？

6.9　什么是紧束缚近似？按照紧束缚近似，禁带是如何产生的？

6.10　一个能带有 N 个准连续能级的物理原因是什么？

6.11　旺尼尔函数具有哪些性质？

6.12　结构格林函数与一般格林函数的区别在哪里？

6.13　为什么引入正交平面波法？这种方法有何优点？

6.14　试说明正交平面波同一般平面波的区别。

6.15　什么是赝势？赝势法的基本思想是什么？

习　　题

6.1　试证明，哈密顿算符与所有的晶格平移算符对易。

6.2　试证明，布洛赫函数不是动量的本征函数。

6.3　试证明，$u(x)$是晶格的周期函数。

这里，$u(x)=1+\sum\limits_{n\neq 0}\dfrac{2mV_n^* e^{-i\frac{2n\pi}{a}x}}{\hbar^2k^2-\hbar^2\left(k-\frac{2n\pi}{a}\right)^2}$

6.4　在一维周期场中，电子的波函数 $\Psi_k(x)$应满足布洛赫定理。若晶格常数是 a，电子的波函数为

(1) $\Psi_k(x)=\sin\dfrac{x}{a}\pi$

(2) $\Psi_k(x)=\mathrm{i}\cos\dfrac{3x}{a}\pi$

(3) $\Psi_k(x)=\sum\limits_{l=-\infty}^{\infty}f(x-la)$　（f是某个确定的函数）

试求电子在上述状态的波矢。

6.5　设一个晶体势场由方形势阱和势垒周期排列组成，其中势阱宽度为 c，势垒宽度为 b，势垒高度是 V_0，晶体势场的周期为 $a=b+c$，如图所示。这种晶体势场的模型是由克龙尼克(R. Kronig)和潘纳(W. G. Penney)在 1931 年提出的，称为克龙尼克-潘纳模型。试求：当 $b\to\infty$ 时，决定能量的关系式，并说明其结果。

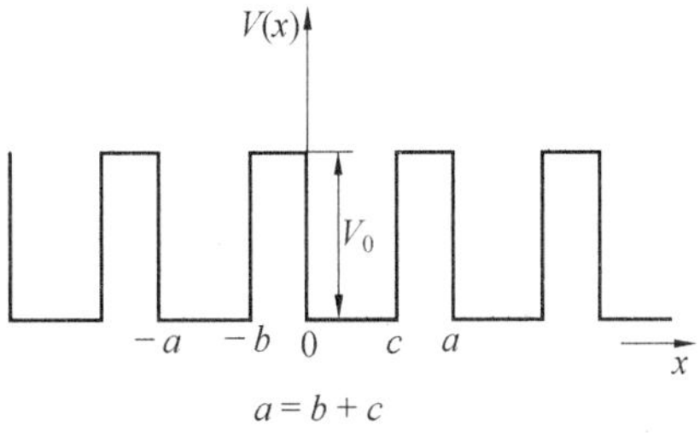

题6.5图

6.6　用近自由电子模型处理克龙尼克-潘纳问题，求此晶体的第一个以及第二个禁带宽度。

6.7　电子在周期场中的势能为

$$V(x)=\begin{cases}\dfrac{1}{2}m\omega^2[b^2-(x-na)^2] & (na-b\leqslant x\leqslant na+b)\\ 0 & [(n-1)a+b\leqslant x\leqslant na-b]\end{cases}$$

且 $a=4b$，ω 是常数。

(1)试画出此势能曲线，并求此势能的平均值；

(2)用近自由电子近似模型求出晶体的第一个以及第二个禁带宽度。

6.8　已知一维晶体的电子能带可以写成

$$E(k)=\frac{\hbar^2}{ma^2}\left(\frac{7}{8}-\cos ka+\frac{1}{8}\cos 2ka\right)$$

式中，a 是晶格常数。试求能带的宽度。

6.9　平面正三角形晶格，相邻原子间距是 a，如图所示。试求：

(1)正格子基矢和倒格子基矢；

(2)画出第一个布里渊区，并求此区域的内接圆半径。

6.10　平面正六方形晶格如图所示，其中六角形两个对边的间距是 a，基矢为

$$\begin{cases}\boldsymbol{a}_1=\dfrac{a}{2}\boldsymbol{i}+\dfrac{\sqrt{3}}{2}a\boldsymbol{j}\\ \boldsymbol{a}_1=-\dfrac{a}{2}\boldsymbol{i}+\dfrac{\sqrt{3}}{2}a\boldsymbol{j}\end{cases}$$

试画出此晶体的第一、第二和第三布里渊区。

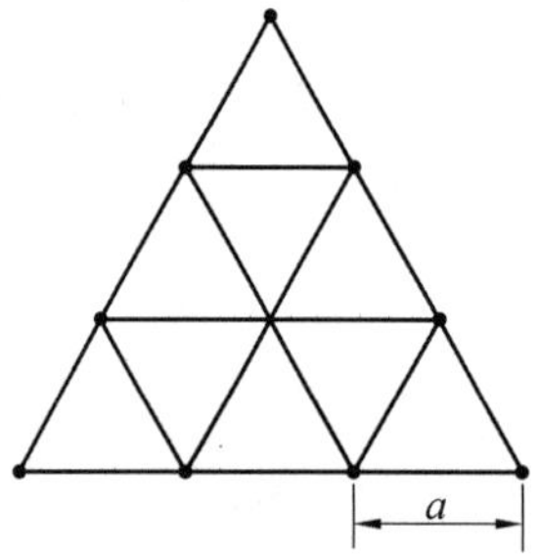

题 6.9 图

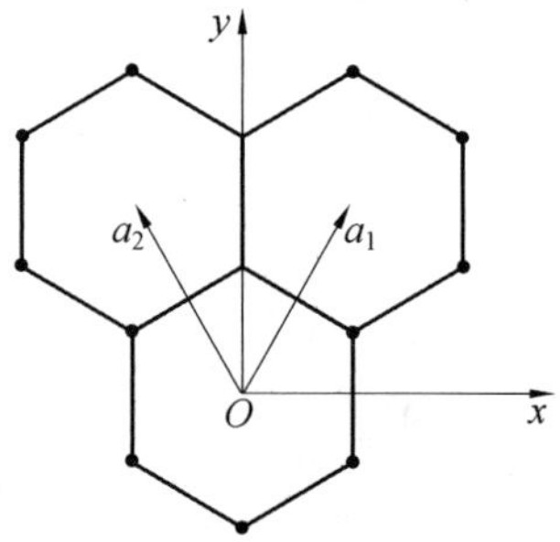

题 6.10 图

6.11　平面正六方晶格是复式格子，若原胞中的原子属于同一元素，试求该晶体的结构因子。

6.12　一维晶体由 N 个原子组成，晶格常数为 a。设孤立原子中电子基态波函数为 $\varphi^{at}(x)=\dfrac{1}{\sqrt{\alpha}}e^{-\alpha|x|}$，$\alpha$ 是正的常数。试写出：

(1)紧束缚近似下，晶体电子的波函数；

(2)能量更高状态中晶体电子的正交化平面波。

6.13　一维晶体的电子赝势为

$$W(\boldsymbol{r})=-A\cos\frac{2\pi x}{a}=-\frac{\hbar^2\pi^2}{20ma^2}\cos\frac{2\pi x}{a}$$

电子的赝波函数为

$$\varphi=\sum_n C_n e^{i\left(k+\frac{2\pi}{a}n\right)x}$$

式中，n 是任意整数。试求 C_n 的循环关系式。

6.14　设一维晶体由 N 个双原子分子组成，晶体为 $L=Na$，a 是相邻分子间的距离。在每个分子中，两个原子之间的间距为 $2b$，且 $a>4b$。若势能可以表示成 δ 函数之和，即

$$V(x)=-V_0\sum_{n=0}^{N-1}\left[\delta(x-na+b)+\delta(x-na-b)\right]$$

式中，V_0 是大于零的常数。若 V_0 很小，试计算第一布里渊区边界上的能隙。

6.15　设二维正方格子的晶格常数为 a，试求在近自由电子模型下，图6.7(a)中 A、B、C、C' 各点在计入微扰前后的能量各是多少？并说明在什么情况下发生能带交叠，在什么情况下不发生能带交叠？

6.16　二维正方格子，其晶格常数为 a，电子的周期性势能可以写成

$$V(x,y) = -4V_0\cos\left(\frac{2\pi}{a}x\right)\cos\left(\frac{2\pi}{a}y\right)$$

试用近自由电子近似，求出 $\boldsymbol{k}$ 空间 $\left(\frac{\pi}{a},\frac{\pi}{a}\right)$ 点的能隙。

6.17　设由单价原子组成的一维晶格，晶格常数为 a，晶体的单电子势能可以写成原子势能之和，即

$$V(x) = -\sum_n A\delta(x - na)$$

式中，A 为常数，n 为整数。自由原子归一化电子波函数为

$$\varphi(x) = \beta^{1/2}\mathrm{e}^{-\beta|x|}$$

能量为 E_0。

(1)试用紧束缚近似证明晶体价带能谱为

$$E(k) \approx B_0 - 2A\beta\mathrm{e}^{-\beta a}\cos(ka)$$

式中，B_0 是一个与 k 无关的常数。

(2)求能带的宽度。

第7章 能带结构分析

本章讨论布洛赫电子的动力学行为，将自由电子的准经典模型推广为半经典模型，并从能带理论的角度介绍金属、半导体和绝缘体的区别。此外，在本章中还将分别介绍有关费米面和能带结构实验研究的一些主要方法，以及一些常见金属元素固体的能带结构。

7.1 电子运动的半经典模型

7.1.1 半经典模型

1. 模型的表述

半经典模型是自由电子准经典模型的推广。按照半经典模型，对电场、磁场采用经典方式处理，而对晶格周期场则沿用能带论量子力学的处理方式。具体表述为，每一个电子都具有确定的位置 $\boldsymbol{r}$、波矢 $\boldsymbol{k}$ 和能带指标 n，对于给定的 $E_n(\boldsymbol{k})$，在外电场 $E(\boldsymbol{r},t)$ 和外磁场 $\boldsymbol{B}(\boldsymbol{r},t)$ 作用下，其位置、波矢、能带指标随时间的变化遵从如下规则：

(1) 能带指标 n 是运动常数，电子总呆在同一能带中，忽略带间跃迁的可能性。

(2) 电子的速度为

$$\boldsymbol{v}_n(\boldsymbol{k}) = \frac{1}{\hbar} \nabla_k E_n(\boldsymbol{k}) \tag{7.1}$$

(3) 波矢 $\boldsymbol{k}$ 随时间的变化满足下列关系，即

$$\frac{\mathrm{d}(\hbar\boldsymbol{k})}{\mathrm{d}t} = -e[\boldsymbol{E}(\boldsymbol{r},t) + \boldsymbol{v}_n(\boldsymbol{k}) \times \boldsymbol{B}(\boldsymbol{r},t)] \tag{7.2}$$

在半经典模型中，波矢 $\boldsymbol{k}$ 和 $\boldsymbol{k}+\boldsymbol{G}_l$ 仍然是等价的。而 $\hbar\boldsymbol{k}$ 如 6.2 节所述，是电子的晶体动量。这里式(7.1)和式(7.2)是电子的运动方程，而对晶格周期场的量子力学处理结果则全部概括在 $E_n(\boldsymbol{k})$ 函数中。

半经典模型使能带结构与输运性质，即电子对外场的响应相联系，提供了从能带结构推断输运性质，或者反过来从输运性质的测量结果推断能带结构的理论根据。

2. 模型的说明

严格地讲，外场作用下晶体中电子的行为遵从含时薛定谔方程，即

$$\left[\frac{1}{2m}(\hat{p} + eA)^2 + V(\boldsymbol{r}) - e\phi\right] \Psi(\boldsymbol{r},t) = \mathrm{i}\hbar\dot{\Psi}(\boldsymbol{r},t) \tag{7.3}$$

式中，A 和 ϕ 分别是同磁场及电场相联系的矢量势和标量势。

类似于第 5 章对准经典模型物理基础的阐述，半经典模型相当于外场变化缓慢时，方程式(7.3)取波包解从而过渡到经典情况。

由于 $E_n(\boldsymbol{k})$ 是 $\boldsymbol{k}$ 空间中的周期函数,因此它可以展成傅里叶级数,即

$$E_n(\boldsymbol{k}) = \sum_m E_{mm} \mathrm{e}^{\mathrm{i}\boldsymbol{k}\cdot\boldsymbol{R}_m} \tag{7.4}$$

将 $E_n(\boldsymbol{k})$ 中的 $\boldsymbol{k}$ 替换成$-\mathrm{i}\nabla$,并引进一标量算符 $E_n(-\mathrm{i}\nabla)$。即

$$\begin{aligned} E_n(-\mathrm{i}\nabla)\Psi_n(\boldsymbol{k},\boldsymbol{r}) &= \sum_m E_{nm}\mathrm{e}^{\boldsymbol{R}_m\cdot\nabla}\Psi_n(\boldsymbol{k},\boldsymbol{r}) = \\ &\sum_m E_{mm}\left[1+\boldsymbol{R}_m\cdot\nabla+\frac{1}{2}(\boldsymbol{R}_m\cdot\nabla)^2+\cdots\right]\Psi_n(\boldsymbol{k},\boldsymbol{r}) = \\ &\sum_m E_{mm}\Psi_n(\boldsymbol{k},\boldsymbol{r}+\boldsymbol{R}_m) = \sum_m E_{mm}\mathrm{e}^{\mathrm{i}\boldsymbol{k}\cdot\boldsymbol{R}_m}\Psi_n(\boldsymbol{k},\boldsymbol{r}) = E_n(\boldsymbol{k})\Psi_n(\boldsymbol{k},\boldsymbol{r}) \end{aligned} \tag{7.5}$$

式(7.5)表明:布洛赫函数 $\Psi_n(\boldsymbol{k},\boldsymbol{r})$ 是本征值为 $E_m(\boldsymbol{k})$ 的算符 $E_n(-\mathrm{i}\nabla)$ 的本征函数。在仅有外电场情况下,考虑到方程式(7.3)由布洛赫波构成的波包解,即

$$\begin{aligned} \Psi(\boldsymbol{r},t) &= \sum_{\boldsymbol{k}} C_n(\boldsymbol{k})\Psi_n(\boldsymbol{k},\boldsymbol{r})\mathrm{e}^{-\mathrm{i}\frac{E_n(\boldsymbol{k})t}{\hbar}} = \\ &\sum_{\boldsymbol{k}} C_n(\boldsymbol{k},t)\Psi_n(\boldsymbol{k},\boldsymbol{r}) \end{aligned} \tag{7.6}$$

这里假设电子只处在一个能带中,将上式代入式(7.3),则有

$$\sum_{\boldsymbol{k}} C_n(\boldsymbol{k},t)\left[-\frac{\hbar^2}{2m}\nabla^2+V(\boldsymbol{r})-e\phi\right]\Psi_n(\boldsymbol{k},\boldsymbol{r}) = \mathrm{i}\hbar\dot{\Psi}(\boldsymbol{r},t)$$

采用式(7.5)引进的算符,上式可以写成

$$[E_n(-\mathrm{i}\nabla)-e\phi]\sum_{\boldsymbol{k}} C_n(\boldsymbol{k},t)\Psi_n(\boldsymbol{k},\boldsymbol{r}) = \mathrm{i}\hbar\dot{\Psi}(\boldsymbol{r},t) \tag{7.7}$$

式(7.7)表明,同薛定谔方程相比,电子在晶格周期场中运动的哈密顿量 $\hat{H}$ 被一个不显含 $V(\boldsymbol{r})$ 的算符 $E_n(-\mathrm{i}\nabla)$ 所代替。若已知能带 n 中的 $E_n(\boldsymbol{k})$,则在讨论缓慢变化的外场作用下的动力学效应时,可以忽略晶格周期场的存在,而将电子看作是自由电子。

当 $E_n(\boldsymbol{k})$ 是 $\boldsymbol{k}$ 的复杂函数时,可以利用量子力学与经典力学的对应原理,从与式(7.7)对应的经典哈密顿量得到粒子运动方程,并描述薛定谔方程波包解的运动。这里,式(7.7)对应的经典哈密顿量为

$$H(\boldsymbol{r},\boldsymbol{p}) = E_n(\boldsymbol{p}/\hbar) - e\phi \tag{7.8}$$

相应的运动方程为

$$\begin{cases} \dot{\boldsymbol{r}} = \dfrac{\partial H}{\partial p} \\ \dot{\boldsymbol{P}} = \dfrac{\partial H}{\partial r} \end{cases} \tag{7.9}$$

若取 $\boldsymbol{p}=\hbar\boldsymbol{k}$,将式(7.8)代入上式第一个方程可以给出电子的速度,并得到式(7.1)。可见,这里 $\hbar\boldsymbol{k}$ 起到的作用类似于经典动量。实际上,它标记着波包态的量子数,波包式(7.6)中的系数 $C_n(\boldsymbol{k})$ 只有在以 $\boldsymbol{k}$ 为中心、$\Delta\boldsymbol{k}$ 远小于布里渊区尺度的范围内才不为零。而式(7.1)给出了波包的群速度。

显然,由式(7.9)中的第二个方程,可以获得式(7.2)。

7.1.2 有效质量

1. 有效质量定义

从半经典模型的两个基本公式出发,我们可以得到电子运动的加速度,即

$$
\begin{aligned}
a = & \frac{\partial}{\partial t}\left[\frac{1}{\hbar}\nabla_k E(\boldsymbol{k})\right] = \\
& \frac{1}{\hbar}\nabla_k\left[\frac{1}{\hbar}\nabla_k E(\boldsymbol{k})\right]\hbar\frac{\partial \boldsymbol{k}}{\partial t} = \\
& \frac{1}{\hbar^2}\nabla_k\ \nabla_k E(\boldsymbol{k})\cdot \boldsymbol{F}_{\text{ext}}
\end{aligned}
\tag{7.10}
$$

这里省略了能带指标,并用 $\boldsymbol{F}_{\text{ext}}$ 代表作用在电子上的外电场力和外磁场力。将式(7.10)同牛顿运动方程比较,可以得到电子运动的有效质量张量,即

$$
\left[\frac{1}{m^*}\right]_{ij} = \frac{1}{\hbar^2}\frac{\partial^2 E_n(\boldsymbol{k})}{\partial \boldsymbol{k}_i \partial \boldsymbol{k}_j}
$$

这是一个对称张量,通过选择坐标轴可以使之对角化。

设 k_x、k_y、k_z 作为主轴,则有

$$
\frac{1}{m_\alpha^*} = \frac{1}{\hbar^2}\frac{\partial^2 E_n(\boldsymbol{k})}{\partial k_\alpha^2} \qquad (\alpha = x, y, z) \tag{7.11}
$$

式中,m^* 为电子运动的有效质量,它概括了晶格内周期场的作用,从而使我们能够简单地由外场力决定电子的加速度。

2. 有效质量的意义

从有效质量的定义可以看出,有效质量与惯性质量不同:

(1)由于有效质量是一个张量,因此电子的加速度方向一般不与外力方向一致。这是因为,除了受到外力作用外,电子还受到晶格周期场的作用,而这个作用则由有效质量所概括。

(2)有效质量与电子的状态有关,而且可以是正值,也可以是负值。例如,对于简单立方晶体,紧束缚近似下的 s 能带由式(6.71)给出,按照有效质量定义式(7.11)可以计算出在能带底 $\boldsymbol{k}(0,0,0)$ 点,有效质量张量约化为一标量,即

$$
m_x^* = m_y^* = m_z^* = m^* = \frac{\hbar^2}{2\alpha\gamma} > 0
$$

则有效质量是大于零的正值;而在能带顶 $\boldsymbol{k}\left(\pm\frac{\pi}{a}, \pm\frac{\pi}{a}, \pm\frac{\pi}{a}\right)$ 点,有效质量为

$$
m_x^* = m_y^* = m_z^* = m^* = -\frac{\hbar^2}{2\alpha\gamma} < 0
$$

取负值。对于立方晶体,有效质量在能带底和能带顶所具有的各向异性,是源于晶格的立方对称性。但是,这种有效质量在能带底附近为正,而在能带顶附近为负的现象,具有普遍性。

一般地,对于宽能带,能量随波矢变化剧烈,有效质量小;而对于窄能带,应有大一些的有效质量。根据紧束缚近似,能带窄相当于相邻原子的电子波函数交叠很少,其定域性

较强。

为了进一步了解有效质量的意义,我们来讨论能带极值附近电子的行为。

考虑一维情况,令 k_0 是能带极值处的波矢,k_0 附近的波矢 k 可以写成 $k=k_0+\Delta k$,将波矢 k 所对应的能量 $E(k)$ 在 k_0 附近展开,由于极值处 $E(k)$ 的一阶导数为零,且 Δk 很小,只保留到二阶导数项,则有

$$E(k)=E(k_0)+\frac{1}{2}\frac{\partial^2 E(k)}{\partial k^2}(\Delta k)^2=E(k_0)+\frac{\hbar^2(\Delta k)^2}{2m^*} \tag{7.12}$$

式(7.12)说明:在能带极值附近,电子的能谱关系同自由电子的能谱关系类似,可以把能带极值附近的电子看作是具有有效质量的自由电子。

3. 有效质量的确定

另外,根据材料的能带结构,可以计算有效质量。实际工作中,常通过电子比热容系数用下式确定有效质量,即

$$\frac{\gamma}{\gamma_0}=\frac{m^*}{m} \tag{7.13}$$

式中,γ_0 为自由电子气体的理论值;γ 为实验测量值。

这样确定的 m^*,有时又称为热有效质量。

7.1.3 半经典模型的适用范围

半经典模型要求外场波长远大于晶格常数,即

$$\lambda \gg a \tag{7.14}$$

这是将外场作用下的电子理解成波包所必须的条件。

另外,半经典模型禁止能带间的跃迁,因此外场频率必须满足式

$$\hbar\omega \ll E_g \tag{7.15}$$

否则,单个光子将有足够的能量使电子跃迁到上一个能带。

当外加电场沿 x 方向时,电子在能带中的能量需要附加静电势能 $-e\boldsymbol{E}_x$,从而使能带发生倾斜,如图7.1所示。因此,当电子到达 B 点后,除被反射回原能带外,还有一定的几率隧穿过带隙,到达 C 点。显然,电子隧穿几率依赖于 BC 之间的距离 d,而 d 的增加对应于 E_g 的增加,以及电场强度 $\boldsymbol{E}$ 的减小。不难证明,场致隧穿可以忽略的条件是

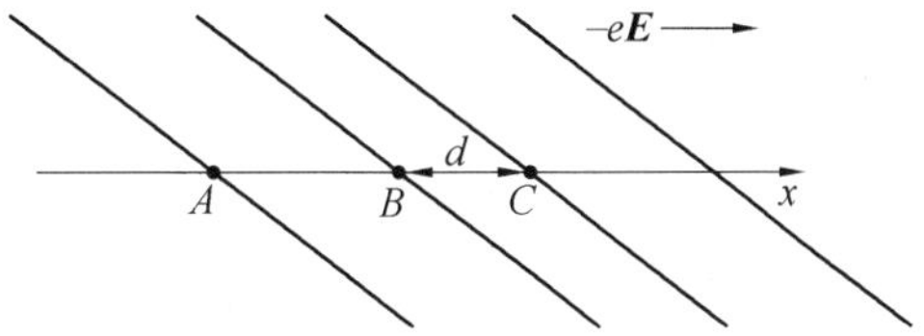

图 7.1　电场使能带发生倾斜

$$e\boldsymbol{E}_d \ll \frac{[E_g(\boldsymbol{k})]^2}{E_F} \tag{7.16}$$

对于金属,上述条件一般能够满足。但对绝缘体或某些导电性能差的半导体,在体内有可能建立强电场,导致带间隧穿。这种现象称为电击穿,或称为齐纳击穿。

同样,外加磁场也可以导致带间隧穿,称为磁击穿。而与条件式(7.16)相当的为

$$\hbar\omega_c \ll \frac{[E_g(\boldsymbol{k})]^2}{E_F} \tag{7.17}$$

式中,ω_c 为回旋角频率。对于 1 T 的磁场,$\hbar\omega_c$ 约为 10^{-4} eV。当 E_g 小到 10^{-2} eV 时,条件式(7.17)将不能够满足。条件式(7.17)远没有式(7.16)宽松,例如在金属 Mg 中,条件式(7.17)就不能得到满足。因此,在研究高磁场作用下的电性时,常需要考虑磁击穿的可能性。

7.2 固体导电的能带理论

固体的导电问题,实质上就是在外电场作用下电子的运动。在 5.5 节中,我们在自由电子气体的基础上讨论了金属的导电问题。本节利用半经典模型,给出存在晶格周期场作用时,固体的导电问题。

7.2.1 恒定电场作用下的电子的运动

在恒定电场 $\boldsymbol{E}$ 作用下,半经典模型的电子运动方程式(7.2)可以简化为

$$\hbar\dot{\boldsymbol{k}} = -e\boldsymbol{E} \tag{7.18}$$

其解为

$$\boldsymbol{k}(t) = \boldsymbol{k}(0) - \frac{e\boldsymbol{E}}{\hbar}t \tag{7.19}$$

即每个电子的波矢 $\boldsymbol{k}$ 均以同一速率改变。

对于自由电子,若电场使 $\boldsymbol{k}$ 增加,由于 $\hbar\boldsymbol{k}$ 是电子的动量,则电子将不断地被加速。实际上,因为受到散射,这种加速是有限的。

但是,布洛赫电子的行为则完全不同,图 7.2 给出一维能带结构,以及相应的速度和有效质量变化示意图。如图所示,若电场方向使 k 不断增加,在 $k=0$ 附近,由于 $E(k)\propto k^2$,$v(k)\propto k$,且 $m^*>0$,所以 $k=0$ 时,电子将被加速。但是在接近布里渊区边界,速度达到极大值后,因为 $m^*<0$,k 增加时速度反而减小,以至电子的加速度方向与电场力方向相反。这是由于晶格周期场的作用,使电子在布里渊区边界受到布拉格反射的结果。

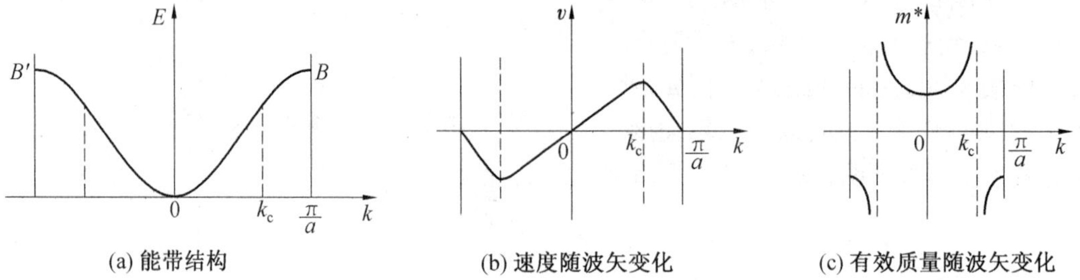

图 7.2 能带结构、速度和有效质量随波矢的变化

当电子到达边界(图 7.2(a)中 B 点)后,在电场作用下,k 继续增加,将进入第二布里

渊区。在简约布里渊图中，这等价于从 B' 点进入第一布里渊区。电子在 $\boldsymbol{k}$ 空间的循环运动，相应的速度随时间在 $\pm v_{max}$ 之间周期性改变，这意味着电子在实空间位置振荡，直流的外加电场有可能产生交变电流，这种效应称为布洛赫振荡。实际上，由于散射的存在，在两次散射之间，电子在 $\boldsymbol{k}$ 空间移动的距离与布里渊区尺度相比很小，一般难以观察到。

7.2.2　能带的电子填充情况与固体的导电性

1. 满带　价带　空带

满带　电子填充能带的方式与原子的情况相似，仍然服从能量最小原理和泡利不相容原理。正常情况下，总是优先填满能量较低的能级。在能带结构中，如果一个能带中的各能级都被电子填满，这样的能带称为满带。

价带　由价电子能级分裂而形成的能带称为价带，通常情况下，价带为能量最高的能带。价带可能被电子填满，成为满带，也可能未被电子填满，形成不满带或半满带。

空带　同各个原子的激发能级相对应的能带，在未被激发的正常情况下没有电子填入，这样的能带称为空带。

2. 导带　固体的导电性

在能带中每个电子对电流密度的贡献为 $-ev(\boldsymbol{k})$，而带中所有电子的贡献则为

$$\boldsymbol{j} = -ev(\boldsymbol{k})n = -e\int_{\text{占据态}} v(\boldsymbol{k})\,\frac{\mathrm{d}\boldsymbol{k}}{4\pi^3} \tag{7.20}$$

其中，n 表示占据该能带的电子浓度。由于 $E_n(\boldsymbol{k})$ 函数具有对称性，即有 $E_n(\boldsymbol{k}) = E_n(-\boldsymbol{k})$，则根据式(7.1)可得

$$v_n(\boldsymbol{k}) = -v_n(-\boldsymbol{k}) \tag{7.21}$$

即处于同一能带上 $\boldsymbol{k}$ 态和 $-\boldsymbol{k}$ 态的电子，其速度大小相等，方向相反，对电流密度的贡献相互抵消。而且在热平衡条件下，由费米-狄拉克分布可知，电子占据 $\boldsymbol{k}$ 态与 $-\boldsymbol{k}$ 态的几率相等。所以，在无外电场作用时，无论是满带还是不满带上的电子，对电流的贡献均为零，故晶体中没有宏观电流，如图 7.3 所示。但是，在外电场作用下，满带和不满带中的电子对电流的贡献是不同的。

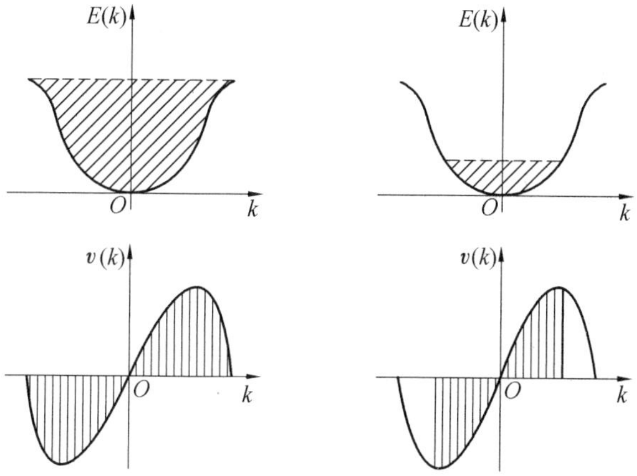

图 7.3　无外电场时满带和不满带电子速度分布

对于满带，电子占据了能带中的各个状态，在外加电场作用下，每个电子的波矢 $\boldsymbol{k}$ 都发生变化，以同样的速度从一个状态变化到另一个状态。但是，由于状态在布里渊区的分布是均匀的，且 $\boldsymbol{k}$ 和 $\boldsymbol{k}+\boldsymbol{G}_l$ 等价。因此，从布里渊区一边出去的电子相当于又在同时从另一边填充进来，就整个能带而言，电子在各状态中的实际分布状况并没有发生改变，如图 7.4所示。这说明：满带中的电子不参与导电，它们对电导率的贡献为零。

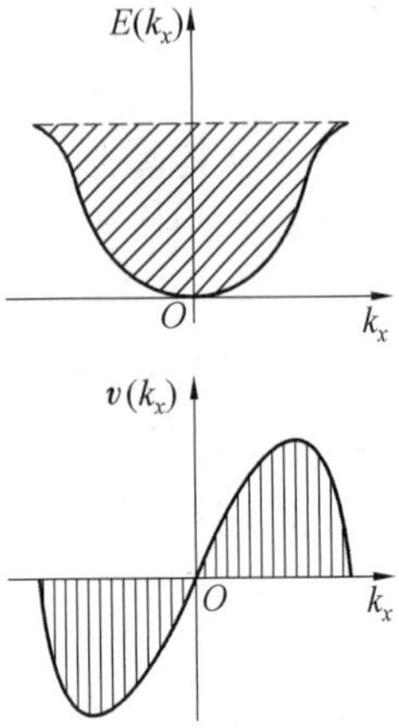

图 7.4　电场作用下满带电子的分布

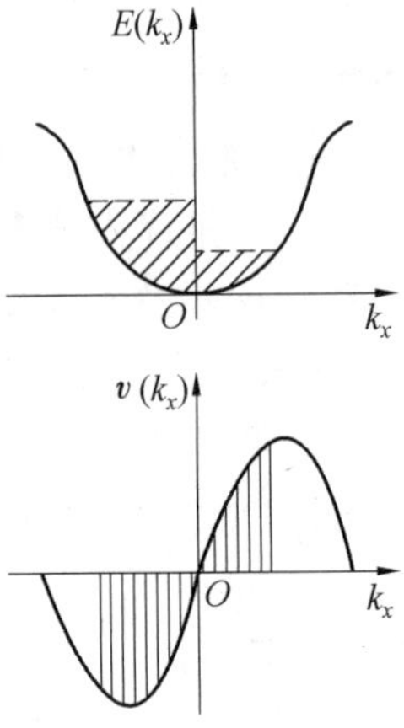

图 7.5　电场作用下不满带电子的分布

对于不满带，电子只占据了能带中的部分状态，在外加电场作用下，电子的状态在 $\boldsymbol{k}$ 空间发生了平移，从而破坏了原来的对称分布，如图 7.5 所示。由于沿电场方向与逆电场方向运动的电子数密度不等，只有部分电子对电流的贡献相互抵消，所以式(7.20)的积分结果并不等于零，即不满带中的电子可以参与导电。

由于某种原因，一些被充满的价带顶部的电子受到激发而进入空带。此时，价带和空带均表现为不满带，在外加电场作用下形成电流。对于这些固体，能带结构中的空带又称为导带。一般而言，未被填满的能带(不满带)均是价带，这样的能带表现出导电性，因此不满的价带也称为导带。

3. 空穴

设有一个接近电子完全占据的近满带，在外加电场作用下，应该有电流产生，用 $\boldsymbol{j}$ 来表示。如果引进一些电子将近满带中未被占据的空状态填满，则这些电子形成的电流密度可以写成 $-e\int_{空态} v(\boldsymbol{k})\,\frac{\mathrm{d}\boldsymbol{k}}{4\pi^3}$。但是，当引进一些电子后，该能带变成满带，总电流应该为零。此时有

$$\boldsymbol{j} - e\int_{空态} v(\boldsymbol{k})\,\frac{\mathrm{d}\boldsymbol{k}}{4\pi^3} = 0$$

于是，近满带对电流密度的贡献可以等价地写成

$$\boldsymbol{j} = e\int_{空态} v(\boldsymbol{k})\,\frac{\mathrm{d}\boldsymbol{k}}{4\pi^3} \tag{7.22}$$

这相当于将所有的电子占据态看成是空态，而将原来所有的未占据态看成是被电荷为+e 的粒子所占据。因此，尽管电荷仅被电子传输，但可以引入一种假想的、带正电荷 e 的、填

满带中所有电子未占据态的粒子。这种假想的粒子，称为空穴。引入空穴后，对于近满带，带中大量的电子行为就可以简化成少数空穴的效应。

在外加电磁场作用下，空穴在 $\boldsymbol{k}$ 空间位置的变化同周围电子在 $\boldsymbol{k}$ 空间位置的变化是相同的，同样可以用半经典模型描述。根据式(7.10)，空穴的加速度可以写成

$$\dot{v}_n(\boldsymbol{k}) = -\frac{1}{m_e^*}e[\boldsymbol{E} + v_n(\boldsymbol{k}) \times \boldsymbol{B}] \tag{7.23}$$

式中，m_e^* 是电子的有效质量。由于满带顶的电子容易受到热激发而进入空带，因而 m_e^* 是负值。可以将空穴有效质量定义为电子有效质量的负值，即

$$m_n^* = -m_e^*$$

则式(7.23)又可以写成

$$\dot{v}_n(\boldsymbol{k}) = \frac{1}{m_n^*}e[\boldsymbol{E} + v_n(\boldsymbol{k}) \times \boldsymbol{B}] \tag{7.24}$$

即近满带顶的空穴，除带正电荷 e 外，还具有正的有效质量 m_n^*，其速度仍然是 $v_n(\boldsymbol{k})$。

空穴概念的引入，解决了自由电子气体模型在解释某些金属，如 Be、Zn、Cd 等正霍耳系数时所遇到的困难，即由于 Be、Zn、Cd 等能带有少量重叠，因此会出现电子和空穴同时参与导电的情况。而电子和空穴属于不同的能带，具有不同的有效质量和速度，对电流的贡献也不同。当空穴对电流的贡献起主要作用时，这些金属就呈现正的霍耳系数。

此外，在研究半导体、半金属的导电性质时，空穴概念十分重要。

7.2.3　导体、半导体和绝缘体的能带结构

对于孤立的原子，其轨道电子的能量由一系列分立的能级所表征。原子结合成固体时，这些原子的能级便扩展而形成能带。因为在原子内层能级上充满了电子，所以相应的内层能带也是满带，并不参与导电。显然，一个固体是否导电取决于同价电子能级相对应的能带，即价带是否被电子填满。若晶体原胞数目为 N，每一个能带可以容纳的电子数目则是 $2N$，价带是否被电子填满取决于每个原胞所包含的价电子数目，以及能带是否交叠。

按照导电性能的不同，固体可以分为绝缘体、导体和半导体三类。下面结合固体的能带结构，讨论导体、半导体和绝缘体的导电机理。

1. 导体

各种金属都是导体，它们的能带结构大致有三种形式：

(1)价带中只填充了部分电子，在外加电场作用下，这些电子很容易在该能带中从低能级跃迁到较高能级，从而形成电流。例如，在金属 Li 中每个原子只有一个价电子，它们组成晶体时构成体心立方布喇菲格子，每个原胞只有一个价电子，整个晶体中的价电子只能填满半个价带，如图 7.6(a)所示。这类导体中，实际参与导电的是不满带中的电子，因此属于电子导电型导体。

(2)对于二价元素 Ba、Mg、Zn 等，虽然每个原胞有偶数个电子，但由于晶体结构的特点，使其价带与空带发生交叠，从而形成一个更宽的能带。这个新的、更宽的能带可以包含几个布里渊区，因此可填充的电子数目大于 $2N$，结果使能带不完全被电子充满。这类晶体的能带结构如图 7.6(b)所示，由于能带有少量重叠，因此会出现电子和空穴同时参与导

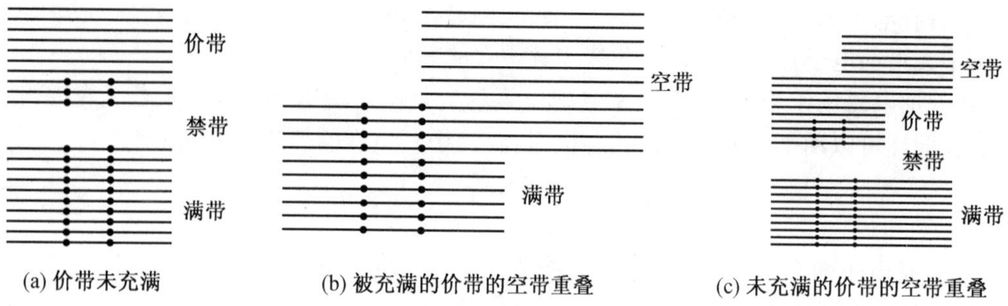

图 7.6　导体的三种能带结构示意图

电的情况。又由于电子和空穴分属于不同的能带，它们具有不同的有效质量和速度，因此对电流的贡献也不同。当空穴对电流的贡献起主要作用时，形成空穴导电型导体；而当电子对电流的贡献起主要作用时，则是电子导电型导体。

(3)有些金属的价带本来就没有被电子填满，而这个价带又同邻近的空带重叠，如图 7.6(c)所示。具有这类能带结构的金属有 Na、K、Cu、Al、Ag 等，它们组成晶体后，整个晶体中的价电子只能填满半个价带并同邻近的空带重叠，从而形成一个更宽的导带。在这类金属中，实际参与导电的是那些在未被填满的价带中的电子，因此属于电子导电型导体。

2. 绝缘体

绝缘体每个原胞所包含的价电子数目是 2 的整数倍，且电子占据的能带与更高一级的能带不交叠，即能带结构中只有满带和被能隙隔开的空带。这类固体的价带都被电子所填满，形成满带，而被填满的价带同它上面的空带之间的禁带宽度 ΔE_g 较大(3 ~6 eV)，如图 7.7 所示。在一般外加电场的作用下，这种结构中只有极少量的电子能够从价带顶跃迁到空带上去，从而使这类晶体具有极微弱的导电性能。这个极微弱的导电性在一般情况下都可以忽略不计，因此，这类晶体可以看作是不导电的绝缘体。例如，金刚石结构中，每个原胞有两个原子共 8 个电子，且能带不重叠，它是一类典型的绝缘体。此外，大多数离子晶体和分子晶体都是绝缘体。

3. 半导体

除了绝缘体和导体外，还有一些晶体的导电性能介于二者之间，称为半导体。从能带结构和电子填充情况看，半导体同绝缘体相似，只是半导体的禁带宽度(ΔE_g)较窄，一般在 2 eV 以下。因此，依靠热激发，或其他形式的激发(如光激发、电激发等)可以使满带顶的电子跃迁到空带，如图 7.8 所示。这些进入空带的电子，在外加电场作用下可以向空带中较高能级跃迁而形成电流，所以半导体具有一定的导电能力。

此外，由于有部分电子跃迁到了空带，所以在原来被填满的价带顶部附近留下了一些空的能级，形成空穴。在外加电场作用下，原来填充在价带较低能级上的电子因为受到电场力的作用而填补这些空穴，并在较低能级上形成新的空穴。这样，伴随着空穴不断的向低能级移动，看起来就好像是带正电的粒子在电场作用下沿着与电子相反方向做定向移动，形成电流。在半导体中，原来填满的价带中，因存在空穴而产生的导电机理称为空穴

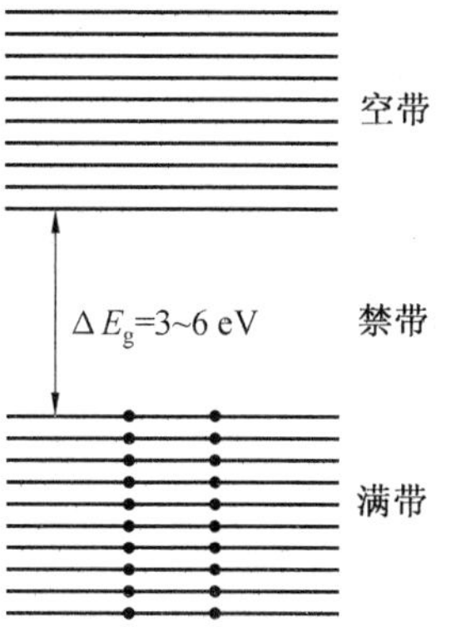

图 7.7　绝缘体能带结构示意图

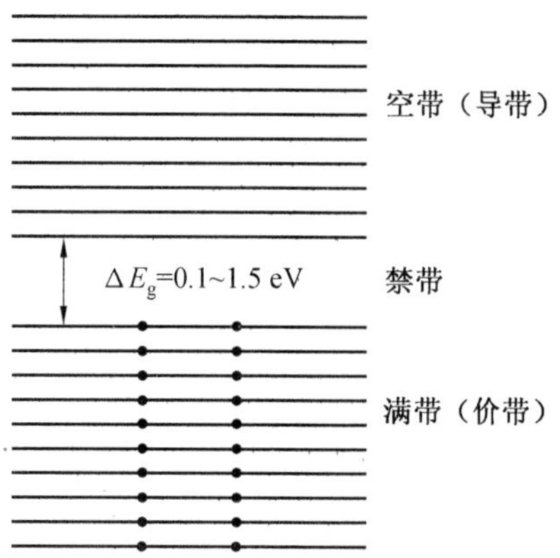

图 7.8　半导体能带结构示意图

导电,所以半导体既属于电子导电型,又属于空穴导电型。

一般情况下,热激发电子较少,因而参与导电的电子数也较少,所以半导体的导电性能较差。

7.3　磁场作用下的电子运动

7.3.1　恒定磁场作用下电子的准经典运动

1. 电子运动轨道

在均匀恒定磁场作用下,方程式(7.1)和式(7.2)可以写成

$$\dot{\boldsymbol{r}} = \boldsymbol{v}(\boldsymbol{k}) = \frac{1}{\hbar}\nabla_{\boldsymbol{k}}E(\boldsymbol{k}) \tag{7.25}$$

$$\hbar\dot{\boldsymbol{k}} = -e\boldsymbol{v}(\boldsymbol{k}) \times \boldsymbol{B} \tag{7.26}$$

可见,在 $\boldsymbol{k}$ 空间波矢的变化遵从下述规律:

(1) 与磁场 $\boldsymbol{B}$ 方向垂直。假设 $\boldsymbol{B}$ 沿 z 方向,则从式(7.26)得 $\hbar\dot{\boldsymbol{k}}\boldsymbol{B}=0$,即 $\mathrm{d}k_z/\mathrm{d}t=0$,$k_z$ 保持常数。

(2) 与速度 $\boldsymbol{v}$ 方向垂直,即 $\hbar\dot{\boldsymbol{k}}\boldsymbol{v}(\boldsymbol{k})=0$。由式(7.25)可知,这相当于 $\mathrm{d}E(\boldsymbol{k})/\mathrm{d}t=0$。

因此,电子总是沿着垂直于 $\boldsymbol{B}$ 的平面和等能面的交线运动。对于自由电子,等能面为球面,轨道为圆,如图 7.9 所示。

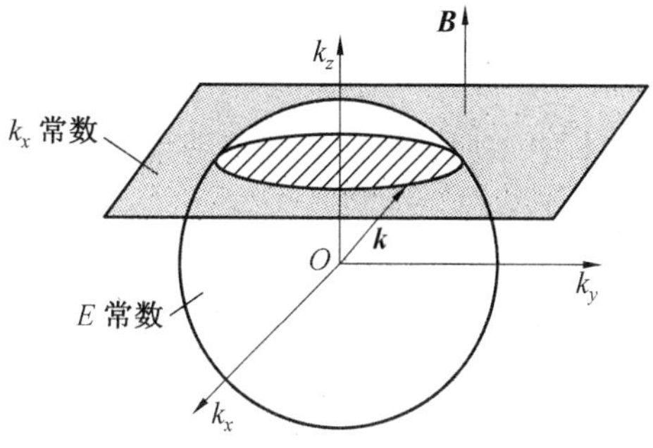

图 7.9　磁场作用下电子的运动轨道

如果电子不受到散射,此圆周运动的周期为

$$T=\frac{\oint \mathrm{d}k}{\frac{\mathrm{d}k}{\mathrm{d}t}}=\frac{2\pi\hbar k}{ev\boldsymbol{B}}=\frac{2\pi m}{e\boldsymbol{B}} \tag{7.27}$$

其角频率(通常称为回旋频率)为

$$\omega_{\mathrm{c}}=\frac{2\pi}{T}=\frac{e\boldsymbol{B}}{m} \tag{7.28}$$

2. 回旋有效质量

对于布洛赫电子,闭合轨道并非一定是圆形,形式上可以写成

$$\omega_{\mathrm{c}}=\frac{e\boldsymbol{B}}{m_{\mathrm{c}}^{*}} \tag{7.29}$$

其中,m_{c}^{*} 称为回旋有效质量。

利用式(7.26)和(7.27),有

$$T(E,k_z)=\frac{2\pi}{\omega_{\mathrm{c}}}=\oint\frac{\mathrm{d}k}{|\dot{\boldsymbol{k}}|}=\frac{\hbar}{e\boldsymbol{B}}\oint\frac{\mathrm{d}k}{|v_{\perp}|} \tag{7.30}$$

其中,$v_{\perp}$ 是电子速度在磁场垂直方向的分量。设 $\Delta(\boldsymbol{k})$ 是轨道平面上由 k 点与轨道垂直并连接 k 点和同一平面上能量为 $E+\Delta E$ 的等能轨道的矢量,如图 7.10 所示。由于 $\Delta(\boldsymbol{k})$ 与 $v_{\perp}$ 同方向,则由式(7.25)得

$$\Delta E=\hbar|v_{\perp}|\Delta(\boldsymbol{k})$$

则式(7.30)可以改写为

$$T(E,k_c)=\frac{\hbar^2}{e\boldsymbol{B}}\oint\frac{\Delta(\boldsymbol{k})\mathrm{d}k}{\Delta E}=\frac{\hbar^2}{e\boldsymbol{B}}\frac{\partial}{\partial E}A(E,k_z) \tag{7.31}$$

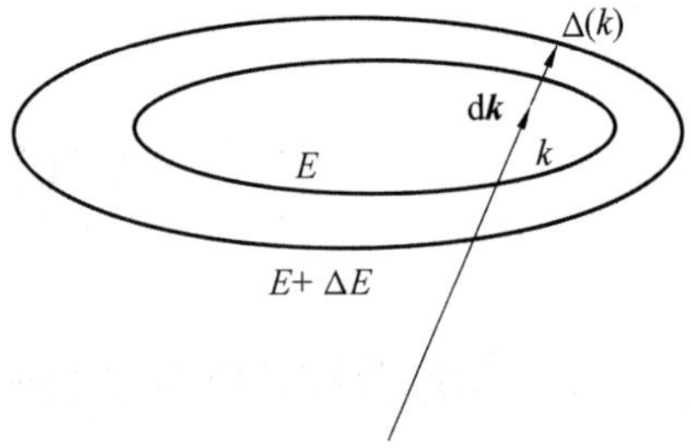

图 7.10　能量为 E 和 $E+\Delta E$ 的两条轨道

这里,$A(E,k_{\mathrm{c}})$ 是轨道在 $\boldsymbol{k}$ 空间所围的面积。

同式(7.29)相比,回旋有效质量可以写成

$$m_{\mathrm{c}}^{*}=\frac{\hbar^2}{2\pi}\frac{\partial}{\partial E}A(E,k_z) \tag{7.32}$$

可见,回旋有效质量是一个轨道的性质,而不单纯地只与一个特定的电子态相关。

3. 电子的回旋运动

用磁场方向的单位矢量 $\hat{\boldsymbol{B}}$ 叉乘式(7.26)两边,可得

$$\frac{\mathrm{d}\boldsymbol{r}_{\perp}}{\mathrm{d}t}=-\frac{\hbar}{e\boldsymbol{B}}\hat{\boldsymbol{B}}\times\frac{\mathrm{d}k}{\mathrm{d}t}$$

其中,$\boldsymbol{r}_{\perp}$ 是电子在实空间位置矢量在垂直磁场方向的投影。对上式积分,得

$$\boldsymbol{r}_{\perp}(t)-\boldsymbol{r}_{\perp}(0)=-\frac{\hbar}{e\boldsymbol{B}}\hat{\boldsymbol{B}}\times[k(t)-k(0)] \tag{7.33}$$

因此,电子在实空间的轨道可以从 $\boldsymbol{k}$ 空间轨道绕磁场轴旋转 $\pi/2$,并乘以因子 $\hbar/eB$ 得到。如果电子在 $\boldsymbol{k}$ 空间做回旋运动,则在实空间亦作回旋运动,磁场越强轨道半径越小。

沿磁场方向,有

$$\begin{cases} z(t) = z(0) + \int_0^t v_z(t)\,\mathrm{d}t \\ v_z = \dfrac{1}{\hbar}\dfrac{\partial E}{\partial k_z} \end{cases} \tag{7.34}$$

对于自由电子，v_z 是常数，沿磁场方向做匀速直线运动。而对于布洛赫电子，尽管 k_z 固定，但 v_z 未必是常数，运动也不一定是匀速的。

7.3.2 电子在磁场中的运动

1. 朗道能级

边长为 L 的立方体中的自由电子，在外加磁场 B 作用下，其哈密顿算符为

$$\hat{H} = \frac{1}{2m}(\dot{P} + e\hat{A}) \tag{7.35}$$

式中，A 为磁场的矢势。

设磁场 $\boldsymbol{B}$ 沿 z 方向，即 $\boldsymbol{B}=B\boldsymbol{k}$，则电子在磁场中的薛定谔方程可以写成

$$\frac{1}{2m}(-\mathrm{i}\hbar\nabla + eBx\mathrm{j})^2\Psi = E\Psi \tag{7.36}$$

同无磁场作用的自由电子情况相比，磁场中自由电子的薛定谔方程式(7.36)中多出一个含 x 的项。这说明，电子波函数在 x 方向不再是平面波，而在 y 和 z 方向仍保持平面波的形式。因此，可以把与薛定谔方程式(7.36)对应的波函数写成

$$\Psi = \mathrm{e}^{\mathrm{i}(k_y y + k_z z)}\varphi(x) \tag{7.37}$$

将式(7.37)代入式(7.36)，可得 $\varphi(x)$ 应该满足的方程，即

$$\left[-\frac{\hbar^2}{2m}\frac{\mathrm{d}^2}{\mathrm{d}x^2} + \frac{m\omega_c}{2}(x - x_0)\right]^2\varphi(x) = \left(E - \frac{\hbar^2 k_z^2}{2m}\right)\varphi(x) \tag{7.38}$$

式中，ω_c 由式(7.28)确定，而 $x_0 = -\frac{\hbar}{eB}k_y$ 是谐振子平衡位置。显然，这是简谐振子的薛定谔方程。

该简谐振子的能量为

$$\varepsilon = E - \frac{\hbar^2 k_z^2}{2m} = \left(n + \frac{1}{2}\right)\hbar\omega_c \tag{7.39}$$

由式(7.39)即得在外加磁场作用下，自由电子的本征能量，即

$$E(k_z, n) = \frac{\hbar^2}{2m}k_z^2 + \left(n + \frac{1}{2}\right)\hbar\omega_c \tag{7.40}$$

该能量由量子数 n 和 k_z 确定，其中 k_z 的取值与无磁场情况相同，即

$$k_z = \frac{2\pi}{L}n_z$$

上述结果说明：在外加磁场作用下，自由电子或有效质量近似下的布洛赫电子，沿磁场方向仍保持自由运动，相应的动能为 $\hbar^2 k_z^2/2m$。而在垂直磁场的 x-y 平面内，是一种简谐运动，其能量从无磁场时的动能 $\hbar^2(k_x^2+k_y^2)/2m$ 变成一系列分立能量 $(n+1/2)\hbar\omega_c$，即电子的能量由无磁场时的准连续谱变成一维的磁次能带。

图 7.11 形象地描述了上述结果，在不加磁场时，电子状态代表点在 $\boldsymbol{k}$ 空间均匀分布，绝对零度下费米面内填满电子，如图 7.11(a)所示；当外加磁场后，由于磁场的作用，在 k_x-k_y 平面上的代表点聚集到一系列半径为 $k_n=\sqrt{k_x^2+k_y^2}$ 的圆周上，如图 7.11(b)所示。由于波矢沿磁场方向的分量 k_z 仍准连续变化，所以 $\boldsymbol{k}$ 空间的代表点将聚集到图 7.11(c)所示的一系列圆柱面上，每个圆柱面用两个量子数(n,k_z)标示，代表一个磁次能带。每个磁次能带 $E_n(k_z)$ 与 k_z 成抛物线关系，如图 7.12 所示。磁次能带的能量极小值是 $\left(n+\dfrac{1}{2}\right)\hbar\omega_c$，量子数 n 代表磁次能带的序号。

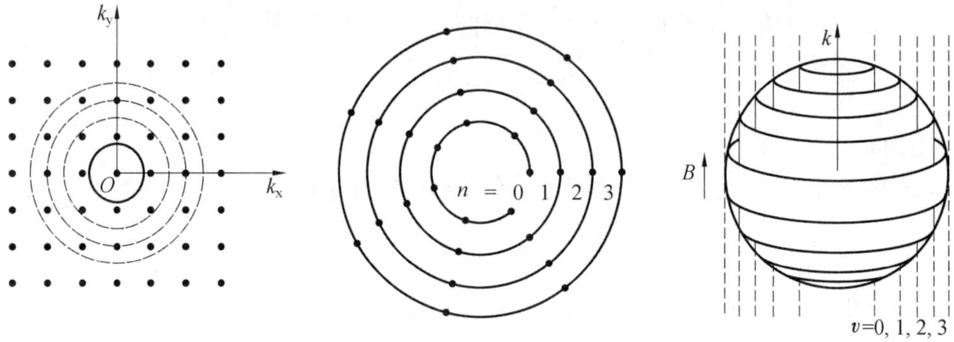

(a) 无外加磁场情况　　(b) 外磁场下的郎道环　　(c) 外磁场下的郎道管

图 7.11　在波矢空间电子状态代表点的分布

上述结论是由朗道(Landau)在 1930 年首先提出的，通常将图 7.11(c)所示的一系列圆柱称为朗道管，这些圆柱的截面(图 7.11(b)所示)称为朗道环，相应的能量称为朗道能级。

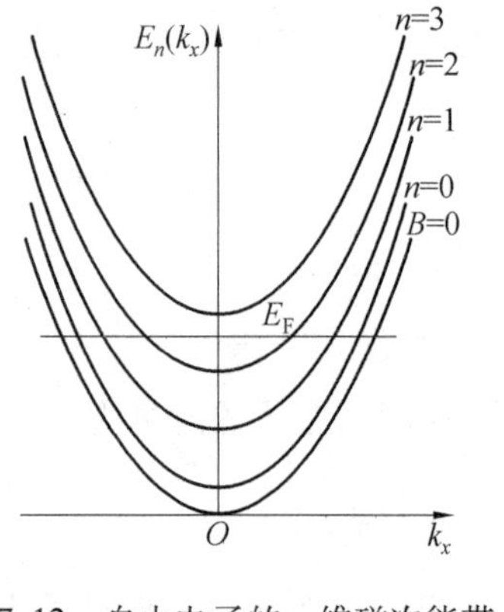

图 7.12　自由电子的一维磁次能带

2. 朗道能级的简并度

磁场中电子能量本征值由两个量子数 n 和 k_z 确定，而相应的本征函数 $\Psi=e^{i(k_y y+k_z z)}\varphi(x)$ 则由三个量子数 n、k_y 和 k_z 决定。当 n 和 k_z 给定后，能量唯一确定，但是 k_y 却可以取各种不同的值，这些不同的 k_y 所对应的本征函数对 $E_n(k_z)$ 是简并的，其简并度取决于 k_y 取值的个数。下面求其简并度。

由图 7.11(b)可知，在 k_x-k_y 平面内半径为 $k_n=\sqrt{k_x^2+k_y^2}$ 的相邻两圆(朗道环)之间的面积为

$$\Delta A=\pi\Delta(k_x^2+k_y^2)=\frac{2\pi m}{\hbar^2}\Delta E=\frac{2\pi m\hbar\omega_c}{\hbar^2}=\frac{2\pi eB}{\hbar}\tag{7.41}$$

这是一个正比于外加磁场的常量，在 k_z 固定的平面内，状态密度为 $L^2/4\pi^2$，故每个朗道环或朗道能级上的简并度为

$$p=\frac{2e}{\hbar}\boldsymbol{B}L^2\tag{7.42}$$

上述分析说明，原本在 k_x-k_y 平面上均匀分布的状态点，因受到磁场的影响而聚集到圆周上。外加磁场的影响所产生的朗道能级，实际上反映了状态点在 $\boldsymbol{k}$ 空间的一种重新分布，总的状态数目并没有改变。此时，每个朗道能级都是高度简并的。例如，在 1T 磁场下，对于 $L=1\text{cm}$ 的样品，简并度约为 10^{11}。另外，由式(7.42)可知，简并度 p 与磁次能带的序号 n 无关。

3. 磁场中电子的能态密度

考虑第 n 个磁次能带，在 k_z 到 $k_z+\mathrm{d}k_z$ 范围内代表点的数目为$\dfrac{L}{2\pi}\mathrm{d}k_z$，对每一组给定的量子数 n 和 k_z，都有 p 个不同的 k_y 值，所以在 k_z 到 $k_z+\mathrm{d}k_z$ 范围内的状态数目为

$$\mathrm{d}N = p\,\frac{L}{2\pi}\mathrm{d}k_z = \frac{eB}{\pi\hbar}V\mathrm{d}k_z$$

将 $\mathrm{d}k_z$ 换算成 $\mathrm{d}E$，并取 $V=1$，即得在第 n 个次能带，能量在 E 到 $E+\mathrm{d}E$ 之间的状态数密度为

$$g_n(E)\,\mathrm{d}E = \frac{\hbar\omega_c}{(2\pi)^2}\left(\frac{2m}{\hbar^2}\right)^{3/2}\left[E-\left(n+\frac{1}{2}\right)\hbar\omega_c\right]^{-1/2}\mathrm{d}E$$

所以，第 n 个次能带的能态密度为

$$g_n(E) = \frac{\hbar\omega_c}{(2\pi)^2}\left(\frac{2m}{\hbar^2}\right)^{3/2}\left[E-\left(n+\frac{1}{2}\right)\hbar\omega_c\right]^{-1/2} \tag{7.43}$$

即能量等于 E 的电子可以处于不同的次能带，所以总的能态密度应该是临界能量小于 E 的所有次能带的能态密度之和，即

$$g(E) = \sum_{n=0}^{n'} g_n(E) = \frac{\hbar\omega_c}{(2\pi)^2}\left(\frac{2m}{\hbar^2}\right)^{3/2}\sum_{n=0}^{n'}\left[E-\left(n+\frac{1}{2}\right)\hbar\omega_c\right]^{-1/2} \tag{7.44}$$

式中，求和上限指标 n'满足下式，即

$$\left(n'+\frac{1}{2}\right)\hbar\omega_c < E \tag{7.45}$$

图 7.13 给出了式(7.44)所表示的能态密度 $g(E)$ 随能量 E 变化的曲线，以及 $B=0$ 时自由电子的能态密度 $g_0(E)$ 曲线。显然，在外加磁场作用下，每当电子能量满足

$$E = \left(n+\frac{1}{2}\right)\hbar\omega_c$$

关系式时，能态密度 $g(E)$ 出现一次峰值，两个峰之间的能量间隔为 $\hbar\omega_c$。由于回旋频率 $\omega_c=eB/\hbar$，所以，能态密度峰的位置及其两个峰之间的能量间隔都随 B 变化。

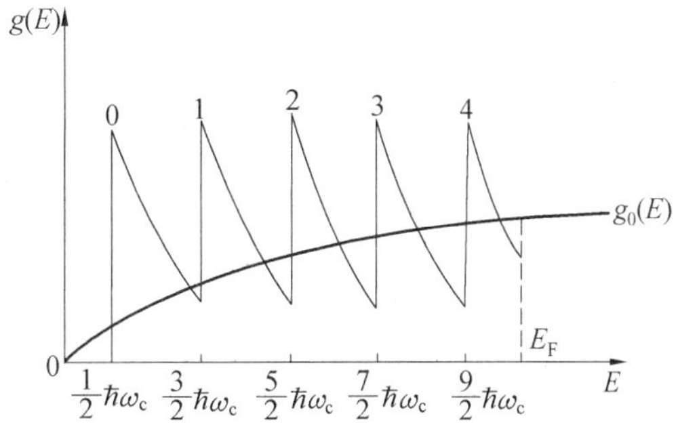

图 7.13　在外磁场中能态密度随能量的变化

7.3.3　布洛赫电子的轨道量子化

对于布洛赫电子，电子的半经典闭合轨道将按照玻尔量子化条件量子化，即

$$\oint \boldsymbol{p} \cdot \mathrm{d}\boldsymbol{r} = (n + \gamma) 2\pi\hbar \tag{7.46}$$

式中，n 为整数；γ 为相位常数，它的典型值为 1/2。

此时，式(7.46)中的动量应取为

$$\boldsymbol{p} = \hbar\boldsymbol{k} - e\boldsymbol{A}$$

利用式(7.26)，有

$$\hbar\boldsymbol{k} = -e(\boldsymbol{r} \times \boldsymbol{B}) = -e(y\hat{x} - x\hat{y})\boldsymbol{B}$$

或写成

$$\nabla \times \hbar\boldsymbol{k} = 2e\boldsymbol{B}$$

又由于 $\nabla \times \boldsymbol{A} = \boldsymbol{B}$，所以式(7.46)可以写成

$$\oint (\hbar\boldsymbol{k} - e\boldsymbol{A}) \cdot \mathrm{d}\boldsymbol{r} = \iint e\boldsymbol{B} \cdot \mathrm{d}S = e\boldsymbol{B}\boldsymbol{A}_r \tag{7.47}$$

其中，$\boldsymbol{A}_r$ 是电子轨道在实空间所围的面积。由式(7.47)，有

$$\boldsymbol{A}_r = \frac{2\pi\hbar}{e\boldsymbol{B}}(n + \gamma) \tag{7.48}$$

则由式(7.33)可知，$\boldsymbol{A}_r$ 与电子轨道在 $\boldsymbol{k}$ 空间所围面积 $A_n(k_z)$ 相差一个 $(e\boldsymbol{B}/\hbar)^2$ 因子，所以有

$$\boldsymbol{A}_n(k_z) = \frac{2\pi e\boldsymbol{B}}{\hbar}(n + \gamma) \tag{7.49}$$

即闭合轨道在 $\boldsymbol{k}$ 空间所围面积以 $2\pi e\boldsymbol{B}/\hbar$ 为单位量子化，这与自由电子情况相同。

将式(7.31)中的偏导项取为

$$\frac{\partial}{\partial E}A(E, k_z) = \frac{A_{n+1}(k_z) - A_n(k_z)}{E_{n+1}(k_z) - E_n(k_z)}$$

则利用式(7.49)，有

$$E_{n+1}(k_z) - E_n(k_z) = \hbar\omega_c \tag{7.50}$$

这说明相邻闭合轨道能量差，等于普朗克常数和在该轨道上半经典运动回旋频率的乘积。

7.4 费米面的构造

在自由电子模型中，我们讨论过费米面，它的重要性在于只有费米面附近的电子参与热激发和输运过程。本节将着眼于晶格周期势场的影响，再次讨论费米面及其相关的态密度，这也是计算能带结构要给出的主要结果。

7.4.1 高布里渊区

晶格周期场存在时，在基态情况下，$\boldsymbol{k}$ 空间中单电子占据态与非占据态的分界面仍然被定义为费米面。但是在简约布里渊区中表示时，费米面的形状有时会很复杂。因此，除第一布里渊区外，这里引入的第二、第三等高布里渊区概念，将有助于问题的讨论。

若将布里渊区的定义改成：在倒格子空间中，从 $\boldsymbol{k}=0$ 的原点出发，不经过任何布拉格平面所能到达的所有点的集合，就很容易将布里渊区推广到第 n 个布里渊区。显然，第 n

个布里渊区就是从第 $n-1$ 个布里渊区出发，只经过一个布拉格平面，所能到达的所有点的集合。图 7.14 给出了二维正格子第一到第四布里渊区的示意图，这是由选择一倒格点作为原点，做它与附近倒格点连线的垂直平分线（即二维布拉格面）所分割出来的。

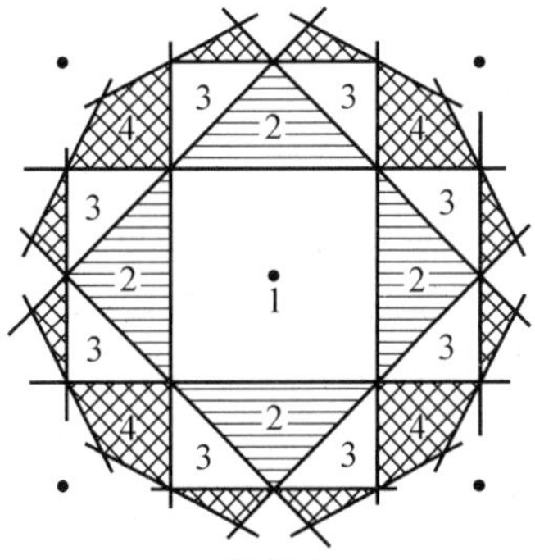

图 7.14 二维正方格子前 4 个布里渊区

除第一布里渊区外，高布里渊区均由一些分立的小块组成，且每个布里渊区的总体积相等，均为倒格子空间中一个原胞的体积。如果将第 n 个布里渊区的一些小块，平移适当的倒格矢 $\boldsymbol{G}_i$ 至第一布里渊区，则刚好填满第一布里渊区，没有交叠也没有遗漏。例如第二布里渊区，由于同 $\boldsymbol{k}=0$ 点只隔一个布拉格平面，是倒格子空间中所有以原点为次近邻点的集合。由于在倒格子空间中，除布拉格平面上的点以外的任何一点，只有唯一的一个倒格点作为它的次近邻，属于以这一倒格点为中心的第二布里渊区，因此，将第二布里渊区平移所有倒格矢，则会填满整个倒格子空间，没有交叠，其体积为原胞的大小。类似地，也可以说明其他高布里渊区的体积亦是原胞的大小。

7.4.2 费米面的构造

为简单起见，以二维正方格子晶体为例来进行说明。

设晶格常数为 a，则第一布里渊区是边长为 $2\pi/a$，面积为 $4\pi^2/a^2$ 的正方形。布里渊区的大小和形状只取决于晶体结构，而自由电子费米面的半径 k_F 只取决于电子数密度。对于二维情况，可以证明

$$k_F=(2n\pi)^{1/2} \tag{7.51}$$

式中，电子数密度可以表示成 $n=\eta/a^2$，η 为晶体每个原胞所拥有的价电子数。代入式（7.51），则有

$$k_F=\left(\frac{2\eta}{\pi}\right)^{1/2}\left(\frac{\pi}{a}\right) \tag{7.52}$$

显然，当 η 较小时，由于 $k_F<\pi/a$，所以费米面全部落在第一布里渊区；而当 η 较大时，由于 $k_F>\pi/a$，此时，费米面将穿过第一布里渊区进入第二、第三……布里渊区，如图 7.15 中（a）、（b）所示。这说明，第一布里渊区尚未被电子占满，第二布里渊区又部分被电子所填充，其简约图示如图 7.15 中（c）、（d）所示。

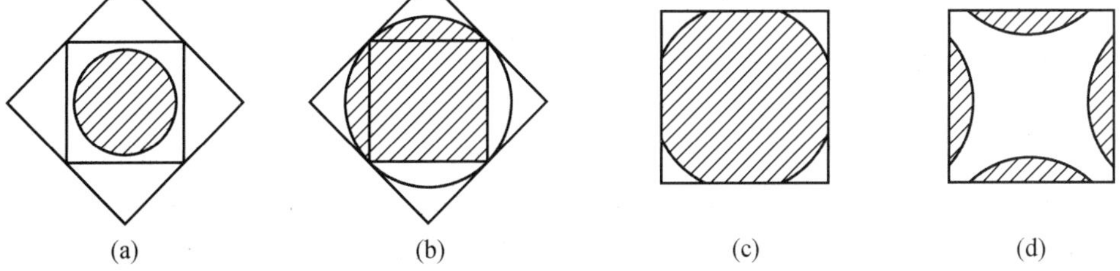

图 7.15 二维正方格子的自由电子费米面

考虑到晶格周期势场的影响，费米面将不再是球面。根据近自由电子近似可知，晶格周期势场的影响发生在布里渊区界面上。此时，在布里渊区边界处出现能隙，且费米面总是与布里渊区边界垂直相交，如图 7.16 所示。虽然费米面不再连续，但是它所包围的总体积保持不变，仅依赖于电子数密度。

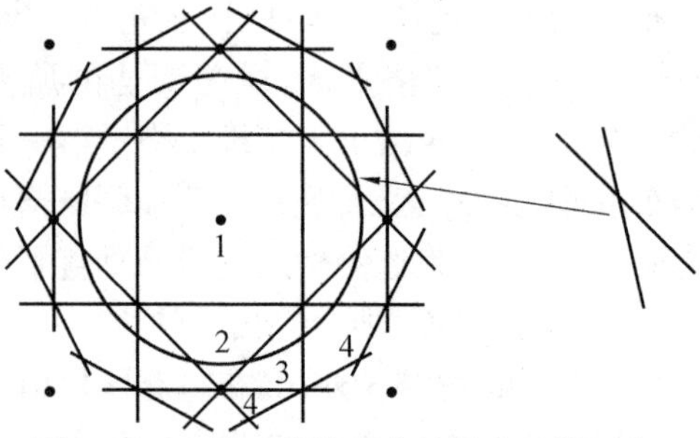

图 7.16　二维正方格子在扩展布里渊区中自由电子费米面和晶格周期势影响后的变化

如果晶体有同波矢 $\boldsymbol{k}$ 垂直的反映面，则沿着这一方向，$E(\boldsymbol{k})$ 是对称的。同时，$E(\boldsymbol{k})$ 又是倒格子空间的周期函数，因此有

$$\begin{cases} E(\boldsymbol{k}) = E(-\boldsymbol{k}) \\ \left(\dfrac{\partial E}{\partial \boldsymbol{k}}\right)_{\boldsymbol{k}} = -\left(\dfrac{\partial E}{\partial \boldsymbol{k}}\right)_{-\boldsymbol{k}} \end{cases} \tag{7.53}$$

和

$$\begin{cases} E(\boldsymbol{k}) = E(\boldsymbol{k} + \boldsymbol{G}_l) \\ \left(\dfrac{\partial E}{\partial \boldsymbol{k}}\right)_{\boldsymbol{k}} = -\left(\dfrac{\partial E}{\partial \boldsymbol{k}}\right)_{\boldsymbol{k}+\boldsymbol{G}_l} \end{cases} \tag{7.54}$$

在布里渊区边界处，有

$$\boldsymbol{k} = \pm \frac{\boldsymbol{G}_l}{2}$$

则上述两式导致了下面两个不同的结果，即

$$\left(\frac{\partial E}{\partial \boldsymbol{k}}\right)_{\frac{1}{2}\boldsymbol{G}_l} = -\left(\frac{\partial E}{\partial \boldsymbol{k}}\right)_{-\frac{1}{2}\boldsymbol{G}_l}$$

$$\left(\frac{\partial E}{\partial \boldsymbol{k}}\right)_{\frac{1}{2}\boldsymbol{G}_l} = \left(\frac{\partial E}{\partial \boldsymbol{k}}\right)_{-\frac{1}{2}\boldsymbol{G}_l}$$

显然，在边界上只有当$(\partial E/\partial \boldsymbol{k}) = 0$ 时，两个结果才能相容。

根据上述分析，可以得出构造金属费米面的一般步骤：

(1)画出扩展图示的布里渊区。

(2)用自由电子模型画出费米球面，球的半径为 $k_F = (3n\pi^2)^{1/3}$。

(3)在布里渊区边界面处进行修正，即使费米面在布里渊区边界面处断开，并且与布里渊区边界面垂直。

图 7.17(a)是修正后费米面的扩展图示，图 7.17(b)则是其简约图示。

7.4.3　金属的费米面

1. 碱金属

碱金属 Li、Na、K、Rb、Cs 等晶体具有体心立方结构，每个原胞含一个原子，且每个原子只有一个价电子，其价带是不满带。若晶格常数为 a，则原胞的体积为 $a^3/2$，电子数密度为 $n = 2/a^3$，其费米波矢为

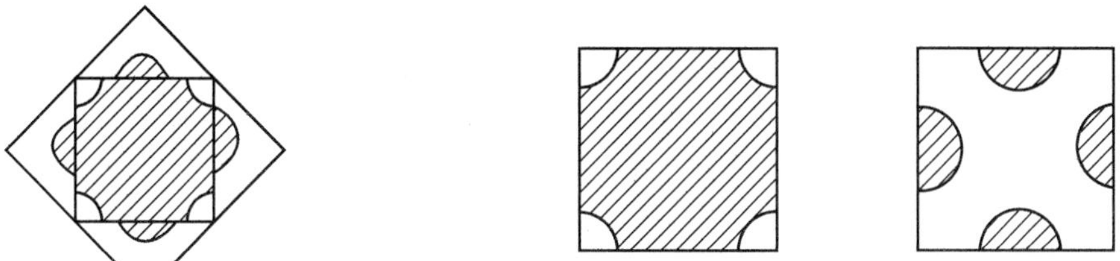

(a) 扩展图示　　(b) 简约图示

图 7.17　二维正方格子自由电子费米面图示

$$k_F = (3n\pi^2)^{1/3} = 1.240\left(\frac{\pi}{a}\right)$$

因为体心立方晶格的第一布里渊区是一个十二面体，从区域中心到界面的最小距离为 $1.414(\pi/a)$，所以费米面完全在第一布里渊区内，周期晶格场只使它发生极小的变化。因此，碱金属的价电子非常接近自由电子。

2. 贵金属

贵金属 Cu、Ag、Au 等晶体具有面心立方结构，每个原胞含一个原子，而每个原子只有一个价电子。若晶格常数为 a，则原胞的体积为 $a^3/4$，电子数密度为 $n=4/a^3$，其费米波矢为

$$k_F = (3n\pi^2)^{1/3} = 1.56\left(\frac{\pi}{a}\right)$$

面心立方结构的第一布里渊区为截角八面体，即十四面体，其内切球半径为 $1.73(\pi/a)$。虽然费米面也完全包含在第一布里渊区内，但费米面与 8 个六边形的界面很接近，在这些方向上费米面发生畸变，凸向布里渊区界面，形成圆柱形的“颈”，如图 7.18 所示。同碱金属一样，贵金属的价电子也很接近自由电子，所以也具有良好的导电性。

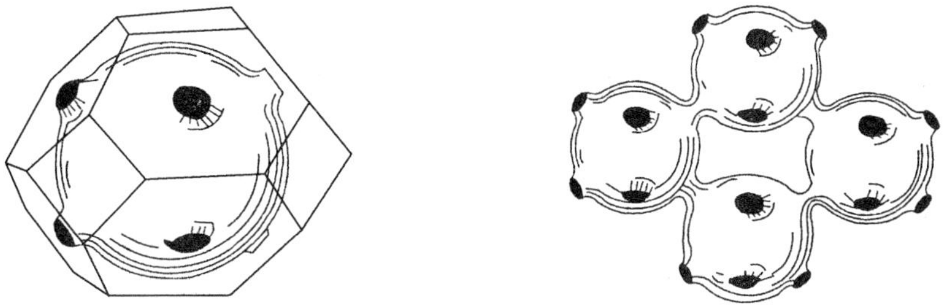

(a) Cu 在一个布里渊区中的费米面　　(b) Cu 在几个相邻布里渊区中的费米面

图 7.18　Cu 在布里渊区中的费米面

3. 过渡族金属

过渡族金属的原子具有不满的 d 壳层，并且它们的能态密度很大，能够容纳较多的电子。又由于 d 带的最大能级比 s 带的最大能级低，因此在结合成晶体时能够夺取较高的 s 带中的电子而使能量降低。所以，过渡族金属的结合能较大，强度较高。

由于过渡族金属的 d 带和 s 带都是半满的，而 d 带电子受原子束缚较紧，所以不能用自由电子近似来确定其费米面的形状。

4. 二价金属

在二价金属中，Ca、Sr、Ba 等属于立方晶体，每个原子有 2 个价电子，其价带是满带。但是由于价带同更高的能带有重叠，故它们仍是金属。其费米面半径为

$$k_{\mathrm{F}} = (3n\pi^2)^{1/3} = 1.240\left(\frac{\pi}{a}\right) > \frac{\pi}{2}$$

所以费米面穿过第一布里渊区界面。即电子没有全部填满第一布里渊区，但却有一些进入了第二布里渊区。由于布里渊区界面也是能带的分界线，所以第一、第二能带都是不满带。

另外一些二价金属，如 Be、Mg、Zn 等具有六方密积结构，每个原胞有 2 个原子，共有 4 个价电子。但是，由于其第一布里渊区为六方柱体，而且它与上、下两个六边形界面相联系的结构因子为零。所以，在近自由电子近似下，这类晶体的能量在布里渊区界面处是连续的。此时，一个能带可能包含几个布里渊区（称为琼斯区），所以 Be、Mg、Zn 也是金属。

5. 三价金属

最典型的三价金属是 Al，它具有面心立方结构。其第一布里渊区同贵金属相似。但是，由于 Al 有 3 个价电子，其费米面半径为

$$k_{\mathrm{F}} = (3n\pi^2)^{1/3} = 2.25\left(\frac{\pi}{a}\right) > 1.732\left(\frac{\pi}{2}\right)$$

所以，它的费米面把第一布里渊区完全包含在内，并且延伸到了第二、第三和第四布里渊区。

7.4.4 态密度

设第 n 个能带的态密度为 $g_n(E)$，则在单位体积内，能量从 E 到 $E+\mathrm{d}E$ 的电子态数目为 $g_n(E)\mathrm{d}E$，总的态密度为

$$g(E) = \sum_n g_n(E) \tag{7.55}$$

其中，$g_n(E)$ 可以通过计算在 $\boldsymbol{k}$ 空间第一布里渊区内 $E \leqslant E_n(\boldsymbol{k}) \leqslant E+\mathrm{d}E$ 等能面壳层中允许的波矢数目确定。

设 $S_n(E)$ 表示等能面 $E_n(\boldsymbol{k})=E$ 在第一布里渊区的部分，$\mathrm{d}S$ 是其上的面元，$\delta\boldsymbol{k}$ 表示在 $\boldsymbol{k}$ 处两个等能面 $S_n(E)$ 和 $S_n(E+\mathrm{d}E)$ 之间的垂直距离，则有

$$g_n(E)\mathrm{d}E = \frac{2}{V}\cdot\frac{V}{8\pi^2}\int_{S_n(E)}\delta\boldsymbol{k}(\boldsymbol{k})\,\mathrm{d}S \tag{7.56}$$

式中，因子 2 来源于每个 $\boldsymbol{k}$ 态可以容纳两个自旋方向相反的电子。又由于

$$\mathrm{d}E = |\nabla_k E_n(\boldsymbol{k})|\,\delta\boldsymbol{k}(\boldsymbol{k}) \tag{7.57}$$

则从式(7.56)得到

$$g_n(E) = \int_{S_n(E)}\frac{1}{4\pi^3|\nabla_k E_n(\boldsymbol{k})|}\mathrm{d}S \tag{7.58}$$

因此，可以通过能带结构 $E_n(\boldsymbol{k})$ 计算态密度。

7.5 费米面的测量

金属材料中的物理过程,主要由费米面附近的电子行为决定,因此,费米面的实验测定具有非常重要的意义。另外,费米面的实验测定,也为以单电子近似为出发点的能带结构提供了实验依据。

7.5.1 德哈斯-范阿尔芬效应

1930 年,德哈斯(de Haas)和范阿尔芬(van Alphen)在 14.2 K 温度下测量金属铋单晶样品的高磁场磁化率时发现,磁化率随磁场的倒数而振荡,如图 7.19 所示。这一现象称为德哈斯-范阿尔芬效应。后来,人们陆续发现,在电导率、比热容等物理量中也存在着类似的振荡现象。由于这些现象同金属费米能级附近的电子在强磁场作用下的行为有关,因而同金属费米面结构有密切的关系,所以现在已经成为研究费米面的有力工具。

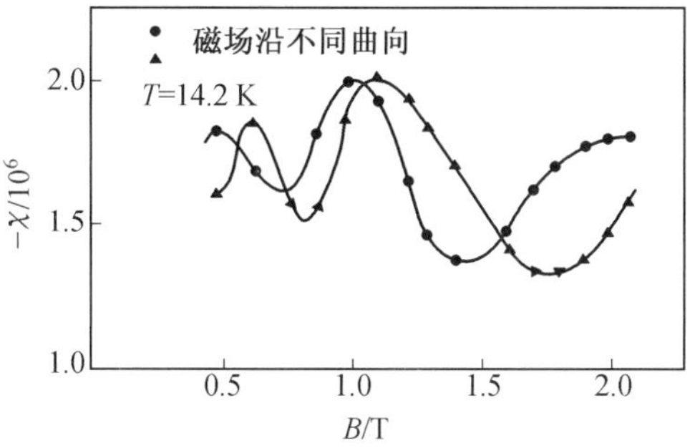

图 7.19 铋单晶磁化率的测量结果

由于体系的磁矩 M 和自由能 F 的关系为

$$M(\boldsymbol{B}) = -\frac{\partial F}{\partial \boldsymbol{B}}$$

因此,磁化率 $\chi=\mu_0 M/\boldsymbol{B}$ 随磁场振荡,依赖于自由能对磁场的依赖关系。为便于讨论,考虑 $T=0$ 情况。

设费米能量恰好在两个朗道能级之间,如图 7.20(a)所示,则电子体系总能量将低于零外磁场情况,相当于费米能量附近的每个电子能量降低约 $\frac{1}{2}\hbar\omega_c$;由式(7.41)可知,当外场 $\boldsymbol{B}$ 增加时,朗道能级所包围的面积加大,填有电子的最上一朗道能级向费米能量靠近,体系能量逐渐增加到极大,如图 7.20(b)所示。朗道能级通过费米能量后,电子不再占据,体系能量下降,当 E_F 处在两个朗道能级正中间时达到极小。于是,电子体系呈周期性变化,其周期由式(7.41)取 $A_n(k_z)=A(E_F,k_z)$ 确定。若同时考虑多个朗道管的贡献时,它们与费米面的交线所包围的面积不同。只有当整个朗道管完全通过费米面时,体系能量才有明显的改变。因此,决定周期的是费米面上的极端轨道所包围的面积。当磁场沿 z 方向时,确定极端轨道的条件为

$$\frac{\partial}{\partial k_z}A(E_F, k_z) = 0$$

相应截面积极值用 $A_e(E_F, k_z)$ 表示，因此德哈斯-范阿尔芬效应的振荡周期为

$$\Delta\left(\frac{1}{\boldsymbol{B}}\right) = \frac{2\pi e}{\hbar}\frac{1}{A_e(E_F, k_z)} \tag{7.59}$$

显然，改变磁场的方向，可以得到费米面所有的极端截面积，从而构造出费米面的实际形状。一般地，在某一个方向可能不止一个极端轨道，或不止一个能带部分填满，实际情况要复杂得多。

若考虑每个朗道管对费米面附近态密度的贡献，即朗道管在等能面 E_F 和 $E_F+\mathrm{d}E$ 之间的部分。由图 7.21 可知，当能量 E_F 的极端轨道在朗道管上时，管上对态密度有贡献的部分大大增加，从而导致态密度以及一些与此有关的物理量随磁场振荡。其中，电导率的振荡称为 de Haas-Shubnikov 效应。

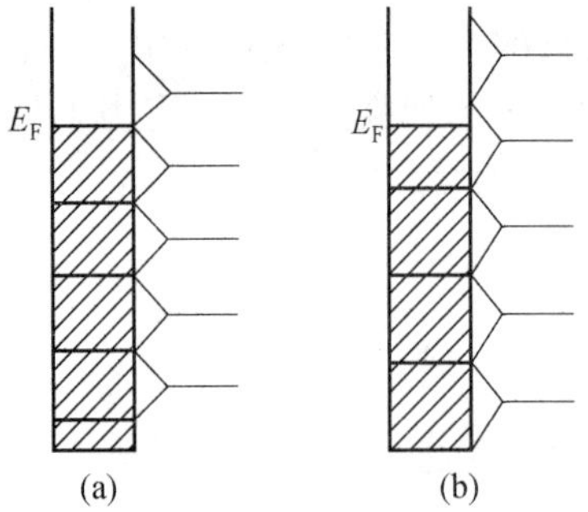

图 7.20　朗道能级填充状况随磁场的变化

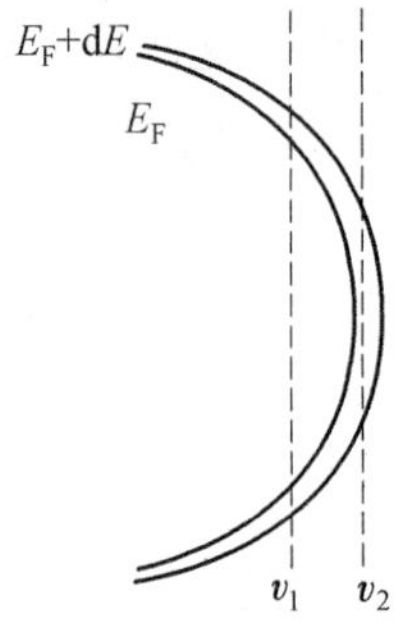

图 7.21　极端轨道在与不在朗道管上的对照

在非零温度下，金属的物理性质取决于 E_F 附近 k_BT 范围内电子的贡献。如果这个范围宽到使式(7.59)中的极端面积不够确定，则 $1/B$ 振荡的结构将会被抹平。一般地，要求 k_BT 小于相邻朗道管之间的能量间隔，即

$$k_BT < \hbar\omega_c$$

对于自由电子气体，当磁场是 1T 数量级时，要求温度低到几开。同时，为了有较长的弛豫时间，从而有很确定的回旋频率，样品必须是单晶，且很纯，没有应变。

7.5.2　回旋共振法

在金属费米面的实验研究中，回旋共振法是一个经常采用的方法。如图 7.22 所示，电子在平行于金属表面方向的外磁场作用下做回旋运动，其频率为 ω_c；同时，在表面施加频率为 ω 的高频电磁场，则当电子进入厚度为 δ 的高频电磁场穿透层时，将受到交变场的作用。当满足条件

$$\omega = n\omega_c \qquad (n = 1, 2, 3, \cdots) \tag{7.60}$$

时，发生共振。

一般地，固定 ω，改变 B 值，直到满足共振条件，由此确定回旋频率 ω_c，并利用式(7.28)得到$\frac{\partial A}{\partial E}$。

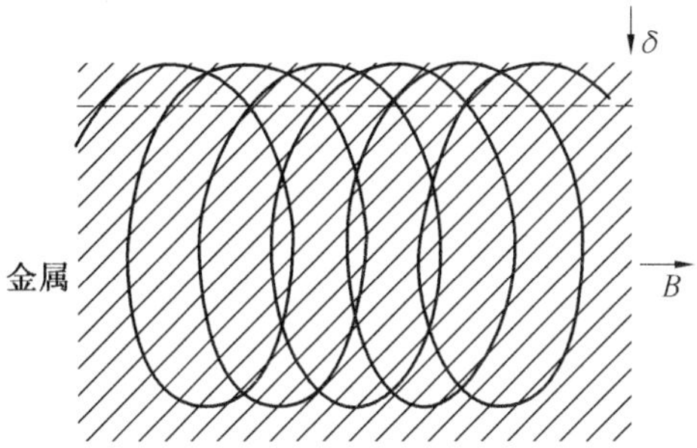

图 7.22　回旋共振法示意图

同上述讨论类似，费米面上不同处的电子，可以有不同的回旋频率 ω_c，但是支配共振吸收的是极端轨道。

此外，传统的费米面研究手段还有超声吸收、反常趋肤效应等方法。

7.6　光电子谱研究能带结构

7.6.1　光电子谱

光电子谱是研究物质电子结构的重要手段，其实质是将一个单色光入射到样品上，同时测量光发射电子的能量分布，由此获得样品内离子实内层能级上电子和价电子束缚能的信息。按照使用光源的种类，光电子谱分为下面几种具体形式。

1. X 射线光电子谱

用能量 $\hbar\omega \geqslant 1$ eV 的 X 射线作为光源实现的光电子谱，称为 X 射线光电子谱，简称为 XPS。它能够探测内层电子的束缚能，并做元素分析。

另外，由于内层电子的束缚能受化学位移的影响，并进而给出原子化学态信息，因此这种方法在化学分析中具有广泛的应用。

XPS 法中的 X 射线源，常采用能量约 1 254 eV 的 MgK_α 或能量约 1 486 eV 的 AlK_α 发射。

2. 紫外光电子谱

用能量 $\hbar\omega \leqslant 40$ eV 的紫外光作为光源实现的光电子谱，称为紫外光电子谱，简称为 UPS。UPS 法中的紫外线，常采用能量为 21.22 eV 或能量为 40.8 eV 的氦灯发射。

7.6.2　态密度分布曲线

用能量为 $\hbar\omega$ 的光束照射样品，可以导致离子实中内层能级以及价带上电子的光发射。按照能量守恒原理，光电子的动能为

$$E_k = \hbar\omega - E_B - \phi \tag{7.61}$$

这里，E_B 是电子的结合能，一般相对于费米能量计算，并取正值；ϕ 是晶体的逸出功（功函数），是电子离开样品需要克服的表面能量势垒高度，一般在 2 ~ 5 eV 数量级。

图 7.23 给出的宽连续谱，是与晶体中电子能带对应的光电子谱。由于费米能量以上的态没有或很少有电子占据，相应的光电流强度陡降，称为费米截止。因此，实验可以测量被电子占据部分的能带宽度以及 E_F。同时，还可以获得有关离子实内层电子能级和表面吸附态的信息。

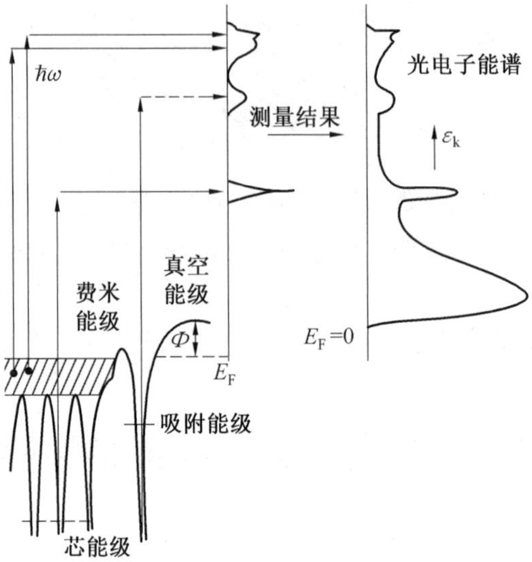

图 7.23　光电子谱原理示意图

对于光电子的激发过程，一般采用三步模型，即由光激发、光电子从终态传输到样品表面、光电子逸出表面三步组成。其中，光激发是将电子从能量为 $E_i(\boldsymbol{k})$ 的初态，激发到终态 $E_f(\boldsymbol{k})$，此时有

$$E_f(\boldsymbol{k}) - E_i(\boldsymbol{k}) = \hbar\omega$$

在 UPS 能量范围内，由于光子波长在 30 nm 以上，远大于晶格常数，其动量可以忽略。因此，在 $\boldsymbol{k}$ 空间中，光激发电子从初态到终态是垂直跃迁，波矢 $\boldsymbol{k}$ 守恒。这里，跃迁几率正比于跃迁矩阵元绝对值的平方 $|H'_{fi}|^2$，一般在传统能带理论的基础上计算。

按照上述模型，实验得到的光电子能量分布谱线同时涉及初态和终态，人们通常认为当入射光子能量大于 35 eV 时，实验谱线代表被适当跃迁矩阵元调制了的能带占据态的态密度分布曲线。粗略地认为末态可以很好地利用自由电子气体模型，态密度变化十分平缓。图 7.24 给出金价带的光电子能谱，d 带在费米能量以下 −2 ~ −8 eV 处，这同理论计算得到的态密度曲线非常接近。

固体中的光电子会受到非弹性散射，散射后往往还有足够的能量克服逸出功逃离样品。这种电子在谱中作为缓变的本底出现，并在很低能量处达到峰值，如图 7.24 所示。此外，固体中的光电子也会有相当部分受到弹性散射，使终态能量不变，生成光电子谱中的结构，从而提供有关固体中电子态的信息。

7.6.3　角分辨光电子谱测定能带结构

在研究晶体能带结构方面，最重要的手段是角分辨光电子谱实验，简称为 ARPES。下面以铝金属为例，用近自由电子模型加以说明。

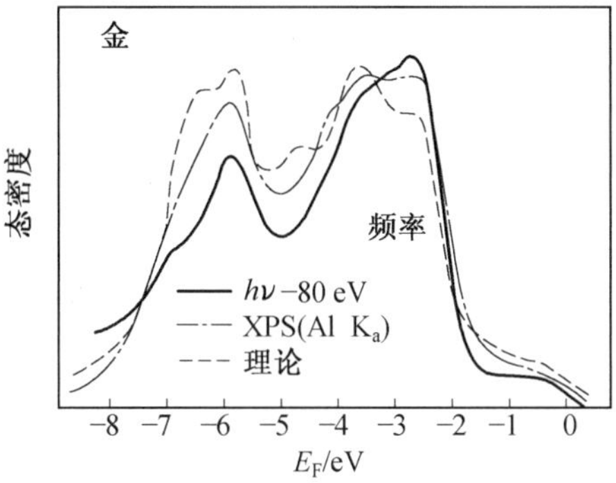

图 7.24　金的光电子谱

如上所述,由于光子动量可以忽略,在第一步的跃迁过程中,电子的晶体动量守恒,则在布里渊区图示中垂直跃迁,即 $\boldsymbol{k}_f=\boldsymbol{k}_i$。

角分辨光电子谱实验通常是收集垂直发射的光电子。由于在 $\boldsymbol{k}$ 空间,总有一倒格矢与实空间中一组晶面垂直,因此,角分辨光电子谱可以研究 $\boldsymbol{k}$ 空间中特定方向的能带结构。铝的晶格结构为面心立方,倒格矢为体心立方,第一布里渊区为截角正八面体。若研究的晶面为(1 0 0)面,并将与表面垂直的方向定义为 z 轴,则 $\boldsymbol{k}_i$ 被限制在$\dfrac{2\pi}{a}(0\ 0\ \bar{1})$ ~ $\dfrac{2\pi}{a}(0\ 0\ 1)$以内,从 Γ 点到 X 点,角分辨光电子谱收集到的光电子动量为 $\boldsymbol{k}_i+\boldsymbol{G}_l$,$\boldsymbol{G}$ 沿 z 方向,如图 7.25 所示。图中还给出了 $\hbar\omega=52$ eV 所涉及的垂直跃迁,初态为占据态,在费米能级以下约 10 eV 处。终态要有同样的约化波矢,与初态的能量间隔为光子能量。

从图 7.25 还可以看出,当光子能量再增加时,跃迁发生的 $\boldsymbol{k}$ 值增加,初态能量向费米能级靠近。光子能量减小时,$\boldsymbol{k}$ 值降低,初态能量远离费米能级。在 Γ 点处,垂直跃迁相应的光子能量为 37 eV,初态束缚能达到极大。当光子能量减小到 37 eV 以下时,初态能量将再回过来向费米能级靠近。这种观察到的束缚能极值与布里渊区中高对称点的对应关系,可以准确地定出相应的 $\boldsymbol{k}$ 值,作为确定能动结构的参考点。

图 7.26 给出了采用不同光子能量实验得到的光电子谱,其中横坐标表示初态能量 E_i,与式(7.61)中的 $-E_B$ 相当,因此有

$$E_i = E_{\boldsymbol{k}} + \phi - \hbar\omega$$

由于光电流强度正比于 $|H'_{fi}|^2$,垂直跃迁与光电子谱图中画斜线的峰对应。这里的峰有一定的宽度,这除实验测量方面的原因外,主要源于被激发的电子在终态上寿命有限而导致能量展宽,在图 7.25 中用虚线箭头表示了其对峰宽的影响。比较 $\hbar\omega=52$ eV、60 eV 和 65 eV的谱线,可以明显地看到 $\hbar\omega$ 增加时,垂直跃迁峰向费米能级靠近。而对于更高的光子能量,如 91 eV、98 eV,峰远离费米能级。

在实际的光电子谱线中,还包括其他过程的贡献,例如背景发射对应的峰,$\hbar\omega=-27.5$ eV处与表面态对应的峰,等等,这也是在 72 ~ 86 eV 段垂直跃迁难以分辨的原因。

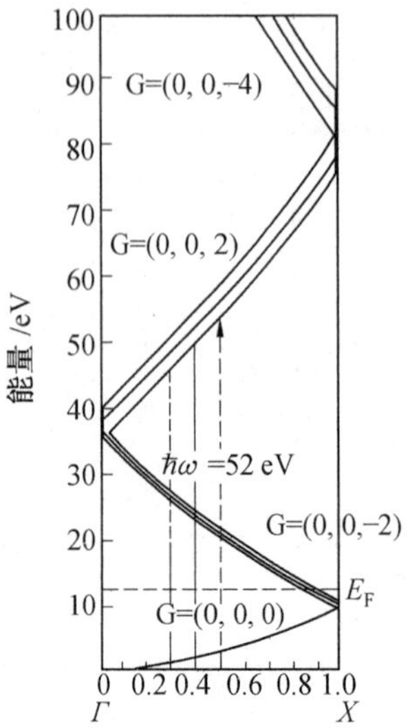

图 7.25 金属铝沿 ΓX 方向的空晶格能动

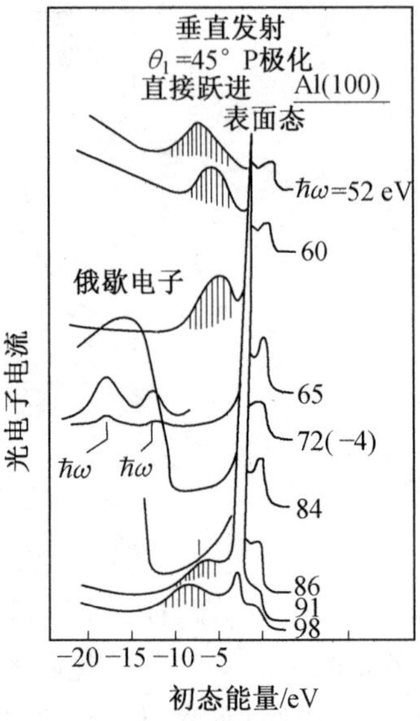

图 7.26 垂直铝(1 0 0)面得到的角分辨光电子谱

在接收器能够分辨自旋向上和向下两个不同取向时,利用上述方法还可以对铁磁材料的能带结构进行研究。此外,由于从终态逃离固体且能量没有损失的光电子十分接近材料表面,因此光电子谱除给出样品晶体信息外,还广泛地用于材料表面的研究。

7.7 一些金属的能带结构

本节将简单地叙述一些金属元素能带结构的主要特点,以便能够更好地了解其物理性质。

7.7.1 简单金属的能带结构

简单金属是指价电子仅来源于 s 壳层和 p 壳层的金属,它们共同的特点是,价电子的行为非常符合近自由电子近似。

1. 一价碱金属

一价碱金属 Li、Na、K、Rb、Cs 均是体心立方结构,价电子是一个 s 电子。在形成固体时,其 s 态展宽成能带,半满占据,是导体。实验测量表明,其费米面非常接近理想的球形,对于 Na、K,其偏离仅在千分之一左右。在所有的金属中,碱金属是唯一一种费米面完全在一个布里渊区内部,且近似为球形的金属。

2. 二价金属

二价金属 Ca、Sr(fcc)、Ba(bcc)属于立方晶系,其中,每个原胞有两个 s 价电子。由于费米球和第一布里渊区体积相等,因而与布里渊区界面相交。又由于这些元素属于金属,说明晶格周期场在布里渊区界面处产生的能隙并未大到使价电子刚好填满一个能带,而是有一部分价电子填到第二布里渊区的下一个能带中,形成电子袋。

二价金属 Be、Mg、Zn、Cd 属于六角密堆积结构，每个原胞有 2 个原子，共 4 个价电子。由于在第一布里渊区六角面上结构因子为零，弱周期场不产生带隙，只有考虑二级效应，如自旋轨道耦合时才能解除简并。这些金属的费米面可以看作是自由电子球被布里渊区边界切割，并将高布里渊区部分移到第一布里渊区而得到。

3. 三价金属

三价金属 Al 是面心立方结构，外层电子的排列为 $3s^2 3p^1$，共 3 个价电子。如前所述，Al 的价电子行为与近自由电子十分接近，虽然其费米面应该到达第四布里渊区，但由于弱周期场导致带隙的出现，实际上在第四布里渊区中不存在电子袋。

三价金属 In 也具有面心立方结构，但由于沿一个立方轴稍有拉长，因此它的费米面与 Al 的费米面也略有不同。而 Tl 是六角密堆积结构中最重的金属，有最强的自旋轨道耦合，其费米面类似自由电子球，但是在布里渊区边界六角面上存在能隙。

7.7.2 一价贵金属

对于贵金属材料，在其 s 轨道附近还存在 d 轨道。按照紧束缚近似，在形成固体时，s 轨道由于相互作用积分大，从而演变成宽带。而 d 轨道则因相互作用积分小，变成一个窄带。因此 s 带覆盖 d 带，d 带被电子完全填满，而 s 带只填充了一半。如图 7.27 所示，费米面在 s 带中，但是 d 带与费米能量离得不远，使波函数同纯 s 态差别较大。

图 7.27 给出了 Au 的态密度曲线。而 Cu 的态密度曲线与此相似，只是 d 带更窄一些，为 -2 ~ -5 eV；s 带则从 -9 eV 一直延伸到费米能量以上的 7 eV 处。

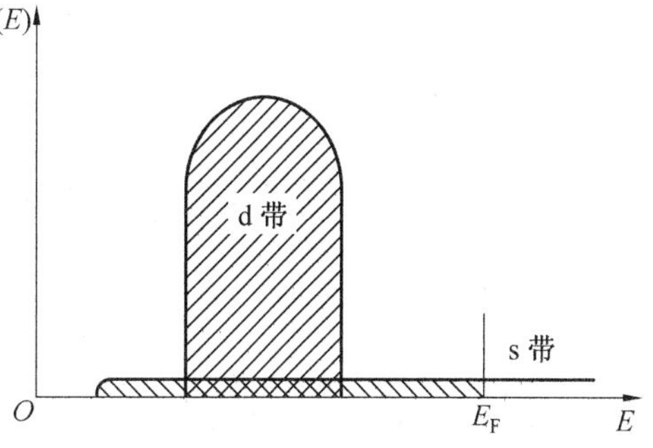

图 7.27 贵金属态密度结构

若按照近自由电子模型计算，费米面应该是球形，全部在第一布里渊区内，其费米能级同布里渊区中心到边界最短距离 ΓL 的比值为 0.91。但实验测量表明，贵金属费米面在 ΓL 方向上有所伸长，并同布里渊区边界接触。因此，费米面基本是自由电子球形式，只是有 8 个脖颈伸到布里渊区的六边形界面上，并在周期布里渊区图示中成为许多连通着的球，从而导致复杂的输运行为。尽管如此，同碱金属一样，贵金属也是金属。

在研究贵金属物理性质时，需要记住离费米能级不远处存在填满电子的 d 带。一些贵金属材料，例如 Cu、Au、Ag 等具有特殊的金属光泽，是由于 d 带的影响，Cu、Au 在距 E_F 约 2 eV 处，Ag 在 4 eV 处光吸收急剧增加形成的。

7.7.3 四价金属和半金属

1. 四价金属

四价金属 Sn 有两种结构，即白锡属于体心四方，基元有两个原子，是金属。而灰锡具有金刚石结构，是半导体。四价金属 Pb 与 Al 类似，同为面心立方结构，只是每个原子有 4 个价电子，费米球更大一些。虽然第四布里渊区的电子袋同样因周期场存在而消失，但是在第三布里渊区有两种载流子——电子和空穴,因此比 Al 复杂一些。

2. 四价半金属

具有石墨结构的四价元素 C 可以导电,仍属于导体。但是,由于其载流子浓度约为 $3\times10^{18}\ \mathrm{cm}^{-3}$,远小于金属的典型值,因此常称为半金属。

石墨的布喇菲格子是简单六角格子,每个原胞含有 4 个碳原子,结构如图 7.28(a)所示。在与 c 轴垂直的层内,原子呈六角蜂房格子排列。每个碳原子有 4 个价电子,其中 3 个参与波函数经sp^2 杂化形成的共价键,并与层内 3 个近邻碳原子键合。另一个价电子处于 $2p_z$ 态,参与导电。

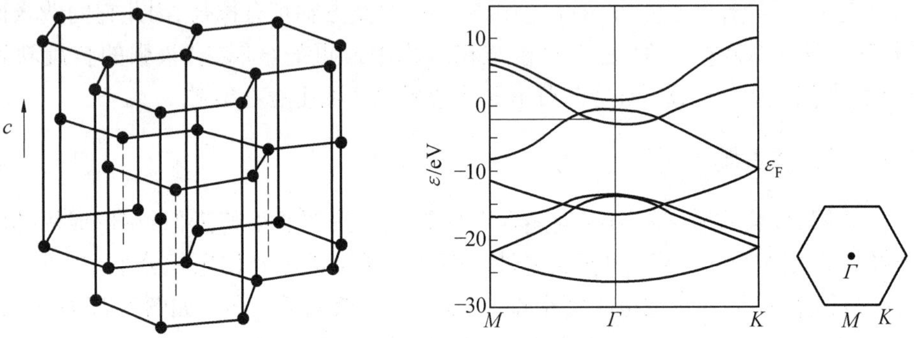

(a) 石墨晶格结构　　(b) 石墨单层的能带结构

图 7.28　石墨的晶格及其能带结构

石墨的原子层之间靠弱范德瓦尔斯力相互作用结合,层间距为 0.335 nm,远大于层内最近邻原子层间距(0.142 nm),是典型的层状化合物,电导率等物理性质具有很强的各向异性。在讨论石墨的电子结构和层方向电导率物理性能时,可以忽略层之间相互作用的影响。图 7.28(b)给出了用紧束缚近似计算的石墨单层能带结构,其价带和导带仅在第一布里渊区 6 个顶点 K 处简并,对层结构仅有次要的影响。

另外,将碱金属、氧化物等插入石墨的层间,可以形成各种插层化合物,这是目前引人注目的研究领域。

3. 五价半金属

同石墨结构的 C 元素一样,五价元素 As、Sb、Bi 属于半金属材料。这三种元素晶格结构相同,均具有三角布喇菲格子。基元包括 2 个原子,因而有 10 个价电子,本应该是绝缘体,但能带的少许交叠使它们有少量的载流子,从而具有导电性。

半金属具有较高的电阻率。由于有效质量减小,因此,电阻率的增加并不仅仅与载流子浓度减小有关。而少量载流子在 $\boldsymbol{k}$ 空间形成小电子袋或空穴袋,表明在费米能级处态密度小,因此电子比热容也远低于自由电子气体数值。

7.7.4　过渡族金属和稀土金属

1. 过渡族金属

过渡族金属元素是指原子的 d 壳层不满的元素。在元素周期表中一共有 3 族,处于 d 壳层全空的碱金属(Ca、Sr、Ba)和 d 壳层全满的贵金属(Cu、Ag、Au)之间。

过渡族金属中的 d 电子一般被束缚得比较紧，因此，在计算能带结构时，紧束缚近似是很好的出发点。d 带需要容纳 10 个原子 10 个价电子，且带宽较窄，因此其平均态密度较高，一般比金属高 5 ~ 10 倍。此外，由于它是 5 个相互交叠的窄带构成的，因而态密度具有较强的起伏变化。同贵金属情况不同，过渡族金属的费米面在 d 带中，其性质在很大程度上由 d 电子决定。

d 带态密度的上述特点，可以反映在过渡族金属具有不同的物理性能上。例如，过渡族金属的电子比热容远高于简单金属，并且从一个元素到另一个元素，有较大的起伏变化，图 7.29 给出了从电子比热容得到的态密度变化。

过渡族金属常因为部分填满的 d 壳层而导致令人注目的磁性变化，例如，Fe、Co、Ni 具有铁磁性，而 Cr、Mn 则表现出反铁磁性。图 7.30 给出了 Fe(100) 表面自旋极化的角分辨光电子谱，这里光电子数目正比于占据态的能态密度。该图谱说明，在铁磁材料中 d 带可以分成两组，一组对应自旋取向向上的多数态电子，另一组对应自旋取向向下的少数态电子。在温度远低于居里点 T_C 时，前者远多于后者，材料有净磁化强度。当温度趋近于居里点时，自旋向上和向下的两条谱线结构逐渐趋于模糊，曲线下的面积也逐渐趋于相等，铁磁性逐渐减弱并在 T_C 以上消失。

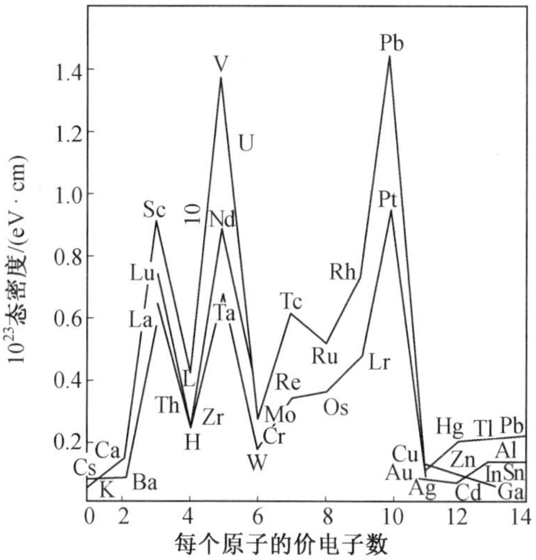

图 7.29 从电子比热容测量得到的态密度变化

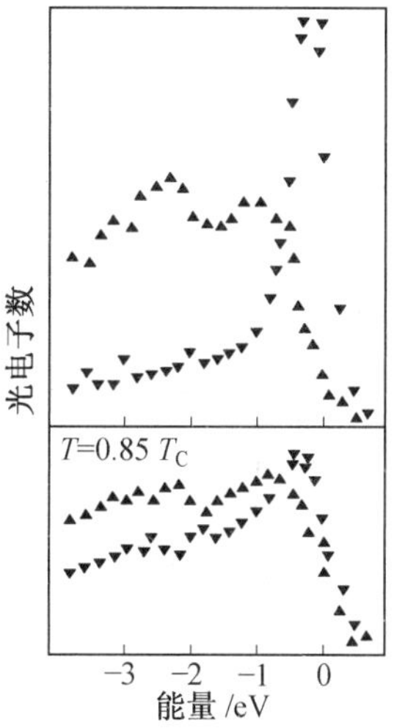

图 7.30 Fe(1 0 0) 面自旋极化角分辨光电子谱

2. 稀土金属

稀土金属的特点是具有不满的 4f 壳层，从 La 的 $4f^0 5d^1 6s^2$ 开始，到 Lu 的 $4f^{14} 5d^1 6s^2$ 结束。它们的晶体结构，室温下多为六角密堆积结构。

图 7.31 给出了稀土金属原子的电子电荷密度分布。4f 壳层的轨道半径很小，约为原子半径的 1/4 ~ 1/5，原子的半径主要由 5d 和 6s 壳层决定。在形成金属时，通常是 5d 和 6s 电子退定域形成导带，价电子数与其化学价相等。除 Eu、Yb 一般为 2 价，Ce 有时为 4 价外，其他元素均为 3 价。$4f^n$ 电子基本保持孤立原子时的状态，近邻原子的 4f 波函数几乎不发生重叠。4f 态的能量远在费米能级之下，并未混入导带，因此，传导电子与 4f 电子可以分开处理。这里，不满的 4f 壳层使稀土离子具有磁矩，所以，稀土金属原子磁矩非常接近其离子或自由原子的磁矩。

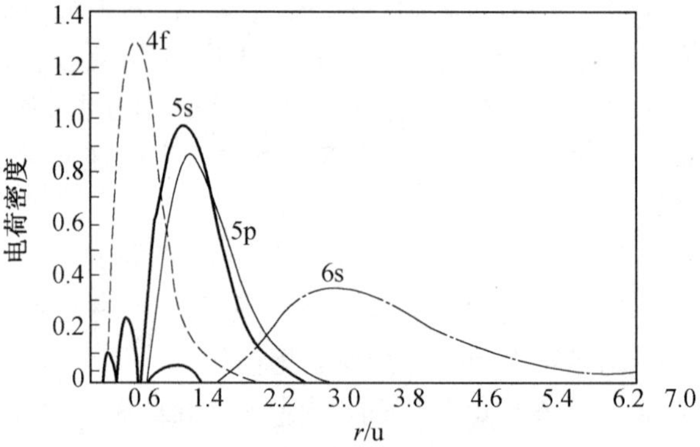

图 7.31　稀土金属原子中电子电荷密度分布

思　考　题

7.1　半经典模型的基本观点是什么？

7.2　试叙述晶体电子做准经典运动的条件和半经典运动的基本公式。

7.3　有效质量与惯性质量有何不同？

7.4　试叙述有效质量、空穴的意义，引入它们有什么用处？

7.5　从紧束缚近似的结果分析内层电子和价电子有效质量的大小。如何理解它们之间的差别？

7.6　如何通过实验确定电子的有效质量？

7.7　试说明半经典模型的适用范围。

7.8　什么是电击穿，什么是磁击穿，产生电击穿和磁击穿的条件是什么？

7.9　简述布洛赫振荡。布洛赫振荡产生的原因是什么？

7.10　什么是满带、价带和空带，它们对固体的导电性能起到什么作用？

7.11　金属导体的能带结构大致有哪几种形式？

7.12　金属导体和半导体的导电机构有什么不同？

7.13　绝缘体、半导体、导体的能带结构有什么不同？

7.14　试说明半导体的电导率随温度的升高而迅速增加的原因。

7.15　试解释 Be、Zn、Cd 等金属具有正的霍耳系数的原因。

7.16　回旋有效质量与电子有效质量有何不同？

7.17　怎样由近自由电子近似构造金属的费米面？

7.18　何为德哈斯-范阿尔芬效应，说明此效应产生的原因。

7.19　测定晶体的能带结构和费米面有哪些实验方法？

7.20　多价金属在电导问题中的能带交叠与哪些因素有关？一维晶格会发生这种情况吗？

习　题

7.1　试证明，场致隧穿可以忽略的条件是

$$e\boldsymbol{E}a \ll \frac{[E_g(\boldsymbol{k})]^2}{E_F}$$

7.2　试证明，对于二维情况，自由电子费米面的半径 k_F 与电子数密度 n 的关系为

$$k_F = (2n\pi)^{1/2}$$

7.3　试证明，当 $\frac{n}{n_a}=1.36$ 时，费米球和面心立方晶格的第一布里渊区相切，其中 n_a 是原子密度。

7.4　设铜晶体中一些铜原子由 Zn(2 价)原子所代替而形成 CuZn 合金，求费米球与布里渊区边界面相切时，Cu 原子数与 Zn 原子数之比。已知铜是面心立方晶格，单价。

7.5　如果电子的能量与波矢的关系为

$$E(k) = \frac{\hbar^2 k_x^2}{2m_1^*} + \frac{\hbar^2 k_y^2}{2m_2^*}$$

且磁场垂直于 k_x-k_y 平面，求回旋共振频率。

7.6　如果电子的等能面方程为

$$E(k) = \frac{\hbar^2(k_x^2 + k_y^2)}{2m_t^*} + \frac{\hbar^2 k_z^2}{2m_l^*}$$

而磁场与 k_z 的夹角为 θ，求回旋共振频率。

7.7　考虑两个能带

$$E(k) = \pm\sqrt{\frac{\hbar^2 k^2 \Delta}{m^*} + \Delta^2}$$

式中，Δ 为一常数。设所有取正号的正能态都是空的，所有取负号的负能态都是填满的。

(1)在 $t=0$ 时刻加一个电子于正能带上的$(k_0,0,0)$态，并施加一个电场 $\boldsymbol{E}=E_z\boldsymbol{k}$，求 t 时刻的电流。

(2)当 $t\to\infty$ 时，上述情况如何？

(3)在相同条件下，如果负能带出现一个空穴，求其电流。

7.8　已知一维晶体的电子能带可以写成

$$E(k) = \frac{\hbar^2}{ma^2}\left(\frac{7}{8} - \cos ka + \frac{1}{8}\cos 2ka\right)$$

式中，a 是晶格常数。试求：

(1)电子在 k 态时的速度。

(2)能带顶和能带底的有效质量。

(3)若此一维晶格长 $l=Na$，求能态密度。

7.9　二维正方格子，其晶格常数为 a，电子的周期性势能可以写成

$$V(x,y)=-4V_0\cos\left(\frac{2\pi}{a}x\right)\cos\left(\frac{2\pi}{a}y\right)$$

试求在 $\boldsymbol{k}$ 空间$\left(\frac{\pi}{a},\frac{\pi}{a}\right)$处的电子速度。

7.10　设一维晶体由 N 个双原子分子组成，晶体为 $L=Na$，a 是相邻分子间的距离。在每个分子中，两个原子之间的间距为 $2b$，且 $a>4b$。势能可以表示成 δ 函数之和，即

$$V(x)=-V_0\sum_{n=0}^{N-1}\left[\delta(x-na+b)+\delta(x-na-b)\right]$$

式中 V_0 是大于零的常数。

(1)若每个原子只有一个价电子，试说明晶体是否为导体。

(2)当 $b=\frac{a}{4}$时，情况将发生什么变化？

7.11　在一维晶格中，用紧束缚近似及其最近邻近似，求 s 态电子的能谱 $E(\boldsymbol{k})$的表达式、带宽，以及带顶和带底的有效质量。

7.12　若二维正方格子的晶格常数为 a，用紧束缚近似求 s 态电子的能谱 $E(\boldsymbol{k})$(只计算最近邻相互作用)的表达式、带宽，以及带顶和带底的有效质量。

7.13　采用紧束缚近似计算一维晶格中电子的速度，并证明在布里渊区边界电子速度为零。

7.14　Bi 的导带底的有效质量张量可以写成

$$\frac{m}{m^*}=\begin{bmatrix}\alpha_{11} & 0 & 0\\ 0 & \alpha_{22} & \alpha_{23}\\ 0 & \alpha_{32} & \alpha_{33}\end{bmatrix}$$

且 $\alpha_{23}=\alpha_{32}$。

(1)试求有效质量张量的各元素。

(2)试导出导带底 E_F 附近的色散关系 $E(\boldsymbol{k})$，对应的等能面的形状如何？

(3)计算张量$\left(\frac{m^*}{m}\right)$的分量$\left(\frac{m^*}{m}\right)_{ij}$。

7.15　若晶体电子的等能面是椭球面

$$E(\boldsymbol{k})=\frac{\hbar^2}{2}\left(\frac{k_1^2}{m_1^*}+\frac{k_2^2}{m_2^*}+\frac{k_3^2}{m_3^*}\right)$$

求能态密度。

7.16　对原子间距为 a 的由同种原子构成的二维密堆积结构，

(1)画出前 3 个布里渊区。

(2)求出每个原子有一个自由电子时的费米波矢。

(3)给出第一布里渊区内接圆的半径。

(4)求出内接圆是费米圆时每个原子的平均自由电子数。

(5)平均每个原子有 2 个自由电子时，在简约布里渊区中画出费米圆的图形。

7.17　若已知 $E(\boldsymbol{k})=Ak^2+(k_xk_y+k_yk_z+k_zk_x)$，导出 $k=0$ 点上的有效质量张量，并找出主轴方向。

7.18　应用式(7.31)，求出电子在磁场中做周期回旋运动的自由电子气体结果。

7.19　设电子的等能面为椭球面，即

$$E(\boldsymbol{k}) = \frac{\hbar^2}{2}\left(\frac{k_1^2}{m_1^*} + \frac{k_2^2}{m_2^*} + \frac{k_3^2}{m_3^*}\right)$$

外加磁场相对于椭球主轴的方向余弦为 α、β 和 γ。

(1)写出电子的运动方程。

(2)证明电子绕磁场回旋的频率，即 $\omega = \frac{e\boldsymbol{B}}{m_c^*}$，其中

$$m_c^* = \left(\frac{m_1\alpha^2 + m_2\beta^2 + m_3\gamma^2}{m_1 m_2 m_3}\right)^{-1/2}$$

7.20　设一非简并半导体有抛物线型的导带极小，有效质量 $m^* = 0.1m$，当导带电子具有 $T = 300$ K 的平均速度时，计算其能量、动能、波矢和德布罗意波长。

7.21　试根据自由电子模型计算钾的德哈斯-范阿尔芬效应周期。对于 $B = 1$ T，在实空间中极值轨道的面积有多大？

7.22　平面正六方形晶格如题6.10图所示，其中六角形两个对边的间距是 α。如果每个原胞有 2 个电子，试画出此晶体的费米面。

7.23　在磁场 $B = 10$ T 的条件下研究铜的德哈斯-范阿尔芬效应，为了获得好的实验结果，必须满足条件 $k_B T \ll \hbar\omega_c$。试由此确定合适的实验温度。

参 考 文 献

［1］ 黄昆,韩汝琦.固体物理学［M］.北京:高等教育出版社,1988.

［2］ 苟清泉.固体物理学简明教程［M］.北京:人民教育出版社,1978.

［3］ 方俊鑫,陆栋.固体物理学(上)［M］.上海:上海科学技术出版社,1980.

［4］ 王矜奉.固体物理教程［M］.济南:山东大学出版社,1999.

［5］ 陈洸.固体物理基础［M］.武汉:华中工学院出版社,1986.

［6］ 阎守胜.固体物理基础［M］.北京:北京大学出版社,2000.

［7］ 丁大同.固体理论讲义［M］.天津:南开大学出版社,2001.

［8］ 陈长乐.固体物理学［M］.西安:西北工业大学出版社,1998.

［9］ 黄波,聂承昌.固体物理学问题和习题［M］.北京:国防工业出版社,1988.

［10］ 王矜奉,范希会,张承琚.固体物理概念题和习题指导［M］.济南:山东大学出版社,2001.

［11］ KACHHAVA M. Solid State Physics［M］. New York:Tada McGraw－HillPublishing Company Limited,1990.

［12］ 天津大学普通化学教研室.无机化学［M］.北京:高等教育出版社,1983.

［13］ 周世勋.量子力学教程［M］.北京:人民教育出版社,1979.